同时定位与建图的理论、方法及应用

王 庆　冯悠扬　著

科 学 出 版 社

北 京

内 容 简 介

本书对同时定位与建图（SLAM）的理论、方法及应用进行了全面的介绍。本书涵盖了基础理论、激光和视觉 SLAM 算法及产业应用三个方面内容。本书还通过线上资源提供代码和丰富的补充材料（具体下载网址为 https://github.com/SEU-LMD/SEU-SLAM-BOOK），以帮助读者更细致地掌握 SLAM 的技术要领。

本书适合作为从事自动驾驶、机器人等方面工作的广大科研人员的工具书，还可以作为高等院校师生的参考书。

图书在版编目（CIP）数据

同时定位与建图的理论、方法及应用/王庆，冯悠扬著. 一北京：科学出版社，2023.9

ISBN 978-7-03-074017-5

Ⅰ. ①同… Ⅱ. ①王… ②冯… Ⅲ. ①定位法一研究 Ⅳ. ①P204

中国版本图书馆 CIP 数据核字（2022）第 229310 号

责任编辑：惠 雪 高慧元 / 责任校对：郝璐璐
责任印制：张 伟 / 封面设计：许 瑞 张 佳

科学出版社出版
北京东黄城根北街 16 号
邮政编码：100717
http://www.sciencep.com
涿州市般润文化传播有限公司 印刷
科学出版社发行 各地新华书店经销
*
2023 年 9 月第 一 版 开本：720 × 1000 1/16
2023 年 9 月第一次印刷 印张：17 1/2
字数：350 000

定价：169.00 元

（如有印装质量问题，我社负责调换）

前　言

同时定位与建图（simultaneous localization and mapping，SLAM）是指在不含任何先验信息的情况下，将搭载特定传感器的主体（通常为激光雷达或视觉传感器及其组合）置于一个未知环境的未知位置中，利用采集的数据（主要为深度数据和图像信息）建立环境地图，同时确定自身在地图中的位置。

在此之前，传统的定位和建图问题需要建立机器人的运动学模型。在已知地图的情况下，通过机器人与已知地图之间的关系求解位置和姿态，或在已知全局位姿的情况下，利用机器人测定特定路标时的位姿和方位信息进行建图。但是，定位问题的解决需要给定环境地图，建图问题的解决又需要机器人的位姿，这就进入了一个“先有鸡还是先有蛋”的死循环。随之出现的 SLAM 技术将这两个彼此耦合的任务进行同步求解，恰恰构成了其独到之处。

试想，一个人被带到一个陌生的地点，为了尽快熟悉环境，他要怎么做？首先，他想尽快知道“我在哪”，这是定位问题；其次，“本人所处的环境是怎样的”，这是建图问题。人的大脑通过眼睛和四肢感知外部的环境，并将环境中的关键因素提取为高度抽象的对象存储在大脑中，以此形成了周围环境的地图。将地图场景作为先验信息，与运动过程中新采集到的环境信息进行匹配，从而完成人类对自身所处位置的估计。因此建图与估计自身的位姿二者相辅相成，通过判断自身在地图中的位姿完成定位任务，然后通过运动中自身位姿的变换来更新环境地图，即建图任务。对于人类而言，完成这两个任务轻松至极，但是，如何让机器人完成上述任务，就成了让无数科研工作者摸索和探究的难题。

机器人无法直观地感受周围场景，因为视觉传感器获取的图像只是一堆堆庞大又枯燥的数字，为了理解图像，机器人需借助于机器学习才能实现图像的识别和分类。为了获得环境的深度信息，机器人需要搭载激光雷达或视觉传感器模拟人类双眼进行测距。为了得到更精确的运动轨迹，机器人需要安装编码器或惯性测量单元（inertial measurement unit，IMU）模拟人的脚步，以记录运动过程和姿态。根据选择视觉传感器还是激光雷达进行定位，便将其分成视觉 SLAM 和激光 SLAM 两大类。在视觉 SLAM 中，相机获得的图像呈现在二维像素平面：单目相机由于单帧图像无法判断深度信息，只能使用帧和帧之间匹配后的三角测量计算距离；双目相机则可以通过图像视差直接计算距离。而在激光 SLAM 中，激光雷达可通过直接计算激光往返时间获取环境深度。总之，通过不断地从激光雷达或者相机获取环境的深度信息，从而反向求解自己移动的轨迹，以上两种深度的求解方式也就构成了如今经典 SLAM 方法的基础。

由于 SLAM 技术本身可以获取得到自身的位姿，同时可以把周围环境的地图实时重建，而感知和定位是任何机器人技术都不可或缺的枝干，因此 SLAM 技术得以广泛应用并拥有极大的市场价值，例如，无人机避障和建图、特殊/危险场景下的定位和场景重建、无人驾驶和增强现实（augment reality，AR）。其中，无人驾驶的核心即通过感知周围环境和自身位姿，并结合先验高精度地图信息，从而为车辆现有运行状态制定最合理的控制策略。室外定位主要依靠全球导航卫星系统（global navigation satellite system，GNSS）+ IMU 组合导航设备方式，然而针对在高密度严重遮挡的环境下，GNSS 长时间保持浮点解会导致自身位姿精度不准，为了保证自动驾驶系统的稳定性需要使用视觉或者激光来保证车辆定位的可靠性。在室内停车场等场景中，可以使用先验地图对车辆进行定位导航。AR 虚拟现实交互应用中，需要对用户自身位姿进行准确估计并将虚拟的三维模型放置在真实的场景中，如果实时定位结果不够准确会导致放置的虚拟物体在现实空间中漂移，使用户缺失真实感。SLAM 中融合了 IMU 和视觉信息的视觉惯性里程计（visual-inertial odometry，VIO）算法，是一种低成本高性能的导航方案，在无人车高精地图、AR/VR 等领域得到了广泛的应用。现有 Google 的 AR-Core 和苹果的 AR-Kit 都使用 VIO 算法框架来实现对 AR 眼镜的定位和真实世界的实时跟踪。

正因为 SLAM 技术的应用如此重要，1986 年斯坦福大学的 Smith 和美国国家航空航天局（National Aeronautics and Space Administration，NASA）的 Cheeseman 就基于对空间不确定性估计和概率地图理论提出了 SLAM 技术。SLAM 问题的求解多依赖于数学——基于滤波器的方式，出现了基于扩展卡尔曼滤波和基于粒子滤波的 SLAM 方法。直到 21 世纪初，单目相机才逐渐在 SLAM 系统里出现，Mono-SLAM 是第一个仅依靠单目相机实现里程计测量的方法，显著降低了 SLAM 算法应用的成本，但视觉 SLAM 技术更复杂，尤其是对于捕获了大量特征的视觉 SLAM 系统，保证位姿运算的实时性和准确性也成为限制 SLAM 发展的瓶颈。直到 PTAM（parallel tracking and mapping）算法的出现打破了这一僵局，它将 SLAM 任务中追踪和建图任务通过代码优化成双线程，并且通过从传感器获取的所有数据中选取少量关键帧进行位姿估计的方式，有效减少了运算量，从而显著提高了整个系统的运行效率。随着科技发展以及对 SLAM 问题理论研究的不断深入，相机、激光雷达等传感器性能和处理器芯片算力有了显著提升，针对多线程编程的优化和内存管理也变得越来越高效，SLAM 系统的实时性和准确性也在显著地提升。如今，基于多传感器融合的 SLAM 方法和基于深度学习的语义 SLAM 方法被视作 SLAM 发展的主流。一个强调 SLAM 算法定位的精准度和可靠性；一个强调 SLAM 算法对于地图的构建和周围环境的感知，以适应复杂场合下的不同要求，究其本质仍然是对定位与建图耦合任务的进一步延伸。

近 30 年来，SLAM 技术在科学界也广受学者的关注。SLAM 自 1986 年被提出以来，视觉 SLAM 发展至今大致分为三个阶段：第一阶段为基于滤波器的 SLAM 方法，以 EKF、PF、Rao-Blackwellized 滤波器方法为主，但是此时基于单目相机的视觉 SLAM 计算复杂度较高，难以平衡与精准度的关系；第二阶段为通过代码优化和基于特征点与关键帧的 SLAM 方法，与第一阶段相比更高效，其中以 PTAM、ORB-SLAM 算法最为典型；第三阶段重点为多传感器融合和语义 SLAM，单个传感器难以满足系统的高鲁棒性和环境感知的要求，出现了如 ORB-SLAM3、VDO-SLAM、Kimera-Semantics 等算法。

激光 SLAM 分为两个阶段，2D 激光 SLAM 算法和 3D 激光 SLAM 算法，2D 激光 SLAM 由最早的基于滤波的方法发展为基于图优化的方法，3D 激光 SLAM 也由纯激光算法发展为激光、视觉、惯性等多传感器融合的算法。

相信读者看到这里，在对 SLAM 发展历程拥有一定了解的基础上，最关心的想必还是如何打造属于自己的 SLAM 系统。一套完整的 SLAM 系统一般包括前端里程计、后端优化、回环检测与建图四大部分。首先，前端里程计负责估计当前位姿，根据传感器种类的不同，具体的方法也不尽相同。例如，激光 SLAM 的前端主要包括前期点云数据处理、帧间匹配和位姿估计，而视觉 SLAM 的前端通常分为特征点法、直接法和光流法三类。特征点法需要完成特征点的提取与匹配和位姿估计任务。直接法则通过直接计算关键点在下一帧的位置，计算最小光度误差来优化相机的位姿。光流法结合了两者的特点，利用灰度一致性假设，得到像素在图像间的运行速度，直接用于追踪特征点，提取了特征点但不需要计算描述子，再利用特征点间的匹配关系实现位姿估计。其次，前端的数据传递给后端，后端研究如何尽可能降低累积误差的影响，以保证地图数据在大尺度和长时间情况下的准确性，因此后端又被称为状态估计问题。根据处理方式不同，通常有卡尔曼滤波、粒子滤波和图优化三种方式。回环检测相对于前端和后端是相对独立的模块，从字面意思理解，回环检测是负责检测传感器是否经过重复的地方，最常见的办法是通过对比两张图像或两个点云的相似性来确定回环检测关系。最后，建图模块根据所建地图的不同可以分为稠密地图、半稠密地图和稀疏地图三类。根据所得地图的目标不同所建地图的种类也有所不同：定位常需要构建稀疏地图；导航、避障和重建则需要构建稠密地图。

SLAM 算法涉及的技术点较多，仅仅是传感器标定这一项就会成为一只拦路虎，而算法背后复杂的数学公式推导需要有较强的数学功底并参阅大量外文书籍才能彻底弄明白。作者团队在初期也经历过学习 SLAM 海量的知识信息带来的痛苦，如何实现多传感器联合标定？如何实现特征提取与匹配？如何消除定位和建图中的累积误差？为了帮助初学者更快地上手和学习，本书首先对 SLAM 算法框架进行系统性的讲解，详细介绍了多种状态估计模型和背后的基本数学原理。然后，从标定算法开始带领大家进入 SLAM 算法世界。本书将 SLAM 算法分为三种——激光、视觉和多传感器融合，希望能让初学者、工程师或者学术研究人员快速找到适用于自身需求的 SLAM 开源算法和数学模型，最终提升改造成属于自己的 SLAM 系统。

本书主要分为三大部分，其中第 1～4 章为 SLAM 相关理论基础，第 5～7 章为 SLAM 核心方法，第 8 章为 SLAM 典型应用。

第 1 章绪论，主要讲述 SLAM 算法的分类，并根据此分类阐述 SLAM 的发展历程、关键技术和未来发展方向。阅读学习这些方向有利于读者迅速把握 SLAM 技术的研究方向和现状。

第 2 章 SLAM 基础算法，主要讲述完整的 SLAM 系统包含的几个部分，并针对视觉 SLAM 和激光 SLAM 在前端和后端中的关键技术进行详细介绍。学习这些基本概念有利于后面章节的理解，帮助读者快速理解 SLAM 算法的本质和精髓。

第 3 章 SLAM 相关数学知识，主要讲述 SLAM 前端和后端求解过程中算法使用到的数学基础。理解并掌握算法背后的数学原理有利于读者的深入学习和研究。

第 4 章传感器标定，主要讲述在 SLAM 系统中，尤其是多传感器的 SLAM 系统中，针对传感器标定的基础算法。如果读者参与多传感器融合的研究则需要重点阅读。

第 5 章视觉 SLAM 方法，主要介绍在前端位姿估计常用到的算法，并且在此基础上介绍了改进算法。该章是对前端位姿估计的进一步阐释，阅读该章可以帮助读者对 SLAM 中姿态估计求解问题有更加深入的理解。

第 6 章激光 SLAM 方法，主要介绍了常用的激光 SLAM 算法，对现有的激光 SLAM 算法进行了归类，并详细分析了各自的优缺点。作为第 2 章的补充，阅读该章有利于对激光 SLAM 有更深入的理解。

第 7 章多传感器融合的 SLAM 方法，主要对 GNSS 定位和 IMU 模型进行介绍，并将二者与激光和视觉相融合的紧耦合、松耦合算法进行介绍。重点介绍了激光-视觉-GNSS-IMU 融合方法与实际应用，可为相关研究人员提供参考。

第 8 章 SLAM 系统典型应用，主要就 SLAM 技术在变电站巡检、村镇土地调查和城市绿化智能管护三个项目中的应用进行介绍，这三个场景的应用有利于读者更深入地理解 SLAM 技术的实际应用，也可以为相关项目研究人员提供一定的借鉴和帮助。

SLAM 需要数学、优化、编程、计算机视觉等各方面的积累，这对于每一个 SLAM 初学者来说都是漫长而艰辛的。为此，本书自构思至撰写的目的一直是坚定地帮助读者更完整更细致地掌握 SLAM 这项技术，既希望让处于入门期的“新手”尽快地了解这个错综复杂的算法，也希望让从事相关研究已有一段时间的“老手”获得灵感以便尽快研制出属于自己的 SLAM。为此，本书将开源书中各章涉及的算法代码、公式推导、实验原始数据等内容供读者运行测试，以达到读者对算法的理解更深刻以及验证算法可靠性之目的。读者可以参考书中所提供的算法对 SLAM 系统中某一步骤所使用的算法进行替换，测试、分析、对比后应用到读者感兴趣的场景。同时也寄希望于读者可以从开源代码中获得灵感，对其中的不足之处进行完善。相关资料已上传至相关网址：https://github.com/SEU-LMD/SEU-SLAM-BOOK，对此感兴趣的读者在此网站中可得到我们团队免费提供的开源代码和测试信息，希望对读者有所帮助。

本书的第二作者冯悠扬是我亲自指导的博士生，2015 年攻读博士学位时选择了智能多传感器融合的研究。彼时，受限于硬件处理能力和传感器成本价格高昂，SLAM 在国内受到的关注度并不高，并且可以参考的资料仅有两本英文书籍，国外稳定且高精度的开源算法框架也没有形成。冯悠扬博士借助其在自动化学科深厚的数学功底，带领年轻的研究生投入到浩如烟海的会议、期刊和外文书籍中，广泛且深入地汲取着 SLAM 方面的算法知识，经过多年的发展和沉淀，我们研发了一套基于多传感器融合的数据采集硬件终端平台，以此硬件平台为基础建立起了完整的 SLAM 理论框架体系，解决了 SLAM 在落地过程中遇到的算法和工程技术问题。

本书涉及的代码内容范围较广，整理起来较为繁复，所以代码的开源离不开实验室 SLAM 团队每一个成员的付出和努力。冯悠扬博士主要负责提供原创性的核心算法代码，严超博士负责 GNSS 和 LiDAR 算法部分，另外，还有负责各部分代码整合和测试的团队成员，他们是负责激光 SLAM 的陈晓宇、负责 GNSS 和数据采集的王怀虎、负责标定代码的谭镕轩和王雪妍、负责视觉 SLAM 的孙杨、负责算法验证的鲁锦涛和施佳豪以及负责 IMU 的杨锐等一批优秀的硕士生。

感谢国家重点研发计划项目“村镇土地智能调查关键技术研究”（项目号：2020YFD1100200）和国家自然科学基金项目（面上）“基于激光和视觉融合的变电站巡检机器人精准定位与可视化方法研究”（项目号：42074039）的资助，这些项目为本书提供了良好的科研平台和工程实践的场所。感谢课题组成员在数据采集、数据处理算法以及工程实践等方面所作出的贡献。

王　庆

2023 年 4 月

目　录

第1章 绪 论

同时定位与建图（simultaneous localization and mapping，SLAM）主要包括两个主要任务：定位与建图[1]。为了能够建立出精确的地图，机器人的位置必须足够精确，而机器人的位置又依赖地图的精度，两者相互依赖，互为因果关系，因此SLAM算法是一个典型的“鸡生蛋”和“蛋生鸡”的问题。机器人在未知的环境下初始化自己的位姿，地图的建立又依赖机器人自身的位姿，根据地图和机器人的共视关系实时求解得到机器人的位姿，再对每帧位姿观测到的共视点位置进行优化得到地图。定位问题一直是热门的研究方向，在室外环境下GNSS技术已经被广泛商用，但是在遮挡环境和室内环境下无法使用。IMU传感器可以推算得到相对位置但是需要初始对准并对环境温度较为敏感。随着硬件计算能力和传感器制作工艺的提升，以视觉和激光为主的主动定位传感器在近几年得到长足的发展。

SLAM算法使用的传感器主要有视觉、激光、单目/双目和IMU，为了能够感知更多的信息和得到更加稳定的定位结果，常常将多个传感器进行组合。无论前端使用何种传感器进行环境感知，SLAM算法的核心问题仍旧是对状态的估计。文献[2]首先使用扩展卡尔曼滤波（EKF）算法作为状态估计器增量地估计得到机器人的位姿和地图点。目前基于图优化的状态估计器已经替代了原有的卡尔曼滤波算法。从单一的传感器融合逐渐过渡到了多传感器融合的更加稳定的SLAM系统。

根据SLAM系统使用传感器的不同，SLAM系统可以分为基于激光的SLAM系统、基于视觉的SLAM系统和基于多传感器融合的SLAM系统。

1.1 基于激光的SLAM系统

激光雷达定位过程中常用的两种测距方法是三角测距法和飞行时间（time of flight，TOF）法，具体原理如图1-1和图1-2所示。三角测距法是通过接收器的光斑成像位置来求解距离[3]，激光发射器发射激光，在照射物体后，反射光由接收器接收，其斑点成像位置为x，已知激光发射器和接收器之间的相对位置s和β，以及接收器的焦距f，由三角形公式便可推出被测物体的距离d。而TOF法是通过测量光的飞行时间来测量距离的。其工作原理为通过激光发射器发出一束激光信号，经被测物体反射后由激光探测器接收，通过测量发射激光和接收激光的相位差来计算被测物体的距离[4]。与基于视觉的 SLAM 系统相比，区别在于激光发射器向物体发射的光不同，基于激光的 SLAM 系统所用的激光雷达常使用波长在 905～1550nm 的电磁波，而基于视觉的 SLAM 系统所用的深度相机利用的是可见光波段（400～780nm）的电磁波。相比于视觉传感器，激光传感器拥有直接测距能力。它的定位精度常在厘米级甚至毫米级，且不受光照条件的影响。

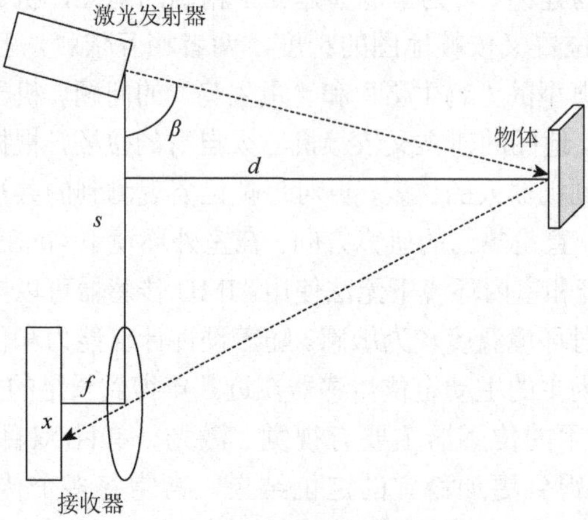

图 1-1　三角测距激光雷达工作原理图

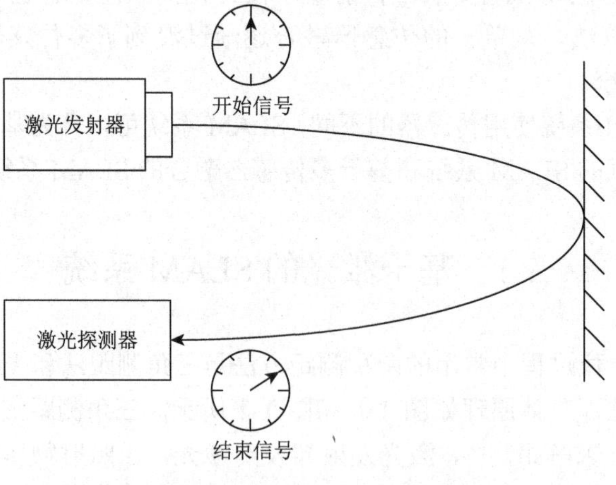

图 1-2　TOF 激光雷达工作原理图

根据激光的测量特性可以分为二维激光雷达和三维激光雷达[5]。

二维激光雷达只有一个光束在平面上转动，其感知能力有限但是价格低廉，价格通常是三维激光雷达的1/10，主要应用在家用的扫地机器人和安全防护中。

三维激光雷达能够同时发射出多个光束，通常使用的三维激光雷达拥有16线、32线和64线，随着线束的提升其价格也会升高。近些年国内激光雷达生产厂商如雷神科技、禾泰科技的崛起使得三维激光雷达的价格显著降低，以Velodyne 32线的激光雷达为例，2016年其价格为50万元，而现在以5万元的价格即可购买到。

激光的核心感知部件更加复杂，对制作工艺的要求更高，即使近几年激光传感器的价格降低，激光雷达的硬件成本仍旧高于视觉传感器。基于机械传动的激光雷达由于依赖电机的高速运动，其使用寿命只有5年的时间。而近几年出现的固态激光雷达虽然没有了机械传送带，但是量产困难且只能够感知前方180°的信息。表1-1列举了业界常用的激光传感器的型号和具体参数，供读者参考选用。表1-2所示为视觉传感器的型号和具体参数。

表1-1　激光传感器对比表

传感器名称（公司）	测距精度	功耗	扫描频率
AlphaPrime（Velodyne）	±3cm（典型）	23W	5～20Hz
Trimble MX50（Trimble）	2mm/2.5mm@30m	150W（最大350W）	320kHz和960kHz
PGL-050W3/180W3（HOKUYO）	±3（±1.5）mm	3.6W/12W	最大100Hz
RPLIDARA3（SLAMTEC）	实际距离的1%（≤3m） 实际距离的2%（3～5m） 实际距离的2.5%（5～25m）	2.25～3W	15Hz（10～20Hz可调）
CH128X1（Leishen）	±3cm	15W	5～25Hz

表1-2　视觉传感器对比表

<table>
<tr><th>传感器名称（公司）</th><th>加速度计</th><th>陀螺仪</th><th>灵敏误差</th><th>输出数据速率</th><th>分辨率（图像/视频输出）</th><th>帧频</th></tr>
<tr><td>Azure Kinect（Microsoft）</td><td>采样速率：1.6kHz</td><td>采样速率：1.6kHz</td><td>—</td><td>208Hz</td><td>颜色：1920像素×1080像素
深度：512像素×424像素</td><td>30帧/秒</td></tr>
<tr><td rowspan="4">ZED2（ZED）</td><td rowspan="4">范围：±8g
分辨率：0.244mg
噪声密度：3.2mg</td><td rowspan="4">范围：±1000°/s
分辨率：0.03°/s
噪声密度：0.16°/s</td><td rowspan="4">±0.4%</td><td rowspan="4">400Hz</td><td>4416像素×1242像素（2K）</td><td>15帧/秒</td></tr>
<tr><td>3840像素×1080像素（1080p）</td><td>30帧/秒</td></tr>
<tr><td>2560像素×720像素（720p）</td><td>60帧/秒</td></tr>
<tr><td>1344像素×376像素（WVGA）</td><td>100帧/秒</td></tr>
</table>

续表

传感器名称（公司）	加速度计	陀螺仪	灵敏误差	输出数据速率	分辨率（图像/视频输出）	帧频
S1030-IR-120/Mono（MYNTAI）	IMU 频率：100/200/250/333/500Hz 视角：146°H：122°V 同步精度：＜1ms（最低 0.05ms）				752 像素×480 像素 376 像素×240 像素	60 帧/秒
D435i（Intel）	范围：±4g 采样率： 62.5Hz、250Hz	范围： ±1000°/s 采样率： 200Hz、400Hz	—	—	输出深度：1280 像素×720 像素	90 帧/秒
Bumblebee-08S2（Point Grey）	—	—	—	—	水平：1032 像素 垂直：766 像素	20 帧/秒

注：H 表示水平；V 表示垂直。

三维激光雷达成本的降低，显著促进了基于激光 SLAM 算法的发展和落地。但是由于三维激光雷达的测量特点，对于较近的障碍物，其测距精度会受到多径反射的影响而降低，因此激光雷达多应用于室外空旷的环境下。同时，激光雷达会受到下雨和大雾的影响导致其测量可靠度降低。

激光传感器相比于视觉传感器，其感知能力较弱，近年来涌现出了很多和激光点云识别相关的论文，其中点云的语义分割及实例分割领域取得了显著进展，在点云语义分割方面，Qi 等[6]首次根据点云数据不规则、采样密度不确定的特点提出 PointNet。利用多层感知机逐点学习特征，通过最大池化层整合成全局特征以预测点云语义标签，同时提出 T-Net 网络结构解决点云旋转不变性的问题。Jiang 等[7]借鉴传统图像 SIFT 描述子的思想设计了一种可端到端输出的编码点云方向信息和自适应物体尺度大小的网络模块 PointSIFT，该模块实现了尺度不变性，集成到基于 PointNet 的分割方法中提升了分割精度，但速度和效率较低。Kumawat 等[8]为了降低三维卷积神经网络的计算和存储成本，提出了一种基于 3D 短时傅里叶变换（short term Fourier transform，STFT）的 Corrected Local Phase Volume（ReLPV）块来提取 3D 局部邻域的相位，显著减少了参数数量。Ma 等[9]为了更好地捕捉高维空间中的局部几何关系，提出了点全局上下文推理（PointGCR）模块，利用无向图表示沿通道维度捕获全局上下文信息，并且 PointGCR 是一个即插即用、端到端可培训的模块，它可以很容易地集成到现有的分割网络，以实现性能的提高。在点云实例分割方面，Hou 等[10]提出了三维全卷积语义实例分割（3D-SIS）网络，该网络从颜色和几何特征中学习，使用三维区域提议网络（3D region proposal network，3DRPN）和三维感兴趣区域（3D-ROI）层来预测边界盒位置、对象类标签和实例掩码，实现 RGB-D 扫描上的语义实例分割。Zhang 等[11]提出了一种用于大规模户外激光雷达点云分割的网络，该网络利用自注意力机制在点云的鸟瞰图上学习特征表示，最后根据预测的水平中心和高度限制得到实例标签。Jiang 等[12]提出了一种自底向上的 3D 点云实例分割框架 PointGroup，该框架利用两个分支网络分别学习点语义标签和点偏移向量将每个点移向各自的实例质心，通过原始点坐标和偏移位移的点坐标对点进行聚类，以优化点分组精度。Shen 等[13]应用离散余弦变换（DCT）将高分辨率二值 Grid Mask 编码为紧凑的向量，提出了一种低复杂度的高质量掩码表示 DCT-Mask，可以集成到大多数基于像素的实例分割方法中，获得了显著的效果。但是由于这些方法一般计算量大，难以部署在边缘设备中。

1.1.1 发展历程

激光 SLAM 算法从 2D 激光雷达发展到了 3D 激光雷达算法。在 2D 激光算法领域中《机器人概率学》这本书厥功至伟，这本书详细介绍了 2D 激光雷达的测量模型、基于卡尔曼滤波的状态估计器和概率论的基本原理和推导，促进了 2D 激光 SLAM 算法的发展。目前激光雷达大多使用网格地图对空间进行建模，根据状态估计器的不同大致能够分为如下三类。

（1）基于粒子滤波的 2D 激光 SLAM 算法。

Gmapping 是最为知名的基于 Rao-Blackwellisation 粒子滤波的 2D 激光 SLAM 算法，Gmapping 算法由 FastSLAM 算法改进而来。

（2）基于图优化的 2D 激光 SLAM 算法。

KartoSLAM、LagoSLAM、Cartographer 算法中状态估计器使用的是图优化，其中最为知名的是谷歌于 2016 年在 ICRA 上发布的 Cartographer 算法，此算法将 IMU 集成在系统中，即使使用 2D 激光也可以建立 3D 空间地图，同时使用 Branch-and-Bound 算法提高了回环的稳定性和精度。

（3）3D 激光 SLAM 算法。

EKF-SLAM 是激光 SLAM 领域中最早期的成果之一，它由状态预测、过程更新以及状态增广三部分组成。该算法的位姿估计和环境地图构建均由高维状态向量表示，利用泰勒公式将线性方程线性化，同时对状态向量的均值与方差进行估计和优化。

3D 激光相比于 2D 激光在一帧数据中拥有了更多线的激光数据，因此提高了激光匹配的准确度。在算法发展初期，3D 激光 SLAM 算法用的是 Scan-to-Model 算法框架，即将当前帧扫描到的激光数据和整个地图的激光数据做匹配，其典型的算法有 IMLS-SLAM 和 NDT 算法，其中 NDT 算法已经集成在了 PCL 点云库中，可以非常方便地使用。但是由于 Scan-to-Model 算法需要和整个地图进行匹配，因此其执行效率较低，作者在实际项目中使用 TX2 板卡运行 NDT 算法，最高只能以 3Hz 速度运行，难以在高速场景中进行使用。为了弥补这种缺陷，以帧-帧匹配为代表的 LOAM 类算法应运而生。这种算法的核心思想是使用鲁棒的点云帧间匹配来得到帧间的相对位姿变化。更加详细的关于 3D 激光 SLAM 算法的阐述见第 6 章。

近年来，随着深度学习有效性的提升，激光点云的 SLAM 框架中也引入了深度学习这一环节。深度学习在激光点云 SLAM 系统中主要能够完成如下任务：更加稳定的点云描述子生成和特征点云提取；识别和分割地面或动态物体；端到端的定位网络。激光点云数量较多，导致对于 GPU 计算资源有着较高的要求，很难部署在边缘设备中。

1.1.2　挑战和未来发展方向

仅依赖激光进行定位与建图在动态环境下很难达到良好的效果，主要原因是激光雷达感知相比于视觉传感器的语义感知能力要弱。为了解决激光感知能力弱的问题，近几年学术界使用激光传感器进行语义感知和理解，但是激光的语义感知深度学习模型推理时间较长，并不适合于工业界实际产品的落地。早些年有些工作尝试使用 IMU 来对动态环境进行滤波，动态环境的剔除结果过分依赖 IMU 的稳定性和精度。同时激光在处理几何高度一致的环境时，如走廊和非常空旷的驾校练习场，定位误差和精度退化比较严重。在较大的定位场景下，常常使用绝对定位传感器弥补激光雷达的不足，如 GNSS 和 UWB。

如果将空间中的点云进行聚类，使用类-类的匹配关系计算相对位姿，会显著降低误匹配的发生。相比于单个点只可以使用曲率作为描述子，聚类之后的点云可以提取多个维度的参数作为描述子进行匹配。为了提高激光定位的精度和稳定性，第 6 章提出了一种基于平面几何特征的定位方法，首先，利用三维激光点云稀疏的特点设计了一种拥有几何意义的曲率，新设计的曲率计算方法在不同场景下曲率阈值能够保持不变，从而能够有效地提取出空间中的平面点。其次，基于检测出的平面点提出了一种三次增长的平面检测方法，将三维激光点映射到体素空间后在体素空间中进行 BFS 增长，提高了平面点识别的准确率。然后，使用各帧提取出的平面点设计了一种基于膨胀和腐蚀的平面多边形凹凸点检测方法并用于平面匹配。最后，根据匹配的平面提出了一种不需要地图点参与的位姿优化方法。

同时激光容易受到恶意攻击的干扰导致其测量结果完全错误。文献[14]通过光电干扰方式成功欺骗了激光雷达，使其输出的测距结果完全错误。除了测距结果容易被欺骗，在使用深度学习模型进行感知的情况下，文献[15]证明其感知结果也容易被人为篡改。如何避免激光传感器被人为欺骗，尽可能地提高测量精度和稳定性是激光雷达广泛商业应用的必要前提。

1.2 基于视觉的 SLAM 系统

过去的十年是计算机视觉发展最快的十年，多视几何数学研究为视觉传感器建立三维空间打下了坚实的理论基础。GPU 性能的飞速提升和卷积神经网络的发明使得视觉传感器在感知方向上的应用变成可能。目前基于视觉传感器的 SLAM 系统可以运行在边缘设备上，例如，手机和嵌入式 ARM 架构的核心处理单元中。根据视觉传感器的类型可以将视觉 SLAM 算法分为单目相机 SLAM 算法、双目/多目相机 SLAM 算法、RGBD 相机 SLAM 算法和事件相机 SLAM 算法。其中，单目相机 SLAM 算法由于无法获得尺度信息，因此单目相机通常与低成本的 IMU 传感器进行融合，IMU 传感器在获得尺度信息的同时还能提供额外的匹配约束和位姿约束从而提高定位与建图的稳定性。双目/多目相机可以通过两个相机之间的基线信息确定尺度，但是由于两个相机之间的基线距离较近，因此其对于较远物体的位置估计精度较差。RGBD 相机能够直接从传感器中获取深度信息，但是由于受到测距原理的影响，RGBD 相机只能应用在室内场景且其测量距离在 50m 左右。事件相机是近几年被广泛研究的传感器类型，其特点是能够有效捕捉到环境中动态的物体，对无人机高速避障和在运动过程中提高照片清晰度有很大的帮助。目前对于事件相机的研究依旧停留在实验室阶段，其算法的成熟度和传感器的稳定性与实际应用仍旧有较大的差距。

1.2.1 发展历程

视觉 SLAM 根据使用传感器的不同可以分为单目/双目/RGBD SLAM 算法，单目视觉由于无法确定尺度细信息，因此单目相机常与 IMU 进行组合。双目相机根据基线标定结果能够确定尺度信息，RGBD 相机的尺度由传感器返回的深度确定。

视觉 SLAM 方法根据建立地图的稀疏程度可以分为稀疏法、半稠密法和稠密法。稀疏法通常根据 ORB 或者 SIFT 算法得到的特征点并加以三角化得到地图点的坐标，此种地图主要服务于定位算法。半稠密法通过使用光流对图像上大部分的像素进行跟踪并使用直接法计算得到相机位姿和地图信息，此种方法重建的地图稀疏程度介于稀疏法和稠密法之间。稠密法通过三维重建的方式建立可视化地图，其运算复杂度较高，不适用于实时定位的场合。

如图 1-3 所示，稀疏地图主要由点特征、线特征组成，因为只用到一帧图像的一小部分像素点，构建的地图比较稀疏，其主要用于机器人的定位；半稠密地图考虑到了某些像素梯度不存在，利用了图像中带有深度信息的像素，地图点相比稀疏地图多很多；稠密地图所有点都有深度值，可以进行 3D 重建。

(a) 稀疏地图　(b) 半稠密地图　(c) 稠密地图

图 1-3　SLAM 建图

状态估计器可以分为基于滤波的 EKF 类算法和非线性优化方法。为了提高非线性优化的精度，有些开源算法在非线性优化方法中使用了一致性估计(FEJ)，对于 FEJ 的介绍详见第 5 章的内容。近几年出现的 SLAM 算法分类如表 1-3 所示。

表 1-3　SLAM 算法分类

算法名称	发表年份	发表机构	单目/双目/RGBD/IMU	建图类型	有无回环	EKF/优化	特点
MonoSLAM	2007	帝国理工学院	单目	稀疏	无	EKF	第一个单目实时算法
MSCKF	2007	明尼苏达大学	单目	稀疏	无	EKF	基于滤波的紧耦合 VIO
PTAM	2007	牛津大学	单目	稀疏	无	非线性优化	最早的基于关键帧的多线程单目 SLAM
ORB-SLAM	2015	萨拉戈萨大学	单目＋双目＋RGBD	稀疏	有	非线性优化	多线程特征点法单目 SLAM
LSD	2014	慕尼黑工业大学	单目	半稠密	无	非线性优化直接法	大尺度直接法
SVO	2014	苏黎世联邦理工学院	单目	半稠密	无	非线性优化	结合直接法和特征点法的半直接法
DSO	2016	慕尼黑工业大学	单目	半稠密	无	非线性优化直接法	直接法 VO，相比传统特征点法精度高、速度快
DTAM	2011	帝国理工学院	RGBD	稠密	无	非线性优化	实时恢复场景三维模型，但是效率低
ElasticFusion	2015	帝国理工学院	RGBD	稠密	三维重建	非线性优化	适合重建房间大小的场景，融合重定位算法

续表

算法名称	发表年份	发表机构	单目/双目/RGBD/IMU	建图类型	有无回环	EKF/优化	特点
KinectFusion	2011	帝国理工学院	RGBD	稠密	三维重建	非线性优化	首次实现实时稠密三维重建
DynamicFusion	2015	华盛顿大学	RGBD	稠密	三维重建	非线性优化	实时重建动态场景
BundleFusion	2017	斯坦福大学	RGBD	稠密	三维重建	非线性优化	先稀疏后稠密的配准策略；采用分层位姿优化
OKVIS	2014	苏黎世联邦理工学院	双目 + IMU	稀疏	无	非线性优化 + FEJ	紧耦合；采用 IMU、关键帧、匹配多线程
VINS-Mono VINS-Fusion	2018 2021	香港科技大学	单目 + IMU 双目 + IMU	稀疏	有	非线性优化 + FEJ + EKF	紧耦合；完整的 SLAM 系统，支持在嵌入式平台运行
MSCKF + VIO	2018	宾夕法尼亚大学	单目 + IMU	稀疏	无	EKF	鲁棒性高，计算复杂度低，但是无法利用全局信息进行全局优化
ROVIO	2017	苏黎世联邦理工学院	单目 + IMU	稀疏	无	IEKF	紧耦合；基于光度误差的 IEKF 方法
ICE-BA	2018	百度、浙江大学	单目 + IMU	稀疏	有	非线性优化	增量式的 BA 提升了全局和局部 BA 的速度和精度
OV2SLAM	2021	巴黎萨克雷大学	单目 + 双目	稀疏	有	非线性优化	大范围直接法 SLAM，建图精度优于 ORB-SLAM3
DSM	2019	萨拉戈萨大学	单目	稀疏	无	非线性优化	精度与 ORB-SLAM3 相似，优于 LDSO
OpenVINS	2020	特拉华大学	单目+双目 + IMU	稀疏	有	EKF + FEJ	提供了一个视觉和 IMU 融合的算法框架；基于 MSCKF
Visual-Inertial Mapping with Non-Linear Factor Recovery	2020	慕尼黑工业大学	双目 + IMU	稀疏	有	非线性优化	VIO 和建图速度很快，VIO 为 7.83ms，建图为 52.8ms
VDO-SLAM：A Visual Dynamic Object-aware SLAM System	2020	澳大利亚国立大学	单目 + 双目 + RGBD	稀疏	无	非线性优化	现实环境下单目/双目 + 语义 SLAM（实例分割预处理）

续表

算法名称	发表年份	发表机构	单目/双目/RGBD/IMU	建图类型	有无回环	EKF/优化	特点
Compositional Scalable Object SLAM	2021	卡内基·梅隆大学	RGBD	稠密	无	非线性优化	使用 DNN 语义分割效果好
Kimera	2020	麻省理工学院	单目 + 双目 + IMU	稠密、稀疏	有	GTSAM	高度模块化的项目，可以实时运行

1.2.2 未来发展方向

视觉传感器在定位与建图中面临如下的困难：不同的光照条件会影响图像的特征点匹配和光流跟踪；动态环境会造成定位精度的下降；相机快速运动会导致感光元件拍摄得到的图像失真；在低纹理场景下难以提取有效的特征点和描述子进行匹配。在选择传感器上尽量选择全局快门而不是卷帘快门。卷帘快门在相机曝光时会逐行扫描图像，使得图像中的像素生成时间不一致。而全局快门能够保证曝光时间的一致性。在前端特征提取的过程中，尽可能多地使用图像中的语义信息，例如，平面、直线、动态物体分割，来构造后端的代价函数，语义信息相比于单个特征点的描述子其匹配准确度更高。为了提高视觉算法的位姿求解精度，第 5 章对 PnP、ICP 和 PGO 算法进行了改进，提高了位姿解算的稳定性和精度。

基于几何的传统 SLAM 方法多服务于移动机器人的定位模块，对于大规模建图和高清晰度的三维重建，现有 SLAM 算法难以胜任。未来视觉 SLAM 的发展方向主要聚焦在如何基于现有的 GPU 和 CPU 的资源条件下将更多的语义信息融入整体的 SLAM 系统中，需要在代码框架、算法性能和硬件平台上发力。语义信息的融入会扩大 SLAM 的应用场景和适用范围，如何做到快速地高精度建图和模型单体化，打破三维重建和 SLAM 的边界将为未来视觉 SLAM 落地应用指明方向。

1.3 基于多传感器融合的 SLAM 系统

SLAM 系统主要使用的四个传感器为视觉、激光、IMU 和以 GNSS 为主的射频定位传感器。其中，视觉和激光传感器承担着感知和定位的任务，而 IMU 和 GNSS 作为辅助传感器为定位过程提供先验约束和位姿约束。多传感器融合分为紧组合和松组合。松组合使用的是各个传感器单独推算的位姿结果，通过滤波的方式将两者的位姿进行组合，松组合的方式在优化过程中不会将各个传感器的状态和观测量纳入统一的优化方程中，而是每个传感器的观测和状态量相互独立，构建的优化方程也相互独立，传感器各自独立输出位姿再进行组合。松组合将各传感器独立输出位姿结果进行组合约束，而紧组合将各传感器状态合并在一起，发挥各传感器的优势以得到更好的组合数据。例如，视觉和 IMU 松组合时，运动太快或太慢，相机或者 IMU 各自的数据有很大误差，输出的位姿结果也很差；视觉和 IMU 紧组合时，运动太快时 IMU 获取数据，运动太慢时相机获取数据，因而会得到更精确的位姿。相比于松组合的优化方式，紧组合将多种传感器的位姿和测量值纳入统一的优化方程中进行状态的更新，由于在优化状态变量时增加了系统的观测量和约束关系，因此解算得到的结果可观测性更高、稳定性更强。同时，不同的传感器拥有不同的测量噪声，紧耦合的优化方式可以对多个传感器测量值进行平差，得到更加精确的结果。

下面以一个较为简单直观的例子说明紧耦合的优化结果要优于松耦合的原因。假设存在一个线性系统：

$$a_1\boldsymbol{x}_1 + a_2\boldsymbol{x}_2 + a_3\boldsymbol{x}_3 = b \tag{1-1}$$

式中，a_1、a_2、a_3 为系统的输入量；$\boldsymbol{X} = [\boldsymbol{x}_1 \quad \boldsymbol{x}_2 \quad \boldsymbol{x}_3]^{\mathrm{T}}$ 为三个输入量的系数；b 为系统的输出。

我们在此假设系统系数的真值为 $\boldsymbol{X} = [1 \quad 2 \quad 3]^{\mathrm{T}}$。采用随机数生成 15 组输入数据，得到输入矩阵 $\boldsymbol{A}_{15\times3}$，并利用输入矩阵和其系数的真值得到对应的输出矩阵：

$$\boldsymbol{B}_{15\times1} = \boldsymbol{A}_{15\times3}\boldsymbol{X} \tag{1-2}$$

对输出矩阵 $\boldsymbol{B}_{15\times1}$ 引入 $\mu = 0$，$\sigma^2 = 0.01$ 的高斯白噪声，分别使用松组合和紧组合的方式求解系统的系数 $\boldsymbol{X}$。Python 代码如算法 1.1 所示。

算法 1.1 Python 代码

```
import numpy as np
from numpy.linalg import solve
from numpy.linalg import lstsq
import random

def sum_error(xr,x):
   error=x-xr
   sum=0
   for i in range(error.shape[0]):
      sum+=error[i]**2
```

```
    return sum

X=np.mat('1 2 3').T
A=np.random.randint(1,10,45).reshape((15,3))
B=A*X

for j in range(B.shape[0]):
    B[j]=B[j]+random.gauss(0,0.01)

#松耦合
x2=np.mat('0 0 0').T
for i in range(int(A.shape[0]/A.shape[1])):
    x2=x2+solve(A[A.shape[1]*i:
A.shape[1]*(i+1)],B[A.shape[1]*i: A.shape[1]*(i+1)])
x2=x2*A.shape[1]/A.shape[0]
print("X=",x2)
print("error: ",sum_error(X,x2))

#紧耦合
x1=lstsq(A,B)
print("X=",x1[0])
print("error:",sum_error(X,x1[0]))
```

在松组合的方式中，将 15 个方程分成 5 个正定方程组，分别求出每个方程组的解，取其平均值作为最终解。

在紧组合中，直接计算包含 15 个方程的超定方程组，将其最小二乘解作为最终解。进行 5 次仿真实验后的结果如表 1-4 所示。

表 1-4　方程组系数求解结果

实验编号	松组合				紧组合			
	x_1	x_2	x_3	误差	x_1	x_2	x_3	误差
1	1.145	1.779	2.637	0.201	1.014	1.998	2.906	0.009
2	0.873	1.445	3.885	1.107	0.986	2.010	2.912	0.008
3	1.487	1.406	3.072	0.595	0.943	1.935	3.031	0.008

续表

实验编号	松组合				紧组合			
	$\boldsymbol{x}_1$	$\boldsymbol{x}_2$	$\boldsymbol{x}_3$	误差	$\boldsymbol{x}_1$	$\boldsymbol{x}_2$	$\boldsymbol{x}_3$	误差
4	0.988	1.947	3.055	0.006	0.955	1.964	3.019	0.004
5	0.880	2.113	2.850	0.049	0.869	2.026	2.994	0.018
平均				0.392				0.009

由测试结果可以看出，采用紧组合方式得到的精度要高于采用松组合方式，且采用紧组合的方式求解稳定性更高。

多传感器融合的前提是需要知道各个传感器的相对位姿关系，即外参系数。外参精度会直接影响融合的精度，不同传感器标定所使用的方法也不同，本小节首先介绍各种传感器之间的外参标定方法，然后对多传感器的融合进行介绍。

1.3.1 多传感器标定

在多传感器融合解决方案中，相机和IMU的融合搭建成本低且易实现高精度的定位与建图，因而在SLAM领域具有广阔的应用前景。Kalibr[16]是一个适用于多相机标定和相机与IMU标定的工具箱，可以标定相机的外参及相机与IMU的时间差，但相机和 IMU 之间的时间差不固定的时候，Kalibr 就没办法处理。VINS-Fusion[17]是一种基于优化的多传感器状态估计器，能够进行单目相机和IMU或双目相机和IMU之间的在线标定，还提供相机与IMU、GPS等多传感器数据的融合，让位姿更精确。此外还有一些算法，如 MSCKF-VIO[18]同样能进行相机与 IMU 的标定。mc-VINS[19]能对多相机与 IMU 的外参和时间偏移进行标定。IMU-tk[20, 21]可以对IMU内参进行标定。

相机结合深度传感器能够直接获取像素的深度，因此相较于普通相机，RGB-D相机在很多应用场景更具优势。Schops等[22]证明了直接RGB-D SLAM系统对卷帘快门、RGB 和深度传感器同步以及校准误差等因素高度敏感。为此Schops 提出了一个基准数据集，使用同步全局快门 RGB-D 相机，不需要对滚动快门等效果建模。相较于数据集 TUM RGB-D，在硬件、评测设置等方面更具优越性。

单目相机系统感知范围有限，在现实世界中往往采用多目相机联合感知系统，多目相机系统在感知方面展现出了卓越的性能。MCPTAM[23]是一种使用多目相机的SLAM系统。它利用不同相机之间视野重叠部分的纹理能在线实时标定相机的内参和多相机之间的外参。MultiCol-SLAM[24]是一种由多个鱼眼相机组成的 SLAM 系统，能够实现多个鱼眼相机之间的外参标定。此外，在 SVO 和 ROVIO[25]中同样能够进行多相机标定。

激光雷达具有强大的抗干扰能力，在光照复杂的情况下也能获得良好的应用。Livox Viewer 是一个激光雷达点云数据处理软件，其自带的标定工具可实现多个激光雷达的外参标定。但此方法依赖于多雷达的共视区域且需要手动操作，精度和效率与使用者的熟练度呈正相关，存在一定的局限性。为此 Livox 推出了自动标定算法——TFAC-Livox，其依靠几何一致性假设，通过对基准雷达进行移动建图，然后将其余雷达数据对 LiDAR 的重建地图不断进行迭代配准与计算，最后得到外参。Levinson[26]提出了一种运用于自动驾驶的多个三维激光雷达之间的内外参在线标定算法，能够在任意位置环境中自动标定激光雷达之间的内外参。

激光雷达能够准确感知目标的距离与速度等信息，IMU 能够获得运动物体的角度与姿态信息，二者结合能够解决激光 SLAM 更新速率低、由运动引起的失真以及垂直分辨率低等问题。因此，激光雷达和惯性导航进行组合的定位方式也是当今 SLAM 领域的热点。LIO-mapping[27]中介绍了一种紧组合的激光雷达与 IMU 的标定方法，通过联合优化 IMU 和 LiDAR 的测量数据，可以做到在 LiDAR 退化的情况下也没有明显漂移。LiDAR-Align 是一种用来寻找三维激光雷达与 IMU 之间外参的简易工具，此工具的主要局限在于其点云配准过于依赖周围环境，适用于在室内进行标定的机器。对于室外场景，此工具的效果不佳。

相机与激光雷达联合感知可以有效降低成本，同时弥补各自的不足，作为 SLAM 技术中的两大核心传感器，激光雷达与相机的融合使用逐渐成为当前研究的热点及难点问题，相关的标定算法也很多。Zhang 等[28]通过观测不同位姿下棋盘格标定板的相对位姿，实现了相机和二维激光雷达外参标定。但是单个位姿能够得到的约束较少，需要采集多视角下的标定板位姿进行标定。

三维激光雷达点云较为稀疏，难以从点云中直接检测角点，Zhou 等[29]通过 RANSAC 算法确定标定板平面和边缘，最后得到相机与激光雷达的外参。Wang 等[30]根据棋盘格标定板的点云反射强度和棋盘格色彩的关系，得到特征点位置后，采用 UPnP(Uncalibrated PnP)算法获取外参。Autoware 工具可通过相机与激光雷达之间的信号光束进行标定，但需要人工标注角点，引入操作误差。

上述算法采用的是离线标定方式，需要采集足够的数据后再进行标定，步骤烦琐，需要对传感器和标定算法有一定的了解。相比之下，在线标定简化了标定流程，降低了操作难度。Levinson 等[31]引入了一个概率监控算法和一个连续标定优化器，实现相机与激光雷达在线自动标定。Dhall 等[32]提出了一种基于 ArUco 标记的双目相机与三维激光雷达标定方法，采用 3D-3D 点对应的方式得到精确的外参。RegNet[33]是第一个用于计算多模态传感器之间的外参的深度卷积神经网络，可用于单目相机和激光雷达之间的标定。文献[34]提出了一种基于激光雷达测量的深度提取算法，用于相机特征轨迹的提取和运动估计。CalibNet[35]是一种自监督深度学习网络，能够实时自动估计三维激光雷达与二维相机之间的外参。

在一些特殊场景下，我们常用的传感器可能会出现一些退化，因此需要与其他类型传感器进行融合使用。SVIn2[36]演示了一种水下 SLAM 系统，该系统融合了声呐、视觉、惯性和深度传感器来实现水下导航。Gu 等[37]在其设计的水下 SLAM 系统中，提出新的水下相机与 IMU 标定模型。Arain 等[38]将稀疏立体点云与单目语义图像分割相结合，提出了两种改进的基于图像的水下障碍物检测的新方法。WiFi-SLAM[39]展示了一种基于无线信号的新型 SLAM 技术——WiFi，使用 GPLV 模型来确定未标记信号强度数据的潜空间位置。Aladsani 等[40]使用毫米波雷达和通信工具来定位，该方法能提供亚厘米级定位精度。类似的还有 Kanhere 等[41, 42]引入了更多借助无线信号进行定位的技术。Khattak 等[43]设计了一种带有 IMU 的热感摄像机 SLAM 系统，实现了在视觉退化环境下的自主导航。

1.3.2 激光和视觉融合

激光雷达和视觉的融合同样是未来 SLAM 发展的重要方向之一，二者融合面对的问题主要有三个方面：二者的联合标定、数据层面的融合以及与深度学习方法的结合。本小节聚焦后两个问题，将分别从硬件产品、数据处理和任务策略三个方面进行介绍。激光与视觉融合产品如图 1-4 所示。

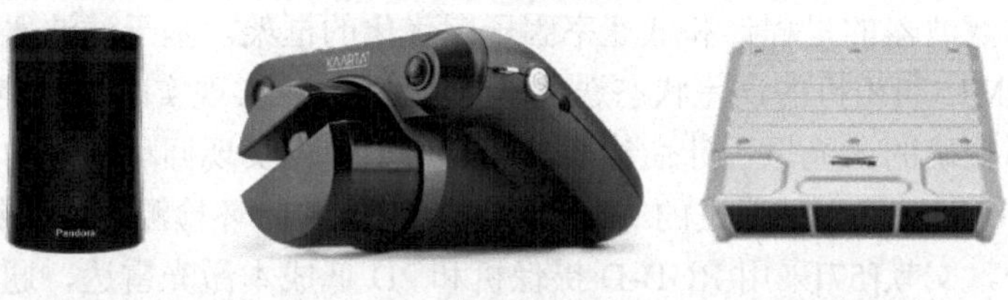

(a) Pandora (b) CONTOUR (c) Titan M1

图 1-4 激光与视觉融合产品

第一方面是硬件产品，目前市面上已经有较为成熟的激光雷达与相机融合的硬件套件。国外的产品有 KAARTA 公司的 CONTOUR 产品集合了激光和视觉的手持 3D 扫描仪，可以对复杂场景进行实时建图。国内的产品有如 HESAI 公司的 Pandora，它是一款整合了激光和视觉的产品，提供了 40 线激光雷达和 5 个相机，并提供了相应的相机识别算法。国内的产品也有如 Neuvition 的 Titan M1，这款固态激光雷达自带相机，省去了标定、时间同步等任务，可以应用于自动驾驶、轨道交通、三维测绘等任务。

第二个方面是数据处理。目前现有的融合方法大多为松耦合，如何实现真正数据层面的融合是目前融合算法的研究热点。激光雷达的深度数据通常较为稀疏但是精度较高，而相机的深度数据通常较为稠密但是精度较低，这也就分别导致了深度图的上采样和点云补全等问题。文献[44]针对回环检测中低重叠率点云匹配性能差的问题，提出了新的点云注册模型，有效提高了点云匹配成功率。文献[45]针对真实扫描的点云由于视点、遮挡和噪声的存在通常是不完整的，现在的点云补全的方法缺乏细节，提出变分关联点云补全网络。文献[46]依赖图像处理操作对稀疏雷达深度数据进行深度补全。文献[47]提出的系统结合了视觉传感器获得的图像数据和激光雷达获得的点云，开发了一种新的里程计直接法。文献[48]和[49]提出一种双级联子网络，采取先进行潜在表面猜测再使用空间细化进行点云补全的方法，产生更好的曲面重建效果。文献[50]探究稀疏输入的 CNN 操作，提出稀疏激光雷达数据的深度补全方案。DFuseNet[51]提出了一种 CNN 网络基于高分辨率强度图像中收集到的环境线索，对一系列稀疏范围进行上采样。

第三个方面是任务策略。主要原因是激光和视觉融合算力需求大，落地场景不明确，在融合时通常以激光为主导弱化了视觉的定位能力。视觉信息通常作为识别和避障的辅助信息。文献[52]提出的利用 Livox 激光雷达的非重复扫描特性，在不受控的场景下进行相机和激光雷达之间的自动校准，可以在大范围的室外环境下进行高精度的点云测绘。文献[53]实现了一个激光-视觉-惯性的紧耦合系统，通过因子图同时实现多传感器融合、全局优化和回环检测。文献[54]提出了一个基于高速率滤波器的里程计和低速率因子图优化的框架。基于滤波器的里程计融合了激光、IMU 和相机的误差状态迭代卡尔曼滤波，以实现实时性能。VI-SLAM[55]系统结合了精确的激光里程计估计器，以及使用视觉实现回环检测的位置识别算法。文献[56]提出了一种改进的二维激光融合视觉的闭环检测算法。针对 SLAM 的跟踪部分，文献[57]采用 RGB-D 摄像机和 2D 低成本激光雷达，通过模式切换和数据融合完成高鲁棒的室内 SLAM。VIL-SLAM[58]将紧耦合的双目视觉-惯性里程计与激光建图和激光增强的视觉回环检测结合到一起。在深度学习方面，有许多利用相机和激光的融合数据进行感知和识别的方法，MaskFormer[59]从掩模级别进行语义分割，使用同一个模型可以同时解决语义分割和实例分割问题。其他类似的成果还有 PointFusion[60]、RoarNet[61]、AVOD[62, 63]等。

1.3.3　未来发展方向

多传感器在融合时由于不同种传感器的测量尺度不一致，在优化位置的过程中其代价函数不在同一个尺度下，由于姿态旋转矩阵没有尺度信息，因此旋转矩阵不会受到影响。例如，当分别使用激光和视觉环绕建筑物进行定位时，激光和视觉的定位轨迹都可以形成闭环，但是轨迹无法重叠。因为激光和视觉的传感器尺度不一致，存在系数上的差距，所以在推导位姿时，位姿结果存在差异，因而轨迹无法重叠；至于都能回到原点，是因为它们的姿态旋转矩阵不和传感器相关，没有单位，因而都能构成闭环。

这就导致在尺度信息不一致的情况下将两种不同传感器测量得到的位姿结果放置在相同的代价函数中去优化是不合理的，目前多传感器融合中大多没有考虑尺度因素的影响，只是简单地构建联合优化函数。除了尺度问题，在多传感器融合中还存在着残差单位不一致性的问题，例如，使用IMU和视觉进行紧耦合时，IMU的残差通常是位姿的变化量，而视觉的代价函数残差是像素坐标差。为了保证两个优化变量在一个尺度上，通常会在IMU残差和视觉残差之间添加权重矩阵以保证两个残差量级相同。但是此权重矩阵的设置是作者根据实际测试数据经验总结得到的结果，不适用于其他的紧耦合框架，也就是说此权重缺乏可解释性。如何合理地设置优化权重也是未来需要解决的主要问题。

当系统中存在多个载具同时进行建图和定位时，其时间戳和坐标系统需要纳入统一的框架中处理，各自采集的数据通过锚点进行信息交互并对整体的地图进行实时更新是未来发展的主要方向。目前，多传感器融合时其感知信息利用不足，通常只使用单一传感器进行语义感知，如何充分利用视觉和激光的视觉进行更加准确和鲁棒的感知是未来几年的主要热点研究方向。现有的激光和视觉融合系统在进行融合时，常将视觉当作IMU来使用仅为激光提供优化前的初始位姿，或者将激光当作深度传感器来使用为视觉提供深度值的估计，并没有真正将两者的信息进行有效的紧耦合。为了弥补现有方法的不足，第7章提出了激光和视觉紧耦合的SLAM算法，首先，构建激光和相机紧耦合的帧间位姿估计方法，得到当前帧的初始位姿。然后，基于相机的代价函数和激光的代价函数对滑动窗口中的所有位姿进行优化。该算法没有仅将激光作为深度传感器，而是充分利用了激光所感知的信息与视觉的代价函数一同参与位姿的估计，所构建的激光代价函数是将当前位姿到空间中平面的距离作为残差。

由于多传感器融合的SLAM系统拥有更强的感知能力，而目前的SLAM算法重建出的地图仅仅是三维点云数据，缺乏语义信息，无法对空间中的物体进行单体化，因而无法应用在数字化的地图管理系统中。如何将SLAM的位姿代替SFM结果并结合语义分割信息对空间中的特定物体进行单体化和快速重建将是未来的主要研究方向。第7章提出了一种可以快速对平面进行可视化的方法，在激光传感器数据处理方面，使用三维激光的分辨率构建稀疏点云的体素，基于体素的连续性实现了平面的快速检测。为了保证平面融合时参数更新的实时性，提出了基于平面参数的增量式更新方法。视觉部分使用双目相机实现了基于滑动窗口的 SLAM 方法。同时，使用空间中平面点云来估计图像中处于同一平面像素的深度，进而对空间中的点云进行着色得到易于人机交互的三维稠密地图。

参 考 文 献

[1] Huang B，Zhao J，Liu J. A survey of simultaneous localization and mapping with an envision in 6g wireless networks[J]. arXiv preprint arXiv：1909.05214，2019.

[2] 雷杨浩. 室内动态环境下基于粒子滤波的服务机器人定位[D]. 绵阳：西南科技大学，2015.

[3] 柏文治. 基于激光雷达的服务机器人建图方法研究[D]. 武汉：华中科技大学，2017.

[4] 宋萍，刘殿敏，翟亚宇. 一种提高 TOF 激光成像雷达测距精度的方法. CN108594254A[P]. 2018.

[5] Huang B，Zhao J，Liu J. A survey of simultaneous localization and mapping[J]. arXiv preprint arXiv：1909.05214，2019.

[6] Qi C R，Su H，Mo K，et al. Pointnet：Deep learning on point sets for 3d classification and segmentation[C]// Proceedings of the IEEE Conference on Computer Vision and Pattern Recognition. Hawaii，2017：652-660.

[7] Jiang M，Wu Y，Zhao T，et al. Pointsift：A sift-like network module for 3d point cloud semantic segmentation[J]. arXiv preprint arXiv：1807.00652，2018.

[8] Kumawat S，Raman S. LP-3DCNN：Unveiling local phase in 3d convolutional neural networks[C]//Proceedings of the IEEE/CVF Conference on Computer Vision and Pattern Recognition. Long Beach，2019：4903-4912.

[9] Ma Y，Guo Y，Liu H，et al. Global context reasoning for semantic segmentation of 3D point clouds[C]// Proceedings of the IEEE/CVF Winter Conference on Applications of Computer Vision. Colorado，2020：2931-2940.

[10] Hou J，Dai A，Nießner M. 3D-SIS：3D semantic instance segmentation of RGB-D scans[C]//Proceedings of the IEEE/CVF Conference on Computer Vision and Pattern Recognition. Long Beach，2019：4421-4430.

[11] Zhang F，Guan C，Fang J，et al. Instance segmentation of LiDAR point clouds[C]//2020 IEEE International Conference on Robotics and Automation（ICRA）. Paris，2020：9448-9455.

[12] Jiang L，Zhao H，Shi S，et al. Pointgroup：Dual-set point grouping for 3d instance segmentation[C]//Proceedings of the IEEE/CVF Conference on Computer Vision and Pattern Recognition. Seattle，2020：4867-4876.

[13] Shen X，Yang J，Wei C，et al. Dct-mask：Discrete cosine transform mask representation for instance segmentation[C]//Proceedings of the IEEE/CVF Conference on Computer Vision and Pattern Recognition. Virtual，2021：8720-8729.

[14] 王萃，张会彬. 激光雷达距离欺骗干扰技术研究[J]. 大众科技，2015，17（1）：18-20，9.

[15] Cao Y，Bhupathiraju S H，Naghavi P，et al. You can't see me：Physical removal attacks on LiDAR-based autonomous vehicles driving frameworks[J]. arXiv preprint arXiv:2210.09482，2022.

[16] Rehder J，Nikolic J，Schneider T，et al. Extending kalibr：Calibrating the extrinsics of multiple IMUs and of individual axes[C]//2016 IEEE International Conference on Robotics and Automation（ICRA）. Stockholm，2016：4304-4311.

[17] Qin T，Shen S. Online temporal calibration for monocular visual-inertial systems[C]//2018 IEEE/RSJ International Conference on Intelligent Robots and Systems（IROS）. Madrid，2018：3662-3669.

[18] Sun K，Mohta K，Pfrommer B，et al. Robust stereo visual inertial odometry for fast autonomous flight [J]. IEEE Robotics and Automation Letters，2018，3（2）：965-972.

[19] Eckenhoff K，Geneva P，Bloecker J，et al. Multi-camera visual-inertial navigation with online intrinsic and extrinsic calibration[C]//2019 International Conference on Robotics and Automation（ICRA）. Montreal，2019：3158-3164.

[20] Tedaldi D，Pretto A，Menegatti E. A robust and easy to implement method for IMU calibration without external equipments[C]//2014 IEEE International Conference on Robotics and Automation（ICRA）. Hong Kong，2014：3042-3049.

[21] Pretto A，Grisetti G. Calibration and performance evaluation of low-cost IMUs[C]//Proceedings of 20th IMEKO TC4 International Symposium. Benevento，2014：429-434.

[22] Schops T，Sattler T，Pollefeys M. Bad slam：Bundle adjusted direct rgb-d slam[C]//Proceedings of the IEEE/CVF Conference on Computer Vision and Pattern Recognition. Long Beach，2019：134-144.

[23] Harmat A，Trentini M，Sharf I. Multi-camera tracking and mapping for unmanned aerial vehicles in unstructured environments [J]. Journal of Intelligent & Robotic Systems，2015，78（2）：291-317.

[24] Urban S，Hinz S. Multicol-slam-a modular real-time multi-camera slam system [J]. arXiv preprint arXiv：161007336，2016.

[25] Bloesch M，Burri M，Omari S，et al. Iterated extended Kalman filter based visual-inertial odometry using direct photometric feedback [J]. The International Journal of Robotics Research，2017，36（10）：1053-1072.

[26] Levinson J S. Automatic Laser Calibration，Mapping，and Localization for Autonomous Vehicles[M]. San Francisco：Stanford University，2011.

[27] Ye H，Chen Y，Liu M. Tightly coupled 3d LiDAR inertial odometry and mapping[C]//2019 International Conference on Robotics and Automation（ICRA）. Montreal，2019：3144-3150.

[28] Zhang Q，Pless R. Extrinsic calibration of a camera and laser range finder（improves camera calibration）[C]//2004 IEEE/RSJ International Conference on Intelligent Robots and Systems（IROS）. Sendai，2004：2301-2306.

[29] Zhou L，Li Z，Kaess M. Automatic extrinsic calibration of a camera and a 3d LiDAR using line and plane correspondences[C]//2018 IEEE/RSJ International Conference on Intelligent Robots and Systems（IROS）. Madrid，2018：5562-5569.

[30] Wang W，Sakurada K，Kawaguchi N. Reflectance intensity assisted automatic and accurate extrinsic calibration of 3D LiDAR and panoramic camera using a printed chessboard [J]. Remote Sensing，2017，9（8）：851.

[31] Levinson J，Thrun S. Automatic online calibration of cameras and lasers[C]//Robotics：Science and Systems. Berlin，2013：7.

[32] Dhall A，Chelani K，Radhakrishnan V，et al. LiDAR-camera calibration using 3D-3D point correspondences [J]. arXiv preprint arXiv：170509785，2017.

[33] Schneider N，Piewak F，Stiller C，et al. RegNet：Multimodal sensor registration using deep neural networks[C]//2017 IEEE Intelligent Vehicles Symposium（IV）. Redondo Beach，2017：1803-1810.

[34] Graeter J，Wilczynski A，Lauer M. Limo：LiDAR-monocular visual odometry[C]//2018 IEEE/RSJ International Conference on Intelligent Robots and Systems（IROS）. Madrid，2018：7872-7879.

[35] Iyer G，Murthy J K，Krishna K M. CalibNet：Self-supervised extrinsic calibration using 3D spatial transformer networks [J]. arXiv preprint arXiv：180308181，2018.

[36] Rahman S，Li A Q，Rekleitis I. SVIn2：An underwater SLAM system using sonar，visual，inertial，and depth sensor[C]//2019 IEEE/RSJ International Conference on Intelligent Robots and Systems（IROS）. Macao，2019：1861-1868.

[37] Gu C，Cong Y，Sun G. Environment driven underwater camera-IMU calibration for monocular visual-inertial

SLAM[C]//2019 International Conference on Robotics and Automation（ICRA）. Montreal，2019：2405-2411.

[38] Arain B，McCool C，Rigby P，et al. Improving underwater obstacle detection using semantic image segmentation[C]//2019 International Conference on Robotics and Automation（ICRA）. Montreal，2019：9271-9277.

[39] Ferris B，Fox D，Lawrence N D. WiFi-SLAM using Gaussian process latent variable models[C]//IJCAI. Hyderabad，2007：2480-2485.

[40] Aladsani M，Alkhateeb A，Trichopoulos G C. Leveraging mmWave imaging and communications for simultaneous localization and mapping[C]//ICASSP 2019 IEEE International Conference on Acoustics，Speech and Signal Processing（ICASSP）. Brighton，2019：4539-4543.

[41] Kanhere O，Rappaport T S. Position locationing for millimeter wave systems[C]//2018 IEEE Global Communications Conference（GLOBECOM）. Abu Dhabi，2018：206-212.

[42] Rappaport T S，Xing Y，Kanhere O，et al. Wireless communications and applications above 100 GHz：Opportunities and challenges for 6G and beyond[J]. IEEE Access，2019，7：78729-78757.

[43] Khattak S，Papachristos C，Alexis K. Keyframe-based direct thermal–inertial odometry[C]//2019 International Conference on Robotics and Automation（ICRA）. Montreal，2019：3563-3569.

[44] Huang S，Gojcic Z，Usvyatsov M，et al. Predator：Registration of 3d point clouds with low overlap[C]//Proceedings of the IEEE/CVF Conference on Computer Vision and Pattern Recognition（CVPR）. Nashville，2021：4267-4276.

[45] Pan L，Chen X，Cai Z，et al. Variational relational point completion network[C]//Proceedings of the IEEE/CVF Conference on Computer Vision and Pattern Recognition（CVPR）. Nashville，2021：8524-8533.

[46] Ku J，Harakeh A，Waslander S L. In defense of classical image processing：Fast depth completion on the cpu[C]//2018 15th Conference on Computer and Robot Vision（CRV）. Ontario，2018：16-22.

[47] Qian J，Chen K，Chen Q，et al. Robust visual-LiDAR simultaneous localization and mapping system for UAV[J]. IEEE Geoscience and Remote Sensing Letters，2021，19：1-5.

[48] Li R，Li X，Heng P A，et al. Point cloud upsampling via disentangled refinement[C]//Proceedings of the IEEE/CVF Conference on Computer Vision and Pattern Recognition. Nashville，2021：344-353.

[49] Xie C，Wang C，Zhang B，et al. Style-based point generator with adversarial rendering for point cloud completion[C]//Proceedings of the IEEE/CVF Conference on Computer Vision and Pattern Recognition. Nashville，2021：4619-4628.

[50] Uhrig J，Schneider N，Schneider L，et al. Sparsity invariant cnns[C]//2017 International Conference on 3D Vision（3DV）. Qingdao，2017：11-20.

[51] Shivakumar S S，Nguyen T，Miller I D，et al. DFuseNet：Deep fusion of RGB and sparse depth information for image guided dense depth completion[C]//2019 IEEE Intelligent Transportation Systems Conference（ITSC）. Auckland，2019：13-20.

[52] Zhu Y，Zheng C，Yuan C，et al. Camvox：A low-cost and accurate LiDAR-assisted visual slam system[C]//2021 IEEE International Conference on Robotics and Automation（ICRA）. Xi'an，2021：5049-5055.

[53] Shan T，Englot B，Ratti C，et al. Lvi-sam：Tightly-coupled LiDAR-visual-inertial odometry via smoothing and mapping[C]//2021 IEEE International Conference on Robotics and Automation（ICRA）. Xi'an，2021：5692-5698.

[54] Lin J，Zheng C，Xu W，et al. R2LIVE：A robust，real-time，LiDAR-inertial-visual tightly-coupled state estimator and mapping[J]. IEEE Robotics and Automation Letters，2021，6（4）：7469-7476.

[55] Nava Y. Visual-LiDAR SLAM with loop closure[D]. Stockholm：KTH Royal Institute of Technology，2018.

[56] Tong Y C，Cui W，Fu H Y. SLAM closed-loop detection method of 2D laser fusion vision in a larger

space[C]//Journal of Physics：Conference Series. IOP Publishing. Chengdu，2021：012036.

[57] Xu Y，Ou Y，Xu T. SLAM of robot based on the fusion of vision and LIDAR[C]//2018 IEEE International Conference on Cyborg and Bionic Systems（CBS）. Shenzhen，2018：121-126.

[58] Shao W，Vijayarangan S，Li C，et al. Stereo visual inertial LiDAR simultaneous localization and mapping[C]//2019 IEEE/RSJ International Conference on Intelligent Robots and Systems（IROS）. Macao，2019：370-377.

[59] Cheng B，Schwing A，Kirillov A. Per-pixel classification is not all you need for semantic segmentation[J]. Advances in Neural Information Processing Systems，2021，34：17864-17875.

[60] Xu D，Anguelov D，Jain A. PointFusion：Deep sensor fusion for 3D bounding box estimation[C]//Proceedings of the IEEE Conference on Computer Vision and Pattern Recognition. Salt Lake，2018：244-253.

[61] Shin K，Kwon Y P，Tomizuka M. RoarNet：A robust 3D object detection based on region approximation refinement[C]//2019 IEEE Intelligent Vehicles Symposium（IV）. Paris，2019：2510-2515.

[62] Ku J，Mozifian M，Lee J，et al. Joint 3D proposal generation and object detection from view aggregation[C]//2018 IEEE/RSJ International Conference on Intelligent Robots and Systems（IROS）. Madrid，2018：1-8.

[63] Wang Z，Zhan W，Tomizuka M. Fusing bird's eye view LiDAR point cloud and front view camera image for 3D object detection[C]//2018 IEEE Intelligent Vehicles Symposium（IV）. Changshu，2018：1-6.

第 2 章　SLAM 基础算法

SLAM 的框架包含传感器数据、前端、后端、回环检测和建图五个部分。前端负责提取特征点并对其进行持续跟踪；后端根据前端提供的特征，再结合传感器测得的数据，进行全局的状态估计；回环检测一般独立于前端和后端之外，作为 SLAM 中一个单独的模块。SLAM 的建图一般建立的是稀疏的路标地图，主要为相机本体的定位服务。经典 SLAM 的框架主要由如下五个部分构成。

（1）传感器数据：根据传感器的不同，在 SLAM 中主要是激光雷达和相机作为数据来源。

（2）前端里程计：前端里程计的作用是估算相邻时刻机器人的运动，以及建立局部的地图。

（3）后端优化：后端根据前端提供的机器人的位姿、地图信息及回环检测的结果，负责整体的优化，得到完整的运动轨迹和全局的地图。

（4）回环检测：回环检测判断机器人是否达到过先前的位置，如果检测到回环，将信息提供给后端进行处理[1]。

（5）建图：根据估计的轨迹，建立相应的地图。

前端里程计根据相邻帧间的数据估计机器人的运动，估算局部地图，但它只能计算相邻时刻的运动，而和过去的信息没有关系。每次估计都有一定的误差，先前时刻的误差会传递到下一时刻，经过一段时间后，估计的轨迹不再准确。如果仅靠里程计来估计，会将每一时刻的误差进行累积，不可避免地出现累积漂移。为了解决误差累积导致的轨迹漂移问题，需要进行后端优化和回环检测。

后端优化主要指从噪声数据中估计最优轨迹与地图。因为传感器会受到噪声的干扰，而且传感器还会受到温度、磁场等外界条件的影响，以弥补前端的累积误差。

后端优化属于一个最大后验概率的状态估计问题，如何从带有噪声的数据中估计整个系统的状态（机器人自身的姿势和地图信息），以及这个状态估计的不确定性有多大。

在 SLAM 发展的早期，后端优化主要是根据卡尔曼滤波进行处理，将系统默认为噪声是高斯分布，以及后来根据泰勒级数展开对非线性系统进行线性化处理。

回环检测，又名闭环检测，是通过判断机器人是否到达过先前的位置，来解决位置估计随时间漂移产生的误差累积的问题。

回环检测需要和定位与建图进行联系，地图存在的意义是机器人可以识别出到过的场景从而知晓自己到过的地方，从而减小累积误差。理论上可以通过在环境中设置标志物来判断机器人是否经过，但对设备的使用环境进行了限制，所以更好的方法是借助机器人自身携带的传感器，通过判断激光雷达的点云数据或相机拍摄的图像间的相似性来完成回环检测。所以回环检测其实是检测相似性的算法，近些年发展起来的深度学习可以使回环检测的准确度得到提高。

建图是指构建地图的过程，它可以分为拓扑地图和度量地图。

拓扑地图强调地图中元素之间的关系，它由节点和边组成，只考虑节点间的连通性，不考虑两者之间的连接关系。它降低了地图对精确位置的要求，去掉了地图的细节，是一种更为紧凑的表达方式[2]。

度量地图更强调准确地表示地图之间的位置关系，按照抽象程度通常分为稀疏地图和稠密地图。稀疏地图对实际环境进行了抽象简化，并不需要表达所有物体，而是选择了一些路标来组成一张地图，路标之外的地图信息被忽略。稠密地图不仅有由激光雷达扫描的点云地图，还有根据相机拍摄的图像，按照预定的分辨率对实际环境进行分块，在 2D 地图中由一个个小方格子组成，称为栅格地图，在 3D 地图中由许多小方块组成，称为网格地图。每一个小块可以存储一种状态，以表达该小方块内是否有物体，它虽然表达非常准确，但是占据了大量的存储空间。

SLAM 算法主要使用的传感器为视觉传感器和激光传感器，两种传感器在前端特征匹配和优化时构建的代价函数有所区别，因此 2.1 节将对视觉传感器和激光传感器的 SLAM 算法中使用到的关键技术进行简要介绍。SLAM 算法本质上是一个根据输入对各种状态进行估计的问题，状态估计脱离于具体的传感器是一个高度抽象的数学问题，因此在 2.2 节详细介绍了在 SLAM 中常用的三种状态估计器：卡尔曼滤波、粒子滤波和非线性优化。

2.1 视觉与激光 SLAM 算法

2.1.1 视觉 SLAM 算法

视觉里程计的前端主要负责完成空间环境匹配的工作，即不断地在图像之间进行信息匹配，并把匹配结果发送给后端从而生成新的地图点。前端作为视觉 SLAM 系统中最为重要的一环，其方法通常分为两类：特征点法（间接法）和直接法。本小节将对这两种方法进行介绍。

1. 特征点法

1）特征点

鉴于前端的目的是希望通过两帧图像对相机进行位姿估计，最直观的想法是希望能在图像中找到一些“特别的点”来进行更有效的图像匹配，像边缘点、角点和一些区块等并以其作为参照物。这些点就被称为特征点，这些点在图像发生旋转、平移、缩放等变换之后还可以被识别出来，具有较好的局部一致性和可重复检测性。

特征点由两部分构成：关键点和描述子。关键点通常被选取为角点，表现为附近的像素点在任意方向颜色都剧烈变化，如 FAST 角点、GFTT 角点、Harris 角点等。但是只使用角点性质不够稳定，其在相机的平移、缩放、旋转等运动后就可能不再是角点。为了解决这个问题，计算机视觉研究者设计了更稳定的特征点，这些特征点不会由于光照变化、相机的移动或旋转而改变，如 SIFT、SURF、ORB 等。描述子则是用于形容关键点的相似性而被设计出来的，通常具有尺度不变性和旋转不变性[3]。描述子是根据关键点周围的像素信息，人为设计的一种表示方法，通常为一种向量，如 BRIEF 描述子。所以若两个关键点描述子相同或相近，就可以认为两个关键点为同一个点。

2）特征匹配

目前主流的特征匹配方法可以分为两种：模板匹配和描述子匹配。模板匹配是基于模板的一种模式识别的匹配方法，模板指的是特征点邻近域图像块，通过对比不同图块与选定的模板图块的相似度进行匹配。描述子匹配则是通过对比描述子之间的距离，不同的描述子种类使用不同的距离度量。如果是浮点类型的描述子，可以采用欧氏距离进行比较；如果是二进制描述子（BRIEF），可以采用汉明距离（两个二进制串不同位数的个数）进行比较[4]。

特征匹配的方法有很多，在这里重点介绍描述子匹配算法。首先要实现两组点的比较，最容易想到的就是把其中一张图里的每一个特征点都和另外一张图里的每一个特征点进行匹配，这就是暴力匹配（brute-force matcher）方法的思想。但是它的缺点也很明显，当特征点数目增多时，运算量会非常大，匹配所消耗的时间也会成倍增加，不满足系统实时性的要求。除了暴力匹配，针对匹配点数目极多的情况，通常采取快速近似最近邻（FLANN）算法。为了加速匹配过程，通常也采用 k-d 树，在高维空间中查找最近邻从而加速特征匹配的过程。

即使不采用暴力匹配方法进行特征匹配，由于受到光照、环境纹理特征缺失或相似、噪声等影响，结果仍旧会产生很多的误匹配。常见的做法有采取一些滤波算法来排除错误的匹配点，如可以给汉明距离设定阈值。也可以采用交叉匹配的方法检查双方是否互为最近邻来减少误匹配。另外，还可以采用随机一致性采样（RANSAC）方法，通过计算两个匹配图像之间的单应性矩阵，然后利用重投影误差来判定匹配正确与否。

在非连续帧进行特征匹配时，采取暴力匹配的方法会非常耗时，为了加速这一过程，提出词袋（bag of words）算法，对非连续的两帧图像进行相似性比较。只对相似的图像进行匹配，将非连续帧尽可能变为连续帧匹配。所以当非连续帧视角变化较大时，即使使用词袋模型，也很难表示出非连续帧的相似性。

3）姿态估计

经过特征匹配，已经可以得到匹配好的特征点对，但是根据所使用的视觉传感器的不同，我们得到的点对性质也不同。单目相机只能获得 2D 像素坐标，而双目相机或 RGB-D 相机可以得到 3D 地图点。那么针对 2D、3D 点的不同，所使用的位姿估计的方法也就有所区别。下面将对 2D-2D 点匹配、3D-2D 点匹配、3D-3D 点匹配三种不同的情况进行介绍。

（1）2D-2D 点匹配——对极几何约束。

首先，当使用单目相机时，我们只能获得 2D 的像素坐标。根据匹配的 2D 坐标点进行位姿估计，所采取的方法是对极几何。对极几何约束如图 2-1 所示，目前已知两张二维图像上特征点的匹配关系和像素坐标，以 p_1 和 p_2 为例。任务是求解 P 的地图点坐标以及两帧图像的变换矩阵（$\boldsymbol{T}_{1,2}$，即相机的旋转矩阵 $\boldsymbol{R}$ 和平移矩阵 $\boldsymbol{t}$）。

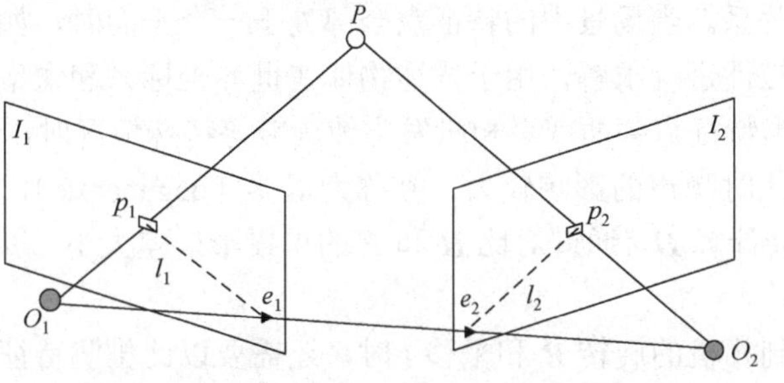

图 2-1　对极几何约束

根据针孔相机模型，可推导出对极几何约束关系公式：

$$\boldsymbol{x}_2^{\mathrm{T}}\boldsymbol{t}^{\wedge}\boldsymbol{R}\boldsymbol{x}_1 = \boldsymbol{0} \tag{2-1}$$

$$\boldsymbol{p}_2^{\mathrm{T}}\boldsymbol{K}^{-\mathrm{T}}\boldsymbol{t}^{\wedge}\boldsymbol{R}\boldsymbol{K}^{-1}\boldsymbol{p}_1 = \boldsymbol{0} \tag{2-2}$$

其中，$\boldsymbol{x}_1$ 和 $\boldsymbol{x}_2$ 是两个像素点 $\boldsymbol{p}_1$ 和 $\boldsymbol{p}_2$ 进行归一化得到的坐标；符号 $\wedge$ 是向量到反对称矩阵的转换符。进一步对上述公式进行处理，定义本质矩阵（essential matrix）$\boldsymbol{E}$ 和基础矩阵（fundamental matrix）$\boldsymbol{F}$，于是可以将对极几何约束公式进一步化简。

$$
\begin{cases}
\boldsymbol{E} = \boldsymbol{t}^{\wedge}\boldsymbol{R} \\
\boldsymbol{F} = \boldsymbol{K}^{-\mathrm{T}}\boldsymbol{E}\boldsymbol{K}^{-1} \\
\boldsymbol{x}_2^{\mathrm{T}}\boldsymbol{E}\boldsymbol{x}_1 = \boldsymbol{p}_2^{\mathrm{T}}\boldsymbol{F}\boldsymbol{p}_1 = \boldsymbol{0}
\end{cases}
\tag{2-3}
$$

根据对极几何约束，由于 $\boldsymbol{x}_1$ 和 $\boldsymbol{x}_2$、$\boldsymbol{p}_1$ 和 $\boldsymbol{p}_2$ 已知，可以求出 $\boldsymbol{E}$ 或 $\boldsymbol{F}$。再根据 $\boldsymbol{E}$ 或 $\boldsymbol{F}$ 即可求出相机的旋转 $\boldsymbol{R}$ 和平移 $\boldsymbol{t}$，也就完成姿态估计任务。

$\boldsymbol{E}$ 是一个 3×3 的矩阵，含有 9 个未知数，那至少要多少对点才可以求出 $\boldsymbol{E}$ 呢？空间刚体有 6 个自由度，但由于 $\boldsymbol{E}$ 尺度等价性的特点，即对极几何约束增加了一个约束条件，$\boldsymbol{E}$ 实际有 5 个自由度。如果从求解线性方程角度考虑，只需要 5 对点就可以求解，但因为 $\boldsymbol{E}$ 具有非线性的性质，在求解线性方程时会产生麻烦。因此处理方法是，把 $\boldsymbol{E}$ 看作 3×3 的普通矩阵，但由于其尺度等价性，使用 8 对点即可估计 $\boldsymbol{E}$，这就是所谓的八点法（eight-point-algorithm）[5]。

当使用八点法求解得到 $\boldsymbol{E}$ 之后，如何恢复出相机的旋转 $\boldsymbol{R}$ 和平移 $\boldsymbol{t}$ 呢？可以使用奇异值分解（SVD）的方法：

$$
\boldsymbol{E} = \boldsymbol{U}\boldsymbol{\Sigma}\boldsymbol{V}
\tag{2-4}
$$

根据 $\boldsymbol{E}$ 的内在性质，$\boldsymbol{E}$ 的奇异值必定为 $[\sigma,\sigma,0]^{\mathrm{T}}$，所以 $\boldsymbol{\Sigma} = \mathrm{diag}[\sigma,\sigma,0]$。即使有多种可能的解，但是符合实际情况的解只有 1 种。

在对极几何中，还存在一种矩阵——单应性矩阵（homography）$\boldsymbol{H}$，代表两个平面的映射关系。当场景中的特征点全部处于一个平面时，如地面、墙面等，就可以通过单应性进行求解，用于描述物体在世界坐标系和像素坐标系之间的位置映射关系。当特征点共面或者相机发生纯旋转等特殊情况时，基础矩阵 $\boldsymbol{F}$ 的自由度会下降，此时噪声的影响较大，被称为退化（degenerate），此时为了避免退化的影响，便会计算 $\boldsymbol{H}$，通过对比 $\boldsymbol{H}$ 和 $\boldsymbol{F}$ 的重投影误差大小，以此来作为最终的运动估计矩阵。

当已经得到相机的旋转 $\boldsymbol{R}$ 和平移 $\boldsymbol{t}$ 时，还需要以此推测特征点的空间位置，也就是地图点的坐标。在单目 SLAM 中，无法直接获得像素的深度信息，我们需要通过三角测量（triangulation）来估计地图点的深度，如图 2-2 所示[6]。

根据对极几何，相机的位姿变化有

$$
s_1 x_1 = s_2 \boldsymbol{R} x_2 + \boldsymbol{t}
\tag{2-5}
$$

目前已知 x_1 和 x_2 为两个特征点的归一化坐标，只需要求出两个特征点的深度 s_1 和 s_2。s_1 和 s_2 可以分别求出，例如，当计算 s_2 时，可以将式（2-5）等号两边左乘 $\boldsymbol{x}_1^{\wedge}$，由式（2-6）即可得空间坐标。

$$
s_1 \boldsymbol{x}_1^{\wedge} \boldsymbol{x}_1 = s_2 \boldsymbol{x}_1^{\wedge} \boldsymbol{R} \boldsymbol{x}_2 + \boldsymbol{x}_1^{\wedge} \boldsymbol{t} = \boldsymbol{0}
\tag{2-6}
$$

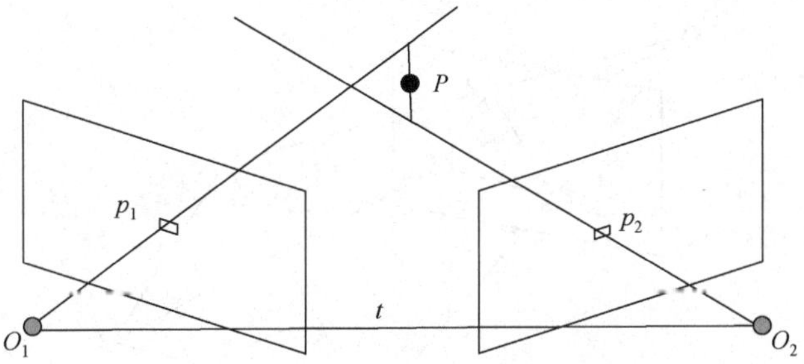

图 2-2　三角测量示意图

但是由于相机只有平移才会产生三角测量，纯旋转无法进行三角测量。并且在平移量较小时，三角测量往往伴随着较大的误差。在单目 SLAM 中，为了获取较大的视角，通常需要等待特征点被追踪几帧之后再进行三角测量，也就是延迟三角化。但如果此时相机发生原地旋转，导致视角较小，就很难正确地估计特征点的深度。因此单目视觉机器人在原地旋转指令下达后，就可能出现追踪失败的情况。

（2）3D-2D 点匹配——PnP。

当单目相机初始化之后，或者在双目、RGB-D 相机情况下，我们已知空间中某些 3D 点云的坐标和新图像中 2D 点的匹配关系，此时采用 PnP（perspective-n-point）方法求解相机姿态。常见的 PnP 方法有直接线性变换（direct liner transformation，DLT）方法、P3P、EPnP、DLS、UPnP、AP3P 等。通常情况下先使用 P3P 或 EPnP 等方法进行位姿估计，再构建最小二乘优化问题对估值进行调整，这一过程称为 Bundle Adjustment（BA）。下面将对 DLT、P3P 和 BA 方法进行介绍。

DLT 方法通过构建 2D 点 $\boldsymbol{x}_1=(u_1,v_1,1)^{\mathrm{T}}$ 的归一化坐标和地图点 $\boldsymbol{P}=(X,Y,Z,1)^{\mathrm{T}}$ 的齐次坐标，并构造增广矩阵 $[\boldsymbol{R}\,|\,\boldsymbol{t}]_{3\times4}$，由针孔相机模型得到：

$$s_1\boldsymbol{x}_1=[\boldsymbol{R}\,|\,\boldsymbol{t}]_{3\times4}\boldsymbol{P} \tag{2-7}$$

其中，增广矩阵 $[\boldsymbol{R}\,|\,\boldsymbol{t}]_{3\times4}$ 中共有 12 个未知数，一对点提供两个约束，则至少需要 6 对 3D-2D 的配对点。

P3P 则仅需要 3 对匹配点，如图 2-3 所示，根据三角形相似性定理和余弦定理，利用几何方法，将空间关系转化为三个多元二次方程，所求的解相当于 2D 点的深度，所以可以直接转换为相机视角下的 3D 点。也就是可以通过 A、B、C 求解 a、b、c 三个点在相机坐标系下的 3D 坐标，将问题转化成 3D-3D 问题。对于 3D-3D 问题将在式（2-8）中进行详细介绍。

而 BA 算法是把 PnP 构建成关于重投影误差的最小二乘问题。BA 将相机位姿和 3D 点放在一起进行最小化，通过调整相机位姿，找到最小的重投影误差，使整体误差最小。由于 BA 是一种通用的做法，不限于两幅图像的相机

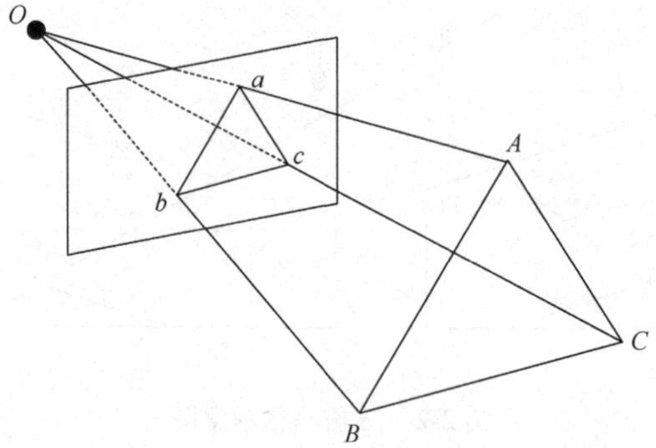

图 2-3 P3P 示意图

位姿和 3D 点，甚至可以对整个 SLAM 过程进行优化，在后端会进一步介绍此类问题。

（3）3D-3D 点匹配——ICP。

假如我们使用的是双目相机或 RGB-D 相机，获得了两组匹配的 3D 点，想要对两组点进行位姿估计，通常的做法就是迭代最近点（iterative closest point，ICP）。其常见的求解方式分为两种：SVD 方法和非线性优化方法。

假设 $\boldsymbol{P}_i$ 和 $\boldsymbol{P}_i'$ 是一组配对好的 3D 点，SVD 方法是通过构建第 i 对点的误差项 $\boldsymbol{e}_i$：

$$\boldsymbol{e}_i = \boldsymbol{P}_i - (\boldsymbol{R} \cdot \boldsymbol{P}_i' + \boldsymbol{t}) \tag{2-8}$$

构建最小二乘问题，求解误差平方和最小时的 $\boldsymbol{R}$ 和 $\boldsymbol{t}$。

$$\min_{\boldsymbol{R},\boldsymbol{t}} \boldsymbol{J} = \frac{1}{2}\sum_{i=1}^{n} \|\boldsymbol{e}_i\|_2^2 \tag{2-9}$$

求解 ICP 的另外一种方法就是非线性优化。ICP 可以通过迭代找到极小值，其解的存在只有两种可能性：唯一解或无穷多解的情况。在唯一解的情况下，只要能找到极小值解，那么这个极小值就是全局最优值。利用非线性优化可以将 ICP 与 PnP 结合在一起求解，若深度已知则可以建模 3D-3D 的误差，若深度未知则可以建模 3D-2D 的重投影误差。

2. *光流法*

在介绍直接法之前，首先了解一下光流法。光流法通常分为稀疏光流和稠密光流。稀疏光流以 Lucas-Kanade 为代表，稠密光流以 Horn-Schunck 为代表[7]。光流法只提取关键点，但是不计算描述子也不进行匹配，之后采取灰度一致性假设，认为随着时间的推移，图像上像素点的灰度不会发生变化。之后得到像素在图像间的运动速度，可以用于跟踪关键点。之后利用匹配关系，通过对极几何约束、PnP、ICP 方法求解 $\boldsymbol{R}$ 和 $\boldsymbol{t}$，最终可以通过 BA 算法对相机位姿进行优化。当相机运动较快时，两张图像差别明显，也可以采用图像金字塔的方法，使用多层光流法，由粗到精，即使像素运动较大也可以实现时间追踪。

光流法不需要计算描述子，也不需要匹配特征点，有利于系统的实时性。并且从建图结果来看可以制作半稠密乃至稠密地图，对于低纹理环境，相较特征点法有较好的鲁棒性[8]。光流法仍有一些缺陷：光流法虽然不计算描述子，但是仍然采用特征匹配中的对极几何约束、PnP、ICP 方法，对于关键点仍然具有依赖性，可以说是直接法和特征点法的融合办法。但是其灰度不变假设过于理想，容易受到外界光照的影响。并且光流法对于图像的连续性和光照的稳定性要求更高，适用于连续帧特征追踪。

3. 直接法

特征点法虽然是目前视觉 SLAM 的主流方法，但是存在一些缺点：首先，基于特征匹配的 SLAM 方法，需要对特征点进行提取和匹配，其计算量很大，非常耗时，通常前端追踪一半以上的时间都用在特征提取和匹配上；其次，从图像中提取特征点，难免会导致图像上的信息丢失，无法准确地表达图像上的信息。另外，当环境中发生特征缺失时，对于缺少或具有相似纹理的地方，如空荡的走廊、纯色墙面等，算法的鲁棒性和精度都会明显变差。直接法则避免了特征提取和匹配过程，也充分利用了图像上的像素信息。

直接法通常分为稀疏、半稠密、稠密三种方法。稀疏直接法仅采用少数关键点进行运动估计，与光流法类似，针对关键点周围的像素也采用灰度不变假设，因为不需要计算描述子，所以稀疏直接法运行速度非常快，如 DSO 和 SVO。半稠密直接法所选取的关键点个数较多，可以重建较为稠密的场景，如 LSD-SLAM。稠密直接法则对图像上所有像素点进行追踪，计算复杂度较高，重建时难以计算其三维位置，较少使用，如 DTAM。

直接法是从光流法演变而来的，只计算关键点或直接产生随机点，之后直接计算特征点在下一时刻图像中的位置，通过建立误差模型，计算最小光度误差来优化 $\boldsymbol{R}$ 和 $\boldsymbol{t}$。如图 2-4 所示，记地图点 $\boldsymbol{P}$ 投影在两帧图像上的像素坐标分别为 $\boldsymbol{p}_1$ 和 $\boldsymbol{p}_2$。由于没有特征匹配，无法知道 $\boldsymbol{p}_1$ 和 $\boldsymbol{p}_2$ 是对应的特征点。直接法的做法是根据当前相机的姿态 $\boldsymbol{T}$ 来确定 $\boldsymbol{p}_2$ 的位置，并且通过优化相机位姿，来计算 $\boldsymbol{p}_1$ 和 $\boldsymbol{p}_2$ 的最小光度误差，而不是特征点法中的重投影误差。

$$\begin{cases}\min\limits_{T} \boldsymbol{J}(\boldsymbol{T})=\sum\limits_{i=1}^{N}\boldsymbol{e}_i^{\mathrm{T}}\boldsymbol{e}_i \\ \boldsymbol{e}_i=\boldsymbol{I}_1(\boldsymbol{p}_1,i)-\boldsymbol{I}_2(\boldsymbol{p}_2,i)\end{cases} \tag{2-10}$$

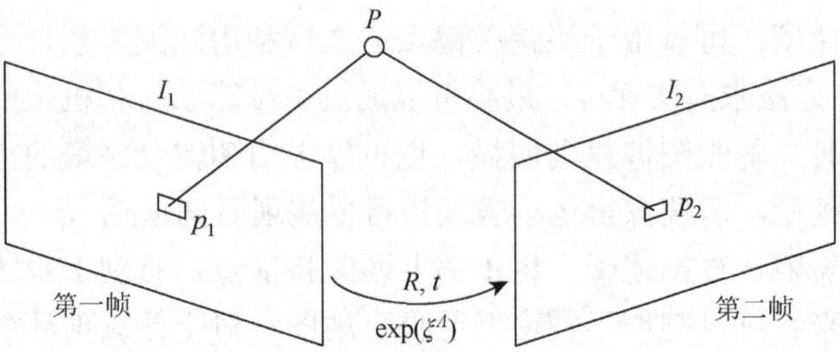

图 2-4 直接法示意图

直接法也存在一些缺点。第一，直接法与光流法一样，也依赖灰度不变假设，因此受到光照影响，对于光照的鲁棒性不如特征点法。第二，单个像素点相似度很高而选择像素块又会增加计算的复杂度，并且局部窗口中的像素运动并不一致，此处的假设也会影响准确性。第三，直接法求解采用梯度下降法，由于图像是高度非凸的函数，因此求解容易陷入局部最小。

4. 连续帧特征追踪

有序的一组图像或者视频序列，由于连续两帧图像的视角变化很小，针对此类情况的特征匹配也称为连续帧特征追踪。连续帧特征追踪是采用光度误差计算的光流法，而不需要计算描述子。连续帧特征追踪仅仅利用当前帧与前一帧的匹配，所以会导致累积误差慢慢增加，不适合大场景或长时间的追踪任务。但是相对于关键帧追踪，其对于弱纹理或相似纹理的环境具有更好的鲁棒性。

5. 关键帧特征追踪

对于实时性要求比较高的系统通常都会采用关键帧匹配。与一般的特征匹配不同，关键帧匹配不是与上一帧图像进行匹配而是和关键帧上的地图点进行匹配。并且通常会考虑运动的先验信息，将关键帧上的地图点投影到当前帧，再寻找当前帧距离投影点最近的特征点，从而显著加快了匹配速度。不仅如此，特征点的提取和匹配过程还会考虑空间分布，不会出现特征点过于集中在图像的某一区域这一情况。并且在关键帧匹配过程中，如果发现关键帧上的地图点投影到当前帧，颜色变化较大，可以判定遇到了动态物体或者光照变化的情况，可以将其从地图中删除。

6. 后端

前端可以求得短时间内相机的轨迹和环境地图，但是由于累积误差不可避免，地图数据在长时间内是不准确的。因此想要得到大尺度、长时间的地图数据，就需要进行后端优化。另外，前端可以看作后端的准备工作，前端得到关键帧、相机位姿和地图初值等信息输入给后端，后端采用 BA 算法来对相机位姿和地图进行优化保证全局一致性。

所谓的 BA，是假设每一个 3D 地图点与其在各个像素平面对应的特征点的连线，并将其看作 3D 地图点通过特征点反射到相机的光线。通过同时调整相机姿态和 3D 地图点的空间位置，尽量使这些光线汇聚到相机的光心，这一过程称为 BA 优化[9]。在前端的 3D-2D 点匹配 PnP 方法中遇到过 BA 优化，BA 优化的目的就是将每一个匹配好的特征点建立方程，然后联立形成超定方程，解出最优的位姿矩阵或空间点坐标[10]。

结合针孔相机模型，利用相机外参得到某一 3D 地图点 $\boldsymbol{p}$ 的归一化坐标，考虑归一化的畸变，得到畸变前的原始像素坐标，再根据内参求得像素坐标并设为观测值 $\boldsymbol{z}$[11]。从最小二乘的角度分析，整体观测误差的代价函数为

$$\frac{1}{2}\sum_{i=1}^{m}\sum_{j=1}^{n}\left\|\boldsymbol{z}_{ij} = h(\boldsymbol{T}_i, \boldsymbol{p}_j)\right\|^2 \tag{2-11}$$

该代价函数同时考虑了相机位姿和地图点，其中，$\boldsymbol{z}_{ij}$ 为位姿 $\boldsymbol{T}_i$ 在 3D 地图点 $\boldsymbol{p}_j$ 下的估测数据。该代价函数的求解可以借助高斯-牛顿法或者列文伯格-马夸尔特（L-M）方法。将所有的地图点 $\boldsymbol{p}$ 和相机位姿 $\boldsymbol{T}$ 定义成待优化的变量 $\boldsymbol{x}$，利用 $\boldsymbol{x}$ 的二阶导数 $\boldsymbol{H}$ 矩阵的稀疏性加速计算并通过边缘化得到空间点增量结果 $\Delta\boldsymbol{x}_p$。

但是由于输入数据可能存在误匹配，误差会很大，所以设计了一些增长速度没那么快并且光滑的函数使系统更加鲁棒，这些函数统称为鲁棒核函数，如 Huber 核：

$$H(e)=\begin{cases}\dfrac{1}{2}e^2, & |e|\leqslant\delta \\ \delta\left(|e|-\dfrac{1}{2}\delta\right), & \text{其他}\end{cases} \tag{2-12}$$

当误差 e 大于阈值 δ 时，函数增长便会从二次函数变成一次函数，以限制梯度增长。

7. *滑动窗口法*

由于 SLAM 系统需要考虑系统的实时性，BA 优化对于计算能力的消耗必须要有限制，不可能实时将所有特征点都进行 BA 优化。所以为了限制 BA 的规模也保证优化质量，采取了一些办法，如滑动窗口法。它通过保留距离当前时刻最近的 K 个关键帧，将 K 个时刻以前的关键帧剔除，只对窗口中的关键帧进行 BA 优化。并且在 ORB-SLAM2 中，定义了一种共视图的概念，即与当前相机存在共

同观测的关键帧构成的图，使 BA 优化仅在共视图内进行，这在保证了效率的同时兼顾了优化的可靠性。

滑动窗口法的流程可以分为两部分，首先在窗口中新增一个关键帧和 3D 地图点，其次在窗口中删除一个旧的关键帧。但是在删除旧关键帧时，会破坏 3D 地图点部分的对角块结构，也称为边缘化中的填入。为了解决这一问题，当在边缘化某一旧关键帧时，同时边缘化它观测到的 3D 地图点。这样 3D 地图点的信息便会转换成剩余关键帧的共视信息。滑动窗口法更适合实时性要求较高的 VO 系统，不适合需要大规模建图的系统。

8. 位姿图优化

经过若干次观测后，所得到的 3D 地图点基本趋于收敛，观测错误的 3D 地图点也被剔除，此时再对 3D 地图点进行优化，付出与回报的收益比就会较低。针对这一问题，位姿图提出一种只针对相机位姿轨迹的优化，而仅仅把 3D 地图点当作相机位姿的一种约束，生成一种位姿图，从而减小了计算压力，提高系统效率。位姿图优化在本质上也是一个最小二乘问题，找到总体目标函数的最小值。

$$\min\frac{1}{2}\sum_{i,j\in\varepsilon}\boldsymbol{e}_{ij}^{\mathrm{T}}\boldsymbol{\Sigma}_{ij}^{-1}\boldsymbol{e}_{ij} \tag{2-13}$$

其中，ε 表示图优化中所有边的集合；$\boldsymbol{e}_{ij}$ 表示 i 和 j 时刻位姿的误差，依然可用高斯-牛顿法、L-M 方法进行求解。

2.1.2 激光 SLAM 算法

相比于视觉 SLAM 算法，激光传感器不会受到光线的影响导致错误的特征匹配点，因此其定位和建图精度高于视觉 SLAM 算法，在工业领域得到广泛的应用。同时，激光 SLAM 算法的特征点提取和匹配速度更快，激光 SLAM 算法相比视觉 SLAM 算法硬件算力要求较低。激光点云 SLAM 算法主要分为四个步骤：分割点云、特征点提取和匹配、后端优化。分割点云的目的是去除传感器的噪声点云信息，并将有用的点云信息提取出来；特征点提取和匹配主要使用帧间角点和平面点的对应关系构造代价函数；最后将匹配的特征点采用非线性优化的方式得到相对位姿的变化。

1. 分割点云

无人车行驶过程中，激光雷达贴着地面前进，地面情况会导致传感器噪声一直存在，例如，传感器接收返回的可能会是很粗糙的数据，从而提取边缘的特征会不可靠。Shan 等提出的 LeGO-LOAM 在特征提取之前，将单次扫描的点云投影到范围图像上进行分段，然后将分割的点云进行特征提取[12]。

假设 $\boldsymbol{P}_t=\{p_1,p_2,\cdots,p_n\}$ 是 t 时刻的点云，p_i 是点云中的点，将该点云 P_t 投影到距离图像中。在范围图像里，每一个像素都唯一对应一个有效点 p_i，从而可以得到 p_i 对应的像素点到传感器的欧氏距离 r_i。分割之前，需要对距离图像进行逐列评估来提取地面点，评估后，可能代表地面的点被标记为地面点，不用于分割。将距离图像中的点进行聚类，地面点是特殊的一类，同时删减少于 30 个点的聚类可以有效提高特征提取速度。

T-LOAM 中，点云分割过程中提出了多区域地面提取和动态曲线体素聚类的方法来提高分割精度，并提出了用来区分边缘特征、球面特征、平面特征、地面特征的特征提取方法[13]。根据极径和方位角，点云被分割为多个象限（默认为 4 个象限），每个象限又被分割为多个相等的子区域（默认为 3 个），每个子区域的边界可以用以下公式计算：

$$\theta_i=\theta_s+\frac{n}{b}\alpha\cdot k_i \tag{2-14}$$

$$\lambda=\begin{cases}h\left(\dfrac{1}{\tan(\theta_i)}\right), & i\geqslant 1\\ 0, & i=0\end{cases} \tag{2-15}$$

其中，θ_s 是激光开始的俯仰角；b 和 n 分别代表子区域的数量和扫描线数；α 是激光的垂直分辨率；h 是激光的安装高度；k 和 i 分别代表区域系数和索引。

通常，地面点的高度坐标是最低位置，因此需要通过先验知识根据高度值选出区域的点云，种子点在指定阈值 τ 中挑选，主要用于拟合初始平面。同时采用多轴线性回归方法计算相关系数，并对主要方向加权来减少异常值的影响。通过线性平面模型，反映子区域分布，可由式（2-16）计算：

$$\begin{cases}ax+by+cz+d=0\\ \boldsymbol{n}^{\mathrm{T}}\boldsymbol{p}=-d\end{cases} \tag{2-16}$$

其中，$\boldsymbol{n}=[a\quad b\quad c]^{\mathrm{T}}$；$\boldsymbol{p}=[x\quad y\quad z]^{\mathrm{T}}$；法向量 $\boldsymbol{n}$ 可以根据式（2-19）每个子区域的点计算出来。

协方差矩阵 $\boldsymbol{M}$ 用来获取指定的种子点在每个子区域中的分散度，可以由式（2-17）计算：

$$\boldsymbol{M}=\sum_{i=1}^{|\boldsymbol{s}|}(\boldsymbol{s}_i-\overline{\boldsymbol{s}})(\boldsymbol{s}_i-\overline{\boldsymbol{s}})^{\mathrm{T}}=\begin{bmatrix}a_1 & a_2 & a_3\\ b_1 & b_2 & b_3\\ c_1 & c_2 & c_3\end{bmatrix} \tag{2-17}$$

其中，$\overline{s} \in \mathbb{R}^3$ 表示子区域 S 中的所有点 s_i 的平均值。

指定集合的三个主要方向向量可以由式（2-18）计算：

$$\boldsymbol{v}_x = \begin{bmatrix} b_2c_3 - b_3b_3 \\ a_3b_3 - a_2c_3 \\ a_2b_3 - a_3b_2 \end{bmatrix}, \quad \boldsymbol{v}_y = \begin{bmatrix} a_3b_3 - a_2c_3 \\ a_1c_3 - a_3a_3 \\ a_2a_3 - a_1b_3 \end{bmatrix}, \quad \boldsymbol{v}_z = \begin{bmatrix} a_2b_3 - a_3b_2 \\ a_2a_3 - a_1b_3 \\ a_1b_2 - a_2a_2 \end{bmatrix} \tag{2-18}$$

之后，对每个主方向进行加权，并采用线性回归方法细化法向量，权重为每个主方向上的标准值，可以由式（2-19）计算：

$$\begin{cases} \boldsymbol{n} = \sum\limits_{k \in \{x,y,z\}} \boldsymbol{w}_k \boldsymbol{v}_k \\ \boldsymbol{w}_x = \boldsymbol{v}_x[0]^2, \quad \boldsymbol{w}_y = \boldsymbol{v}_y[1]^2, \quad \boldsymbol{w}_z = \boldsymbol{v}_z[2]^2 \end{cases} \tag{2-19}$$

平面方程中的参数 d 可以通过 $\overline{s}$ 代替 p 计算，当得到法向量 $\boldsymbol{n}$ 时，可以更好地反映属于最终平面模型的点。

动态曲线体素（体积元素）聚类中，定义第 i、j、k 个的动态曲线体素是三维空间体积元素单元，如式（2-20）所示：

$$\begin{aligned} \mathrm{DCV}_{i,j,k} = \{P(\rho,\theta,\phi) = \\ & \rho_i \leqslant \rho < \rho_i + \Delta\rho_i, \\ & \theta_j \leqslant \theta < \theta_j + \Delta\theta_j, \\ & \phi_k \leqslant \phi < \phi_k + \Delta\phi_k\} \end{aligned} \tag{2-20}$$

其中，$P(\rho,\theta,\phi)$ 中的 ρ 是极轴；θ 是极轴对应的角度；根据点云的稀疏度和距离值，$\Delta\rho_i$、$\Delta\theta_j$、$\Delta\phi_k$ 代表每个需要调整的体素单元增量。

2. 特征点提取

找到两帧变换信息最典型的方法是 ICP 方法，但其精度与效率都比较低。2014 年 Zhang 等提出的 LOAM 是选取边缘点和平面点作为特征点[14]，求同一帧中，曲率点 i 周围连续几个点的集合 S 的曲率 c，c 值越小，代表曲率越小，则为平面点；c 值越大，代表曲率越大，则为边缘点，计算公式如下所示。为了防止选取的特征点聚集，每一帧分为四个区域，每个区域最多可以有 2 个边缘点和 4 个平面点，同时选取点的数量并无限制。

$$c = \frac{1}{|S| \| X_{(k,i)}^L \|} \| \sum_{j \in S, j \neq i} \left(X_{(k,i)}^L - X_{(k,j)}^L \right) \| \tag{2-21}$$

其中，L 表示激光坐标系；$X_{(k,i)}$ 为第 k 次扫描的激光坐标系中点的坐标。

选取的点要尽量避免扫描中存在激光束与平面平行，如图 2-5（a）中的 B 点，以及由于遮挡被误认为的平面点，如图 2-5（b）中的 A 点。

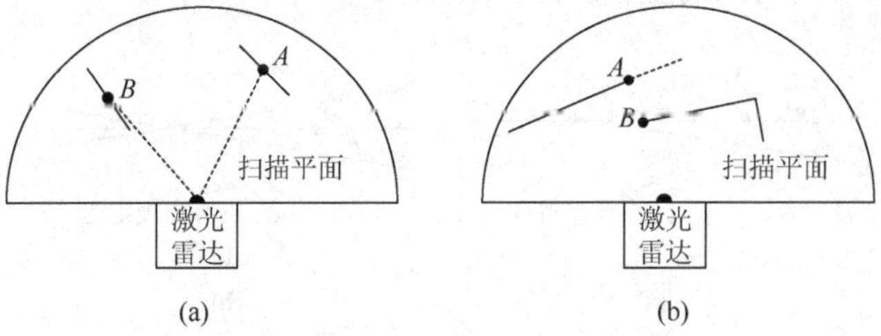

图 2-5　异常点示意图

3. 特征点匹配

利用里程计算法获取一帧点云时间内的运动，t_k 为第 k 次扫描开始的时间，扫描结束后，接收的点云 P_k 被投影，其时间戳为 t_{k+1}，被投影的点云为 $\overline{P}_k$，如图 2-6 所示。在 P_{k+1} 中边缘点集合为 ε_{k+1}，平面点集合为 H_{k+1}，被投影后会形成边缘线和平面块。在被投影的点云中，边缘点集合为 $\tilde{\varepsilon}_{k+1}$，平面点集合为 $\tilde{H}_{k+1}$。

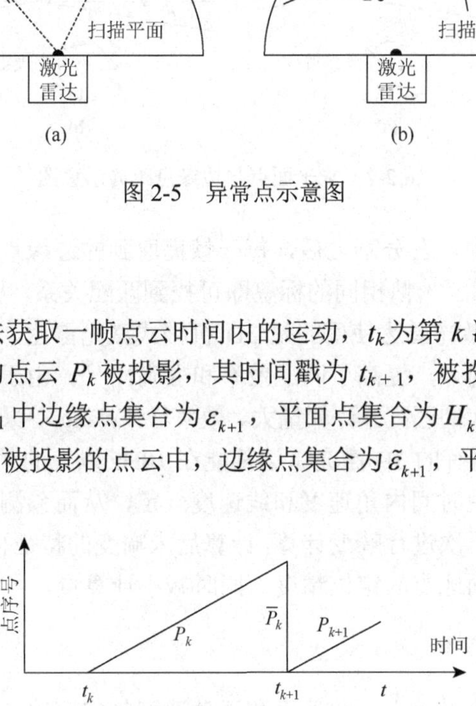

图 2-6　点云投影

当点 $i \in \tilde{\varepsilon}_{k+1}$ 时，j 是 $\overline{P}_k$ 中与 i 的最近邻点（KD 树查询），l 是 j 相邻扫描线中与 i 最近邻点，j 和 l 构成了 i 对应的边缘线，如图 2-7（a）所示，则可以根据式（2-22）得到边缘点与边缘线的距离：

$$d_\varepsilon = \frac{\left|\left(\tilde{X}_{(k+1,i)}^L - \overline{X}_{(k,j)}^L\right) \times \left(\tilde{X}_{(k+1,i)}^L - \overline{X}_{(k,l)}^L\right)\right|}{\left|\overline{X}_{(k+1,j)}^L - \overline{X}_{(k,l)}^L\right|} \tag{2-22}$$

其中，$\tilde{X}_{(k+1,i)}^L$、$\overline{X}_{(k,j)}^L$、$\overline{X}_{(k,l)}^L$ 分别是 i、j、l 在激光坐标系中的坐标。

当 $i \in \tilde{H}_{k+1}$ 时，i 是 $\tilde{H}_{k+1}$ 中的点，j 是 $\overline{P}_k$ 中与 i 的最近邻点，l 是与 i 同一条扫描线上与 i 最近邻点，m 是 j 相邻扫描线与 i 最近邻点，j、l、m 构成了 i 对应的平面，如图 2-7（b）所示，则平面点到平面的距离为

$$d_H = \frac{\left|\left(\tilde{X}^L_{(k+1,i)} - \bar{X}^L_{(k,j)}\right)\cdot\left(\left(\bar{X}^L_{(k,j)} - \bar{X}^L_{(k,l)}\right)\times\left(\bar{X}^L_{(k,j)} - \bar{X}^L_{(k,m)}\right)\right)\right|}{\left|\left(\bar{X}^L_{(k,j)} - \bar{X}^L_{(k,l)}\right)\times\left(\bar{X}^L_{(k,j)} - \bar{X}^L_{(k,m)}\right)\right|} \tag{2-23}$$

其中，$\bar{X}^L_{(k,m)}$ 是点 m 在激光坐标系下的坐标。

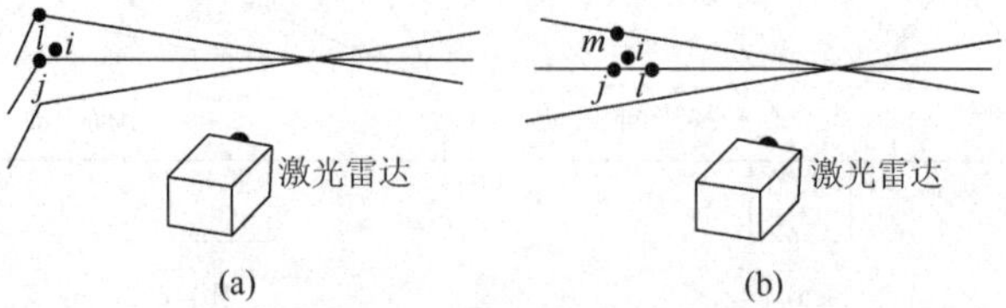

图 2-7　求平面点与边缘点距离示意图

LeGO-LOAM 中，在分割之后，每一帧提取到的边缘点和平面点都赋予了一个标签，只需要找到上一帧相同的标签即可找到匹配关系，从而提高了匹配效率。

F-LOAM 中，激光雷达使用的是 3D 机械式激光雷达，在特征匹配过程中剔除了噪声和不显著的点，提高了匹配效率和准确性[15]。由于以上的特征点匹配是一帧与一帧进行迭代的匹配，计算量大、效率低，Wang 等采用两阶段失真补偿的方法减小计算量。现有的 3D 激光雷达都能在 10Hz 以上的频率运行，扫描间隔很短，因此可以假设短时间内角速度和线速度一定，从而预测运动并校正畸变。在位姿估计处理后会再次进行畸变计算，计算后未畸变的特征再更新到最终地图中。这样做可以提高相同地点的定位精度，同时减小计算量。

4. *后端优化*

在每一帧的扫描过程中，角速度和运动速度是匀速的，因此可以通过对位姿变换插值得到每一帧从不同时间得到的点云，令 t 是当前时刻，t_{k+1} 是第 $k+1$ 帧开始的时刻，$\boldsymbol{T}^L_{k+1}$ 是介于$[t_{k+1}, t]$的位姿变换，其包括激光雷达的 6 个自由度，即 $\boldsymbol{T}^L_{k+1}=[t_x,t_y,t_z,\theta_x,\theta_y,\theta_z]^{\mathrm{T}}$，其中，$x$、$y$、$z$ 是激光雷达 L 的坐标系，服从右手坐标系。点云 P_{k+1} 中的点 i 的时间戳为 t_i，则$[t_{k+1}, t_i]$时间段内的位姿变换为 $\boldsymbol{T}^L_{(k+1,i)}$，其可通过 $\boldsymbol{T}^L_{(k+1)}$ 线性插值获得，如式（2-24）所示：

$$\boldsymbol{T}^L_{(k+1,i)} = \frac{t_i - t_{k+1}}{t - t_{k+1}}\boldsymbol{T}^L_{(k+1)} \tag{2-24}$$

为了解决激光雷达的运动估计，需要对 ε_{k+1} 和 $\tilde{\varepsilon}_{k+1}$，以及 H_{k+1} 和 $\tilde{H}_{k+1}$ 建立关系，可得

$$\boldsymbol{X}^L_{(k+1,i)} = \boldsymbol{R}\tilde{\boldsymbol{X}}^L_{(k+1,i)} + \boldsymbol{T}^L_{(k+1,i)} \tag{2-25}$$

其中，$\boldsymbol{X}^L_{(k+1,i)}$ 是 ε_{k+1} 或者 H_{k+1} 中点 i 的坐标；$\tilde{\boldsymbol{X}}^L_{(k+1,i)}$ 是 $\tilde{\varepsilon}_{k+1}$ 或者 $\tilde{H}_{k+1}$ 中点 i 的坐标；

$\boldsymbol{R}$ 是旋转矩阵，旋转矩阵难以求导，可以用 Rodrigues 公式展开计算：

$$\boldsymbol{R} = \mathrm{e}^{\hat{\boldsymbol{w}}\theta} = \boldsymbol{I} + \hat{\boldsymbol{w}}\sin\theta + \hat{\boldsymbol{w}}^2(1-\cos\theta) \tag{2-26}$$

其中，$\hat{\boldsymbol{w}}$ 是 $\boldsymbol{w}$ 的斜对称矩阵。同时可得旋转角度 θ：

$$\theta = \| \boldsymbol{T}_{(k+1,i)}^{L}(4:6) \| \tag{2-27}$$

旋转角速度：

$$w = \boldsymbol{T}_{(k+1,i)}^{L}(4:6) / \| \boldsymbol{T}_{(k+1,i)}^{L}(4:6) \| \tag{2-28}$$

综上，可以构建 d_ε 和 d_H 目标函数，并采用 L-M 方法求解：

$$f\left(\boldsymbol{T}_{(k,k+1)}^{L}\right) = \begin{bmatrix} f_\varepsilon\left(X_{(k+1,1)}^{L}, \boldsymbol{T}_{(k+1)}^{L}\right) \\ f_\varepsilon\left(X_{(k+1,2)}^{L}, \boldsymbol{T}_{(k+1)}^{L}\right) \\ \vdots \\ f_H\left(X_{(k+1,1)}^{L}, \boldsymbol{T}_{(k+1)}^{L}\right) \\ f_H\left(X_{(k+1,2)}^{L}, \boldsymbol{T}_{(k+1)}^{L}\right) \end{bmatrix} = \begin{bmatrix} d_{(\varepsilon,1)} \\ d_{(\varepsilon,2)} \\ \vdots \\ d_{(H,1)} \\ d_{(H,2)} \end{bmatrix} = \boldsymbol{d} \tag{2-29}$$

F-LOAM 中，认为预测运动和校正畸变的过程很短，可以将角速度和线速度看作不变的。假设机器人的位姿在第 k 帧时的变换矩阵是 $\boldsymbol{T}_k$，因此，在 k–1 帧和 k 帧可以由式（2-30）估计：

$$\xi_{k-1}^{k} = \log(\boldsymbol{T}_{k-2}{}^{-1}\boldsymbol{T}_{k-1}) \tag{2-30}$$

其中，$\xi \in \mathrm{se}(3)$。两帧之间间隔为 δ_t 的变换矩阵可以由线性插值计算：

$$\boldsymbol{T}(\delta_t) = \boldsymbol{T}_{k-1}\exp\left(\frac{N-1}{N}\xi_{k-1}^{k}\right) \tag{2-31}$$

其中，$\exp(\xi)$ 是李代数到李群的变换。

当前扫描的点云 P_k 畸变可以由式（2-32）校正：

$$\tilde{P}_k = \{\boldsymbol{T}_k(\delta_t)\boldsymbol{p}_k^{(m,n)} \mid \boldsymbol{p}_k^{(m,n)} \in \boldsymbol{P}_k\} \tag{2-32}$$

当前未畸变的边缘和平面特征更新到全局特征地图中，全局特征地图由边缘和平面特征组成，全局地图的线和面通过收集边缘特征和面特征地图附近的点形成。对于每个边缘特征点，计算其附近点的协方差矩阵，当点被分配到线上时，协方差矩阵中含有一个非常大的特征值，含有非常大的特征值的特征向量可以视为线的方向，线的方向可以当作附近点的几何中心。

同样，可以通过点云匹配得到全局地图的面特征，全局面的特征向量有一个最小的特征值，其可以充当面的法向量。得到相一致的边和面后，就可以从投影的点云中的每个特征点找到联系全局的边和面。

这种匹配没有考虑每个特征点的局部的几何分配，在连续扫描中，通常都提取具有较高局部平滑度的边缘特征和具有较低平滑度的平面特征，因此引进权重来平衡匹配处理过程。定义局部平滑度用于确定权重函数。边缘点 p_ε 的局部平滑度为 σ_ε，平面点 p_S 的局部平滑度为 σ_S，权重为

$$W(p_\varepsilon)=\frac{\exp(-\sigma_\varepsilon)}{\sum_{p^{(i,j)}\in\varepsilon_k}\exp\left(-\sigma_k^{(i,j)}\right)} \tag{2-33}$$

$$W(p_S)=\frac{\exp(-\sigma_S)}{\sum_{p^{(i,j)}\in S_k}\exp\left(-\sigma_k^{(i,j)}\right)} \tag{2-34}$$

其中，ε_k、S_k 是第 k 次扫描的边缘特征和平面特征。

新的位姿可以由点到边的和点到面的最小权重和估计：

$$\min\sum W(p_\varepsilon)f_\varepsilon(p_\varepsilon)+\sum W(p_S)f_S(p_S) \tag{2-35}$$

优化后的位姿可以通过高斯-牛顿法求解非线性优化得到。

2.1.3　IMU 算法

IMU 是现在实现多传感器融合的必备器件，而几乎所有的融合框架和模型都是以 IMU 的误差模型为基础的，因此掌握 IMU 的相关知识是实现多传感器融合 SLAM 的重中之重。

1. IMU 器件误差与内参误差

IMU 器件误差包括陀螺仪的误差和加速度计的误差。由于陀螺仪与加速度计的误差特性类似，仅是测量的物理量含义不同，因此以陀螺仪为准来介绍随机误差成分、原理及分析方法。

1）陀螺仪误差

（1）量化噪声。

一切量化操作所固有的噪声，是数字传感器必然出现的噪声。其产生原因为通过 AD 采集把连续时间信号采集成离散信号的过程中，精度会损失，精度损失的大小和 AD 转换的步长有关，步长越小，量化噪声越小。

（2）角度随机游走。

陀螺输出的角速率是含有噪声的，而该噪声的白噪声由角度随机游走表征。其产生原因为计算姿态的本质是对角速率进行积分，这必然会对噪声也进行了积分。白噪声的积分并不是白噪声，而是一个马尔可夫过程，即当前时刻的误差是在上一时刻误差的基础上累加一个随机白噪声得到的。角度误差中所含的马尔可夫性质的误差，称为角度随机游走。

（3）角速率随机游走。

与角度随机游走类似，角速率误差中所含的马尔可夫性质的误差，称为角速率随机游走。角速率随机游走由宽带角加速率白噪声累积得到。

（4）零偏不稳定性噪声。

零偏（bias），一般不是一个固定参数，而是在一定范围内缓慢随机漂移。零偏不稳定性：零偏随时间缓慢变化，其变化值无法预估，需要假定一个概率区间描述它有多大的可能性落在这个区间内。时间越长，区间越大。

（5）速率斜坡。

该误差是趋势性误差，而不是随机误差。趋势性误差是可以直接拟合消除的。在陀螺仪里产生这种误差最常见的原因是温度引起零位变化，可以通过温补来消除。

（6）零偏重复性。

多次启动时，零偏不相等，因此会有一个重复性误差。在实际使用中，需要每次上电都重新估计一次。Allan 方差分析时，不包含对零偏重复性的分析。

2）Allan 方差分析

随机信号 Allan 方差的物理意义及应用在本质上来源于它与功率谱之间的关系。Allan 方差分析方法的基本思路：在惯性器件随机误差分析中，以上提到的 5 种误差相互独立，且 α 值不同，因此若绘制（时间间隔-方差）双对数曲线（时间间隔是频率的倒数，方差是功率谱的积分），则得到的曲线斜率必不相同。根据曲线斜率识别出各项误差，并计算出对应的误差强度。

量化噪声 Q 满足

$$\log_{10}\sigma_{QN}(\tau)=\log_{10}\left(\sqrt{3}Q\right)-\log_{10}\tau \tag{2-36}$$

角度随机游走 N 满足

$$\log_{10}\sigma_{ARW}(\tau)=\log_{10}N-\frac{1}{2}\times\log_{10}\tau \tag{2-37}$$

角速率随机游走 K 满足

$$\log_{10}\sigma_{RRW}(\tau)=\log_{10}\left(\frac{K}{\sqrt{3}}\right)+\frac{1}{2}\times\log_{10}\tau \tag{2-38}$$

零偏不稳定性 B 满足

$$\log_{10}\sigma_{BI}(\tau)=\log_{10}\left(\frac{2B}{3}\right) \tag{2-39}$$

速率斜坡 R 满足

$$\log_{10}\sigma_{RR}(\tau)=\log_{10}\left(\frac{R}{\sqrt{2}}\right)+\log_{10}\tau \tag{2-40}$$

其中，τ 为时间间隔，如图 2-8 所示。

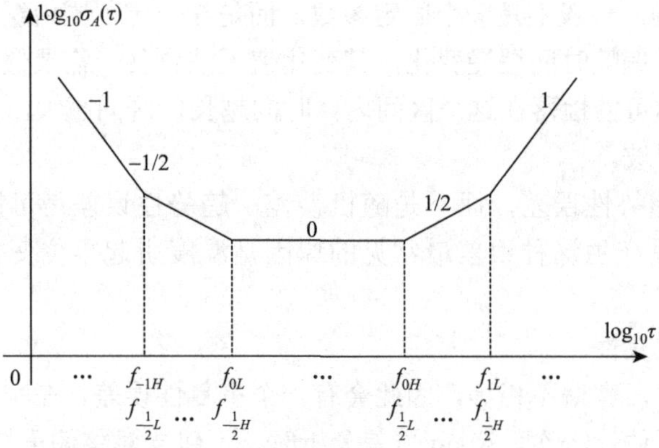

图 2-8　各误差项与时间对数的关系

3）内参误差模型

（1）零偏。

零偏是陀螺仪或加速度计输出中的常值偏移。由于零偏存在不稳定性，因此零偏并不是固定不变的。实际使用中，只能一段时间内近似为常值。

加速度计的零偏表示为

$$\boldsymbol{b}_a=[b_{ax}\quad b_{ay}\quad b_{az}] \tag{2-41}$$

陀螺仪的零偏表示为

$$\boldsymbol{b}_g=[b_{gx}\quad b_{gy}\quad b_{gz}] \tag{2-42}$$

（2）刻度系数误差。

器件的输出往往为脉冲值或模数转换得到的值，需要乘以一个刻度系数才能转换成角速度或加速度值，若该系数不准，便存在刻度系数误差。其不一定是常值，它会随着输入的不同而发生变化，这个就是标度因数的非线性。如果非线性程度比较大，则需要在标定之前先拟合该非线性曲线，并补偿成线性再去进行标定。

加速度计的标度因数为 $\boldsymbol{K}_a$，其中 K_{ax}、K_{ay}、K_{az} 分别为 x、y、z 轴分量：

$$\boldsymbol{K}_a=\begin{bmatrix}K_{ax} & & \\ & K_{ay} & \\ & & K_{az}\end{bmatrix} \tag{2-43}$$

陀螺仪的标度因数为$\boldsymbol{K}_g$，其中K_{gx}、K_{gy}、K_{gz}分别为 x、y、z 轴分量：

$$\boldsymbol{K}_g = \begin{bmatrix} K_{gx} & & \\ & K_{gy} & \\ & & K_{gz} \end{bmatrix} \tag{2-44}$$

（3）安装误差。

如图 2-9 所示，b 坐标系是正交的 IMU 坐标系，g 坐标系的三个轴分别对应三个陀螺仪。由于加工工艺等因素，陀螺仪的三个轴并不正交，而且和 b 坐标系的轴不重合，二者之间的偏差即为安装误差。实际系统中，由于硬件结构受温度影响，安装误差也会随温度发生变化。所以，在不同温度下进行标定，补偿温度变化量。

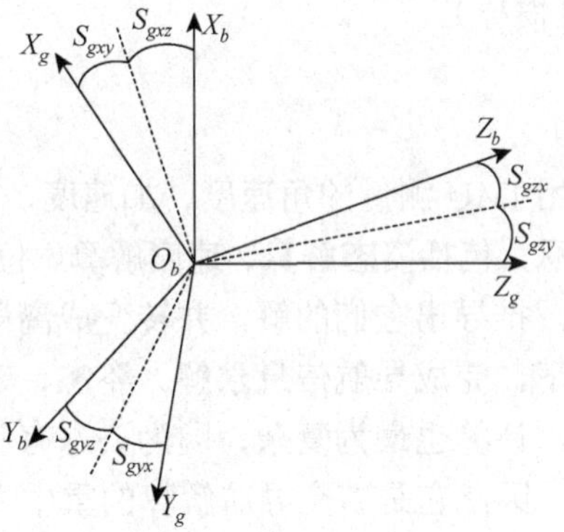

图 2-9　安装误差示意图

陀螺仪的安装误差：

$$\boldsymbol{S}_g = \begin{bmatrix} 0 & S_{gxy} & S_{gxz} \\ S_{gyx} & 0 & S_{gyz} \\ S_{gzx} & S_{gzy} & 0 \end{bmatrix} \tag{2-45}$$

加速度计的安装误差：

$$\boldsymbol{S}_a = \begin{bmatrix} 0 & S_{axy} & S_{axz} \\ S_{ayx} & 0 & S_{ayz} \\ S_{azx} & S_{azy} & 0 \end{bmatrix} \tag{2-46}$$

把各项误差综合在一起时，陀螺仪的输出展开为

$$\begin{bmatrix} W_x \\ W_y \\ W_z \end{bmatrix} = \begin{bmatrix} K_{gx} & S_{gxy} & S_{gxz} \\ S_{gyx} & K_{gy} & S_{gyz} \\ S_{gzx} & S_{gzy} & K_{gz} \end{bmatrix} \begin{bmatrix} \omega_x \\ \omega_y \\ \omega_z \end{bmatrix} + \begin{bmatrix} b_{gx} \\ b_{gy} \\ b_{gz} \end{bmatrix} \tag{2-47}$$

加速度计的输出展开为

$$\begin{bmatrix} A_x \\ A_y \\ A_z \end{bmatrix} = \begin{bmatrix} K_{ax} & S_{axy} & S_{axz} \\ S_{ayx} & K_{ay} & S_{ayz} \\ S_{azx} & S_{azy} & K_{az} \end{bmatrix} \begin{bmatrix} a_x \\ a_y \\ a_z \end{bmatrix} + \begin{bmatrix} b_{ax} \\ b_{ay} \\ b_{az} \end{bmatrix} \tag{2-48}$$

IMU 内参标定的本质是参数辨识，参数包括陀螺仪和加速度计各自的零偏、刻度系数误差、安装误差[16]。常见标定方法为：基于转台的标定——解析法、最小二乘；不需要转台的标定——梯度下降迭代优化；系统级标定——Kalman 滤波（该方法只适用于高精度惯导）。

2. 惯性导航解算

惯性导航解算是利用 IMU 测量的角速度、加速度，根据上一时刻导航信息，推算出当前时刻导航信息，包括姿态解算、速度解算、位置解算。主要根据姿态、速度、位置的微分方程，推导出它们的解，并转变成离散时间下的近似形式，从而可以在离散时间采样下，完成导航信息求解。姿态、速度、位置的更新中，尤以姿态更新的方法最多，计算也最为复杂，因为姿态有不同的表示形式，而且具有非线性和不可交换性，因此它是整个导航解算的重中之重。

1）姿态更新

根据姿态更新的参数的不同，可将其分为基于旋转矩阵和基于四元数的姿态更新。

（1）基于旋转矩阵的姿态更新。

假设世界坐标系（W 系）中有一个固定不动的矢量 $\boldsymbol{r}^w$，它在载体坐标系（b 系）下的表示为 $\boldsymbol{r}^b$，根据旋转矩阵有

$$\boldsymbol{r}^w = \boldsymbol{R}_{wb}\boldsymbol{r}^b \tag{2-49}$$

两边同时微分，得

$$\dot{\boldsymbol{r}}^w = \boldsymbol{R}_{wb}\dot{\boldsymbol{r}}^b + \dot{\boldsymbol{R}}_{wb}\boldsymbol{r}^b \tag{2-50}$$

其中

$$\dot{\boldsymbol{r}}^w = \boldsymbol{0} \tag{2-51}$$

$$\dot{\boldsymbol{r}}^b = -\boldsymbol{\omega}_{wb}^b \times \boldsymbol{r}^b \tag{2-52}$$

$\boldsymbol{\omega}_{wb}^b$ 为载体旋转角速度在 b 系下的表示，实际使用时，指的就是陀螺仪的角速度输出（暂不考虑误差）。

旋转矩阵的微分方程为

$$\dot{\boldsymbol{R}}_{wb} = \boldsymbol{R}_{wb}\left[\boldsymbol{\omega}_{wb}^b\right]_\times \tag{2-53}$$

根据微分方程的求解方法，可以写出由 k–1 时刻求解 k 时刻旋转矩阵的公式为

$$\boldsymbol{R}_{wb_k} = \boldsymbol{R}_{wb_{k-1}} \mathrm{e}^{\int_{t_{k-1}}^{t_k}[\boldsymbol{\omega}]_\times \mathrm{d}\tau} \tag{2-54}$$

指数上的积分结果其实就是 k–1 时刻到 k 时刻之间的相对旋转对应的等效旋转矢量构成的反对称矩阵。

$$\boldsymbol{R}_{wb_k} = \boldsymbol{R}_{wb_{k-1}} \mathrm{e}^{\boldsymbol{\phi}_\times} \tag{2-55}$$

其中，$\boldsymbol{\phi}$ 是等效旋转矢量，即把旋转当作绕空间一个固定轴转过一个角度，其方向即为转轴方向，对应的单位向量记为 μ，它的长度 $\phi = |\boldsymbol{\phi}|$ 即为转角。

式（2-55）也可以表示为

$$\boldsymbol{R}_{wb_k} = \boldsymbol{R}_{wb_{k-1}} \boldsymbol{R}_{b_{k-1}b_k} \tag{2-56}$$

$$\boldsymbol{R}_{b_{k-1}b_k} = \boldsymbol{I} + \frac{\sin\boldsymbol{\phi}}{\boldsymbol{\phi}}(\boldsymbol{\phi}_\times) + \frac{1-\cos\boldsymbol{\phi}}{\boldsymbol{\phi}^2}(\boldsymbol{\phi}_\times)^2 \tag{2-57}$$

其中，$\boldsymbol{\phi}$ 采用中值法获得，$\boldsymbol{\phi} = \dfrac{\boldsymbol{\omega}_{k-1} + \boldsymbol{\omega}_k}{2}\left(t_k - t_{k-1}\right)$。

（2）基于四元数的姿态更新。

假设 W 系中有一个固定不动的矢量 $\boldsymbol{r}^w$，它在 b 系下的表示为 $\boldsymbol{r}^b$，根据四元数有

$$\boldsymbol{r}^w = \boldsymbol{q}_{wb} \otimes \boldsymbol{r}^b \otimes \boldsymbol{q}_{wb}^* \tag{2-58}$$

式（2-58）两边同时右乘 $\boldsymbol{q}_{wb}$，并微分，得

$$\dot{\boldsymbol{r}}^w \otimes \boldsymbol{q}_{wb} + \boldsymbol{r}^w \otimes \dot{\boldsymbol{q}}_{wb} = \dot{\boldsymbol{q}}_{wb} \otimes \boldsymbol{r}^b + \boldsymbol{q}_{wb} \otimes \dot{\boldsymbol{r}}^b \tag{2-59}$$

其中，$\dot{\boldsymbol{r}}^w = \boldsymbol{0}$；$\dot{\boldsymbol{r}}^b = -\boldsymbol{\omega}_{wb}^b \otimes \boldsymbol{r}^b$。因此可得

$$\dot{\boldsymbol{q}}_{wb} = \boldsymbol{q}_{wb} \otimes \frac{1}{2}\begin{bmatrix} 0 \\ \boldsymbol{\omega}_{wb}^b \end{bmatrix} \tag{2-60}$$

经过一系列求解，得

$$\boldsymbol{q}_{wb_k} = \left[\boldsymbol{I}\cos\frac{\boldsymbol{\phi}}{2} + \frac{\boldsymbol{\Theta}}{\boldsymbol{\phi}}\sin\frac{\boldsymbol{\phi}}{2}\right]\boldsymbol{q}_{wb_{k-1}} \tag{2-61}$$

其中

$$\boldsymbol{\Theta}=\begin{bmatrix}0 & -\phi_x & -\phi_y & -\phi_z \\ \phi_x & 0 & \phi_z & -\phi_y \\ \phi_y & -\phi_z & 0 & \phi_x \\ \phi_z & \phi_y & -\phi_x & 0\end{bmatrix} \tag{2-62}$$

式（2-61）可改写为

$$\boldsymbol{q}_{wb_k}=\boldsymbol{q}_{wb_{k-1}}\otimes\boldsymbol{q}_{b_{k-1}b_k} \tag{2-63}$$

$$\boldsymbol{q}_{b_{k-1}b_k}=\begin{bmatrix}\cos\dfrac{\boldsymbol{\phi}}{2} \\ \dfrac{\boldsymbol{\phi}}{\boldsymbol{\phi}}\sin\dfrac{\boldsymbol{\phi}}{2}\end{bmatrix} \tag{2-64}$$

2）速度更新

速度的微分方程为

$$\dot{\boldsymbol{v}}=\boldsymbol{R}_{wb}\boldsymbol{a}-\boldsymbol{g} \tag{2-65}$$

其中，$\boldsymbol{a}=[a_x \quad a_y \quad a_z]$为测量加速度；$\boldsymbol{g}=[0 \quad 0 \quad g_0]$为重力加速度。

对应的基于中值法的速度更新为

$$\boldsymbol{v}_k=\boldsymbol{v}_{k-1}+\left(\frac{\boldsymbol{R}_{wb_k}\boldsymbol{a}_k+\boldsymbol{R}_{wb_{k-1}}\boldsymbol{a}_{k-1}}{2}-g\right)(t_k-t_{k-1}) \tag{2-66}$$

3）位置更新

位置的微分方程为

$$\dot{\boldsymbol{p}}=\boldsymbol{v} \tag{2-67}$$

其通解形式为

$$\Delta\boldsymbol{p}=\boldsymbol{v}\Delta t \tag{2-68}$$

其中，$\boldsymbol{v}$ 指的是该时间段内的平均速度，该形式对应的基于中值法的离散形式为

$$\boldsymbol{p}_k=\boldsymbol{p}_{k-1}+\frac{\boldsymbol{v}_k+\boldsymbol{v}_{k-1}}{2}(t_k-t_{k-1}) \tag{2-69}$$

另外，通解还可以写为

$$\Delta\boldsymbol{p}=\boldsymbol{v}\Delta t+\frac{1}{2}\boldsymbol{a}\Delta t^2 \tag{2-70}$$

其中，此处的 $\boldsymbol{v}$ 指的是该时间段起始时刻速度，该形式对应的基于中值法的离散形式为

$$\boldsymbol{p}_k = \boldsymbol{p}_{k-1} + \boldsymbol{v}_{k-1}(t_k - t_{k-1}) + \frac{1}{2}\left(\frac{\boldsymbol{R}_{wb_k}\boldsymbol{a}_k + \boldsymbol{R}_{wb_{k-1}}\boldsymbol{a}_{k-1}}{2} - \boldsymbol{g}\right)(t_k - t_{k-1})^2 \tag{2-71}$$

3. IMU 预积分模型

位姿每次优化后会发生变化，其后的 IMU 惯性积分就要重新进行，运算量过大。直接计算两帧之间的相对位姿，而不依赖初始值影响，即所谓的预积分。

已知位置、速度和四元数的微分方程如下：

$$\begin{cases} \dot{\boldsymbol{p}}_{wb_t} = \boldsymbol{v}_t^w \\ \dot{\boldsymbol{v}}_t^w = \boldsymbol{a}_t^w \\ \dot{\boldsymbol{q}}_{wb} = \boldsymbol{q}_{wb} \otimes \dfrac{1}{2}\begin{bmatrix} \boldsymbol{0} \\ \boldsymbol{\omega}^{b_t} \end{bmatrix} \end{cases} \tag{2-72}$$

所以，从 i 时刻到 j 时刻 IMU 积分结果为

$$\begin{cases} \boldsymbol{p}_{wb_j} = \boldsymbol{p}_{wb_i} + \boldsymbol{v}_i^w \Delta t + \iint_{t\in[i,j]}\left(\boldsymbol{q}_{wb_t}\boldsymbol{a}^{b_t} - \boldsymbol{g}^w\right)\delta t^2 \\ \boldsymbol{v}_j^w = \boldsymbol{v}_i^w + \int_{t\in[i,j]}\left(\boldsymbol{q}_{wb_t}\boldsymbol{a}^{b_t} - \boldsymbol{g}^w\right)\delta t \\ \boldsymbol{q}_{wb_j} = \int_{t\in[i,j]} \boldsymbol{q}_{wb_t} \otimes \begin{bmatrix} \boldsymbol{0} \\ \dfrac{1}{2}\boldsymbol{\omega}^{b_t} \end{bmatrix}\delta t \end{cases} \tag{2-73}$$

根据预积分的要求，需要求相对结果，而且不依赖于上一时刻的位姿，因此需要对式（2-73）进行转换。将 $\boldsymbol{q}_{wb_t} = \boldsymbol{q}_{wb_i} \otimes \boldsymbol{q}_{b_ib_t}$ 代入式（2-73）得

$$\begin{cases} \boldsymbol{p}_{wb_j} = \boldsymbol{p}_{wb_i} + \boldsymbol{v}_i^w \Delta t - \dfrac{1}{2}\boldsymbol{g}^w \Delta t^2 + \boldsymbol{q}_{wb_i}\iint_{t\in[i,j]}\left(\boldsymbol{q}_{b_ib_t}\boldsymbol{a}^{b_t}\right)\delta t^2 \\ \boldsymbol{v}_j^w = \boldsymbol{v}_i^w - \boldsymbol{g}^w \Delta t + \boldsymbol{q}_{wb_i}\int_{t\in[i,j]}\left(\boldsymbol{q}_{b_ib_t}\boldsymbol{a}^{b_t}\right)\delta t \\ \boldsymbol{q}_{wb_j} = \boldsymbol{q}_{wb_i}\int_{t\in[i,j]} \boldsymbol{q}_{b_ib_t} \otimes \begin{bmatrix} \boldsymbol{0} \\ \dfrac{1}{2}\boldsymbol{\omega}^{b_t} \end{bmatrix}\delta t \end{cases} \tag{2-74}$$

此时需要积分的项就完全和 i 时刻的状态无关了。

整理式（2-74）可得 IMU 预积分为

$$\begin{cases} \boldsymbol{\alpha}_{b_ib_j} = \iint_{t\in[i,j]}\left(\boldsymbol{q}_{b_ib_t}\boldsymbol{a}^{b_t}\right)\delta t^2 \\ \boldsymbol{\beta}_{b_ib_j} = \int_{t\in[i,j]}\left(\boldsymbol{q}_{b_ib_t}\boldsymbol{a}^{b_t}\right)\delta t \\ \boldsymbol{q}_{b_ib_j} = \int_{t\in[i,j]} \boldsymbol{q}_{b_ib_t} \otimes \begin{bmatrix} \boldsymbol{0} \\ \dfrac{1}{2}\boldsymbol{\omega}^{b_t} \end{bmatrix}\delta t \end{cases} \tag{2-75}$$

实际情况中使用离散形式，而非连续形式，因此在解算中一般采用中值积分方法。

$$\begin{cases}\boldsymbol{\alpha}_{b_ib_{k+1}}=\boldsymbol{\alpha}_{b_ib_k}+\boldsymbol{\beta}_{b_ib_k}\delta t+\dfrac{1}{2}\boldsymbol{a}\delta t^2\\ \boldsymbol{\beta}_{b_ib_{k+1}}=\boldsymbol{\beta}_{b_ib_k}+\boldsymbol{a}\delta t\\ \boldsymbol{q}_{b_ib_{k+1}}=\boldsymbol{q}_{b_ib_k}\otimes\begin{bmatrix}\mathbf{1}\\ \dfrac{1}{2}\boldsymbol{\omega}\delta t\end{bmatrix}\end{cases}\tag{2-76}$$

经过以上的推导，此时状态更新的公式可以整理为

$$\begin{bmatrix}\boldsymbol{p}_{wb_j}\\ \boldsymbol{v}_j^w\\ \boldsymbol{q}_{wbj}\\ \boldsymbol{b}_j^a\\ \boldsymbol{b}_j^g\end{bmatrix}=\begin{bmatrix}\boldsymbol{p}_{wb_i}+\boldsymbol{v}_i^w\Delta t-\dfrac{1}{2}\boldsymbol{g}^w\Delta t^2+\boldsymbol{q}_{wb_i}\boldsymbol{\alpha}_{b_ib_j}\\ \boldsymbol{v}_i^w-\boldsymbol{g}^w\Delta t+\boldsymbol{q}_{wb_i}\boldsymbol{\beta}_{b_ib_j}\\ \boldsymbol{q}_{wb_i}\boldsymbol{q}_{b_ib_j}\\ \boldsymbol{b}_i^a\\ \boldsymbol{b}_i^g\end{bmatrix}\tag{2-77}$$

其中，陀螺仪和加速度计的模型为

$$\begin{cases}\boldsymbol{b}_{k+1}^a=\boldsymbol{b}_k^a+\boldsymbol{n}_{b_k^a}\delta t\\ \boldsymbol{b}_{k+1}^g=\boldsymbol{b}_k^g+\boldsymbol{n}_{b_k^g}\delta t\end{cases}\tag{2-78}$$

即认为 bias 是在变化的，这样便于估计不同时刻的 bias 值，而不是整个系统运行时间内都当作常值对待。

2.2　状态估计模型

SLAM 中前端主要处理相邻图像的局部运动和局部的地图，但因为传感器的误差，在计算过程中会有误差的积累，造成最终结果的偏离。SLAM 的后端主要通过对前端得到数据的整体分析，从而得到最优解，所以又可称为状态估计，根据处理方式的不同，可分为卡尔曼滤波、粒子滤波和非线性优化（图优化）三种。

SLAM 由运动方程和观测方程进行描述。两个方程相辅相成，都至关重要，运动方程是位置估计的基础，但是若只含有运动方程会将位置误差累加，致使位置估计的方差越来越大。如果存在观测方程，有正确的观测，会对位置估计进行优化，方差也会趋于稳定。

后端优化也就变成了一个状态估计问题。假设在 $t=0$ 到 $t=N$ 时刻内，可得运动方程和观测方程为

$$\begin{cases} \boldsymbol{x}_k = f(\boldsymbol{x}_{k-1}, \boldsymbol{u}_k) + \boldsymbol{w}_k \\ \boldsymbol{z}_{k,j} = h(\boldsymbol{y}_j, \boldsymbol{x}_k) + \boldsymbol{v}_{k,j} \end{cases}, \quad k = 1, \cdots, N; j = 1, \cdots, M \tag{2-79}$$

其中，$\boldsymbol{x}_k$ 表示位姿；$\boldsymbol{z}_{k,j}$ 表示观测；$\boldsymbol{y}_j$ 表示路标；$\boldsymbol{u}_k$ 表示运动传感器输入；$\boldsymbol{w}_k$ 和 $\boldsymbol{v}_{k,j}$ 表示运动和观测的噪声。我们希望用过去 0～k 的数据估计当前的状态 $P(\boldsymbol{x}_k \mid \boldsymbol{x}_0, \boldsymbol{u}_{1:k}, \boldsymbol{z}_{1:k})$。再根据贝叶斯公式可以得到

$$P(\boldsymbol{x}_k \mid \boldsymbol{x}_0, \boldsymbol{u}_{1:k}, \boldsymbol{z}_{1:k}) \propto P(\boldsymbol{z}_k \mid \boldsymbol{x}_k) P(\boldsymbol{x}_k \mid \boldsymbol{x}_0, \boldsymbol{u}_{1:k}, \boldsymbol{z}_{1:k-1}) \tag{2-80}$$

其中，$P(\boldsymbol{z}_k \mid \boldsymbol{x}_k)$ 称为似然；$P(\boldsymbol{x}_k \mid \boldsymbol{x}_0, \boldsymbol{u}_{1:k}, \boldsymbol{z}_{1:k-1})$ 称为先验。似然由观测方程给定，第二项也会受到 $\boldsymbol{x}_{k-1}$ 项的影响，可以按照 $\boldsymbol{x}_{k-1}$ 时刻为条件概率展开：

$$P(\boldsymbol{x}_k \mid \boldsymbol{x}_0, \boldsymbol{u}_{1:k}, \boldsymbol{z}_{1:k-1}) = \int P(\boldsymbol{x}_k \mid \boldsymbol{x}_{k-1}, \boldsymbol{x}_0, \boldsymbol{u}_{1:k}, \boldsymbol{z}_{1:k-1}) P(\boldsymbol{x}_{k-1} \mid \boldsymbol{x}_0, \boldsymbol{u}_{1:k}, \boldsymbol{z}_{1:k-1}) \mathrm{d}\boldsymbol{x}_{k-1} \tag{2-81}$$

此时处理方式分为渐进式和批量式。渐进式：假设马尔可夫性，k 时刻状态只与 k–1 时刻状态有关，如扩展卡尔曼滤波。批量式：k 时刻当前状态与过去所有状态均有关，如非线性优化。

2.2.1　卡尔曼滤波

卡尔曼（Kalman）滤波有多种建模方法，可以通过控制理论进行线性系统建模，也可以利用马尔可夫性、条件独立假设等概率的性质进行概率图建模。本节主要介绍后者的推理过程。

在图 2-10 中，$\boldsymbol{x}$ 表示状态，$\boldsymbol{y}$ 表示观测。根据线性高斯系统，状态转移概率 $P(\boldsymbol{x}_t \mid \boldsymbol{x}_{t-1})$ 为 $N(\boldsymbol{A}\boldsymbol{x}_{t-1} + \boldsymbol{B}, \boldsymbol{Q})$；测量概率 $P(\boldsymbol{y}_t \mid \boldsymbol{x}_t)$ 为 $N(\boldsymbol{H}\boldsymbol{x}_t + \boldsymbol{C}, \boldsymbol{R})$；初始状态概率 $P(\boldsymbol{x}_1)$ 为 $N(\mu_0, \varepsilon_0)$，可见所有概率均满足高斯分布。那么可得当前时刻系统的运动方程和观测方程为

$$\begin{cases} \boldsymbol{x}_t = \boldsymbol{A}\boldsymbol{x}_{t-1} + \boldsymbol{B} + \boldsymbol{w}, \quad \boldsymbol{w} \sim N(\boldsymbol{0}, \boldsymbol{Q}) \\ \boldsymbol{y}_t = \boldsymbol{H}\boldsymbol{x}_t + \boldsymbol{C} + \boldsymbol{v}, \quad \boldsymbol{v} \sim N(\boldsymbol{0}, \boldsymbol{R}) \end{cases} \tag{2-82}$$

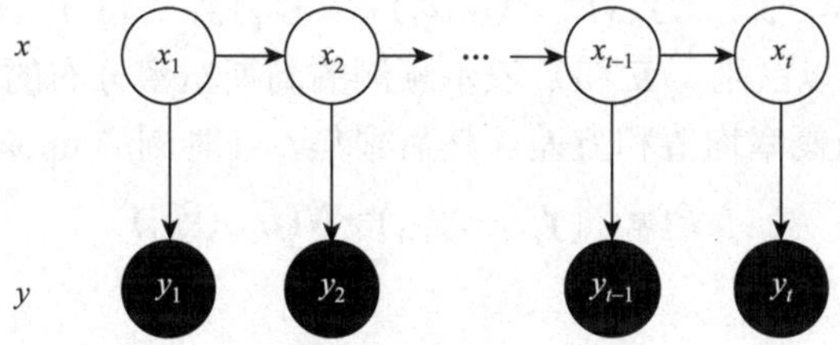

图 2-10　概率计算图

由于 $\boldsymbol{B}$ 和 $\boldsymbol{C}$ 对最后结果没有影响，所以为了方便推导将其置零。当前希望得到概率 $\boldsymbol{P}(\boldsymbol{x}_t \mid \boldsymbol{y}_1,\cdots,\boldsymbol{y}_t)$，易得

$$P(\boldsymbol{x}_t \mid \boldsymbol{y}_1,\cdots,\boldsymbol{y}_t) \propto P(\boldsymbol{x}_t,\boldsymbol{y}_1,\cdots,\boldsymbol{y}_t) \propto P(\boldsymbol{y}_t \mid \boldsymbol{x}_t,\boldsymbol{y}_1,\cdots,\boldsymbol{y}_{t-1}) \cdot P(\boldsymbol{x}_t \mid \boldsymbol{y}_1,\cdots,\boldsymbol{y}_{t-1}) \tag{2-83}$$

其中，有两个概率需要注意：$P(\boldsymbol{x}_t \mid \boldsymbol{y}_1,\cdots,\boldsymbol{y}_{t-1})$ 表示因为可以预测下一时刻的状态，所以被称为“预测”；$P(\boldsymbol{x}_t \mid \boldsymbol{y}_1,\cdots,\boldsymbol{y}_t)$ 也有另一个名称为“更新”。另外，根据图 2-10，$\boldsymbol{y}_t$ 仅与 $\boldsymbol{x}_t$ 相关，可以将 $P(\boldsymbol{y}_t \mid \boldsymbol{x}_t,\boldsymbol{y}_1,\cdots,\boldsymbol{y}_{t-1})$ 变形为 $P(\boldsymbol{y}_t \mid \boldsymbol{x}_t)P(\boldsymbol{x}_t \mid \boldsymbol{y}_1,\cdots,\boldsymbol{y}_{t-1})$，也转化成“预测”。卡尔曼滤波是渐进式处理算法，我们希望从上一时刻的状态推知当前时刻的状态，所以希望利用“预测”求解“更新”。接着，可见在“预测”中缺少 $\boldsymbol{x}_{t-1}$ 状态，对其进一步处理，将缺少的 $\boldsymbol{x}_{t-1}$ 状态加到式（2-83）中，得到恒等变形：

$$\begin{aligned} P(\boldsymbol{x}_t \mid \boldsymbol{y}_1,\cdots,\boldsymbol{y}_{t-1}) &= \int P(\boldsymbol{x}_t,\boldsymbol{x}_{t-1} \mid \boldsymbol{y}_1,\cdots,\boldsymbol{y}_{t-1})\mathrm{d}\boldsymbol{x}_{t-1} \\ &= \int P(\boldsymbol{x}_t \mid \boldsymbol{x}_{t-1},\boldsymbol{y}_1,\cdots,\boldsymbol{y}_{t-1})P(\boldsymbol{x}_{t-1} \mid \boldsymbol{y}_1,\cdots,\boldsymbol{y}_{t-1})\mathrm{d}\boldsymbol{x}_{t-1} \end{aligned} \tag{2-84}$$

其中，因为 $P(\boldsymbol{x}_{t-1} \mid \boldsymbol{y}_1,\cdots,\boldsymbol{y}_{t-1})$ 不含 $\boldsymbol{x}_t$ 项，进而可以看作常数项，式（2-84）可以等价于

$$\begin{cases} \propto \int P(\boldsymbol{x}_t \mid \boldsymbol{x}_{t-1},\boldsymbol{y}_1,\cdots,\boldsymbol{y}_{t-1})\mathrm{d}\boldsymbol{x}_{t-1} \\ \propto \int P(\boldsymbol{x}_t \mid \boldsymbol{x}_{t-1})\mathrm{d}\boldsymbol{x}_{t-1} \end{cases} \tag{2-85}$$

整理上述结果可知 prediction 和 update 的概率：

$$\text{prediction}: P(\boldsymbol{x}_t \mid \boldsymbol{y}_1,\cdots,\boldsymbol{y}_{t-1}) \propto \int P(\boldsymbol{x}_t \mid \boldsymbol{x}_{t-1})P(\boldsymbol{x}_{t-1} \mid \boldsymbol{y}_1,\cdots,\boldsymbol{y}_{t-1})\mathrm{d}\boldsymbol{x}_{t-1} \tag{2-86}$$

$$\text{update}: P(\boldsymbol{x}_t \mid \boldsymbol{y}_1,\cdots,\boldsymbol{y}_t) \propto \int P(\boldsymbol{y}_t \mid \boldsymbol{x}_t)P(\boldsymbol{x}_t \mid \boldsymbol{y}_1,\cdots,\boldsymbol{y}_{t-1})\mathrm{d}\boldsymbol{x}_{t-1} \tag{2-87}$$

另外可以看出其与所求概率 $P(\boldsymbol{x}_t \mid \boldsymbol{y}_1,\cdots,\boldsymbol{y}_t)$ 的递归关系，并且所得概率也均符合高斯分布。接着，我们对滤波和预测的过程进行推演归纳：

当 $t=1$ 时，$P(\boldsymbol{x}_1 \mid \boldsymbol{y}_1) \sim N(\hat{\mu}_1,\hat{\varepsilon}_1)$；

当 $t=2$ 时，$P(\boldsymbol{x}_2 \mid \boldsymbol{y}_1) \sim N(\bar{\mu}_2,\bar{\varepsilon}_2)$，$P(\boldsymbol{x}_2 \mid \boldsymbol{y}_1,\boldsymbol{y}_2) \sim N(\hat{\mu}_2,\hat{\varepsilon}_2)$；

在 t 时刻，$P(\boldsymbol{x}_t \mid \boldsymbol{y}_1,\cdots,\boldsymbol{y}_{t-1}) \sim N(\bar{\mu}_t,\bar{\varepsilon}_t)$，$P(\boldsymbol{x}_t \mid \boldsymbol{y}_1,\cdots,\boldsymbol{y}_t) \sim N(\hat{\mu}_t,\hat{\varepsilon}_t)$；

其中，为了加以区别，$\bar{\mu}_t$ 和 $\bar{\varepsilon}_t$ 表示预测的高斯概率分布的均值和方差；$\hat{\mu}_t$ 和 $\hat{\varepsilon}_t$ 表示更新的高斯概率均值和方差。然后聚焦 $t-1$ 时刻的 update 项：

$$P(\boldsymbol{x}_{t-1} \mid \boldsymbol{y}_1,\cdots,\boldsymbol{y}_{t-1}) \sim N(\hat{\mu}_{t-1},\hat{\varepsilon}_{t-1})$$

因为随机变量

$$\boldsymbol{x}_{t-1} \mid \boldsymbol{y}_1,\cdots,\boldsymbol{y}_{t-1} = E[\boldsymbol{x}_{t-1}] + \Delta\boldsymbol{x}_{t-1}, \Delta\boldsymbol{x}_{t-1} \sim N(0,\hat{\varepsilon}_{t-1})$$

又因为式（2-82），随机变量 $\boldsymbol{x}_t \mid \boldsymbol{y}_1,\cdots,\boldsymbol{y}_{t-1}$ 也可以写成 $\boldsymbol{A}E[\boldsymbol{x}_{t-1}] + \boldsymbol{A}\Delta\boldsymbol{x}_{t-1} + \boldsymbol{w}$，进

一步可以得到 $E[\boldsymbol{x}_t]+\Delta\boldsymbol{x}_t$ 。同理可得，随机变量 $\boldsymbol{y}_{t-1}\mid\boldsymbol{y}_1,\cdots,\boldsymbol{y}_{t-1}=\boldsymbol{HA}E[\boldsymbol{x}_{t-1}]+\boldsymbol{HA}\Delta\boldsymbol{x}_{t-1}+\boldsymbol{Hw}+\boldsymbol{Hv}$，进一步可以得到 $E[\boldsymbol{y}_t]+\Delta\boldsymbol{y}_t$ 。整理上述所得结果，可以得到以下概率分布：

$$\begin{cases}P(\boldsymbol{x}_t\mid\boldsymbol{y}_1,\cdots,\boldsymbol{y}_{t-1})\sim N\left(\boldsymbol{A}E[\boldsymbol{x}_{t-1}],E[(\Delta\boldsymbol{x})(\Delta\boldsymbol{x})^{\mathrm{T}}]\right)\\P(\boldsymbol{y}_t\mid\boldsymbol{y}_1,\cdots,\boldsymbol{y}_{t-1})\sim N\left(\boldsymbol{HA}E[\boldsymbol{x}_{t-1}],E[(\Delta\boldsymbol{y})(\Delta\boldsymbol{y})^{\mathrm{T}}]\right)\end{cases}\tag{2-88}$$

联合概率密度分布 $P(\boldsymbol{x}_t,\boldsymbol{y}_t\mid\boldsymbol{y}_1,\cdots,\boldsymbol{y}_{t-1})$ 满足高斯分布：

$$P(\boldsymbol{x}_t,\boldsymbol{y}_t\mid\boldsymbol{y}_1,\cdots,\boldsymbol{y}_{t-1})\sim N\left(\begin{bmatrix}\boldsymbol{A}E[\boldsymbol{x}_{t-1}]\\\boldsymbol{HA}E[\boldsymbol{x}_{t-1}]\end{bmatrix}\begin{bmatrix}E\left[(\Delta\boldsymbol{x}_t)(\Delta\boldsymbol{x}_t)^{\mathrm{T}}\right]&E\left[(\Delta\boldsymbol{x}_t)(\Delta\boldsymbol{y}_t)^{\mathrm{T}}\right]\\E\left[(\Delta\boldsymbol{y}_t)(\Delta\boldsymbol{x}_t)^{\mathrm{T}}\right]&E\left[(\Delta\boldsymbol{y}_t)(\Delta\boldsymbol{y}_t)^{\mathrm{T}}\right]\end{bmatrix}\right)\tag{2-89}$$

又由式（2-87）可知，$P(\boldsymbol{x}_t,\boldsymbol{y}_t\mid\boldsymbol{y}_1,\cdots,\boldsymbol{y}_{t-1})\propto P(\boldsymbol{x}_t\mid\boldsymbol{y}_1,\cdots,\boldsymbol{y}_{t-1},\boldsymbol{y}_t)$ 就是更新概率。

接下来，结合式（2-82）和式（2-88）的推导结果将式（2-89）中联合高斯分布的均值和方差求出，易得 $E[\boldsymbol{x}_{t-1}]=\widehat{\mu}_{t-1}$。下面将 $E\left[(\Delta\boldsymbol{x}_t)(\Delta\boldsymbol{x}_t)^{\mathrm{T}}\right]$ 展开：

$$\begin{aligned}E\left[(\Delta\boldsymbol{x}_t)(\Delta\boldsymbol{x}_t)^{\mathrm{T}}\right]&=E\left[(\boldsymbol{A}\Delta\boldsymbol{x}_{t-1}+\boldsymbol{w})(\boldsymbol{A}\Delta\boldsymbol{x}_{t-1}+\boldsymbol{w})^{\mathrm{T}}\right]\\&=\boldsymbol{A}E\left[\Delta\boldsymbol{x}_{t-1}\Delta\boldsymbol{x}_{t-1}^{\mathrm{T}}\right]\boldsymbol{A}^{\mathrm{T}}+E\left[\boldsymbol{w}\cdot\boldsymbol{w}^{\mathrm{T}}\right]\\&=\boldsymbol{A}\widehat{\varepsilon}_{t-1}\boldsymbol{A}^{\mathrm{T}}+\boldsymbol{Q}\end{aligned}\tag{2-90}$$

同理可得

$$E\left[(\Delta\boldsymbol{y}_t)(\Delta\boldsymbol{y}_t)^{\mathrm{T}}\right]=\boldsymbol{H}(\boldsymbol{A}\widehat{\varepsilon}_{t-1}\boldsymbol{A}^{\mathrm{T}}+\boldsymbol{Q})\boldsymbol{H}^{\mathrm{T}}+\boldsymbol{R}=\boldsymbol{H}\overline{\boldsymbol{\varepsilon}}_t\boldsymbol{H}^{\mathrm{T}}+\boldsymbol{R}\tag{2-91}$$

$$E\left[(\Delta\boldsymbol{x}_t)(\Delta\boldsymbol{y}_t)^{\mathrm{T}}\right]=\boldsymbol{H}(\boldsymbol{A}\widehat{\boldsymbol{\varepsilon}}_{t-1}\boldsymbol{A}^{\mathrm{T}}+\boldsymbol{Q})=\boldsymbol{H}\overline{\boldsymbol{\varepsilon}}_t\tag{2-92}$$

$$E\left[(\Delta\boldsymbol{y}_t)(\Delta\boldsymbol{x}_t)^{\mathrm{T}}\right]=\overline{\boldsymbol{\varepsilon}}_t^{\mathrm{T}}\boldsymbol{H}^{\mathrm{T}}\tag{2-93}$$

最后将上述结果代入联合概率分布，至此，可以求出卡尔曼滤波结果。

2.2.2　粒子滤波

卡尔曼滤波解决的是线性、高斯分布的状态空间模型，粒子滤波（PF）则是解决非线性、非高斯分布的模型，重点是解决后验的计算（已知结果求状态的概率），类比贝叶斯公式。

1. 模型说明

假设已知有一个机器人潜变量（状态变量）为 $\boldsymbol{z}$，观测到的行驶距离为 $\boldsymbol{x}$，输入为

$\boldsymbol{u}$，噪声为$\boldsymbol{\varepsilon}$、$\boldsymbol{\delta}$，模型结构如图 2-11 所示。模型参数已知，即$P(z_1)$、$P(z_t|z_{t-1})$、$P(\boldsymbol{x}_t|z_t)$的几个分布的参数都已知，即

$$\begin{cases} z_t = g(z_{t-1}, \boldsymbol{u}, \varepsilon) \\ \boldsymbol{x}_t = h(z_t, \boldsymbol{\delta}) \end{cases} \tag{2-94}$$

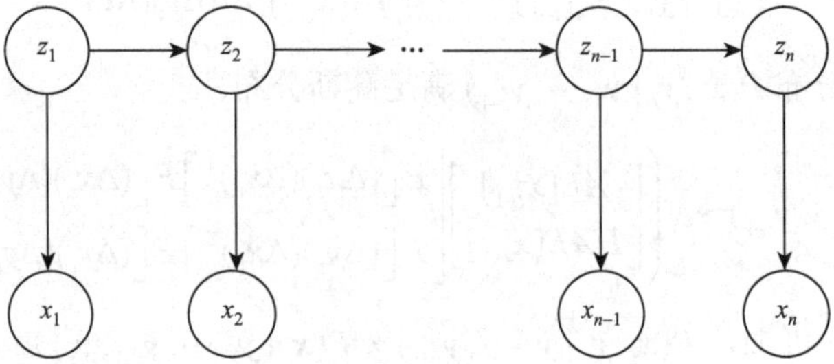

图 2-11　路径图

此时假设已经得到一个时间序列的观测值$\boldsymbol{x}_{1:t-1} = \boldsymbol{x}_1, \boldsymbol{x}_2, \cdots, \boldsymbol{x}_{t-1}$，并且已经估计出了$P(z_t \mid \boldsymbol{x}_{1:t-1})$，记为 prediction 过程。这时我们又观测到一个$\boldsymbol{x}_t$，从而想要通过这个$\boldsymbol{x}_t$来修正已知的估计，换句话说，我们想估计$P(z_t \mid \boldsymbol{x}_{1:t})$，记为 update 过程。其实这就是一个滤波的过程，不断利用新观测到的值来修正已知的估计，以上过程就是粒子滤波，用公式表示如下。

预测：

$$P(z_t \mid \boldsymbol{x}_{1:t-1}) = \int P(z_t \mid z_{t-1}) P(z_{t-1} \mid \boldsymbol{x}_{1:t-1}) \mathrm{d}z_{t-1} \tag{2-95}$$

更新：

$$P(z_t \mid \boldsymbol{x}_{1:t}) \propto P(\boldsymbol{x}_t \mid z_t) P(z_t \mid \boldsymbol{x}_{1:t-1}) \tag{2-96}$$

2. 预测与更新过程推导

粒子滤波是由隐马尔可夫模型发展而来的，同样满足齐次马尔可夫假设、观测独立假设。

预测推导。根据图 2-11，z_t依赖z_{t-1}的状态，从二者关系出发进行推导：

$$P(z_t \mid \boldsymbol{x}_{1:t-1}) = \int_{z_{t-1}} P(z_{t-1}, z_t \mid \boldsymbol{x}_{1:t-1}) \mathrm{d}z_{t-1} \underbrace{=}_{\text{利用条件概率}} \int_{z_{t-1}} P(z_t \mid z_{t-1}, \boldsymbol{x}_{1:t-1}) P(z_{t-1} \mid \boldsymbol{x}_{1:t-1}) \mathrm{d}z_{t-1} \tag{2-97}$$

$$\int_{z_{t-1}} \underbrace{P(z_t \mid z_{t-1}, \boldsymbol{x}_{1:t-1})}_{\text{利用齐次马尔可夫假设}} \underbrace{P(z_{t-1} \mid \boldsymbol{x}_{1:t-1})}_{t-1\text{时刻update}} \mathrm{d}z_{t-1} = \int_{z_{t-1}} P(z_t \mid z_{t-1}) P(z_{t-1} \mid \boldsymbol{x}_{1:t-1}) \mathrm{d}z_{t-1} \tag{2-98}$$

更新推导：

$$
\begin{aligned}
P(z_t \mid \boldsymbol{x}_{1:t}) &= \frac{P(\boldsymbol{x}_{1:t}, z_t)}{P(\boldsymbol{x}_{1:t}) \Rightarrow \text{常数}C} = \frac{P(\boldsymbol{x}_{1:t}, z_t)}{C} \\
&\overset{\text{利用条件概率}}{=} \frac{1}{C} \underbrace{P(\boldsymbol{x}_t \mid \boldsymbol{x}_{1:t-1}, z_t)}_{\text{观测独立假设}} \underbrace{P(\boldsymbol{x}_{1:t-1}, z_t)}_{\text{条件概率}} \\
&= \frac{1}{C} P(\boldsymbol{x}_t \mid z_t) P(z_t \mid \boldsymbol{x}_{1:t-1}) \underbrace{P(\boldsymbol{x}_{1:t-1})}_{\text{常数}D} \\
&= \frac{D}{C} P(\boldsymbol{x}_t \mid z_t) \underbrace{P(z_t \mid \boldsymbol{x}_{1:t-1})}_{t-1\text{时刻prediction}}
\end{aligned}
\tag{2-99}
$$

因此有

$$
P(z_t \mid \boldsymbol{x}_{1:t}) \propto P(\boldsymbol{x}_t \mid z_t) P(z_t \mid \boldsymbol{x}_{1:t-1})
$$

3. 抽样方法解决后验

蒙特卡罗采样思想是用平均值求解 $P(\boldsymbol{Z} \mid \boldsymbol{X})$，假设 n 个样本 $z^{(i)} (i=1,2,\cdots,n)$ 取自 $P(\boldsymbol{Z} \mid \boldsymbol{X})$，则有

$$
E_{Z|X}[f(z \mid \boldsymbol{x})] = \int f(z) P(z \mid \boldsymbol{x}) \mathrm{d}x \approx \frac{1}{n} \sum_{i=1}^{n} f(z^{(i)}) \tag{2-100}
$$

但是由于不知道后验分布概率 $P(z)$，无法采样，为了解决这个问题提出了重要采样，以下介绍重要采样。

引入 $q(z)$，可以为任意的概率分布，具体公式如下：

$$
E[f(z)] = \int f(z) P(z) \mathrm{d}z = \int f(z) \frac{P(z)}{q(z)} q(z) \mathrm{d}z = \frac{1}{n} \sum_{i=1}^{n} f(z^{(i)}) \frac{P(z^{(i)})}{q(z^{(i)})} \tag{2-101}
$$

记 $w(i) = \dfrac{P(z^{(i)})}{q(z^{(i)})}$ 为粒子权重，则类比 $P(z_t \mid \boldsymbol{x}_{1:t})$ 对应的粒子权重为

$$
w_t = \frac{P(z_t \mid \boldsymbol{x}_{1:t})}{q(z_t \mid \boldsymbol{x}_{1:t})} \tag{2-102}
$$

由于此过程计算量过大，如果找到递推公式则简化了计算，因此提出了序列重要采样（sequential importance sampling，SIS）。为了简化计算，用的是 $P(z_{1:t} \mid \boldsymbol{x}_{1:t})$ 这个概率，这是一种简化运算的假设，初学者注意这点就好，那么权重的表达式就表示为

$$
w_t = \frac{P(z_{1:t} \mid \boldsymbol{x}_{1:t})}{q(z_{1:t} \mid \boldsymbol{x}_{1:t})} \tag{2-103}
$$

分别对式（2-103）分子、分母进行化简。

1）分子化简

$$
\begin{aligned}
P(\boldsymbol{z}_{1:t}\mid \boldsymbol{x}_{1:t}) &= \frac{P(\boldsymbol{z}_{1:t},\boldsymbol{x}_{1:t})}{P(\boldsymbol{x}_{1:t})\Rightarrow \text{常数}C} = \frac{1}{C}P(\boldsymbol{z}_{1:t},\boldsymbol{x}_{1:t}) \\
&= \frac{1}{C}\underbrace{P(\boldsymbol{x}_t\mid \boldsymbol{z}_{1:t},\boldsymbol{x}_{1:t-1})}_{\text{利用观测独立假设}}P(\boldsymbol{z}_{1:t},\boldsymbol{x}_{1:t-1}) \\
&= \frac{1}{C}P(\boldsymbol{x}_t\mid \boldsymbol{z}_t)P(\boldsymbol{z}_{1:t},\boldsymbol{x}_{1:t-1}) \\
&= \frac{1}{C}P(\boldsymbol{x}_t\mid \boldsymbol{z}_t)\underbrace{P(\boldsymbol{z}_t\mid \boldsymbol{z}_{1:t-1},\boldsymbol{x}_{1:t-1})}_{\text{利用齐次马尔可夫假设}}\underbrace{P(\boldsymbol{z}_{1:t-1},\boldsymbol{x}_{1:t-1})}_{\text{条件概率变形}} \\
&= \frac{1}{C}P(\boldsymbol{x}_t\mid \boldsymbol{z}_t)P(\boldsymbol{z}_t\mid \boldsymbol{z}_{t-1})P(\boldsymbol{z}_{1:t-1}\mid \boldsymbol{x}_{1:t-1})\underbrace{P(\boldsymbol{x}_{1:t-1})}_{\text{常数}D} \\
&= \frac{D}{C}P(x_t\mid \boldsymbol{z}_t)P(\boldsymbol{z}_t\mid \boldsymbol{z}_{t-1})\underbrace{P(\boldsymbol{z}_{1:t-1}\mid \boldsymbol{x}_{1:t-1})}_{t-1\text{时刻预测}}
\end{aligned}
\tag{2-104}
$$

2）分母化简

由于 q 是引入的，可以假设 $q(\boldsymbol{z}_{1:t}\mid \boldsymbol{x}_{1:t}) = q(\boldsymbol{z}_t\mid \boldsymbol{z}_{1:t-1},\boldsymbol{x}_{1:t})q(\boldsymbol{z}_{1:t-1},\boldsymbol{x}_{1:t-1})$。

$$
\begin{aligned}
\boldsymbol{w}_t &= \frac{P(\boldsymbol{z}_{1:t}\mid \boldsymbol{x}_{1:t})}{q(\boldsymbol{z}_{1:t}\mid \boldsymbol{x}_{1:t})} \propto \frac{P(\boldsymbol{x}_t\mid \boldsymbol{z}_t)P(\boldsymbol{z}_t\mid \boldsymbol{z}_{t-1})P(\boldsymbol{z}_{1:t-1},\boldsymbol{x}_{1:t-1})}{q(\boldsymbol{z}_t\mid \boldsymbol{z}_{1:t-1},\boldsymbol{x}_{1:t})q(\boldsymbol{z}_{1:t-1}\mid \boldsymbol{x}_{1:t-1})} \\
&= \frac{P(\boldsymbol{x}_t\mid \boldsymbol{z}_t)P(\boldsymbol{z}_t\mid \boldsymbol{z}_{t-1})}{q(\boldsymbol{z}_t\mid \boldsymbol{z}_{1:t-1},\boldsymbol{x}_{1:t})}\boldsymbol{w}_{t-1}
\end{aligned}
\tag{2-105}
$$

算法流程如下。

t–1 时刻完成采样，即 $\boldsymbol{w}_{t-1}^{(i)}$ 已知，在 t 时刻，采样 N 个样本点 $\boldsymbol{z}_t^{(i)}(i=1,2,\cdots,N)$。

---

for $i = 1, 2, \cdots, N$:

$\boldsymbol{z}_t^{(i)} \sim q\left(\boldsymbol{z}_t\mid \boldsymbol{z}_{t-1}^{(i)},\boldsymbol{x}_{1:t}\right)$

$\boldsymbol{w}_t^{(i)} \propto \boldsymbol{w}_{t-1}^{(i)}\dfrac{P\left(\boldsymbol{x}_t\mid \boldsymbol{z}_t^{(i)}\right)P\left(\boldsymbol{z}_t^{(i)}\mid \boldsymbol{z}_{t-1}^{(i)}\right)}{q\left(\boldsymbol{z}_t^{(i)}\mid \boldsymbol{z}_{t-1}^{(i)},\boldsymbol{x}_{1:t}\right)}$

end

$\boldsymbol{w}_t^{(i)}$ 归一化，使得 $\sum_{i=1}^{N}\boldsymbol{w}_t^{(i)}=1$

缺点：运行一段时间后，权重退化，即权重大的和权重小的差距越来越大。

解决权重退化的方法有两种：重采样和选一个更好的 q 分布。下面介绍重采样。

4. 重采样

重采样通俗来讲，是将粒子放在权重更大的位置，不断缩小猜测范围。在 t–1

时刻生成了 N 个样本点 $\boldsymbol{z}_{t-1}^{(i)}$ 以及它们的权重 $\boldsymbol{w}_{t-1}^{(i)}$（称为更新前的权重），在 t 时刻的迭代过程中，目标还是采样 N 个采样点。那么，首先更新 $z_{t-1}^{(i)}$ 的权重，将它们都变成等权重的 $\dfrac{1}{N}$（称为更新后的权重）。在上述算法流程中，重采样可以放在迭代过程中的归一化之后进行。

5. Gmapping

Gmapping 是基于 RBPF 粒子滤波而先定位后建图。其在 RBPF 算法上做了两个主要的改进，为了减小粒子数改进提议分布（前面内容所提的 q 概率分布）和为了减少重采样的次数而进行选择性重采样[17]。

1）RBPF 建图

SLAM 解决的问题是用控制数据 $\boldsymbol{u}_{1:t}$ 和观测数据 $\boldsymbol{x}_{1:t}$ 来求位姿和地图的联合分布 $P(\boldsymbol{x}_{1:t},\boldsymbol{m}\mid z_{1:t},\boldsymbol{u}_{1:t-1})$，其中 $\boldsymbol{m}$ 为地图。RBPF 先进行定位再进行建图，上述公式就变成

$$P(\boldsymbol{z}_{1:t},\boldsymbol{m}\mid \boldsymbol{x}_{1:t},\boldsymbol{u}_{1:t-1})=P(\boldsymbol{m}\mid \boldsymbol{z}_{1:t},\boldsymbol{x}_{1:t})P(\boldsymbol{z}_{1:t}\mid \boldsymbol{x}_{1:t},\boldsymbol{u}_{1:t-1}) \tag{2-106}$$

2）RBPF 基础上的改进提议分布

从前面粒子滤波算法流程中知道，需要从提议分布中采样得到下一时刻机器人的位姿，提议分布与目标分布（真实分布，根据机器人携带的所有传感器的数据确定机器人状态置信度的最大极限）越接近，用的粒子越少，如果粒子直接从目标分布采样，只需一个粒子就可以获得机器人的位姿估计，因此需要做的就是改进提议分布。

激光的分布相比里程计的分布更接近于真实的目标分布，所以将激光信息融入提议分布中，即把粒子采样范围从宽的区域改到激光雷达观测模型代表的尖峰区域 L，提议分布就更接近于真实分布，如图 2-12 所示。

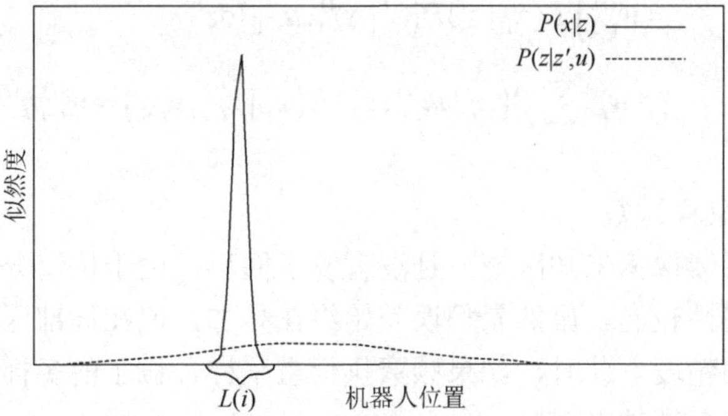

图 2-12　雷达观测

i 表示状态

为了获得改进的提议分布，首先从运动模型中采集粒子，之后使用观测对这些粒子加权选出最好的粒子，然后用这些权重大的粒子模拟出改进后的提议分布。在里程计运动模型给出预测后，以该预测为初值进行下一次扫描匹配，之后就找到了如图 2-12 所示的 L 所代表的尖峰区域，接下来确定尖峰区域代表的高斯分布的均值与方差，在 L 中随机采样 K 个点，根据 K 个点的里程计和观测模型计算均值和方差：

$$\boldsymbol{\mu}_t^{(i)} = \frac{1}{\eta^{(i)}} \sum_{j=1}^{K} \boldsymbol{z}_j P\left(\boldsymbol{x}_t \mid \boldsymbol{m}_{t-1}^{(i)}, \boldsymbol{z}_j\right) P\left(\boldsymbol{z}_j \mid \boldsymbol{z}_{t-1}^{(i)}, \boldsymbol{u}_{t-1}\right) \tag{2-107}$$

$$\boldsymbol{\Sigma}_t^{(i)} = \frac{1}{\eta^{(i)}} \sum_{j=1}^{K} P\left(\boldsymbol{x}_t \mid \boldsymbol{m}_{t-1}^{(i)}, \boldsymbol{z}_j\right) P\left(\boldsymbol{z}_j \mid \boldsymbol{z}_{t-1}^{(i)}, \boldsymbol{u}_{t-1}\right) \left(\boldsymbol{z}_j - \boldsymbol{\mu}_t^{(i)}\right) \left(\boldsymbol{z}_j - \boldsymbol{\mu}_t^{(i)}\right)^{\mathrm{T}} \tag{2-108}$$

其中，归一化因子 $\eta^{(i)} = \sum_{j=1}^{K} P\left(\boldsymbol{x}_t \mid \boldsymbol{m}_{t-1}^{(i)}, \boldsymbol{z}_j\right) P\left(\boldsymbol{z}_j \mid \boldsymbol{z}_{t-1}^{(i)}, \boldsymbol{u}_{t-1}\right)$。

为了改进提议分布，将使用最近一次观测 $\boldsymbol{x}_t$，因此提议分布为

$$q = P\left(\boldsymbol{z}_t \mid \boldsymbol{m}_{t-1}^{(i)}, \boldsymbol{z}_{t-1}^{(i)}, \boldsymbol{x}_t, \boldsymbol{u}_{t-1}\right) = \frac{P\left(\boldsymbol{x}_t \mid \boldsymbol{m}_{t-1}^{(i)}, \boldsymbol{z}_t\right) P\left(\boldsymbol{z}_t \mid \boldsymbol{z}_{t-1}^{(i)}, \boldsymbol{u}_{t-1}\right)}{P\left(\boldsymbol{x}_t \mid \boldsymbol{m}_{t-1}^{(i)}, \boldsymbol{z}_{t-1}^{(i)}, \boldsymbol{u}_{t-1}\right)} \tag{2-109}$$

说明：分子与目标分布分子相同，因为用的是激光和里程计信息；

$$\begin{aligned}
\boldsymbol{w}_t^{(i)} &\propto \boldsymbol{w}_{t-1}^{(i)} \frac{P\left(\boldsymbol{x}_t \mid \boldsymbol{m}_{t-1}^{(i)}, \boldsymbol{z}_t^{(i)}\right) P\left(\boldsymbol{z}_t^{(i)} \mid \boldsymbol{z}_{t-1}^{(i)}, \boldsymbol{u}_{t-1}\right)}{\dfrac{P\left(\boldsymbol{x}_t \mid \boldsymbol{m}_{t-1}^{(i)}, \boldsymbol{z}_t\right) P\left(\boldsymbol{z}_t \mid \boldsymbol{z}_{t-1}^{(i)}, \boldsymbol{u}_{t-1}\right)}{P\left(\boldsymbol{x}_t \mid \boldsymbol{m}_{t-1}^{(i)}, \boldsymbol{z}_{t-1}^{(i)}, \boldsymbol{u}_{t-1}\right)}} \\
&= \boldsymbol{w}_{t-1}^{(i)} P\left(\boldsymbol{x}_t \mid \boldsymbol{m}_{t-1}^{(i)}, \boldsymbol{z}_{t-1}^{(i)}, \boldsymbol{u}_{t-1}\right) \\
&= \boldsymbol{w}_{t-1}^{(i)} \int P(\boldsymbol{x}_t \mid \boldsymbol{z}') P\left(\boldsymbol{z}' \mid \boldsymbol{x}_{t-1}^{(i)}, \boldsymbol{u}_{t-1}\right) \mathrm{d}\boldsymbol{z}' \\
&\approx \boldsymbol{w}_{t-1}^{(i)} \sum_{j=1}^{K} P\left(\boldsymbol{x}_t \mid \boldsymbol{m}_{t-1}^{(i)}, \boldsymbol{z}_j\right) P\left(\boldsymbol{z}_j \mid \boldsymbol{z}_{t-1}^{(i)}, \boldsymbol{u}_{t-1}\right) = \boldsymbol{w}_{t-1}^{(i)} \eta^{(i)}
\end{aligned} \tag{2-110}$$

3）限制重采样次数

若机器人持续探索未知区域，且没有发生回环，由于提议分布的改善，粒子的多样性和准确性较高。虽然累积误差始终在叠加，但在局部区域，可以认为粒子保持了较高的精度。此时，如果频繁执行重采样，粒子的多样性将会消失，历时较久的位姿将变得越来越单一。

重采样的目的是抛弃明显远离真实值的粒子，增强离真实值近的粒子。如果

所有粒子都在真实值附近，且分布均匀，就不用执行重采样。在回环发生之前，即使有些粒子已经远离了真实值，但现有的观测不足以区分开正确的粒子和错误的粒子，此时重采样无意义。在回环发生后，新的观测足够拉开正确粒子和错误粒子的权重差距，此时的重采样效果得以体现。

Gmapping 中判断回环发生可以直接通过式（2-111）评估所有粒子权重的分散程度[4]：

$$N_{\text{eff}} = \frac{1}{\sum_{i=1}^{N}(\tilde{\boldsymbol{w}}^{(i)})^2} \tag{2-111}$$

N_{eff}越大，粒子权重差距越小。极端情况下，当所有粒子权重都一样的时候，如重采样之后，这些粒子恰好可以表示真实的分布（类似于按照某个分布随机采样的结果）。当 N_{eff} 降低到某个阈值以下时，说明粒子的分布与真实分布差距很大，在粒子上表现为某些粒子离真实值很近，而很多粒子离真实值较远。这是回环发生时经常出现的情况，重采样就要在此时进行。

2.2.3　非线性优化

SLAM 状态估计问题由运动方程和观测方程组成，它的数据受噪声影响，满足高斯分布。因为观测到的数据量较大，可以使用批量处理的方法，就是把很多数据放在一起进行优化，求出一个状态最优估计，需要使用最小二乘非线性优化来求解。

我们先给定目标函数，将对目标函数求导得到极值的问题转化成一个不断寻找下降增量 Δx 的问题，其中需要进行线性化。

一般非线性最小二乘分为以下几步：

（1）设置初始值 x_0；

（2）线性化将目标函数 $F(x)$进行泰勒级数展开；

（3）寻找一个增量 Δx，使得 $F(x)$达到极小值；

（4）判断 Δx 是否足够小，若满足条件则停止；

（5）若步骤（4）中 Δx 不满足，则令 $x = x + \Delta x$，返回步骤（2）。

根据求 Δx 的不同方法，可以将非线性最小二乘问题分为不同的方法进行求解，如图 2-13 所示。

在实际应用时，上述优化方法通常被封装在一些库中。现在 SLAM 常用的非线性优化库主要有两个：谷歌的 Ceres 库和基于图优化的 g2o 库。

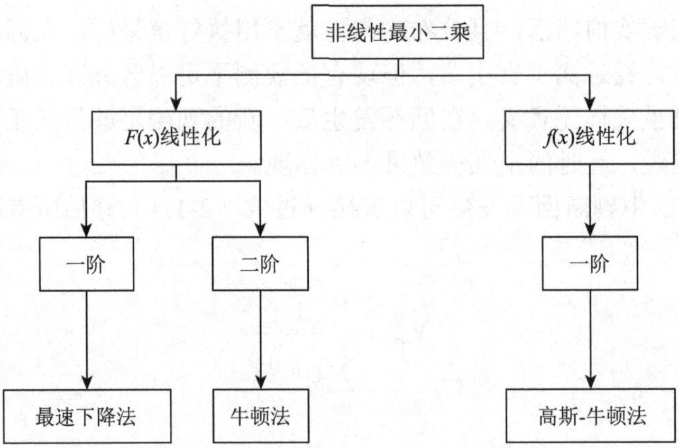

图 2-13　非线性最小二乘方法

1. Ceres 库

Ceres 库全称 Ceres Solver，是谷歌开源的 C++库，功能丰富且性能高，主要用于解决大型复杂的优化问题。其代码结构较清晰，接口调用方便，且提供自动和数值导数，避免了复杂的雅可比矩阵计算，使用者无须自己手动进行推导，减小了出错的概率，源码仓库地址：https://github.com/ceres-solver/ceres-solver。Ceres 库是一个使用比较广泛的最小二乘求解库，使用时，只需要按照步骤定义待求解的优化问题，然后就可以交给相关的求解器进行计算，它求解的最小二乘问题一般形式如下：

$$\min \sum \| f(\boldsymbol{x}_1, \boldsymbol{x}_2, \cdots, \boldsymbol{x}_n) \|^2 \tag{2-112}$$

在这个问题中，$\boldsymbol{x}$ 为优化变量，又称参数块，它是有一定限制范围的；f 为代价函数，也称为残差块，在 SLAM 中也可理解为误差项。

使用 Ceres 解决非线性优化最小二乘问题一般过程如下。

（1）定义每一个参数块，一般为一个向量，在 SLAM 中可以定义为四元数、李代数等结构，在程序中需要为每一个参数块分配一个数组来存储变量的值。

（2）接下来需要定义残差块的计算方式。需要对它们进行一些自定义的计算，然后返回残差值，在 Ceres 对它们求平方和之后，作为目标函数的值。

（3）代价函数的计算还需要定义雅可比的计算方式。在 Ceres 库中，可以方便地使用它提供的自动求导的功能，当然也可以自定义雅可比的计算方式。

（4）只需要把参数块和代价函数加入 Ceres 定义的对象中，使用它的 solve 函数求解，当然，还需要设定一些约束条件。

Ceres 库中的非线性优化算法十分全面，并且提供了自动求导的功能，它的适用范围十分广泛。

2. g2o 库

g2o 全称 General Graph Optimization，译为通用图优化，是一个基于图优化的库，主要是将非线性优化和图论结合起来，可由使用者根据实际的非线性优化问题构造顶点和边，并选择优化算法对指定的目标函数进行求解，源码仓库地址：https://github.com/RainerKuemmerle/g2o。图优化是将非线性优化问题转换成用图来表示。其中一幅图由若干顶点和边组成。用顶点来表示优化变量，用边来表示误差项。

在 SLAM 问题中，通常用三角形来表示相机位姿节点，用圆形来表示路标点，它们组成了图优化的顶点，蓝实线表示相机的运动模型，红实线代表观测模型，它们构成了图优化的边[18]。

使用 g2o 库建立模型进行非线性优化的一般过程如下：

（1）定义模型的顶点（优化变量的维度和数据类型）和边（误差的维度、类型、连接的顶点类型）；

（2）构建图模型（计算误差和雅可比矩阵）；

（3）选择优化的梯度下降方法；

（4）使用 g2o 进行优化，返回结果。

g2o 库将非线性优化问题转化为图优化，在 SLAM 研究中，g2o 提供了大量现成的顶点和边，显著简化了问题。

参 考 文 献

[1] 王先伟，吴明晖，周俊，等. 采茶机器人导航避障及路径规划研究[J]. 农业装备与车辆工程，2019，57（12）：121-124.

[2] 窦笑. 基于深度学习的机器人环境感知研究[D]. 哈尔滨：哈尔滨工程大学，2019.

[3] 李涛，关棒磊，张家铭，等. 基于点线特征结合的单目相对位姿测量方法[J]. 激光与光电子学进展，2020，57（8）：238-246.

[4] 周彦，李雅芳，王冬丽，等. 视觉同时定位与地图创建综述[J]. 智能系统学报，2018，13（1）：97-106.

[5] 周泩朴. 基于无序图像的大场景三维重建技术研究[D]. 西安：西北大学，2018.

[6] 许峰. 基于单目视觉的多传感器组合导航算法研究[D]. 合肥：合肥工业大学，2018.

[7] 张亚西. 基于视频的目标检测算法研究[D]. 上海：上海师范大学，2020.

[8] 黄宴委，董文康，王俊，等. 融合光度和深度的视觉里程计改进算法[J]. 福州大学学报（自然科学版），2019，47（6）：746-752.

[9] 颜成钢，许成浩，朱尊杰，等. 一种多全景图融合三维重建的方法[P]. CN113409442A，2021.

[10] 王亚慧，蔡少骏. 一种同时定位与建图的方法，系统及存储介质[P]. CN108776976A，2018.

[11] 顾海军，肖世锋，包飞，等. 基于摄像信息实时定位多人空间位置的方法及系统[P]. CN113705388A，2021.

[12] Shan T，Englot B. Lego-loam：Lightweight and ground-optimized LiDAR odometry and mapping on variable

terrain[C]//2018 IEEE/RSJ International Conference on Intelligent Robots and Systems（IROS）. Madrid，2018：4758-4765.

[13] Zhou P，Guo X，Pei X，et al. T-LOAM：Truncated least squares LiDAR-only odometry and mapping in real time[J]. IEEE Transactions on Geoscience and Remote Sensing，2021，99：1-13.

[14] Zhang J，Singh S. LOAM：LiDAR odometry and mapping in real-time[J]. Robotics：Science and Systems，2014，2（9）：1-9.

[15] Wang H，Wang C，Chen C L，et al. F-loam：Fast LiDAR odometry and mapping[C]//2021 IEEE/RSJ International Conference on Intelligent Robots and Systems（IROS）. Prague，2021：4390-4396.

[16] 费再慧，朱磊，贾双成，等. IMU 内参的标定方法，装置，电子设备仪及存储介质[P]. CN111784784A，2020.

[17] Grisetti G，Stachniss C，Burgard W. Improved techniques for grid mapping with Rao-Blackwellized particle filters[J]. IEEE Transactions on Robotics，2007，23（1）：34-46.

[18] 孙海波，童紫原，唐守锋，等. 基于卡尔曼滤波与粒子滤波的 SLAM 研究综述[J]. 软件导刊，2018，194（12）：5-7，11.

第3章　SLAM相关数学知识

为了能够更加精确地估计得到载体的位姿和地图信息，仅仅依靠单帧采集的数据是远远不够的。优化方法可以提高 SLAM 算法解算的精度，在最早的 SLAM 系统中，基于卡尔曼滤波、粒子滤波等的滤波方法最先被引用到 SLAM 优化过程中，但是其存在线性化误差、效率低等问题。随着硬件计算能力的飞速提升，非线性优化因为光束法平差的稀疏性已成为 SLAM 中的主流优化方法。此部分是整个 SLAM 算法的基石，鉴于现有的书籍缺少对这部分的详细讲解，本章首先讲解非线性优化的基础原理以及方法，为后续章节提供理论知识；其次介绍非线性方法，主要针对目标函数的求导方式；最后介绍用于表示机器人位姿参数的实际物理意义和评定 SLAM 算法精度的具体方法。

3.1　非线性优化方法

3.1.1　基本方法介绍

所有的非线性的优化方法都是采用迭代的方式：从一个起始的点（或参数向量）$\boldsymbol{X}_0$ 开始，依据迭代的算法产生一个 $\boldsymbol{X}$ 的序列，最终收敛到 $\boldsymbol{X}_*$，即给定目标函数的最小值点。每次迭代产生的 $\boldsymbol{X}_k$ 都需满足定义 3.1 和定义 3.2 所述条件，其中 $F(\boldsymbol{X})$ 表示以 $\boldsymbol{X}$ 为优化变量的目标函数，$\boldsymbol{X}_k$ 表示经过 k 次迭代后的变量值。

定义 3.1　下降条件：

$$F(\boldsymbol{X}_{k+1}) < F(\boldsymbol{X}_k)$$

每一次的迭代过程主要包含两部分：

（1）求出目标函数的下降方向 h_d；

（2）找一个合适的下降步长 α，使目标函数的值适当地下降。

总而言之，优化的方法主要是给目标函数 F 找一个下降方法，使得每次得到的优化变量满足下降条件。

下降方向的求取过程如下所述。

对目标函数 F 进行泰勒级数展开：

$$F(\boldsymbol{X}+\alpha\boldsymbol{h}) = F(\boldsymbol{X}) + \alpha\boldsymbol{h}^{\mathrm{T}}F'(\boldsymbol{X}) + O(\alpha^2) \approx F(\boldsymbol{X}) + \alpha\boldsymbol{h}^{\mathrm{T}}F'(\boldsymbol{X}) \tag{3-1}$$

其中，α 为极小量。

如果 $F(\boldsymbol{X}+\alpha\boldsymbol{h})$ 是关于 α 的函数，且在 $\alpha=0$ 的时候是一个减函数，则此时的 $\boldsymbol{h}$ 即为下降方向。

定义 3.2　如果

$$\boldsymbol{h}^{\mathrm{T}}F'(\boldsymbol{X})<\boldsymbol{0}$$

则称 $\boldsymbol{h}$ 是目标函数在 $\boldsymbol{X}$ 处的下降方向。

如果最终无法再计算出 $\boldsymbol{h}$，则表示此时的 $\boldsymbol{X}$ 已经是最小值点；否则，需要进一步选择一个合适的步长 α，使得目标函数的值下降。

1. 线搜索

1）最速下降法

由式（3-1）可以得到目标函数 F 的负增益满足：

$$\lim_{\alpha\to\infty}\frac{F(\boldsymbol{X})-F(\boldsymbol{X}+\alpha\boldsymbol{h})}{\alpha\|\boldsymbol{h}\|}=-\frac{1}{\|\boldsymbol{h}\|}\boldsymbol{h}^{\mathrm{T}}F'(\boldsymbol{X})=-\|F'(\boldsymbol{X})\|\cos\theta \tag{3-2}$$

其中，θ 是向量 $\boldsymbol{h}$ 和 $F'(\boldsymbol{X})$ 的夹角，当 $\theta=\pi$ 时，获得最大的衰减速率，称此时的 $\boldsymbol{h}$ 为最陡下降方向，即 $\boldsymbol{h}_{sd}=-F'(\boldsymbol{X})$。

注意：最速下降法在最终收敛阶段可能会没有办法使目标函数收敛到最小值，但是此方法在迭代的初始阶段表现较好。所以有时可考虑将此方法与其他方法结合，在前期使用最速下降法，而在后期使用其他表现良好的迭代法。

2）牛顿法

这个方法是在以 $\boldsymbol{X}^*$ 为目标函数的极值点的情况下推导出来的。

从定义 3.1 可以知道极值点满足 $F'(\boldsymbol{X}^*)=\boldsymbol{0}$，对其进行泰勒级数展开：

$$F'(\boldsymbol{X}+\boldsymbol{h})=F'(\boldsymbol{X})+F''(\boldsymbol{X})\boldsymbol{h}+O\left(\|\boldsymbol{h}\|^2\right)\approx F'(\boldsymbol{X})+F''(\boldsymbol{X})\boldsymbol{h} \tag{3-3}$$

其中，$\|\boldsymbol{h}\|$ 充分小。

求解 $\boldsymbol{h}_n$：如果其满足 $\boldsymbol{H}\boldsymbol{h}_n=-F'(\boldsymbol{X})$ 且 $\boldsymbol{H}=F''(\boldsymbol{X})$，则此 $\boldsymbol{h}_n$ 即为用牛顿法所求出的下降方向。

下面证明此方法求出的 $\boldsymbol{h}$ 是否满足定义 3.2。

如果 $\boldsymbol{H}$ 是一个正定矩阵，则对于任意一个非零的矩阵 $\boldsymbol{u}$，都有 $\boldsymbol{u}^{\mathrm{T}}\boldsymbol{H}\boldsymbol{u}>\boldsymbol{0}$，那么就可以得到 $\boldsymbol{0}<\boldsymbol{h}_n^{\mathrm{T}}\boldsymbol{H}\boldsymbol{h}=-\boldsymbol{h}_n^{\mathrm{T}}F'(\boldsymbol{X})$，可见其满足定义 3.2 的下降方向。

牛顿法在搜索的最后阶段效果比较好，是二阶收敛的。

2. 区域搜索

假设目前有一个关于 F 在当前迭代点附近的近似模型 L，可表示为

$$F(\boldsymbol{X}+\boldsymbol{h})\approx(\boldsymbol{h})\equiv F(\boldsymbol{X})+\boldsymbol{h}^{\mathrm{T}}\boldsymbol{c}+\frac{1}{2}\boldsymbol{h}^{\mathrm{T}}\boldsymbol{B}\boldsymbol{h} \tag{3-4}$$

当 $\boldsymbol{h}$ 充分小的时候，此模型会表现得比较好。

下面介绍两种使用这种模型来求解 $\boldsymbol{h}$ 的方法（下面方法取 $\alpha=1$）。

1）置信域法

假设已知一个正数 $\varDelta$，使得这个模型在以 $\boldsymbol{X}$ 为球心、$\varDelta$ 为半径的球体内，与原函数拟合得很好，则可以确定步长：

$$\boldsymbol{h}=\boldsymbol{h}_{\mathrm{tr}}\equiv\arg\min_{\|\boldsymbol{h}\|\leqslant\varDelta}\left\{L(\boldsymbol{h})\right\} \tag{3-5}$$

2）阻尼法

此方法增加一个阻尼系数，为 L 模型后面加一项 $\frac{1}{2}\mu\boldsymbol{h}^{\mathrm{T}}\boldsymbol{h}=\frac{1}{2}\mu\|\boldsymbol{h}\|^2$ 用来防止步长过大：

$$\boldsymbol{h}=\boldsymbol{h}_{\mathrm{dm}}\equiv\arg\min_{h}\left\{L(\boldsymbol{h})+\frac{1}{2}\mu\boldsymbol{h}^{\mathrm{T}}\boldsymbol{h}\right\} \tag{3-6}$$

通过上面其中一种方法计算出 h：

$$\text{if}\qquad F(\boldsymbol{x}+\boldsymbol{h})<F(\boldsymbol{x})$$

$$\boldsymbol{x}:=\boldsymbol{x}+\boldsymbol{h}$$

$$\text{update}\quad \varDelta \text{ or } \mu$$

即如果 $\boldsymbol{h}$ 满足定义3.1的下降条件，则 $\alpha=1$；否则 $\alpha=0$，此时需要更新 $\varDelta$ 或者 μ，以便于在下一次迭代的时候可以找到满足条件的下降方向。

但是由于这里使用了近似模型，所以模型的好坏程度对迭代结果会有比较大的影响。使用式（3-7）所示的增益比来评判模型的好坏：

$$Q=\frac{F(\boldsymbol{X})-F(\boldsymbol{X}+\boldsymbol{h})}{L(\boldsymbol{0})-L(\boldsymbol{h})} \tag{3-7}$$

Q 值太小，说明使用的模型近似程度不够好，这时会适当地减小 $\varDelta$ 或 μ，防止步长取得过大，使优化效果变差；反之，一个大的 Q 值说明此时使用的近似模型跟原函数比较贴合，这时可以适当地增加步长，加快迭代的速度。

本节的内容主要是对非线性优化中一些基本的方法和理论进行阐述，后续章节对一些常用的改进算法进行详细说明。

3.1.2　高斯-牛顿法

高斯-牛顿法是在迭代点附近进行线性拟合，得到拟合函数 L：

$$f(\boldsymbol{X}+\boldsymbol{h})\approx\ell(\boldsymbol{h})\equiv f(\boldsymbol{X})+J(\boldsymbol{X})\boldsymbol{h} \tag{3-8}$$

由式（3-8）可以得到 F 的近似函数：

$$F(\boldsymbol{X}+\boldsymbol{h}) \approx L(\boldsymbol{h})=\frac{1}{2}\ell(\boldsymbol{h})^{\mathrm{T}}\ell(\boldsymbol{h})=\frac{1}{2}\boldsymbol{f}^{\mathrm{T}}\boldsymbol{f}+\boldsymbol{h}^{\mathrm{T}}\boldsymbol{J}^{\mathrm{T}}\boldsymbol{f}+\frac{1}{2}\boldsymbol{h}^{\mathrm{T}}\boldsymbol{J}^{\mathrm{T}}\boldsymbol{J}\boldsymbol{h}=F(\boldsymbol{X})+\boldsymbol{h}^{\mathrm{T}}\boldsymbol{J}^{\mathrm{T}}\boldsymbol{f}+\frac{1}{2}\boldsymbol{h}^{\mathrm{T}}\boldsymbol{J}^{\mathrm{T}} \tag{3-9}$$

对 $L(\boldsymbol{h})$求一阶导：

$$L'(\boldsymbol{h})=\boldsymbol{J}^{\mathrm{T}}\boldsymbol{f}+\boldsymbol{J}^{\mathrm{T}}\boldsymbol{J}\boldsymbol{h} \tag{3-10}$$

对 $L(\boldsymbol{h})$求二阶导：

$$L''(\boldsymbol{h})=\boldsymbol{J}^{\mathrm{T}}\boldsymbol{J} \tag{3-11}$$

明显比对上面的 $F(\boldsymbol{X})$求二阶导要简单得多。

在这里，用高斯–牛顿法求解 $\boldsymbol{h}_{\mathrm{gn}}$ 时，只需其满足 $(\boldsymbol{J}^{\mathrm{T}}\boldsymbol{J})\boldsymbol{h}_{\mathrm{gn}}=-\boldsymbol{J}^{\mathrm{T}}\boldsymbol{f}$，此时的 $\boldsymbol{h}_{\mathrm{gn}}$ 即为所求且满足条件的下降方向。

证明如下。

从上面的式子可以看到 $L''(\boldsymbol{h})$ 是完全独立于 $\boldsymbol{h}$ 且对称的，只要 $\boldsymbol{J}$ 是满秩的，则 $L''(\boldsymbol{h})$ 为一个正定矩阵，所以所求得的 $\boldsymbol{h}_{\mathrm{gn}}$ 满足定义 3.2（下降方向）：

$$\boldsymbol{h}_{\mathrm{gn}}^{\mathrm{T}}F'(\boldsymbol{X})=\boldsymbol{h}_{\mathrm{gn}}^{\mathrm{T}}(\boldsymbol{J}^{\mathrm{T}}\boldsymbol{f})=-\boldsymbol{h}_{\mathrm{gn}}^{\mathrm{T}}(\boldsymbol{J}^{\mathrm{T}}\boldsymbol{J})\boldsymbol{h}_{\mathrm{gn}}<\boldsymbol{0} \tag{3-12}$$

高斯–牛顿法当 $\boldsymbol{J}^{\mathrm{T}}\boldsymbol{J}$ 不可逆时会失败，并且与二阶收敛的牛顿法相比，此方法只能一阶收敛。

在这里，将牛顿法和高斯–牛顿法进行对比，从前面的推论过程中可以得到如下。

牛顿法求解步长：

$$F''(\boldsymbol{X})\boldsymbol{h}_{\mathrm{n}}=-F'(\boldsymbol{X}) \tag{3-13}$$

高斯–牛顿法求解步长：

$$(\boldsymbol{J}^{\mathrm{T}}\boldsymbol{J})\boldsymbol{h}_{\mathrm{gn}}=-\boldsymbol{J}^{\mathrm{T}}\boldsymbol{f} \tag{3-14}$$

这两种求解方法的区别就在于前面的系数矩阵，而经过前面的推导可以得出

$$F''(\boldsymbol{X})=\boldsymbol{J}(\boldsymbol{X})^{\mathrm{T}}\boldsymbol{J}(\boldsymbol{X})+\sum_{i=1}^{m}f_i(\boldsymbol{X})f_i''(\boldsymbol{X}) \tag{3-15}$$

即两者的区别在 $\sum_{i=1}^{m}f_i(\boldsymbol{X})f_i''(\boldsymbol{X})$ 部分，而当 $f(\boldsymbol{X}^*)\approx\boldsymbol{0}$，即求解的 $\boldsymbol{X}$ 在真值附近时，可以得到 $F''(\boldsymbol{X})\approx L''(\boldsymbol{h})$，则方程就变为 $(\boldsymbol{J}^{\mathrm{T}}\boldsymbol{J})\boldsymbol{h}_{\mathrm{gn}}=-\boldsymbol{J}^{\mathrm{T}}\boldsymbol{f}$ 。

举例如下。

目前有

$$f_1(\boldsymbol{X})=x_1+x_2-7,\quad f_2(\boldsymbol{X})=4(x_1-4)^3+3(x_2-3)^2 \tag{3-16}$$

即

$$F(\boldsymbol{X})=\frac{1}{2}(x_1+x_2-7)^2+\frac{1}{2}\left(4(x_1-4)^3+3(x_2-3)^2\right)^2 \tag{3-17}$$

按照牛顿法的方式推导可求得

$$F'(\boldsymbol{X})=\begin{bmatrix} x_1+x_2-7+48(x_1-4)^5+36(x_1-4)^2(x_2-3)^2 \\ x_1+x_2-7+24(x_1-4)^3(x_2-3)+18(x_2-3)^3 \end{bmatrix} \tag{3-18}$$

进而求得

$$\boldsymbol{H}=F''(\boldsymbol{X})=\begin{bmatrix} 1+240(x_1-4)^4+72(x_1-4)(x_2-3)^2 & 1+72(x_1-4)^2(x_2-3) \\ 1+72(x_1-4)^2(x_2-3) & 1+24(x_1-4)^3+54(x_2-3)^2 \end{bmatrix} \tag{3-19}$$

按照高斯-牛顿法的方式推导可求得

$$f(\boldsymbol{X})=\begin{bmatrix} x_1+x_2-7 \\ 4(x_1-4)^3+3(x_2-3)^2 \end{bmatrix} \tag{3-20}$$

对 $f(\boldsymbol{X})$ 求一阶导得到雅可比矩阵：

$$\boldsymbol{J}(\boldsymbol{X})=\begin{bmatrix} 1 & 1 \\ 12(x_1-4)^2 & 6(x_2-3) \end{bmatrix} \tag{3-21}$$

由此可得到

$$\boldsymbol{J}^{\mathrm{T}}\boldsymbol{J}=\begin{bmatrix} 1+144(x_1-4)^4 & 1+72(x_1-4)^2(x_2-3) \\ 1+72(x_1-4)^2(x_2-3) & 1+36(x_2-3)^2 \end{bmatrix} \tag{3-22}$$

根据函数 $\boldsymbol{f}$ 可以计算得到二阶的求导矩阵：

$$\boldsymbol{f}_1''=\begin{bmatrix} 0 & 0 \\ 0 & 0 \end{bmatrix},\quad \boldsymbol{f}_2''=\begin{bmatrix} 24(x_1-4) & 0 \\ 0 & 6 \end{bmatrix} \tag{3-23}$$

可得

$$\sum_{i=1}^{m}\boldsymbol{f}_i(\boldsymbol{X})\boldsymbol{f}_i''(\boldsymbol{X})=\begin{bmatrix} 96(x_1-4)^4+72(x_1-4)(x_2-3)^2 & 0 \\ 0 & 24(x_1-4)^3+18(x_2-3)^2 \end{bmatrix} \tag{3-24}$$

当 $x_1\to 4, x_2\to 3$ 时，$\sum_{i=1}^{m}f_i(\boldsymbol{X})f_i''(\boldsymbol{X})\approx\boldsymbol{0}$，则此时 $F''(\boldsymbol{X})\approx L''(\boldsymbol{h})$。

3.1.3　L-M 方法

L-M 优化本质上是前面的阻尼法和高斯-牛顿法的结合。

高斯-牛顿法求 $\boldsymbol{h}$：

$$\boldsymbol{h}=\boldsymbol{h}_{\mathrm{gn}}\equiv\arg\min_{\boldsymbol{h}}\{L(\boldsymbol{h})\} \tag{3-25}$$

L-M 方法求 $\boldsymbol{h}$：

$$\boldsymbol{h}=\boldsymbol{h}_{\mathrm{lm}} \equiv \arg\min_{\boldsymbol{h}}\left\{L(\boldsymbol{h})+\frac{1}{2}\mu\boldsymbol{h}^{\mathrm{T}}\boldsymbol{h}\right\} \tag{3-26}$$

从式（3-25）和式（3-26）的对比可以看出，L-M 方法就是在高斯–牛顿法的基础上加上了阻尼法。

所以，用 L-M 方法求解 $\boldsymbol{h}_{\mathrm{lm}}$ 时，需要满足的是 $(\boldsymbol{J}^{\mathrm{T}}\boldsymbol{J}+\mu\boldsymbol{I})\boldsymbol{h}_{\mathrm{lm}}=-\boldsymbol{J}^{\mathrm{T}}\boldsymbol{f}\cdot(\mu\geqslant 0)$。

（1）对于所有的 $\mu\geqslant 0$ 且系数矩阵是正定的时候，保证了所求的 $\boldsymbol{h}_{\mathrm{lm}}$ 是满足条件的下降方向；

（2）如果 μ 的值较大，得到的 $\boldsymbol{h}_{\mathrm{lm}}\approx-\dfrac{1}{\mu}\boldsymbol{g}=-\dfrac{1}{\mu}F'(\boldsymbol{X})$，可以看到此时的下降方向为最速下降方向；

（3）如果 μ 的值较小，此时求得的 $\boldsymbol{h}_{\mathrm{lm}}\approx\boldsymbol{h}_{\mathrm{gn}}$。

阻尼系数会同时影响下降的方向和步长，所以需要一个评判标准来实时更新阻尼系数，这个标准就是上面在介绍阻尼法时所用的增益比（式（3-7）），当 Q 的值太小时，说明使用的模型近似程度不够好，这时适当地减小 μ 的值，防止步长取得过大，此时的迭代近似于最速下降法；反之，一个大的 Q 说明此时使用的近似模型跟原函数比较贴合，这时可以适当地增加步长，此时的迭代近似于高斯–牛顿法。

最后，为了防止算法不停地迭代下去，有下面几个停止条件：

（1）$\|F'(\boldsymbol{X})\|_{\infty}\leqslant\varepsilon_1$，当 $F(\boldsymbol{X})$ 的一阶导已经小于某个极小的正数时，可以默认算法已基本完成优化；

（2）$\|\boldsymbol{X}_{\mathrm{new}}-\boldsymbol{X}\|\leqslant\varepsilon_2(\|\boldsymbol{X}\|+\varepsilon_2)$，当所求的优化变量的变化已经很小时，可以默认算法已经基本完成优化；

（3）人为确定一个最大的迭代次数，当算法迭代的次数 $k\geqslant k_{\max}$ 时，停止迭代。

L-M 方法流程如下。

---

begin
　$k:=0; v:=2; x:=x_0$
　$\boldsymbol{A}:=\boldsymbol{J}(x)^{\mathrm{T}}\boldsymbol{J}(x); \boldsymbol{g}:=\boldsymbol{J}(x)^{\mathrm{T}}\boldsymbol{f}(x)$
　found: $=(\|\boldsymbol{g}\|_{\infty}\leqslant\varepsilon_1);\cdots;\mu:=\tau\times\max\{a_{ii}\}$
　while (not found) and $(k<k_{\max})$
　　$k:=k+1;$–solve$(\boldsymbol{A}+\mu\boldsymbol{I})\boldsymbol{h}_{\mathrm{lm}}=-\boldsymbol{g}$
　　if $\mu\boldsymbol{h}_{\mathrm{lm}}\leqslant\varepsilon_2(\|\boldsymbol{x}\|+\varepsilon_2)$
　　　found:= true
　　else
　　　$\boldsymbol{x}_{\mathrm{now}}:=\boldsymbol{x}+\boldsymbol{h}_{\mathrm{lm}}$

$Q := \left(F(\boldsymbol{x}) - F(\boldsymbol{x}_{\text{new}})\right) / \left(L(\boldsymbol{0}) - L(\boldsymbol{h}_{\text{lm}})\right)$

if $Q>0$

$\boldsymbol{x} := \boldsymbol{x}_{\text{new}}$

$\boldsymbol{A} := \boldsymbol{J}(\boldsymbol{x})^{\mathrm{T}} \boldsymbol{J}(\boldsymbol{x}); \boldsymbol{g} := \boldsymbol{J}(\boldsymbol{x})^{\mathrm{T}} f(\boldsymbol{x})$

found: $=(\|\boldsymbol{g}\|_{\infty} \leqslant \varepsilon_1)$

$\mu := \mu \times \max\left\{\frac{1}{3}, 1-(2Q-1)^3\right\}; \cdots; v := 2$

else

$\mu := \mu \times v; \cdots; v := 2 \times v$

end

L-M 方法在高斯-牛顿法的基础上保证了矩阵的可逆，但是有可能会导致优化的方向朝非最优解去，并且 L-M 方法使用的是一阶泰勒级数展开近似，因此是线性收敛。

3.1.4　Dog-leg 法

与 L-M 方法相似，Dog-leg 法也是两种优化方法的结合——高斯-牛顿法和最速下降法，与 L-M 方法不同的是，Dog-leg 法通过改变置信域来控制步长 h。

首先回顾一下高斯-牛顿法和最速下降法的求解。

高斯-牛顿法通过式（3-27）可以计算出 $\boldsymbol{h}_{\text{gn}}$：

$$(\boldsymbol{J}^{\mathrm{T}}\boldsymbol{J})\boldsymbol{h}_{\text{gn}} = -\boldsymbol{J}^{\mathrm{T}}\boldsymbol{f} \tag{3-27}$$

最速下降法中则是

$$\boldsymbol{h}_{\text{sd}} = -\boldsymbol{g} = -\boldsymbol{J}(\boldsymbol{X})^{\mathrm{T}} f(\boldsymbol{X}) \tag{3-28}$$

这里最速下降法给出的只是下降方向，但是对于在算法中每一次迭代的步长应该设定多少，还需要具体计算，对于拟合的线性模型：

$$f(\boldsymbol{X}+\alpha\boldsymbol{h}_{\text{sd}}) \approx f(\boldsymbol{X}) + \alpha\boldsymbol{J}(\boldsymbol{X})\boldsymbol{h}_{\text{sd}} \tag{3-29}$$

则有

$$\begin{aligned} F(\boldsymbol{X}+\alpha\boldsymbol{h}_{\text{sd}}) &\approx \frac{1}{2}\left\|f(\boldsymbol{X}) + \alpha\boldsymbol{J}(X)\boldsymbol{h}_{\text{sd}}\right\|^2 \\ &= F(\boldsymbol{X}) + \alpha\boldsymbol{h}_{\text{sd}}^{\mathrm{T}}\boldsymbol{J}(\boldsymbol{X})^{\mathrm{T}} f(\boldsymbol{X}) + \frac{1}{2}\alpha^2\left\|\boldsymbol{J}(\boldsymbol{X})\boldsymbol{h}_{\text{sd}}\right\|^2 \end{aligned} \tag{3-30}$$

将其看作 α 的函数，则此函数在 $\alpha = -\dfrac{\boldsymbol{h}_{\text{sd}}^{\mathrm{T}}\boldsymbol{J}(\boldsymbol{X})^{\mathrm{T}} f(x)}{\left\|\boldsymbol{J}(\boldsymbol{X})\boldsymbol{h}_{\text{sd}}\right\|^2} = \dfrac{\|\boldsymbol{g}\|^2}{\|\boldsymbol{J}(\boldsymbol{X})\boldsymbol{g}\|^2}$ 时取得最小值。

所以从式（3-30）来看，对于当前的迭代点 $\boldsymbol{X}$，有下面两种步长可供选择：

（1）$\boldsymbol{a} = \alpha \boldsymbol{h}_{\mathrm{sd}}$；

（2）$\boldsymbol{b} = \boldsymbol{h}_{\mathrm{gn}}$。

这两种步长选择的示意图如图3-1所示，Dog-leg法将用下面的方法进行决断。设当前的置信域的半径为Δ：

```
if h_gn ⩽ Δ
    h_dl := h_gn
else if αh_sd ⩾ Δ
    h_dl := (Δ / h_sd)h_sd
else
    h_dl := αh_sd + β(h_gn − αh_sd)
        with β chosen so that ‖h_dl‖ = Δ
```

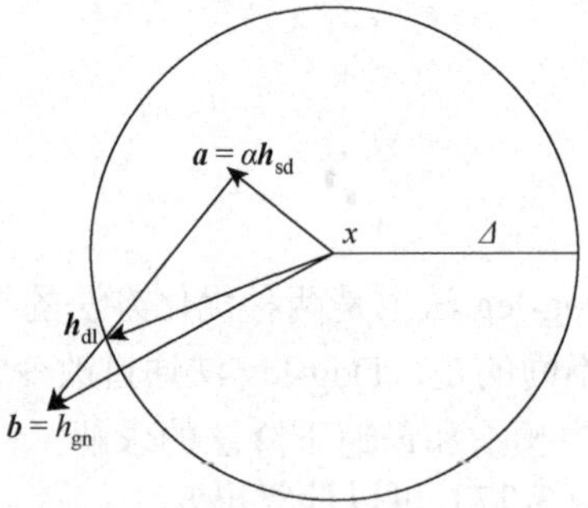

图 3-1　置信域与 Dog-leg 步长

置信域的核心思想在于高斯-牛顿步长够小则选择使用高斯-牛顿的步长，高斯-牛顿步长太大且最速下降法步长够长则使用最速下降法得到的步长，高斯-牛顿步长太大且最速下降法步长太小则使用二者的合成步长。

对于这个决断方法，还需要确定β如何取值，从图中可以看到，使用β的目的就是使得最后取得的$\|\boldsymbol{h}_{\mathrm{dl}}\| = \boldsymbol{\Delta}$，所以令$\boldsymbol{c} = \boldsymbol{a}^{\mathrm{T}}(\boldsymbol{b} - \boldsymbol{a})$，可以得到

$$\psi(\boldsymbol{\beta}) \equiv \|\boldsymbol{a} - \beta(\boldsymbol{b} - \boldsymbol{a})\|^2 - \boldsymbol{\Delta}^2 = \|\boldsymbol{b} - \boldsymbol{a}\|^2 \beta^2 + 2\boldsymbol{c}\beta + \|\boldsymbol{a}\|^2 - \boldsymbol{\Delta}^2 \tag{3-31}$$

要满足$\|\boldsymbol{h}_{\mathrm{dl}}\| = \boldsymbol{\Delta}$只需要找到$\psi(\beta)$的根即可。

注意到$\beta = 0$时，$\psi(0) = \|\boldsymbol{a}\|^2 - \boldsymbol{\Delta}^2 < 0$; $\beta = 1$时，$\psi(1) = \|\boldsymbol{h}_{\mathrm{gn}}\|^2 - \boldsymbol{\Delta}^2 > 0$。所以$\psi$有一个负根以及一个在区间[0, 1]中的根，根据图 3-1，使用区间[0, 1]中的根，最精确的求根计算如下：

if $c \leqslant 0$

$$\beta = \left(-\boldsymbol{c} + \sqrt{\boldsymbol{c}^2 + \|\boldsymbol{b} - \boldsymbol{a}\|^2 \left(\boldsymbol{\Delta}^2 - \|\boldsymbol{a}\|^2\right)}\right) \Big/ \|\boldsymbol{b} - \boldsymbol{a}\|^2$$

else

$$\beta=\left(\Delta^2-\|\boldsymbol{a}\|^2\right)/\left(\boldsymbol{c}+\sqrt{\boldsymbol{c}^2+\|\boldsymbol{b}-\boldsymbol{a}\|^2\left(\Delta^2-\|\boldsymbol{a}\|^2\right)}\right)$$

以上就是 Dog-leg 法如何根据置信域 Δ 来确定步长的大小，而 Δ 的大小则由式（3-7）来进行缩放：

当 Q 的值太小时，说明使用的模型近似程度不够好，这时会适当地减小 Δ 的值，防止步长取得过大，此时的迭代更靠近于最速下降法；

反之，一个大的 Q 说明此时使用的近似模型跟原函数比较贴合，这时可以适当地增加步长，此时的迭代近似于高斯–牛顿法。

最后，为了防止算法不停地迭代下去，有下面几个终止条件：

（1）$\|F'(\boldsymbol{X})\|_\infty \leqslant \varepsilon_1$，当 $F(\boldsymbol{X})$ 的一阶导已经小于某个极小的正数时，可以默认算法已基本完成优化；

（2）$\|\boldsymbol{X}_{\text{new}}-\boldsymbol{X}\| \leqslant \varepsilon_2\left(\|\boldsymbol{X}\|+\varepsilon_2\right)$，当所求的优化变量的变化已经很小时，可以默认算法已经基本完成优化；

（3）当 $m=n$ 时，$\|f(\boldsymbol{X})\|_\infty \leqslant \varepsilon_3$ 表示 $f(\boldsymbol{X}^*)=0$；

（4）人为确定一个最大的迭代次数，当算法迭代的次数 $k \geqslant k_{\max}$ 时，停止迭代。

目前公认最好的是 Dog-leg 法，但是 Dog-leg 法依旧是线性收敛，而无法像牛顿法那样二阶收敛。

Dog-leg 法示例如下。

---

begin

$k:=0;\cdots x:=x_0;\cdots \Delta:=\Delta_0;\cdots;\boldsymbol{g}:=\boldsymbol{J}(\boldsymbol{x})^{\mathrm{T}}\boldsymbol{f}(\boldsymbol{x})$

found: $=\left(\|\boldsymbol{f}(\boldsymbol{x})\|_\infty \leqslant \varepsilon_3\right)$ or $\left(\|\boldsymbol{g}\|_\infty \leqslant \varepsilon_1\right)$

while (not found) and $(k<k_{\max})$

$k:=k+1$； Compute α by (3-19)

$\boldsymbol{h}_{\text{sd}}:=-\alpha\boldsymbol{g};\cdots$ solve $\boldsymbol{J}(\boldsymbol{x})\boldsymbol{h}_{\text{gn}}\approx-\boldsymbol{f}(\boldsymbol{x})$

Compute $\boldsymbol{h}_{\text{dl}}$ by(3-20)

if $\boldsymbol{h}_{\text{dl}} \leqslant \varepsilon_2\left(\|\boldsymbol{x}\|+\varepsilon_2\right)$

found: = true

else

$\boldsymbol{x}_{\text{new}}:=\boldsymbol{x}+\boldsymbol{h}_{\text{dl}}$

$Q:=\left(F(\boldsymbol{x})-F(\boldsymbol{x}_{\text{new}})\right)/\left(L(0)-L(\boldsymbol{h}_{\text{dl}})\right)$

if $Q>0$　{step acceptable}

$\boldsymbol{x}:=\boldsymbol{x}_{\text{new}};\cdots;\boldsymbol{g}:=\boldsymbol{J}(\boldsymbol{x})^{\mathrm{T}}\boldsymbol{f}(\boldsymbol{x})\cdots$

found: $=\left(\|\boldsymbol{f}(\boldsymbol{x})\|_\infty \leqslant \varepsilon_3\right)$ or $\left(\|\boldsymbol{g}\|_\infty \leqslant \varepsilon_1\right)$

```
        if  Q>0.75
            Δ := max{Δ, 3 × h_dl}
        else if  Q<0.25
            Δ := Δ / 2;
            found = (Δ ≤ ε₂(‖x‖ + ε₂))
    end
```

3.2 非线性优化中的求导方法

通俗地讲，优化问题是指优化变量 $\boldsymbol{x}$ 的值，使得目标函数 $F(\boldsymbol{x})$最小。这里的优化变量可以是向量，目标函数一般是标量。而非线性优化是指对非线性目标函数 $F(\boldsymbol{x})$进行优化，非线性优化算法有很多种，按照迭代方式的不同可以分为线搜索和置信域，按照二阶近似方式的不同可以分为牛顿法、拟牛顿法等。

前面内容已经介绍了SLAM中非线性优化的多种算法以及常见的几种参数化方法，这些内容主要是为了在SLAM系统的里程计以及后端中更好地进行位姿估计求解。但是以上均为理论内容，必须将其用于实践，使得能通过计算机来进行求解。SLAM中使用较多的两个非线性优化的C++库分别是谷歌的Ceres库以及基于图优化的g2o库，优化算法在SLAM系统的视觉里程计和后端中都会使用到，本节将从SLAM中的具体例子进行讲解。

以SLAM中常见的后端光束平差模型为例，假设目前已有代价函数：

$$\frac{1}{2}\sum_{i=1}^{m}\sum_{j=1}^{n}\left\|\boldsymbol{e}_{ij}\right\|^{2}=\frac{1}{2}\sum_{i=1}^{m}\sum_{j=1}^{n}\left\|\boldsymbol{z}_{ij}-\boldsymbol{h}(\xi_i',p_j)\right\|^{2} \tag{3-32}$$

其中，$\boldsymbol{e}_{ij}$ 为计算的误差；$\boldsymbol{z}_{ij}$ 为观测数据的像素坐标；ξ_i 表示相机的位姿（外参）；p_j 为路标的三维坐标。

3.2.1 SLAM后端非线性优化

有了代价函数后，使用前面的非线性优化对位姿和路标进行优化（很明显观测模型的函数并不是线性函数）[1]。

首先明确待优化的变量（位姿以及路标点）：

$$\boldsymbol{x}=\left[\boldsymbol{\xi}_1\cdots\boldsymbol{\xi}_m\ \boldsymbol{p}_1\cdots\boldsymbol{p}_n\right]^{\mathrm{T}} \tag{3-33}$$

所以 $\Delta\boldsymbol{x}$ 表示优化过程中对整体自变量的增量，此时给自变量一个增量，目标函数变为

$$\frac{1}{2}\|f(\boldsymbol{x}+\Delta\boldsymbol{x})\|^2 \approx \frac{1}{2}\sum_{i=1}^{m}\sum_{j=1}^{n}\left\|\boldsymbol{e}_{ij}+F_{ij}\Delta\xi_i+E_{ij}\Delta p_j\right\|^2 \tag{3-34}$$

其中，F_{ij} 表示整个代价函数在当前状态下对相机姿态的偏导数；E_{ij} 表示该函数对路标点位置的偏导[2]，$F_{ij}=\dfrac{\partial\theta_{ij}}{\partial\xi_i},E_{ij}=\dfrac{\partial\theta_{ij}}{\partial p_j}$。

对位姿求导（使用链式法则）：

$$\frac{\partial e}{\partial\delta\xi}=\lim_{\delta\xi\to 0}\frac{e(\delta\xi\oplus\xi)}{\delta\xi}=\frac{\partial e}{\partial P'}\frac{\partial P'}{\partial\delta\xi} \tag{3-35}$$

$$\frac{\partial e}{\partial P'}=-\begin{bmatrix}\dfrac{\partial u}{\partial X'} & \dfrac{\partial u}{\partial Y'} & \dfrac{\partial u}{\partial Z'}\\ \dfrac{\partial v}{\partial X'} & \dfrac{\partial v}{\partial Y'} & \dfrac{\partial v}{\partial Z'}\end{bmatrix}=-\begin{bmatrix}\dfrac{f_x}{Z'} & 0 & -\dfrac{f_xX'}{Z'^2}\\ 0 & \dfrac{f_y}{Z'} & -\dfrac{f_yY'}{Z'^2}\end{bmatrix} \tag{3-36}$$

$$\frac{\partial P'}{\partial\delta\xi}=\left[I,-P'^{\wedge}\right] \tag{3-37}$$

所以可求得

$$\frac{\partial e}{\partial\delta\xi}=-\begin{bmatrix}\dfrac{f_x}{Z'} & 0 & -\dfrac{f_xX'}{Z'^2} & -\dfrac{f_xX'Y'}{Z'^2} & f_x+\dfrac{f_xX'^2}{Z'^2} & -\dfrac{f_xY'}{Z'}\\ 0 & \dfrac{f_y}{Z'} & -\dfrac{f_yY'}{Z'^2} & -f_y-\dfrac{f_yY'^2}{Z'^2} & \dfrac{f_yX'Y'}{Z'^2} & \dfrac{f_yX'}{Z'}\end{bmatrix} \tag{3-38}$$

对空间点求导（使用链式法则）：

$$\frac{\partial e}{\partial P}=\frac{\partial e}{\partial P'}\frac{\partial P'}{\partial P} \tag{3-39}$$

可得到

$$\frac{\partial e}{\partial P}=-\begin{bmatrix}\dfrac{f_x}{Z'} & 0 & -\dfrac{f_xX'}{Z'^2}\\ 0 & \dfrac{f_y}{Z'} & -\dfrac{f_yY'}{Z'^2}\end{bmatrix}\boldsymbol{R} \tag{3-40}$$

以此为例，假设有 3 个位姿，2 个路标，且 3 个位姿都可以观察到这两个路标，则一共有 6 个约束。

由图 3-2 可知状态变量为

$$\begin{bmatrix}\xi_1\\ \xi_2\\ \xi_3\\ p_1\\ p_2\end{bmatrix}$$

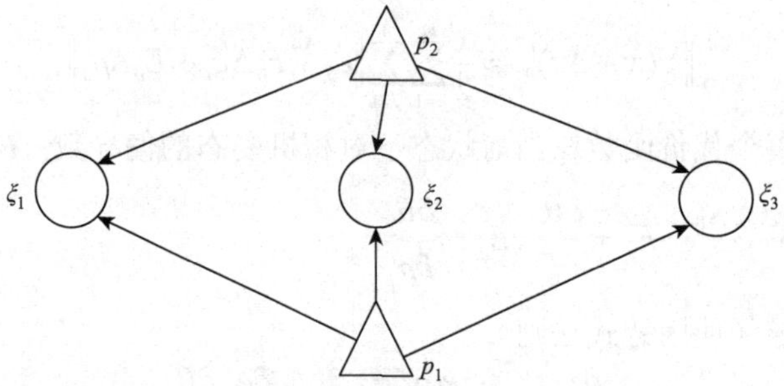

图 3-2　SLAM 后端示意图

代价函数为

$$\boldsymbol{f}(\boldsymbol{x})=\begin{bmatrix} z_{11}-h(\xi_1,p_1) \\ z_{12}-h(\xi_1,p_2) \\ z_{21}-h(\xi_2,p_1) \\ z_{22}-h(\xi_2,p_2) \\ z_{31}-h(\xi_3,p_1) \\ z_{32}-h(\xi_3,p_2) \end{bmatrix}=\begin{bmatrix} e_{11} \\ e_{12} \\ e_{21} \\ e_{22} \\ e_{31} \\ e_{32} \end{bmatrix} \tag{3-41}$$

所以每一条边都需对位姿和路标点进行求导，记

$$F_{ij}=\frac{\partial \theta_{ij}}{\partial \xi_i},\quad E_{ij}=\frac{\partial \theta_{ij}}{\partial p_j}$$

则给定增量后的目标函数变为

$$\begin{aligned}\boldsymbol{f}(\boldsymbol{x}+\Delta\boldsymbol{x})&=\begin{bmatrix} e_{11}+F_{11}\Delta\xi_1+E_{11}\Delta p_1 \\ e_{12}+F_{12}\Delta\xi_1+E_{12}\Delta p_2 \\ e_{21}+F_{21}\Delta\xi_2+E_{21}\Delta p_1 \\ e_{22}+F_{22}\Delta\xi_2+E_{22}\Delta p_2 \\ e_{31}+F_{31}\Delta\xi_3+E_{31}\Delta p_1 \\ e_{32}+F_{32}\Delta\xi_3+E_{32}\Delta p_2 \end{bmatrix}=\begin{bmatrix} e_{11} \\ e_{12} \\ e_{21} \\ e_{22} \\ e_{31} \\ e_{32} \end{bmatrix}+\begin{bmatrix} F_{11} & 0 & 0 \\ F_{12} & 0 & 0 \\ 0 & F_{21} & 0 \\ 0 & F_{22} & 0 \\ 0 & 0 & F_{31} \\ 0 & 0 & F_{32} \end{bmatrix}\begin{bmatrix} \Delta\xi_1 \\ \Delta\xi_2 \\ \Delta\xi_3 \end{bmatrix}+\begin{bmatrix} E_{11} & 0 \\ 0 & E_{12} \\ E_{21} & 0 \\ 0 & E_{22} \\ E_{31} & 0 \\ 0 & E_{32} \end{bmatrix}\begin{bmatrix} \Delta p_1 \\ \Delta p_2 \end{bmatrix} \\ &=\begin{bmatrix} e_{11} \\ e_{12} \\ e_{21} \\ e_{22} \\ e_{31} \\ e_{32} \end{bmatrix}+\begin{bmatrix} F_{11} & 0 & 0 & E_{11} & 0 \\ F_{12} & 0 & 0 & 0 & E_{12} \\ 0 & F_{21} & 0 & E_{21} & 0 \\ 0 & F_{22} & 0 & 0 & E_{22} \\ 0 & 0 & F_{31} & E_{31} & 0 \\ 0 & 0 & F_{32} & 0 & E_{32} \end{bmatrix}\begin{bmatrix} \Delta\xi_1 \\ \Delta\xi_2 \\ \Delta\xi_3 \\ \Delta p_1 \\ \Delta p_2 \end{bmatrix}\end{aligned} \tag{3-42}$$

令 $\boldsymbol{J}=[\boldsymbol{F}|\boldsymbol{E}]$，其中 $\boldsymbol{F}$ 对应对位姿求导部分，$\boldsymbol{E}$ 对应对空间点求导部分，则

$$\boldsymbol{J}^{\mathrm{T}}\boldsymbol{J}=\begin{bmatrix}\boldsymbol{F}^{\mathrm{T}}\boldsymbol{F} & \boldsymbol{F}^{\mathrm{T}}\boldsymbol{E}\\ \boldsymbol{E}^{\mathrm{T}}\boldsymbol{F} & \boldsymbol{E}^{\mathrm{T}}\boldsymbol{E}\end{bmatrix}=\boldsymbol{H}=\begin{bmatrix}\boldsymbol{H}_{11} & \boldsymbol{H}_{12}\\ \boldsymbol{H}_{21} & \boldsymbol{H}_{22}\end{bmatrix} \tag{3-43}$$

可以看到在非线性优化中比较熟悉的雅可比矩阵，本节以 Ceres 库为例介绍代码库是如何进行自动求导的。

3.2.2　自动求导

在了解自动求导之前，本节先对二元数进行介绍。在线性代数中，二元数是实数的推广。二元数中有一个“二元数单位”ε，它的平方 $\varepsilon^2=0$（即 ε 是幂零元）。二元数的集合能在实数之上组成一个二维、符合交换律的复合代数。每一个二元数 z 都有 $z=a+b\varepsilon$ 的特性，其中 a 和 b 是实数。

本节情境中定义二元数：

$$\langle a,b\rangle=a+b\xi(\xi^2=0) \tag{3-44}$$

以及计算规则：

$$(x\_1=a\_1+b\_1\cdot\xi\_1=<a\_1,b\_1>;x\_2=a\_2+b\_2\cdot\xi\_2=<a\_2,b\_2>)$$

（1）$\langle a_1,b_1\rangle+\langle a_2,b_2\rangle=\langle a_1+a_2,b_1+b_2\rangle$。

（2）$\langle a_1,b_1\rangle*\langle a_2,b_2\rangle=\langle a_1a_2,a_1b_2+b_1a_2\rangle$。

（3）$\dfrac{\langle a_1,b_1\rangle}{\langle a_2,b_2\rangle}=\left\langle\dfrac{a_1}{a_2},\dfrac{b_1a_2-a_1b_2}{a_2^2}\right\rangle$。

（4）$\langle a_1,b_1\rangle^k=\langle a_1^k,ka_1^{k-1}b_1\rangle$。

（5）$\log\langle a_1,b_1\rangle=\left\langle\log a_1,\dfrac{b_1}{a_1}\right\rangle$。

（6）$\mathrm{e}^{\langle a_1,b_1\rangle}=\langle\mathrm{e}^{a_1},b_1\mathrm{e}^{a_1}\rangle$。

（7）$\sin\langle a_1,b_1\rangle=\langle\sin a_1,b_1\cos a_1\rangle$。

（8）$|\langle a_1,b_1\rangle|=\langle|a_1|,b_1\mathrm{sign}a_1\rangle$。

（9）更多公式可在需要时查询。

1. 一元函数求导

例 3.1　函数 $f(x)=x^2$ 求导。

将 $x=a+b\xi$ 代入函数方程得

$$f(x)=x^2=(a+b\xi)^2=a^2+2ab\xi+b^2\xi^2=a^2+2ab\xi$$

令 $b=1$，此时方程的虚部为 $2a$，即为 $f(x)=x^2$ 求导之后的形式——$2x$。

结论：将二元数代入方程后，虚部前的函数形式就是函数 $f(x)=x^2$ 对 x 求导之后的形式。

2. 二元函数求导

例 3.2　函数 $f(x_1,x_2)=x_1x_2+\sin x_1$ 求导。

将 $x_1=a_1+b_1\xi_1$， $x_2=a_2+b_2\xi_2$ 代入函数方程得

$$f(x)=a_1a_2+\sin a_1+(a_2+\cos a_1)b_1\xi_1+a_1b_2\xi_2$$

令 $b_1=1,b_2=0$，则方程虚部 ξ_1 前面的函数形式为函数 $f(x_1,x_2)=x_1x_2+\sin x_1$ 对 x_1 求偏导的结果。

令 $b_1=0,b_2=1$，则方程虚部 ξ_2 前面的函数形式为函数 $f(x_1,x_2)=x_1x_2+\sin x_1$ 对 x_2 求偏导的结果。

生成对应组合：

$$x_1\Rightarrow<a_1,[10]>,x_2\Rightarrow<a_2,[0\cdot1]>:$$

$$f(x)\Rightarrow<a_1a_2+\sin a_1,\left[a_2+\cos(a_1\cdot a_1)\right]>$$

上面公式虚部的向量第一维即函数 $f(x_1,x_2)=x_1x_2+\sin x_1$ 对 x_1 求偏导的结果为 $\dfrac{\partial f}{\partial x_1}$，第二维即函数 $f(x_1,x_2)=x_1x_2+\sin x_1$ 对 x_2 求偏导的结果为 $\dfrac{\partial f}{\partial x_2}$。

结论：使用 Jet 形式表示的虚部向量分别对应自变量的偏导结果，例如，例 3.2 中是二元函数，所以该向量是二维的；其中的每一维为 f 对相应变量求偏导之后的结果。

3. 多元函数多个方程求导（即求雅可比矩阵 $\boldsymbol{J}$）

推论至多元函数多个方程求导。

例 3.3　函数 $\boldsymbol{f}$ 里有 m 个方程，n 个可变参数：

$$\boldsymbol{f}=\begin{bmatrix} f_1(x_1,x_2,\cdots,x_n) \\ f_2(x_1,x_2,\cdots,x_n) \\ \vdots \\ f_m(x_1,x_2,\cdots,x_n) \end{bmatrix}_m$$

此矩阵维数为 m 维，m 代表方程个数。

$$\boldsymbol{J}=\frac{\partial f}{\partial x}=\begin{bmatrix} \dfrac{\partial f_1}{\partial x_1} & \dfrac{\partial f_1}{\partial x_2} & \cdots & \dfrac{\partial f_1}{\partial x_n} \\ \vdots & \vdots & & \vdots \\ \dfrac{\partial f_m}{\partial x_1} & \dfrac{\partial f_m}{\partial x_2} & \cdots & \dfrac{\partial f_m}{\partial x_n} \end{bmatrix}_{m\times n}$$

此矩阵为 $m\times n$ 矩阵，m 代表方程个数，n 代表可变参数的个数。

用 Jet 形式表示 n 个可变参数：

$$\begin{gathered}\langle a_1,[1\cdot 0\cdot 0\cdots 0]_n\rangle\\ \langle a_2,[0\cdot 1\cdot 0\cdots 0]_n\rangle\\ \vdots\\ \langle a_n,[0\cdot 0\cdot 0\cdots 1]_n\rangle\end{gathered}$$

将其分别代入 $f_1,f_2,\cdots,f_m$ 即可求得对应的导数，得到 J。

例如，代入 f_1 中即可得 $\left\langle f_1(a_1,\cdots,a_n),\left[\dfrac{\partial f_1}{\partial x_1}\dfrac{\partial f_1}{\partial x_2}\cdots\dfrac{\partial f_1}{\partial x_n}\right]_n\right\rangle$，后面虚部部分即为 J 的第一行，以此类推。

读者从上面推导过程中可以看出二元数的引入，可以很方便地解决多维数组的求导问题，而 Ceres 库就是以此为基础对开发者导入的数据进行求导以及非线性优化的。

3.2.3　解析导数

解析函数的定义为：设 $f(z)$在区域 D 有定义，使得 $f(z)$在邻域内处处可导，则 z_0 为 $f(z)$的解析点。当 D 上每一个点都解析时，称 $f(z)$是 D 的解析函数。

进行解析求导通常有具体公式可循，若函数 $f(x)$在其定义域包含的某区间内每一个点都可导，那么可以说函数 $f(x)$在这个区间内可导。如果一个函数 $f(x)$在定义域中的所有点都存在导数，则 $f(x)$为可微函数。可微函数一定连续，但连续函数不一定可微。

为了书写简便，通常把单个函数对多个变量或者多元函数对单个变量的偏导数写成向量和矩阵的形式，使其可以被当成一个整体被处理。

对于一个 p 维向量 $\boldsymbol{x}\in\mathbf{R}^p$，函数 $y=\boldsymbol{f}(\boldsymbol{x})\in\mathbf{R}^p$ 的值也为一个向量，则 $f(\boldsymbol{x})$ 关于 $\boldsymbol{x}$ 的偏导数（分母布局）为

$$\frac{\partial f(\boldsymbol{x})}{\partial\boldsymbol{x}}=\begin{bmatrix}\dfrac{\partial y_1}{\partial x_1} & \cdots & \dfrac{\partial y_q}{\partial x_1}\\ \vdots & & \vdots\\ \dfrac{\partial y_1}{\partial x_p} & \cdots & \dfrac{\partial y_q}{\partial x_p}\end{bmatrix}\in\mathbf{R}^{p\times q} \tag{3-45}$$

将其称为雅可比矩阵。

3.2.4　代数导数

一般求导过程有明确的函数表达式，利用相应的求导法则进行求导即可。但是在实际的使用过程中，不一定能够得到明确的表达式，但此时为了求得因变量关于自变量的变化率，就只能采用本节介绍的求导方式进行运算求解。

代数求导（又称数值求导），是根据函数在一些离散点的函数值，推算它在某点的导数或者高阶导数的近似值的方法[3]。

最简单的方式是使用有限差分近似。例如，简单的二点估计法是计算$(x, f(x))$及邻点$(x+h, f(x+h))$二点形成割线的斜率，选择一个小的数值 h，以表示 x 的小变换，可以是正值也可以是负值。其斜率为

$$\frac{f(x+h)-f(x)}{h}$$

此表示法是牛顿法的差商，也称为一阶均差。

由以上分析可知，有限差分近似就类似于一种取极限的运算，将一个普通函数 $f(x+h)$ 进行泰勒级数展开，可以得到

$$f(x+h)=f(x)+f'(x)h+\frac{1}{2}f''(x+th)h^2,\quad t\in(0,1) \tag{3-46}$$

当函数的二阶导有限时，即存在使得$\|f''(x)\|\leqslant L$ 成立的 L，就可对式（3-46）进行一次缩放，得到式（3-47）：

$$\|f(x+h)-f(x)-f'(x)h\|\leqslant\left(\frac{L}{2}\right)h^2 \tag{3-47}$$

并由此求得导数：

$$f'(x)=\frac{f(x+h)-f(x)}{h}+\delta_h,\quad |\delta_h|\leqslant\left(\frac{L}{2}\right)h \tag{3-48}$$

上面介绍的这种有限差分是最基础的差分方法，另一种二点估计法是通过$(x-h, f(x-h))$和$(x+h, f(x+h))$二点的割线，其斜率为

$$\frac{f(x+h)-f(x-h)}{2h}$$

这一公式称为对称差分。虽然十分常用，但上述两种方式的数值微分常被研究者批评，尤其是被一些鼓励使用自动微分的研究者批评，因为上述的数值微分其精确度不高，若计算器精准度是六位数，用对称差分计算导数只有三位数的精确度，而若是找到一个计算斜率的函数，仍可以有几乎六位数的精确度。例如，假设 $f(x)=x$，用 $2x$ 计算斜率有几乎完整的准确度，而用差分近似就会有上述问题。

本节主要对非线性优化中的求导方法进行了总结，SLAM 系统中的目标函数根据系统的观测方程来确定，方程中需要优化的参数变量也有多种表示方法，下面将对 SLAM 系统中常用的机器人位姿参数进行分析。

3.3　参数化方法

在 SLAM 系统中，将机器人当作刚体。其所处的空间是三维的，因此其运动也就是在三维空间的运动。三维空间由 3 个轴组成，所以在三维空间中的一个点的位置可以由 3 个坐标指定。但是由于目前场景中的机器人被当作一个刚体，所以它不只有位置，还有自身的姿态，也就是位姿，包括刚体的位置和姿态。其中位置是指相机处于空间的哪个地方，而姿态则是指相机的朝向。为了能够更准确地描述刚体的姿态，需要将其用数学方法表示出来，将机器人的姿态使用明确的参数表示出来。

下面主要分析位姿的三种常见表示方法——旋转矩阵、四元数以及轴角表示（本章中使用的均为右手坐标系）。

3.3.1　旋转矩阵

针对旋转矩阵，先对向量进行分析。假设目前有向量 $\boldsymbol{a}$ 和向量 $\boldsymbol{b}$，则 $\boldsymbol{a}$ 与 $\boldsymbol{b}$ 的外积如下：

$$\boldsymbol{a}\times\boldsymbol{b}=\begin{bmatrix}\boldsymbol{i} & \boldsymbol{j} & \boldsymbol{k}\\ a_1 & a_2 & a_3\\ b_1 & b_2 & b_3\end{bmatrix}=\begin{bmatrix}a_2b_3-a_3b_2\\ a_3b_1-a_1b_3\\ a_1b_2-a_2b_1\end{bmatrix}=\begin{bmatrix}0 & -a_3 & a_2\\ a_3 & 0 & -a_1\\ -a_2 & a_1 & 0\end{bmatrix}\boldsymbol{b}\triangleq\boldsymbol{a}^\wedge\boldsymbol{b} \tag{3-49}$$

式（3-49）将两个向量的外积写成矩阵和向量的乘法，用来表示从向量 $\boldsymbol{a}$ 到向量 $\boldsymbol{b}$ 的旋转。

同样可以用相似的方法来表示两个坐标系之间的旋转关系，假设目前某个单位正交基 (e_1,e_2,e_3) 经过一次旋转变成了 (e_1',e_2',e_3')，则此时空间中的同一个固定的向量 $\boldsymbol{a}$ 在两个坐标系下的坐标分别为 $[a_1\ a_2\ a_3]^{\mathrm{T}}$ 和 $[a_1'\ a_2'\ a_3']^{\mathrm{T}}$，则可得如下等式：

$$[e_1\quad e_2\quad e_3]\begin{bmatrix}a_1\\ a_2\\ a_3\end{bmatrix}=[e_1'\quad e_2'\quad e_3']\begin{bmatrix}a_1'\\ a_2'\\ a_3'\end{bmatrix} \tag{3-50}$$

经过变换可得

$$\begin{bmatrix}a_1\\ a_2\\ a_3\end{bmatrix}=\begin{bmatrix}e_1^{\mathrm{T}}e_1' & e_1^{\mathrm{T}}e_2' & e_1^{\mathrm{T}}e_3'\\ e_2^{\mathrm{T}}e_1' & e_2^{\mathrm{T}}e_2' & e_2^{\mathrm{T}}e_3'\\ e_3^{\mathrm{T}}e_1' & e_3^{\mathrm{T}}e_2' & e_3^{\mathrm{T}}e_3'\end{bmatrix}\begin{bmatrix}a_1'\\ a_2'\\ a_3'\end{bmatrix}\triangleq\boldsymbol{R}\boldsymbol{a}' \tag{3-51}$$

中间的矩阵称为旋转矩阵，其作用是从数学角度解释了旋转前后同一个向量的坐标变换关系。

需要注意的是，旋转矩阵 $\boldsymbol{R}$ 通常是指能够将世界坐标系下的地图点转换到相机坐标系下，等价于世界坐标系在相机坐标系下的旋转，等价于相机坐标系移动到世界坐标系发生的旋转。

3.3.2 欧拉角

欧拉角相对于旋转矩阵会更加直观，当看到旋转矩阵的时候，很难想象出其所描述的刚体是如何在三维空间中进行旋转的，但是欧拉角直接使用三个分离的转角，把刚体的单次旋转分解成 3 次绕不同轴的旋转过程。至于分解的方式有若干种，因此当使用欧拉角的时候，需要明确定义和使用分解方式来进行计算。

这里以先按照 z 轴旋转、再按照 y 轴旋转、最后按照 x 轴旋转的顺序来定义，因此按照偏航角-俯仰角-滚转角这三个角度来描述一个旋转。在 SLAM 系统中，用其来表示从相机坐标系移动到世界坐标系的旋转。

围绕 z 轴的旋转矩阵为 $\begin{bmatrix} \cos\theta_z & -\sin\theta_z & 0 \\ \sin\theta_z & \cos\theta_z & 0 \\ 0 & 0 & 1 \end{bmatrix}$，$\theta_z$ 又被称为偏航角，常用符号 ψ 表示。

围绕 y 轴的旋转矩阵为 $\begin{bmatrix} \cos\theta_y & 0 & \sin\theta_y \\ 0 & 1 & 0 \\ -\sin\theta_y & 0 & \cos\theta_y \end{bmatrix}$，$\theta_y$ 又被称为俯仰角，常用符号 θ 表示。

围绕 x 轴的旋转矩阵为 $\begin{bmatrix} 1 & 0 & 0 \\ 0 & \cos\theta_x & -\sin\theta_x \\ 0 & \sin\theta_x & \cos\theta_x \end{bmatrix}$，$\theta_x$ 又被称为滚转角，常用符号 ϕ 表示。

则可以求得欧拉角对应的旋转矩阵：

$$\boldsymbol{R} = \left[\begin{bmatrix} \cos\psi & -\sin\psi & 0 \\ \sin\psi & \cos\psi & 0 \\ 0 & 0 & 1 \end{bmatrix}\begin{bmatrix} \cos\theta & 0 & -\sin\theta \\ 0 & 1 & 0 \\ \sin\theta & 0 & \cos\theta \end{bmatrix}\begin{bmatrix} 1 & 0 & 0 \\ 0 & \cos\phi & -\sin\phi \\ 0 & \sin\phi & \cos\phi \end{bmatrix}\right] \tag{3-52}$$

化简后可得

$$\boldsymbol{R} = \begin{bmatrix} \cos\theta_y\cos\theta_z & \cos\theta_z\sin\theta_x\sin\theta_y - \cos\theta_x\sin\theta_z & \sin\theta_x\sin\theta_z + \cos\theta_x\cos\theta_z\sin\theta_y \\ \cos\theta_y\sin\theta_z & \cos\theta_x\cos\theta_z + \sin\theta_x\sin\theta_y\sin\theta_z & \cos\theta_x\sin\theta_y\sin\theta_z - \cos\theta_z\sin\theta_x \\ -\sin\theta_y & \cos\theta_y\sin\theta_x & \cos\theta_x\cos\theta_y \end{bmatrix} \tag{3-53}$$

这就是欧拉角和旋转矩阵的转换。但是在使用过程中欧拉角有一个严重影响其使用的缺点——万向锁问题，即当第二个旋转角度（俯仰角）为 90°时，第一个轴和第三个轴相重合导致第三个自由度消失。原本绕三个轴的旋转变为只绕两个轴，称此问题为奇异性。因为此问题的存在，欧拉角并不适用于插值和迭代，很少被用在 SLAM 系统中来表示姿态，也同样不会用来存储刚体的旋转来进行优化求解。

3.3.3 四元数

在前面的内容中可以看到旋转矩阵用 9 个量来描述 3 个自由度的旋转，具有很明显的冗余性，但是欧拉角和旋转向量又具有奇异性[4]，由于要表达三维空间中的旋转，这又涉及流形（本节不作详细解释），所以想要真正无奇异性地表达它，仅仅用三个量是不够的，于是四元数应运而生。四元数是 Hamilton 找到的一种扩展复数，无奇异性但是不够直观而且计算比较复杂。

四元数是简单的超复数。复数由实数加上虚数单位 i 组成，其中 $\mathrm{i}^2=-1$。相似地，四元数都是由实数加上三个虚数单位 i、j、k 组成的，它们有如下的关系：$\mathrm{i}^2=\mathrm{j}^2=\mathrm{k}^2=-1$，$\mathrm{i}^0=\mathrm{j}^0=\mathrm{k}^0=1$。每个四元数都是 1、i、j 和 k 的线性组合，即四元数一般可表示为 $a+b\mathrm{i}+c\mathrm{j}+d\mathrm{k}$，其中 a、b、c、d 是实数，i、j、k 满足以下关系式[5]，示意图如图 3-3 所示。

$$
\begin{gathered}
\mathrm{i}^2=\mathrm{j}^2=\mathrm{k}^2=-1\\
\mathrm{ij}=\mathrm{k},\mathrm{ji}=-\mathrm{k}\\
\mathrm{jk}=\mathrm{i},\mathrm{kj}=-\mathrm{i}\\
\mathrm{ki}=\mathrm{j},\mathrm{ik}=-\mathrm{j}
\end{gathered}
$$

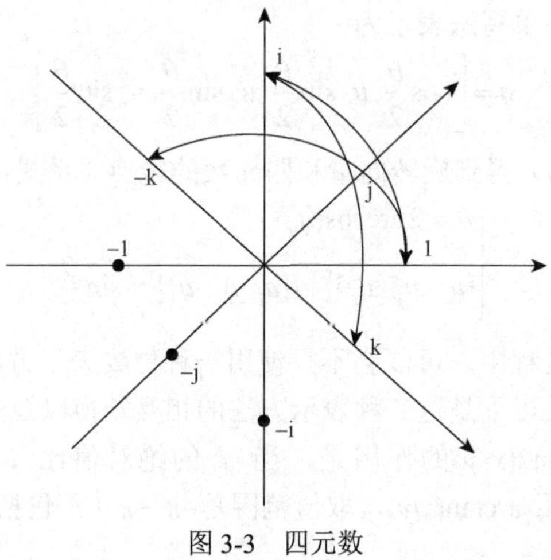

图 3-3 四元数

四元数的这种写法相对来说比较麻烦，因此在平时的使用中习惯用一个标量和一个向量来表达四元数：

$$\boldsymbol{q}=[s,\boldsymbol{v}] \tag{3-54}$$

其中

$$s=q_0\in\mathbf{R},\quad \boldsymbol{v}=[q_1\ \ q_2\ \ q_3]^{\mathrm{T}}\in\mathbf{R}^3$$

这里的 s 称为四元数的实部，$\boldsymbol{v}$ 称为四元数的虚部。特殊地，如果四元数的虚部为 0，称为实四元数；如果四元数的实部为 0，则称为虚四元数。

四元数用于旋转时被称为旋转四元数，当用于方向（相对于参考坐标系的旋转）时，被称为方向四元数或位姿四元数。

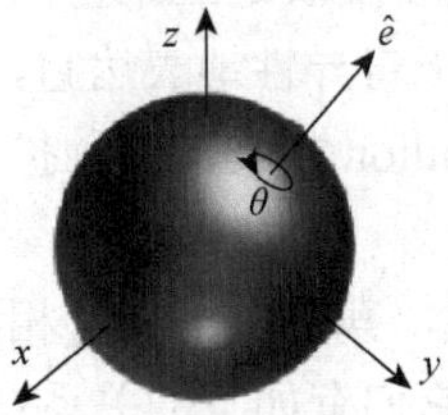

图 3-4　方向四元数

在三维空间中，根据欧拉旋转定理，刚体或坐标系围绕固定点的任何旋转或旋转顺序相当于围绕固定轴（称为欧拉轴）的给定角度 θ 的单一旋转，如图 3-4 所示。欧拉轴通常由单位矢量 $\boldsymbol{u}$ 表示。因此，三维中的任何旋转都可以表示为矢量 $\boldsymbol{u}$ 和标量 θ 的组合，这也是四元数的组成方式。

四元数提供了一种简单的方法来将此轴角表示为四个数字，并且可用于将相应的旋转应用于位置向量，表示相对于 $\boldsymbol{R}$（即旋转矩阵）中的原点的点。四元数要表示旋转，则需要用到虚四元数，即上面提到的实部为 0 的四元数。用 i，j，k 分别表示笛卡儿坐标轴的三个轴的单位向量，并把旋转定义为绕着以某个单位向量为轴转 θ 角度。

将其用于欧拉公式的扩展：

$$\boldsymbol{q}=\cos\frac{\theta}{2}+(u_x\mathrm{i}+u_y\mathrm{j}+u_z\mathrm{k})\sin\frac{\theta}{2} \tag{3-55}$$

所以将该四元数用简单写法表示为

$$\boldsymbol{q}=\left[\cos\frac{\theta}{2}\ \ u_x\sin\frac{\theta}{2}\ \ u_y\sin\frac{\theta}{2}\ \ u_z\sin\frac{\theta}{2}\right] \tag{3-56}$$

因此可以由式（3-56）得到旋转向量和四元数的转换关系式：

$$\begin{cases}\theta=2\arccos(q_0)\\ [u_x\ \ u_y\ \ u_z]^{\mathrm{T}}=[q_1\ \ q_2\ \ q_3]^{\mathrm{T}}\Big/\sin\dfrac{\theta}{2}\end{cases} \tag{3-57}$$

在平时的使用过程中，可能会不只使用一种位姿表示方法，会涉及这三种方法之间的一个转换，以下是这三种表示方法的相互转换以及注意事项。

（1）函数 $\arctan2(x,y)$ 的作用是，当 x 的绝对值比 y 的绝对值大时使用 $\arctan(y/x)$，反之使用 $\arctan(x/y)$，取值范围是 $-\pi\sim\pi$（不包括 $-\pi$），而 arctan 的取

值范围是−π/2～π/2（不包括±π/2）。

（2）当奇异情况发生时可以人为设定 $\theta_x=0$ 。

（3）轴角到矩阵 $\boldsymbol{R}$ 的转换详见 Rodrigues 公式。

3.4　误差的定义和位姿的三种物理含义

3.4.1　SLAM 误差定义

SLAM 误差定义和传统的以 GNSS 为代表的误差评价指标不相同，因为 SLAM 存在累积误差，如果只是评测绝对位姿误差，会导致时间序列后面的位姿绝对误差非常大，而时间序列前面的绝对误差非常小。因此，为了解决这个问题，SLAM 引入了相对位姿误差来衡量算法的精度。图 3-5 中，x_i^* 是真值，x_i 是测量值，表示使用绝对姿态误差指标来评测 SLAM 算法精度时，即使前面的误差很低，如果最新一帧的误差突然变大，会导致最终的误差指标变大。而使用图 3-5（b）的相对误差指标时会避免这一情况的发生。

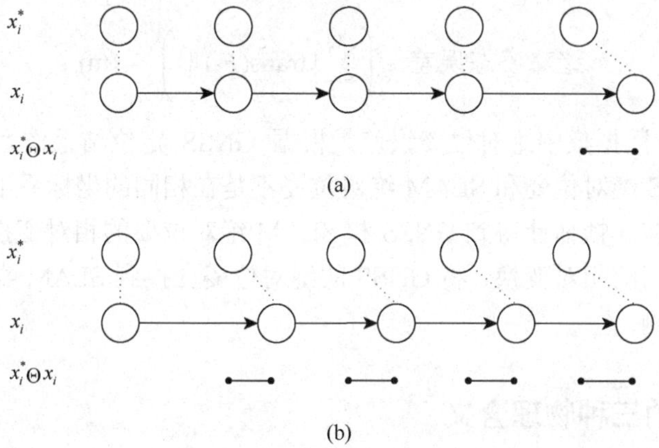

图 3-5　SLAM 误差说明示意图

绝对位姿的评价指标：

$$\varepsilon(\boldsymbol{x}_{1,T})=\sum_{t=1}^{T}(\boldsymbol{x}_t\Theta\boldsymbol{x}_t^*)^2 \tag{3-58}$$

其中，$\boldsymbol{x}_t$ 为算法得到的绝对位姿；T 为位姿的总数量；$\boldsymbol{x}_t^*$ 为绝对位姿的真值。

如果使用绝对位姿评价指标会造成一个问题——测量值的误差在刚开始就会产生——导致误差在后面累积，如图 3-5 的下半部分所示，使得误差指标变大。

而如果测量值的误差在最后才产生，那么其最后的误差指标会较小。为了解决这个问题引入相对位姿误差指标衡量 SLAM 算法的精度：

$$\varepsilon(\delta)=\frac{1}{N}\sum_{i,j}\mathrm{trans}(\delta_{i,j}\Theta\delta_{i,j}^{*})^{2}+\mathrm{rot}\left(\delta_{i,j}\Theta\delta_{i,j}^{*}\right)^{2} \tag{3-59}$$

其中，$\delta_{i,j}=x_j\Theta x_i;\cdots;\delta_{i,j}^{*}=x_j^{*}\Theta x_i^{*};\cdots$； Θ 表示广义减法；N 为相对位置的数量。

在广泛使用的室外 KITTI 数据集中，使用的评价指标是根据式（3-59）得到的：

$$\text{相对位置误差}=\frac{\sum_{i,j}\mathrm{trans}(\delta_{ij}\Theta\delta_{ij}^{*})}{\text{总距离}}\ (\%) \tag{3-60}$$

$$\text{相对姿态误差}=\frac{\sum_{i,j}\mathrm{rot}(\delta_{ij}\Theta\delta_{ij}^{*})}{\text{总距离}}\ (^{\circ}/\mathrm{m}) \tag{3-61}$$

可以看到 KITTI 数据集中的评价指标都是通过两个坐标系下的相对位置变化来评价精度的，如果将待估计的位姿变换到真值坐标系下，然后计算对应的误差也可以得到一个评价指标，只是这个评价指标缺少了对旋转误差的估计，只有位置误差：

$$\text{绝对姿态误差}=\left(\sum_{i=1}^{n}\|\mathrm{trans}(F_i)\|^{2}\right)^{1/2}\ (\mathrm{m}) \tag{3-62}$$

在 KITTI 数据集中绝对位姿误差是根据 GNSS 定位结果作为真值进行衡量的。但是 GNSS 绝对位姿和 SLAM 绝对位姿不是在相同的坐标系下。因此 KITTI 数据集中使用前 n 帧估计得到 GNSS 和 SLAM 绝对位姿的相对变换。然后根据这两个坐标系之间的相对变换，将 GNSS 的绝对位姿变换到 SLAM 坐标系下，进行绝对位姿的评测。

3.4.2 位姿的三种物理含义

对于姿态矩阵 $\boldsymbol{T}_{WI}$，拥有三种物理含义：

（1）将 W 坐标系移动到 I 坐标系的位姿变化；

（2）能够将 I 坐标系下的点变换到 W 坐标系下；

（3）对于空间中一个点，拥有 W 坐标系和 I 坐标系下的坐标，并且将这两个坐标放在同一个坐标系下，能够求得 W 坐标系下的坐标变换到 I 坐标系下的坐标变换，那么这个变换等于 $\boldsymbol{T}_{WI}$ 的逆。

上述的三种物理含义应用在三种不同的场景中：

（1）在世界坐标系下的位姿等于 $\boldsymbol{T}_{WI}$，即从起始坐标系移动当前帧的坐标系发生了多少的位姿变换；

（2）已知在相机坐标系下的点 $\boldsymbol{P}_I$，且已知 $\boldsymbol{T}_{WI}$，则可以将相机坐标系下的点变换到世界坐标系下得到世界坐标系下点的坐标：$\boldsymbol{P}_W = \boldsymbol{T}_{WI} \times \boldsymbol{P}_I$；

（3）在对 IMU 进行初始化时，已经获得了重力在地球坐标下的坐标和在 IMU 坐标系下的坐标，要想求得 $\boldsymbol{T}_{WI}$，就要把两个坐标放在同一个坐标系下，然后计算从 W 坐标系下的坐标移动到 I 坐标系下需要的旋转矩阵，那么这个旋转矩阵的转置就是 $\boldsymbol{R}_{WI}$。单位化（向量叉乘 IMU 加速度）= 旋转轴，点乘 IMU 加速度能够求得夹角，使用上述得到的旋转轴和夹角能够求得 $\boldsymbol{R}_{IW}, \boldsymbol{R}_{IW}^{\mathrm{T}} = \boldsymbol{R}_{WI}$。

对于位姿变换的理解尤为关键，如果理解错误会导致位姿变换矩阵计算错误。

参 考 文 献

[1] 吴柳莉. 基于 MEMS 传感器的道面坡度提取技术研究[D]. 天津：中国民航大学，2019.

[2] 秦莹莹. 基于视觉 SLAM 的定位导航关键技术研究[D]. 杭州：浙江大学，2020.

[3] 郎明朗. 基于插补点曲面重建的一种加工过程实时数据分析方法[D]. 武汉：华中科技大学，2018.

[4] 刘芳. SLAM 后端优化算法的研究[J]. 智能计算机与应用，2019，6：68-72.

[5] 刘小芬，谢刚生，王丹丹，等. 室内全景影像成果坐标统一技术路线研究[J]. 测绘通报，2019，7：100-103，113.

第 4 章　传感器标定

多传感器融合是目前移动机器人、无人驾驶、AR 等前沿人工智能技术的重要发展方向之一。传感器标定是多传感器组合定位的基本需求，载体上安装多个/多种传感器，而它们之间的坐标关系是需要确定的。标定工作一般可分成两部分：内参标定和外参标定。内参是决定传感器内部的映射关系，例如，摄像头的焦距，偏心和像素横纵比（+畸变系数），IMU 的噪声误差和零偏误差，激光传感器的距离测量误差。内参标定用来解决传感器制造过程中或者自身测量特性带来的测量误差，通过内参标定的方式能够校正误差从而获得更高精度的测量值。内参标定只能解决单一传感器系统的标定问题，在实际的项目应用中为了弥补单一传感器的缺陷常使用多传感器融合的方式，在多传感器融合时需要对不同传感器的相对位姿和时序进行标定。外参标定的位姿参数描述了不同传感器安装时的位置和姿态，外参可以用于坐标系变换，例如，将激光坐标系下的点根据外参位姿参数投影到图像上，与图像上的像素点进行匹配；IMU 能够输出较高的频率，可以将IMU积分的相对位姿根据外参的参数变换到相机坐标系下，为相机提供较为准确的初始位姿。不同传感器的频率不同、触发时间不同，导致在进行多系统融合时难以拥有相同的时间戳，为了能够对齐时间戳，需要将不同传感器的时间戳进行对齐，以保证时间尺度上的一致。

内外参数标定的难点在于设计一个合理的场景，快速地求解内外参数。现有的内外参数标定方法需要专业的工程师在现场进行指导才能完成整个标定流程。以激光和雷达的外参标定为例，现有的方法需要手动选出对应的点云匹配对或者线匹配对。而在实际产品使用的过程中，长时间的高频机械振动和器件的损耗常会对现有的标定结果进行破坏。为了解决现有传感器标定专业性高和步骤烦琐的问题，本章首先介绍了传感器标定所需要的基础算法，然后提出了更加快速、高精度和高稳定性的内外参标定算法。

4.1　视觉传感器标定方法

4.1.1　相机模型

1. 模型概述

针孔相机模型描述了三维空间中的点的坐标与其在理想针孔相机的图像平

面上的投影之间的数学关系，其中相机光圈被描述为一个点，并且没有使用透镜来聚焦光线。该模型不包括如由镜头和有限尺寸的光圈引起的几何变形或未聚焦对象的模糊[1]，也没有考虑到大多数实际的相机仅具有离散的图像坐标。这意味着针孔相机模型只能用作从 3D 场景到 2D 图像的映射的一阶近似。其有效性取决于相机的质量，并且通常随着镜头失真效果的增加而从图像的中心到边缘降低。

针孔相机模型没有考虑到的一些影响可以得到补偿，例如，通过对图像坐标应用适当的坐标变换；如果使用高质量的照相机，其他的影响就足够小以至于可以忽略不计。这意味着针孔相机模型通常可以用来合理地描述相机如何描绘三维场景。

2. 参数关系

图 4-1 描述了与针孔相机映射有关的几何形状。该图包含以下基本对象：一个原点在 O 点的三维正交坐标系，这也是相机光圈的位置。坐标系的三个轴被称为 X_1、X_2、X_3。X_3 轴指向相机的观察方向，称为光轴、主轴或主射线。由轴 X_1 和 X_2 张成的平面是相机的正面，或称主平面。

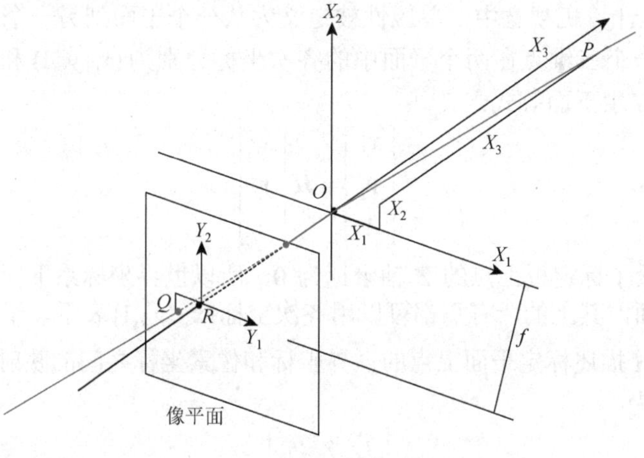

图 4-1　针孔相机几何形状

一个像平面，其中三维世界通过相机光圈进行投影。像平面平行于轴 X_1 和 X_2，并且在 X_3 轴的负方向上与原点 O 距离为 f，其中 f 是针孔相机的焦距。针孔相机的实际物理意义为平面的位置与 X_3 轴在坐标-f 处相交，其中 $f>0$。

在光轴和像平面相交处的点 R，该点称为主点或图像中心。

真实世界中的某一点 P，有相对于轴 X_1、X_2、X_3 的坐标 (x_1,x_2,x_3)。

点 P 在相机中的投影线，也就是图中穿过点 P 和点 O 的灰线。

点 P 在像平面上的投影，记为点 Q。这个点由投影线（灰色）与像平面的交点表示。在任何实际情况下，可以假设 $x_3>0$，这意味着交点是定义良好的。

在像平面上也有一个二维坐标系：原点在 R，轴 Y_1 和 Y_2 分别平行于 X_1 和 X_2。点 Q 相对于这个坐标系的坐标是（y_1, y_2）。

4.1.2 单目相机标定方法

1. 成像几何模型

像素坐标系和世界坐标系下的坐标映射关系：

$$\begin{bmatrix} u \\ v \\ 1 \end{bmatrix} = s\begin{bmatrix} f_x & \gamma & u_0 \\ 0 & f_y & v_0 \\ 0 & 0 & 1 \end{bmatrix}\begin{bmatrix} r_1 & r_2 & r_3 & t \end{bmatrix}\begin{bmatrix} x_w \\ y_w \\ z_w \\ 1 \end{bmatrix} \tag{4-1}$$

式中，u、v 表示像素坐标系中的坐标；s 表示比例因子；f_x、f_y、u_0、v_0、γ（由制造误差产生的两个坐标轴偏斜参数，通常很小，接近于 0）表示 5 个相机内参；r_1、r_2、r_3、t 为 4 个四维的列向量，表示相机外参；x_w、y_w、z_w 表示世界坐标系中的坐标[2]。在计算机视觉中，单应性被定义为从一个平面到另一个平面的投影映射，假设同一个三维点在两个平面中的齐次坐标分别为 $(x_1, y_1, 1)$ 和 $(x_2, y_2, 1)$，则单应性矩阵 H 由下面等式定义[3]：

$$\begin{bmatrix} x_2 \\ y_2 \\ 1 \end{bmatrix} = \boldsymbol{H}\begin{bmatrix} x_1 \\ y_1 \\ 1 \end{bmatrix} \tag{4-2}$$

由于假设了标定板上点的 Z 轴坐标为 0，所以世界坐标系下标定板也可以理解为一个平面，其上的所有点都可以用齐次坐标 $[x_w, y_w, 1]$ 表示，于是可以用一个单应性矩阵 H 描述标定平面上点的世界坐标和像素坐标之间的映射关系。单应性矩阵 H 定义为

$$\boldsymbol{H} = s\begin{bmatrix} f_x & \gamma & u_0 \\ 0 & f_y & v_0 \\ 0 & 0 & 1 \end{bmatrix}\begin{bmatrix} r_1 & r_2 & t \end{bmatrix} \tag{4-3}$$

记 $\begin{bmatrix} f_x & \gamma & u_0 \\ 0 & f_y & v_0 \\ 0 & 0 & 1 \end{bmatrix}$ 为内参矩阵 $\boldsymbol{M}$。

为了求解单应性矩阵，先将其设为如下形式：

$$\boldsymbol{H}=\begin{bmatrix}h_{11} & h_{12} & h_{13}\\ h_{21} & h_{22} & h_{23}\\ h_{31} & h_{32} & h_{33}\end{bmatrix} \tag{4-4}$$

式（4-3）可以写为

$$\begin{bmatrix}u\\ v\\ 1\end{bmatrix}=\begin{bmatrix}h_{11} & h_{12} & h_{13}\\ h_{21} & h_{22} & h_{23}\\ h_{31} & h_{32} & h_{33}\end{bmatrix}\begin{bmatrix}x_w\\ y_w\\ 1\end{bmatrix} \tag{4-5}$$

将其展开可得

$$\begin{cases}u=\dfrac{h_{11}x_w+h_{12}y_w+h_{13}}{h_{31}x_w+h_{32}y_w+h_{33}}\\ v=\dfrac{h_{21}x_w+h_{22}y_w+h_{23}}{h_{31}x_w+h_{32}y_w+h_{33}}\end{cases} \tag{4-6}$$

继续将式（4-6）展开可得

$$\begin{cases}h_{11}x_w+h_{12}y_w+h_{13}-h_{31}x_wu-h_{32}y_wu-h_{33}u=0\\ h_{21}x_w+h_{22}y_w+h_{23}-h_{31}x_wv-h_{32}y_wv-h_{33}v=0\end{cases} \tag{4-7}$$

写成矩阵形式：

$$\begin{bmatrix}x_w & y_w & 1 & 0 & 0 & 0 & -x_wu & -y_wu & -u\\ 0 & 0 & 0 & x_w & y_w & 1 & -x_wv & -y_wv & -v\end{bmatrix}\begin{bmatrix}h_{11}\\ h_{12}\\ h_{13}\\ h_{21}\\ h_{22}\\ h_{23}\\ h_{31}\\ h_{32}\\ h_{33}\end{bmatrix}=\begin{bmatrix}0\\ 0\end{bmatrix} \tag{4-8}$$

原则上需要 9 个方程才可以解出 $\boldsymbol{H}$ 的值，但是可以发现，若将 H 矩阵乘上任一系数，则式（4-8）保持不变，所以虽然 $\boldsymbol{H}$ 矩阵有 9 个未知数，但只有 8 个自由度。要解 $\boldsymbol{H}$ 矩阵，可以人为地添加限制条件，例如，设 $\boldsymbol{H}$ 的模为 1，再匹配 4 组点得到 8 个方程就可以求出单应性矩阵。

实际操作中，先用上述方法求出一组 $\boldsymbol{H}$ 的初值，然后使用 L-M 方法进行迭代优化。

2. 参数求解与优化

在不考虑镜头畸变的情况下，利用旋转向量的约束关系相继求出内参和外参矩阵。先将单应性矩阵表示为列向量表示形式：

$$\boldsymbol{H}=\begin{bmatrix}\boldsymbol{h}_1 & \boldsymbol{h}_2 & \boldsymbol{h}_3\end{bmatrix}=s\boldsymbol{M}\begin{bmatrix}\boldsymbol{r}_1 & \boldsymbol{r}_2 & \boldsymbol{t}\end{bmatrix} \tag{4-9}$$

进而可以将旋转向量表示出来：

$$\boldsymbol{r}_1=s^{-1}\boldsymbol{M}^{-1}\boldsymbol{h}_1 \tag{4-10}$$

$$\boldsymbol{r}_2=s^{-1}\boldsymbol{M}^{-1}\boldsymbol{h}_2 \tag{4-11}$$

旋转向量有两个约束条件：①旋转向量点积为 0，即 $\boldsymbol{r}_1^{\mathrm{T}}\boldsymbol{r}_2=0$；②旋转向量模相等，均为 1（因为旋转不改变尺度），即 $\boldsymbol{r}_1^{\mathrm{T}}\boldsymbol{r}_1=\boldsymbol{r}_2^{\mathrm{T}}\boldsymbol{r}_2$。由此可以列出两个方程[2]：

$$\boldsymbol{h}_1^{\mathrm{T}}(\boldsymbol{M}^{-1})^{\mathrm{T}}\boldsymbol{M}^{-1}\boldsymbol{h}_2=0 \tag{4-12}$$

$$\boldsymbol{h}_1^{\mathrm{T}}(\boldsymbol{M}^{-1})^{\mathrm{T}}\boldsymbol{M}^{-1}\boldsymbol{h}_1=\boldsymbol{h}_2^{\mathrm{T}}(\boldsymbol{M}^{-1})^{\mathrm{T}}\boldsymbol{M}^{-1}\boldsymbol{h}_2 \tag{4-13}$$

为了化简这两个等式，可以将矩阵 $(\boldsymbol{M}^{-1})^{\mathrm{T}}\boldsymbol{M}^{-1}$ 用符号 B 表示。B 矩阵是对称矩阵，若将其展开只有 6 个不同的元素。把 B 矩阵代入式（4-12）和式（4-13），得到如下等式：

$$\boldsymbol{h}_1^{\mathrm{T}}\boldsymbol{B}\boldsymbol{h}_2=0 \tag{4-14}$$

$$\boldsymbol{h}_1^{\mathrm{T}}\boldsymbol{B}\boldsymbol{h}_1=\boldsymbol{h}_2^{\mathrm{T}}\boldsymbol{B}\boldsymbol{h}_2 \tag{4-15}$$

这两个式子存在通式 $\boldsymbol{h}_i^{\mathrm{T}}\boldsymbol{B}\boldsymbol{h}_j$，将 $\boldsymbol{h}_i$ 列向量展开为 $[\boldsymbol{h}_{i1}\ \ \boldsymbol{h}_{i2}\ \ \boldsymbol{h}_{i3}]^{\mathrm{T}}$，代入可得

$$\boldsymbol{h}_i^{\mathrm{T}}\boldsymbol{B}\boldsymbol{h}_j=\begin{bmatrix}h_{i1}h_{j1}\\ h_{i1}h_{j2}+h_{i2}h_{j1}\\ h_{i2}h_{j2}\\ h_{i3}h_{j1}+h_{i1}h_{j3}\\ h_{i3}h_{j2}+h_{i2}h_{j3}\\ h_{i3}h_{j3}\end{bmatrix}\begin{bmatrix}B_{11}\\ B_{12}\\ B_{22}\\ B_{13}\\ B_{23}\\ B_{33}\end{bmatrix} \tag{4-16}$$

可以令 $\boldsymbol{v}_{ij}=\begin{bmatrix}h_{i1}h_{j1}\\ h_{i1}h_{j2}+h_{i2}h_{j1}\\ h_{i2}h_{j2}\\ h_{i3}h_{j1}+h_{i1}h_{j3}\\ h_{i3}h_{j2}+h_{i2}h_{j3}\\ h_{i3}h_{j3}\end{bmatrix}$，$\boldsymbol{b}=\begin{bmatrix}B_{11}\\ B_{12}\\ B_{22}\\ B_{13}\\ B_{23}\\ B_{33}\end{bmatrix}$。

式（4-16）可以化简为 $\boldsymbol{h}_i^{\mathrm{T}}\boldsymbol{B}\boldsymbol{h}_j=\boldsymbol{v}_{ij}^{\mathrm{T}}\boldsymbol{b}$，矩阵形式如下：

$$\begin{bmatrix}\boldsymbol{v}_{12}^{\mathrm{T}}\\ \boldsymbol{v}_{11}^{\mathrm{T}}-\boldsymbol{v}_{22}^{\mathrm{T}}\end{bmatrix}\boldsymbol{b}=0 \tag{4-17}$$

因为 $\boldsymbol{v}_{ij}$ 矩阵可以通过已经求得的单应性矩阵得出，$\boldsymbol{b}$ 向量有六个未知数待求，

每一张图片可以得到一组如式（4-17）所示的等式，因此要求出 $\boldsymbol{b}$ 向量（带一个比例因子 λ）理论上需要 3 张以上的标定图片。

当矩阵 B 解出后，可以借助以下等式求出各内参系数：

$$\begin{cases} f_x = \sqrt{\lambda / B_{11}} \\ f_y = \sqrt{\lambda B_{11} \big/ \left(B_{11} B_{22} - B_{12}^2\right)} \\ u_0 = \gamma v_0 / f_y - B_{13} f_x^2 / \lambda \\ v_0 = \left(B_{12} B_{13} - B_{11} B_{23}\right) \big/ \left(B_{11} B_{22} - B_{12}^2\right) \\ \gamma = -B_{12} f_x^2 f_y / \lambda \\ \lambda = B_{33} - \left(B_{13}^2 + v_0 \left(B_{12} B_{13} - B_{11} B_{23}\right)\right) \big/ B_{11} \end{cases} \tag{4-18}$$

得到内参矩阵后，外参矩阵可以通过以下等式求解：

$$\begin{cases} \boldsymbol{r}_1 = s^{-1} \boldsymbol{M}^{-1} \boldsymbol{h}_1 \\ \boldsymbol{r}_2 = s^{-1} \boldsymbol{M}^{-1} \boldsymbol{h}_2 \\ \boldsymbol{t} = s^{-1} \boldsymbol{M}^{-1} \boldsymbol{h}_3 \end{cases} \tag{4-19}$$

这里的 s^{-1} 具体数值可由旋转向量长度为 1 的性质求解得出，即

$$s^{-1} = 1 \big/ \left\| \boldsymbol{M}^{-1} \boldsymbol{h}_1 \right\| = 1 \big/ \left\| \boldsymbol{M}^{-1} \boldsymbol{h}_2 \right\| \tag{4-20}$$

在实际标定的时候，一般会拍多张照片进行参数求解，如果按上述方程直接求解会出现冗余的情况，所以一般做法是用上述方法求解出内外参矩阵的初值，随后进行迭代估计。假设拍摄了 n 张标定图片，每张图片里有 m 个棋盘格角点。三维空间点在图片上对应的二维像素为 x_{ij}，三维空间点经过相机内参 M、外参 R、t 变换计算后得到的二维像素为 x'，假设噪声是独立同分布的，通过最小化 x、x' 的位置来求解上述最大似然估计问题：

$$\sum_{i=1}^{n} \sum_{j=1}^{m} \left\| x_{ij} - x'(\boldsymbol{M}, \boldsymbol{R}_i, \boldsymbol{t}_i) \right\|^2 \tag{4-21}$$

这是一个非线性优化问题，这里采用张正友使用的 L-M 方对其进行优化[4]。

3. 畸变校正

在实际相机参数求解过程中，在讨论完理想模型之后还要考虑相机的畸变问题，在校正相机畸变时只考虑径向畸变的影响，径向畸变校正公式如下（等号左边是畸变坐标）[5]：

$$\begin{cases} \tilde{x} = x + x\left(k_1 (x^2 + y^2) + k_2 (x^2 + y^2)^2\right) \\ \tilde{y} = y + y\left(k_1 (x^2 + y^2) + k_2 (x^2 + y^2)^2\right) \end{cases} \tag{4-22}$$

其中，(x,y) 表示归一化平面上未畸变的点坐标（即从点的世界坐标出发，根据相机成像模型计算得来的坐标）；$(\tilde{x},\tilde{y})$ 表示归一化平面上畸变的点坐标（即从图像上的像素点坐标出发，根据相机成像模型反向计算得来的坐标）[2]；k_1、k_2 表示待求的径向畸变参数。将畸变的点坐标通过内参矩阵投影到像素平面就得到该点在图像上的位置：

$$\begin{cases}\tilde{u}=f_x\tilde{x}+u_0\\ \tilde{v}=f_y\tilde{y}+v_0\end{cases} \tag{4-23}$$

易得

$$\begin{cases}\tilde{u}=f_xx+u_0+f_xx\left(k_1(x^2+y^2)+k_2(x^2+y^2)^2\right)\\ \tilde{v}=f_yy+v_0+f_yy\left(k_1(x^2+y^2)+k_2(x^2+y^2)^2\right)\end{cases} \tag{4-24}$$

令 $f_xx+u_0=u, f_yy+v_0=v$ 得到

$$\begin{cases}\tilde{u}=u+(u-u_0)\left(k_1(x^2+y^2)+k_2(x^2+y^2)^2\right)\\ \tilde{v}=v+(v-v_0)\left(k_1(x^2+y^2)+k_2(x^2+y^2)^2\right)\end{cases} \tag{4-25}$$

处理后得到

$$\begin{bmatrix}(u-u_0)(x^2+y^2) & (u-u_0)(x^2+y^2)^2\\ (v-v_0)(x^2+y^2) & (v-v_0)(x^2+y^2)^2\end{bmatrix}\begin{bmatrix}k_1\\ k_2\end{bmatrix}=\begin{bmatrix}\tilde{u}-u\\ \tilde{v}-v\end{bmatrix} \tag{4-26}$$

其中，u、v 是理想状态下图像中的像素坐标点，即假设镜头不存在畸变，照片上点的坐标位置，可以通过世界坐标系的点经过理想的摄像机针孔模型得到；通过上面计算得到的相机内参也就知道了 u_0、v_0；点 $\tilde{u}$、$\tilde{v}$ 是畸变后的像素坐标点，即直接从图像上观测得到的点坐标；x、y 是在归一化平面上未畸变的点，可以从世界坐标系中的点坐标出发，根据相机成像模型计算得出。n 幅图像中共有 m 个点，则可以得到 $2mn$ 个迭代方程。若将式（4-26）表示为 $\boldsymbol{Dk}=\boldsymbol{d}$ 的形式，运用最小二乘法可得

$$\boldsymbol{k}=(\boldsymbol{D}^{\mathrm{T}}\boldsymbol{D})^{-1}\boldsymbol{D}^{\mathrm{T}}\boldsymbol{d} \tag{4-27}$$

实际在校正畸变过程中会将畸变参数和相机的内外参数组合在一起进行极大似然估计，即将式（4-21）改写为如下形式：

$$\sum_{i=1}^{n}\sum_{j=1}^{m}\left\|x_{ij}-x'(\boldsymbol{M},\boldsymbol{R}_i,\boldsymbol{t}_i,k_1,k_2)\right\|^2 \tag{4-28}$$

这同样是一个非线性优化问题，采用 L-M 方法对其进行优化。k_1、k_2 的初值可以使用式（4-28）求解得到的值，也可以直接设为 0。

4.1.3 多目相机标定方法

1. 对极几何理论

当用相机在两个不同的位置拍摄同一物体时，如果两张照片中间有重叠的部

分，那这两张照片之间一定有对应关系。对极几何就是描述同一场景两幅图像之间视觉几何关系的理论。

图 4-2 为对极几何平面示意图，O_1 和 O_2 为左右两相机的主点，P 为空间中一个物点，两个白色平面是像面。p_1 和 p_2 是 P 点在像面上的对应点，e_1、e_2 为像面和基线 O_1O_2 的交点，称为极点。O_1PO_2 组成的灰色平面称为极平面，p_1e_1 和 p_2e_2 分别称为左极线和右极线。

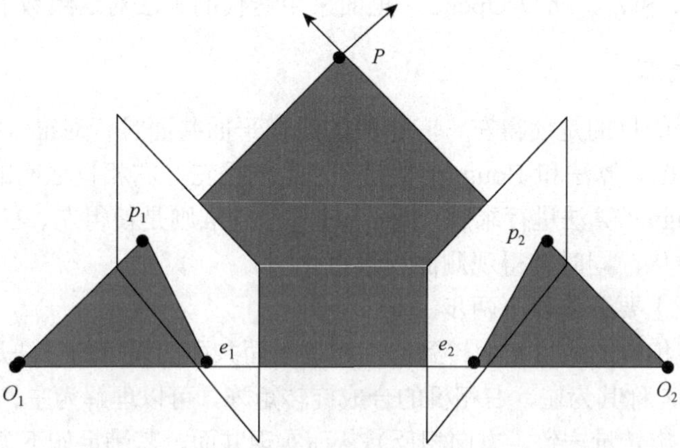

图 4-2　对极几何平面示意图

以左相机为例，射线 O_1p_1 上的任何一点在右像平面上的成像都会落在射线 e_2p_2 上，因此要寻找 p_1 的匹配点，就应该在其对应的右极线上进行搜索。在实际的匹配过程中，先将左右相机拍摄的图像进行双目校正，从而使得两幅图像中对应的左右极线平行且等高。为了实现双目校正算法，首先需要标定左右相机的空间位置关系。

2. 空间位置标定

双目相机需要标定的空间位置主要是从左相机坐标系变换到右相机坐标系的旋转矩阵 $\boldsymbol{R}_{\mathrm{lr}}$ 和平移向量 $\boldsymbol{t}_{\mathrm{lr}}$。假设空间中一点 P 的世界坐标为 $\boldsymbol{P}_{\mathrm{w}}$，其对应的左相机坐标系下的坐标为 $\boldsymbol{P}_{\mathrm{l}}$，右相机坐标系下的坐标为 $\boldsymbol{P}_{\mathrm{r}}$，则具有如下等式关系：

$$\begin{cases}\boldsymbol{P}_{\mathrm{l}}=\boldsymbol{R}_{\mathrm{wl}}\boldsymbol{P}_{\mathrm{w}}+\boldsymbol{t}_{\mathrm{wl}}\\ \boldsymbol{P}_{\mathrm{r}}=\boldsymbol{R}_{\mathrm{wr}}\boldsymbol{P}_{\mathrm{w}}+\boldsymbol{t}_{\mathrm{wr}}\end{cases} \tag{4-29}$$

其中，$\boldsymbol{R}_{\mathrm{wl}}$ 和 $\boldsymbol{R}_{\mathrm{wr}}$ 分别表示世界坐标系到左、右相机坐标系的旋转矩阵；$\boldsymbol{t}_{\mathrm{wl}}$ 和 $\boldsymbol{t}_{\mathrm{wr}}$ 表示世界坐标系到左、右相机坐标系的平移向量。同时 $\boldsymbol{P}_{\mathrm{l}}$ 和 $\boldsymbol{P}_{\mathrm{r}}$ 之间具有如下关系：

$$\boldsymbol{P}_{\mathrm{r}}=\boldsymbol{R}_{\mathrm{lr}}\boldsymbol{P}_{\mathrm{l}}+\boldsymbol{t}_{\mathrm{lr}} \tag{4-30}$$

其中，$\boldsymbol{R}_{\mathrm{lr}}$ 表示左相机坐标系到右相机坐标系的旋转矩阵；$\boldsymbol{t}_{\mathrm{lr}}$ 表示左相机坐标系到

右相机坐标系的平移向量。联立以上三个等式有

$$\boldsymbol{R}_{\mathrm{wr}}\boldsymbol{P}_{\mathrm{w}}+\boldsymbol{t}_{\mathrm{wr}}=\boldsymbol{R}_{\mathrm{lr}}(\boldsymbol{R}_{\mathrm{wl}}\boldsymbol{P}_{\mathrm{w}}+\boldsymbol{t}_{\mathrm{wl}})+\boldsymbol{t}_{\mathrm{lr}} \tag{4-31}$$

通过观察可得

$$\begin{cases}\boldsymbol{R}_{\mathrm{lr}}=\boldsymbol{R}_{\mathrm{wr}}\boldsymbol{R}_{\mathrm{wl}}^{\mathrm{T}}\\ \boldsymbol{t}_{\mathrm{lr}}=\boldsymbol{t}_{\mathrm{wr}}-\boldsymbol{R}_{\mathrm{lr}}\boldsymbol{t}_{\mathrm{wr}}\end{cases} \tag{4-32}$$

一般双目相机的左、右相机的相对位置是固定的，但每拍摄一组图像，就可以求出一对 $\boldsymbol{R}_{\mathrm{lr}}$ 和 $\boldsymbol{t}_{\mathrm{lr}}$，所以 OpenCV 里面采用迭代的算法对这组数值进行优化。

3. 双目校正

双目校正的目的是使得左、右相机的成像平面共面且行对准。常用的双目校正方法有 Hartley 算法和 Bouguet 算法[6]。当求得左、右相机之间的 $\boldsymbol{R}_{\mathrm{lr}}$ 和 $\boldsymbol{t}_{\mathrm{lr}}$ 后，可以使用 Bouguet 算法进行求解。Bouguet 算法的准则是使得左、右两幅图像的重投影畸变最小化，同时使得观测面积最大化[7]。

双目校正主要分为以下两步。

（1）将右相机的成像平面转到和左相机平面共面。采用的方法是将 $\boldsymbol{R}_{\mathrm{lr}}$ 分成两部分：$\boldsymbol{r}_1$ 和 $\boldsymbol{r}_{\mathrm{r}}$，称其为左、右相机的合成旋转矩阵。可以理解为左、右两个相机各自旋转一半（旋转量一致，方向相反）从而实现共面，其满足如下关系：

$$\begin{cases}\boldsymbol{r}_1\cdot\boldsymbol{r}_1=\boldsymbol{R}_{\mathrm{lr}}\\ \boldsymbol{r}_1=\boldsymbol{r}_{\mathrm{r}}^{-1}\end{cases} \tag{4-33}$$

（2）图像行对准。行对准的结果是极点位于无穷远处，因此需要构造旋转矩阵 $\boldsymbol{R}_{\mathrm{rec}}$ 将极点变换到无穷远处。记 $\boldsymbol{R}_{\mathrm{rec}}=[e_1\ \ e_2\ \ e_3]^{\mathrm{T}}$，其中 e_1 为两台相机投影中心的平移方向的单位向量，即

$$\boldsymbol{e}_1=\frac{\boldsymbol{t}_{\mathrm{lr}}}{\|\boldsymbol{t}_{\mathrm{lr}}\|} \tag{4-34}$$

$\boldsymbol{e}_2$ 必须与 $\boldsymbol{e}_1$ 正交，没有其他限制。因此选择 $\boldsymbol{e}_1$ 和相机主光线叉积得到的单位向量作为 $\boldsymbol{e}_2$：

$$\boldsymbol{e}_2=\frac{[-t_y\ \ t_x\ \ 0]^{\mathrm{T}}}{\sqrt{t_x^2+t_y^2}} \tag{4-35}$$

其中，$\boldsymbol{t}_{\mathrm{lr}}=[t_x\ \ t_y\ \ t_z]^{\mathrm{T}}$。

e_3 必须与 $\boldsymbol{e}_1$、$\boldsymbol{e}_2$ 都正交，因此令 $\boldsymbol{e}_3=\boldsymbol{e}_1\times\boldsymbol{e}_2$。综上，双目校正过程中左、右相机各自的旋转矩阵为

$$\begin{cases}\boldsymbol{R}_1=\boldsymbol{R}_{\mathrm{rec}}\cdot\boldsymbol{r}_1\\ \boldsymbol{R}_{\mathrm{r}}=\boldsymbol{R}_{\mathrm{rec}}\cdot\boldsymbol{r}_{\mathrm{r}}\end{cases} \tag{4-36}$$

在使用 OpenCV 等工具进行双目标定时，一般会返回两个 3×4 的矩阵 $\boldsymbol{M}_1$、$\boldsymbol{M}_{\mathrm{r}}$，

其中包含了校正后左、右相机的“内参系数”，其定义如下：

$$M_{\mathrm{l}}=\begin{bmatrix} f' & \alpha_{\mathrm{l}} & c'_{x\mathrm{l}} & 0 \\ 0 & f' & c'_{y\mathrm{l}} & 0 \\ 0 & 0 & 1 & 0 \end{bmatrix} \tag{4-37}$$

$$M_{\mathrm{r}}=\begin{bmatrix} f' & \alpha_{\mathrm{r}} & c'_{x\mathrm{r}} & t_x\cdot f' \\ 0 & f' & c'_{y\mathrm{r}} & 0 \\ 0 & 0 & 1 & 0 \end{bmatrix} \tag{4-38}$$

其中，f'、c'_x、c'_y、α_{r}、α_{l}为校正后的相机内参系数；t_x为平移向量t_{lr}在x方向上的分量；α_{r}、α_{l}一般为 0。当已知左相机坐标系下的齐次坐标点$[X\ \ Y\ \ Z\ \ 1]^{\mathrm{T}}$，可以使用式（4-39）求出左、右相机图像坐标系的齐次坐标点$[x_{\mathrm{l}}\ \ y_{\mathrm{l}}\ \ w_{\mathrm{l}}]^{\mathrm{T}}$、$[x_{\mathrm{r}}\ \ y_{\mathrm{r}}\ \ w_{\mathrm{r}}]^{\mathrm{T}}$：

$$\begin{cases} M_{\mathrm{l}}\begin{bmatrix} X \\ Y \\ Z \\ 1 \end{bmatrix}=\begin{bmatrix} x_{\mathrm{l}} \\ y_{\mathrm{l}} \\ w_{\mathrm{l}} \end{bmatrix} \\ M_{\mathrm{r}}\begin{bmatrix} X \\ Y \\ Z \\ 1 \end{bmatrix}=\begin{bmatrix} x_{\mathrm{r}} \\ y_{\mathrm{r}} \\ w_{\mathrm{r}} \end{bmatrix} \end{cases} \tag{4-39}$$

和M_{l}、M_{r}一起返回的还有矩阵Q：

$$Q=\begin{bmatrix} 1 & 0 & 0 & -c'_{x\mathrm{l}} \\ 0 & 1 & 0 & -c'_{y\mathrm{l}} \\ 0 & 0 & 0 & f' \\ 0 & 0 & -1/T_x & (c'_{x\mathrm{l}}-c'_{y\mathrm{l}})t_x \end{bmatrix} \tag{4-40}$$

Q的作用是将左相机下的像素坐标投影到左相机的相机坐标系中：

$$Q\begin{bmatrix} u \\ v \\ d \\ 1 \end{bmatrix}=\begin{bmatrix} X \\ Y \\ Z \\ W \end{bmatrix} \tag{4-41}$$

其中，d为和该像素点相关联的视差。

4.1.4　标定开源工具

最常使用的相机标定工具包括如下。

1. Camera Calibration Toolbox for MATLAB[8]

Caltech 开发的 MATLAB 标定工具箱，支持单相机、双目标定。单相机标定，预置的畸变模型有 Brown 畸变模型（径向 + 切向），以及 fisheye 模型。双目标定，如果是有统一坐标系的 3D 标定点，理论上支持无重叠视场的配置。

2. OpenCV/calib3d[9]

与 MATLAB 的工具箱类似，支持针孔相机 + Brown 畸变、fisheye、双目标定。OpenCV 标定程序输出标定结果最为完整，具体包括：双目校正前左图像的内参，左图像畸变矩阵，右图像双目校正前的内参，右图像畸变矩阵，左、右图像的相对姿态，左、右图像的相对位置，左图像的校正姿态，右图像的校正姿态，双目校正后的左图像的内参，双目校正后的右图像的内参。

3. ROS camera calibraton[10]

内部调用 OpenCV 的 camera calibration 实现。标定输出结果包括：双目校正前左图像的内参，左图像畸变矩阵，右图像双目校正前的内参，右图像畸变矩阵，左、右图像的相对姿态，右图像的校正姿态，双目校正后的左图像的内参，双目校正后的右图像的内参。

4. Kalibr[11]

Kalibr 工具箱支持针孔相机模型与全景相机模型。在多目标定方面，kalibr_calibrate_cameras 是一个多目系统的标定例程（支持两个以上的相机），允许每个相机设置不同的投影和畸变模型。不要求每一帧所有相机同时看全所有的标志点；当然必须要有一个时刻，这些相机都能在标定物的坐标系中成功定位（否则多相机之间的外参就无法估计）。

Kalibr 的标定流程包括以下几步。

（1）准备标定板。

标定板可以用 Kalibr 提供的 pdf，里面有三种类型的标定板（Aprilgrid、Checkerboard、Circlegrid）。由于 Aprilgrid 能提供序号信息，防止姿态计算时出现跳跃的情况，所以建议采用 Aprilgrid 进行标定。

（2）双目内外参数的标定。

如果已经有了通过 ROS 发布 image 消息的节点，只需要使用 rosbag record 工具将拍摄到的标定板图像制作成 bag 文件就行了。注意：通常设备采集的频率为 20～60Hz，这会使得标定的图像过多，导致计算量太大。最好将 ros topic 的频率降低到 4Hz 左右进行采集。

将左右目的 ros opic 降低频率后就可以制作 bag 了，指令如下：

```
rosbag record-O stereo_calibra.bag/left/right
```

采集好数据集以后，就可以用已经安装好的 Kalibr 标定双目相机了，指令如下：

```
source  ros_ws/kalibr/devel/setup.bashrosrunkalibrkalibr_calibrate_cameras--bag/home/heyijia/stereo_calibra.bag--topics/left/right--models pinhole-radtan pinhole-radtan-- target/home/heyijia/april_6x6_80x80cm_A0.yaml
```

（3）双目-惯导（IMU）外参数标定。

在标定完双目内外参数以后，就可以接着标定相机和 IMU 之间的外参了。这次采用同样的标定板，采集数据的最佳频率为图像 20Hz，IMU 200Hz。

```
rosbag record-O stereo_imu_calibra.bag/mynteye/left/ image_raw/mynteye/right/ image_raw/mynteye/imu/data_raw
```

标定 stereo-imu 外参时，需要利用前面标定好 stereo 内外参数文件 camchain-homeheyijiastereo_calibra.yaml，标定指令如下：

```
kalibr_calibrate_imu_camera --target /home/fyy/april_6x6_80x80cm_A0.yaml  --cam  /home/fyy/camchain-homeheyijiastereo_calibra.yaml --imu /home/fyy/imu_mynteye. yaml --bag /home/fyy/stereo_imu_calibra.bag --bag-from-to 2 37
```

以常用的 orb-slam 开源算法为例，该系统在运行前需要获得相机的标定参数，具体包括：左、右目相机各自的内参矩阵：

$$\begin{bmatrix} f_x & 0 & 1 \\ 0 & f_y & c_x \\ 0 & 0 & c_y \end{bmatrix}$$

上述介绍的标定开源工具基本可以涵盖以上各个参数。

4.1.5　基于三维标定板的相机内参标定新方法

相机的参数标定结果较差会直接影响 SLAM 系统的精度。经典的相机标定算法[5, 8]都是使用平面标定板对单个相机进行标定。对于相机模型可以使用更加通用的相机模型使其同时适用于鱼眼和针孔相机[9]。在求解相机模型的过程中设置合理的代价函数去求解相机参数会提升相机内参的稳定性[10]。同时可以使用其他传感器辅助相机的标定[11, 12]。在现有的研究中，标定板或者平面的标识物是在相机标定中不可或缺的因素。

在现有的相机标定算法中，相机在世界坐标系下的位姿也需要与相机内参一起优化。如果相机的位姿精度不高，那么最终优化得到的相机内参精度也会受到影响。如果所有三维点都在同一平面上，那么计算得到的位姿精度会严重下降[13, 14]。在现有的相机标定文献中，世界坐标系由标定板决定。定义标定板为世界坐标系的 x-y 平面，因此在标定板上三维点的 Z 轴坐标永远为 0。

1. 基于三维标定板的相机标定算法

在本章中使用小觅双目相机，根据其数据手册此款相机使用针孔模型[5, 15]。因此下面使用针孔模型的参数作为相机的内参。针孔模型中待估计的参数分别为 f_x、f_y、c_x、c_y、k_1、k_2、p_1 和 p_2。则相机的内参矩阵如下：

$$\boldsymbol{K}=\begin{bmatrix} f_x & 0 & c_x \\ 0 & f_y & c_y \\ 0 & 0 & 1 \end{bmatrix} \tag{4-42}$$

$$\begin{cases} x''=x'(1+k_1\times r^2+k_2\times r^2)+2p_1x'y'+p_2\times(r^2+2x'^2) \\ y''=y'(1+k_1\times r^2+k_2\times r^2)+p_1\times(r^2+2y'^2)+2p_2x'y' \end{cases} \tag{4-43}$$

其中，k_1 和 k_2 为径向畸变系数；p_1 和 p_2 为切向畸变系数；$r^2=x'^2+y'^2$；$x'=\dfrac{x}{z}$；$y'=\dfrac{y}{z}$；(x,y,z) 为三维点在世界坐标系下的坐标，世界坐标系由全站仪确定；(x'',y'') 为经过畸变的图像上的像素坐标。

在优化的过程中，除了 K 矩阵和畸变系数参与优化，相机在世界坐标系下的位姿也参与了优化。可以看出相机标定与 PnP 算法有相似之处，PnP 算法是已知相机的内参和三维坐标点去求解相机在世界坐标系下的位姿，而相机标定算法是已知三维坐标点去求解相机的内参和相机在世界坐标系下的位姿。这两个问题都需要求解相机在世界坐标系下的位姿，而如果所有的三维点共面那么计算能得到相机位姿精度会严重下降[13, 14]。如果相机位姿的解算精度不高，会导致 K 矩阵畸变系数的精度变差。与现有的平面相机标定算法相比，本章将二维平面的相机标定拓展到了三维情况。二维平面标定[5, 15]算法分为三步：首先，根据三维坐标点求出内参矩阵 K；然后，根据求得的 K 矩阵使用非线性优化计算得到相机各个时刻的位姿；最后，使用非线性优化对相机的 K 矩阵、相机的位姿和畸变矩阵进行求解。需要注意的是，在前两步的计算中畸变矩阵都不参与优化。相机平面标定的算法框架也被拓展应用到了本章的相机三维标定算法中。但是相比于二维的相机标定算法，相机的三维标定算法每一步骤都发生了改变。相机三维标定算法的详细步骤如下。

（1）计算相机的内参矩阵 K。

根据相机的投影模型得到

$$s_i\begin{bmatrix}u_i\\v_i\\1\end{bmatrix}=\boldsymbol{K}[\boldsymbol{R}\mid\boldsymbol{t}]\begin{bmatrix}X_i\\Y_i\\Z_i\\1\end{bmatrix}\tag{4-44}$$

将式（4-44）变为齐次形式：

$$\boldsymbol{L}\boldsymbol{h}=\begin{bmatrix}X_i\ Y_i\ Z_i\ 1\ 0\ \ 0\ 0\ 0\ -u_iX_i\ -u_iY_i\ -u_iZ_i\ -u_i\\0\ \ 0\ 0\ 0\ X_i\ Y_i\ Z_i\ 1\ -v_iX_i\ -v_iY_i\ -v_iZ_i\ -v_i\end{bmatrix}h=0\tag{4-45}$$

其中，$[X_i\ \ Y_i\ \ Z_i]^{\mathrm{T}}$ 三维点在世界坐标系下的坐标；$[u_i\ \ v_i]^{\mathrm{T}}$ 为图像中对应的像素坐标。

在 $\boldsymbol{h}$ 向量中的元素组成了矩阵 $\boldsymbol{H}=\boldsymbol{K}[\boldsymbol{R}\mid\boldsymbol{t}]$。在相机平面标定算法中，$x$-$y$ 的平面与标定板重合，因此三维点的 z 轴坐标永远等于零，从而导致了式（4-45）中 $\boldsymbol{L}$ 矩阵的维度降为了 2×9，$\boldsymbol{h}$ 向量的维度降为了 9×1。与三维标定算法相比，二维标定算法缺少了一个维度的约束导致最终结果鲁棒性和精度变差。

SVD 是常用解线性方程的方法。如果对 $\boldsymbol{L}^{\mathrm{T}}\boldsymbol{L}$ 矩阵直接进行 SVD 分解，其解算的结果稳定性较差[16]，即 $\boldsymbol{L}$ 矩阵发生很小的改变其解算的结果都会发生巨大的变化。其主要原因在于，$\boldsymbol{L}$ 矩阵中各项之间数值差距过大。为了克服这个缺点，需要将世界坐标点 $[X_i\ \ Y_i\ \ Z_i]^{\mathrm{T}}$ 和图像坐标 $[u_i\ \ v_i]^{\mathrm{T}}$ 变换到新的坐标系下以保证新生成的矩阵 $\boldsymbol{L}$ 每项的元素都尽可能地接近。PCA 算法经常被用来计算平面的法向量和计算单应性矩阵，能够有效地在多维数据中提取出主方向。根据 PCA 算法，可以得到将坐标点 $[X_i\ \ Y_i\ \ Z_i]^{\mathrm{T}}$ 变换到 $\left[X_i^{\text{new}}\ \ Y_i^{\text{new}}\ \ Z_i^{\text{new}}\right]^{\mathrm{T}}$ 的变换矩阵 $\boldsymbol{T}_{3d}$：

$$\boldsymbol{P}=\begin{bmatrix}X_1-\overline{X} & X_2-\overline{X} & \cdots & X_n-\overline{X}\\Y_1-\overline{Y} & Y_2-\overline{Y} & \cdots & Y_n-\overline{Y}\\Z_1-\overline{Z} & Z_2-\overline{Z} & \cdots & Z_n-\overline{Z}\end{bmatrix}\tag{4-46}$$

其中，$\overline{\boldsymbol{p}}=[\overline{X}\ \ \overline{Y}\ \ \overline{Z}]^{\mathrm{T}}$ 为世界坐标系下点的中心点坐标。PCA 算法的目标是寻找一个变换矩阵 $\boldsymbol{R}_{\text{pca}}$ 使得 $\boldsymbol{R}_{\text{pca}}\boldsymbol{P}\boldsymbol{P}^{\mathrm{T}}\boldsymbol{R}_{\text{pca}}^{\mathrm{T}}$ 矩阵为对角矩阵。可以通过 SVD 分解得到 $\boldsymbol{R}_{\text{pca}}$：$\text{SVD}(\boldsymbol{P}^{\mathrm{T}}\boldsymbol{P})=\boldsymbol{U}\boldsymbol{D}\boldsymbol{U}^{\mathrm{T}}$，$\boldsymbol{R}_{\text{pca}}=\boldsymbol{U}^{\mathrm{T}}$，$\boldsymbol{t}_{\text{pca}}=\boldsymbol{R}_{\text{pca}}\overline{\boldsymbol{p}}$。

计算得到坐标系变换矩阵后，将世界坐标系下的点变换到新的坐标系下：

$$\begin{bmatrix}X_i^{\text{pca}}\\Y_i^{\text{pca}}\\Z_i^{\text{pca}}\end{bmatrix}=\begin{bmatrix}\boldsymbol{R}_{\text{pca}} & \boldsymbol{t}_{\text{pca}}\end{bmatrix}\begin{bmatrix}X_i\\Y_i\\Z_i\\1\end{bmatrix}\tag{4-47}$$

在经过 PCA 坐标系变换后，$\begin{bmatrix} X_i^{\text{new}} & Y_i^{\text{new}} & Z_i^{\text{new}} \end{bmatrix}^{\text{T}}$ 坐标值的差异程度被降到了最低。然而式（4-47）中仍旧存在常数项 1，因此必须再将“1”与$\begin{bmatrix} X_i^{\text{pca}} & Y_i^{\text{pca}} & Z_i^{\text{pca}} \end{bmatrix}^{\text{T}}$的值进行平衡，将式（4-47）乘以一个尺度矩阵 $\boldsymbol{T}_{\text{scale}}$ 从而得到式（4-48）：

$$\begin{bmatrix} X_i^{\text{new}} \\ Y_i^{\text{new}} \\ Z_i^{\text{new}} \end{bmatrix} = \boldsymbol{T}_{\text{scale}} \begin{bmatrix} X_i^{\text{pca}} \\ Y_i^{\text{pca}} \\ Z_i^{\text{pca}} \end{bmatrix} \tag{4-48}$$

$$\text{diag}\left(\frac{n}{\sum_{i=1}^{n} X_i^{\text{pca}}}, \frac{n}{\sum_{i=1}^{n} Y_i^{\text{pca}}}, \frac{n}{\sum_{i=1}^{n} Z_i^{\text{pca}}} \right) = \boldsymbol{T}_{\text{scale}} \tag{4-49}$$

因此有如下关系成立：$\boldsymbol{T}_{3d} = \boldsymbol{T}_{\text{scale}} \left[\boldsymbol{R}_{\text{pca}} \mid \boldsymbol{t}_{\text{pca}} \right]$。同样，对于像素坐标也需要乘以一个矩阵 $\boldsymbol{T}_{2d}$ 将 $[u_i \;\; v_i]^{\text{T}}$ 坐标变换到$\begin{bmatrix} u_i^{\text{new}} & v_i^{\text{new}} \end{bmatrix}^{\text{T}}$坐标：

$$s_i \begin{bmatrix} u_i^{\text{new}} \\ v_i^{\text{new}} \\ 1 \end{bmatrix} = \tilde{H} \begin{bmatrix} X_i^{\text{new}} \\ Y_i^{\text{new}} \\ Z_i^{\text{new}} \\ 1 \end{bmatrix} \tag{4-50}$$

$$\tilde{\boldsymbol{L}}\tilde{\boldsymbol{h}} = 0 \tag{4-51}$$

其中

$$\tilde{\boldsymbol{L}} = \begin{bmatrix} X_i^{\text{new}} & Y_i^{\text{new}} & Z_i^{\text{new}} & 1 & 0 & 0 & 0 & 0 & -u_i^{\text{new}} X_i^{\text{new}} & -u_i^{\text{new}} Y_i^{\text{new}} & -u_i^{\text{new}} Z_i^{\text{new}} & -u_i^{\text{new}} \\ 0 & 0 & 0 & 0 & X_i^{\text{new}} & Y_i^{\text{new}} & Z_i^{\text{new}} & 1 & -v_i^{\text{new}} X_i^{\text{new}} & -v_i^{\text{new}} Y_i^{\text{new}} & -v_i^{\text{new}} Z_i^{\text{new}} & -v_i^{\text{new}} \end{bmatrix}$$

再次使用 SVD 分解，求解得到向量 $\tilde{\boldsymbol{h}}$：$\tilde{\boldsymbol{L}}^{\text{T}}\tilde{\boldsymbol{L}} = \boldsymbol{UWV}^{\text{T}}$，其中 V 矩阵的最后一列即为 $\tilde{\boldsymbol{h}}$ 向量。根据$\begin{bmatrix} X_i^{\text{new}} & Y_i^{\text{new}} & Z_i^{\text{new}} \end{bmatrix} = \boldsymbol{T}_{3d}[X_i \;\; Y_i \;\; Z_i \;\; 1]^{\text{T}}$ 和$\begin{bmatrix} u_i^{\text{new}} & v_i^{\text{new}} \end{bmatrix} = \boldsymbol{T}_{2d}[u_i \;\; v_i \;\; 1]^{\text{T}}$，可以得到 $\boldsymbol{H} = \boldsymbol{T}_{2d}^{-1}\tilde{\boldsymbol{H}}\boldsymbol{T}_{3d}$。根据式（4-44）所构建的代价函数使用 L-M 方法[17]计算得到 $\boldsymbol{H}$ 矩阵。式（4-51）是线性等式，因此其雅可比矩阵等于矩阵 $\boldsymbol{L}$，由此可知

$$\boldsymbol{H} = \boldsymbol{K}[\boldsymbol{R} \mid \boldsymbol{t}] = \begin{bmatrix} f_x \cdot r_{11} + c_x \cdot r_{31} & f_x \cdot r_{12} + c_x \cdot r_{32} & f_x \cdot r_{13} + c_x \cdot r_{33} & f_x \cdot t_x + c_x \cdot t_z \\ f_x \cdot r_{21} + c_y \cdot r_{31} & f_y \cdot r_{22} + c_y \cdot r_{32} & f_y \cdot r_{23} + c_y \cdot r_{33} & f_x \cdot t_y + c_y \cdot t_z \\ r_{31} & r_{32} & r_{33} & t_z \end{bmatrix} \tag{4-52}$$

其中，t_x、t_y 和 t_z 组成了向量 $\boldsymbol{t}$；$\boldsymbol{r}_{ij}$ 构成了旋转矩阵 $\boldsymbol{R}$。

式（4-52）需要乘以一个尺度以保证 $h_{31}^2+h_{32}^2+h_{33}^2=1$，因此

$$\boldsymbol{H}=\boldsymbol{H}\Big/\sqrt{h_{31}^2+h_{32}^2+h_{33}^2} \tag{4-53}$$

（2）计算 f_x 和 f_y。将图像的左上角设置为像素坐标系的零点。对于 c_x 和 c_y 的初值分别设置为图像宽的一半和图像高的一半。则可以将式（4-52）变换为

$$\boldsymbol{H}=\begin{bmatrix} f_x\cdot r_{11} & f_x\cdot r_{12} & f_x\cdot r_{13} & f_x\cdot t_x \\ f_x\cdot r_{21} & f_y\cdot r_{22} & f_y\cdot r_{23} & f_x\cdot t_y \\ r_{31} & r_{32} & r_{33} & t_z \end{bmatrix}=\begin{bmatrix} h'_{00} & h'_{01} & h'_{02} & h'_{03} \\ h'_{10} & h'_{11} & h'_{12} & h'_{13} \\ h'_{20} & h'_{21} & h'_{22} & h'_{23} \end{bmatrix} \tag{4-54}$$

在二维相机标定算法中，式（4-54）中的第三列将会消失，而 $\boldsymbol{H}'$ 矩阵的维度将会变为 3×3。最终会导致式（4-54）中仅剩三个约束方程。很明显二维的相机标定程序缺少了 r_{13}、r_{23}、r_{33} 信息，这也是三维相机标定结果优于二维的原因。根据式（4-54）可以得到

$$\begin{cases} (r_{11},r_{21},r_{23})\cdot(r_{12},r_{22},r_{32})=h'_{00}h'_{01}\big/f_x^2+h'_{10}h'_{11}\big/f_y^2+h'_{20}h'_{21}=0 \\ (r_{12},r_{22},r_{32})\cdot(r_{13},r_{23},r_{33})=h'_{02}h'_{01}\big/f_x^2+h'_{12}h'_{11}\big/f_y^2+h'_{22}h'_{21}=0 \\ (r_{11},r_{21},r_{23})\cdot(r_{13},r_{23},r_{33})=h'_{00}h'_{02}\big/f_x^2+h'_{10}h'_{12}\big/f_y^2+h'_{20}h'_{22}=0 \\ r_{11}^2+r_{21}^2+r_{31}^2=r_{12}^2+r_{22}^2+r_{32}^2=\left(h'_{00}/f_x\right)^2+\left(h'_{10}/f_y\right)^2+{h'_{20}}^2=\left(h'_{01}/f_x\right)^2+\left(h'_{11}/f_y\right)^2+{h'_{21}}^2 \\ r_{13}^2+r_{22}^2+r_{33}^2=r_{12}^2+r_{22}^2+r_{32}^2=\left(h'_{02}/f_x\right)^2+\left(h'_{12}/f_y\right)^2+{h'_{22}}^2=\left(h'_{01}/f_x\right)^2+\left(h'_{11}/f_y\right)^2+{h'_{21}}^2 \end{cases} \tag{4-55}$$

式中，运算符“·”为向量的点乘运算符；待估计的 $1/f_x^2$ 和 $1/f_y^2$ 在等式中呈线性关系。

可将式（4-55）变换成 $Ax=b$ 的形式：

$$\begin{bmatrix} h'_{00}h'_{01} & h'_{10}h'_{11} \\ h'_{01}h'_{02} & h'_{11}h'_{12} \\ h'_{00}h'_{02} & h'_{10}h'_{12} \\ {h'_{00}}^2-{h'_{01}}^2 & {h'_{10}}^2-{h'_{11}}^2 \\ {h'_{01}}^2-{h'_{02}}^2 & {h'_{11}}^2-{h'_{12}}^2 \end{bmatrix}\begin{bmatrix} \dfrac{1}{f_x^2} \\ \dfrac{1}{f_y^2} \end{bmatrix}=\begin{bmatrix} -h'_{20}h'_{21} \\ -h'_{22}h'_{21} \\ -h'_{20}h'_{22} \\ -\left({h'_{20}}^2-{h'_{21}}^2\right) \\ -\left({h'_{21}}^2-{h'_{22}}^2\right) \end{bmatrix} \tag{4-56}$$

条件数反映了线性方程解的稳定性，其定义为最大的特征值除以最小的特征值。式(4-56)左右两边矩阵中的列向量除以各自的模可以获得更加稳定的结果[18]，则式（4-56）变为如下形式：

$$
\begin{cases}
\begin{bmatrix}
h_{00}'h_{01}'/n_0 & h_{10}'h_{11}'/n_0 \\
h_{01}'h_{02}'/n_1 & h_{11}'h_{12}'/n_1 \\
h_{00}'h_{02}'/n_2 & h_{10}'h_{12}'/n_2 \\
\left(h_{00}'^{\,2} - h_{01}'^{\,2}\right)/n_3 & \left(h_{10}'^{\,2} - h_{11}'^{\,2}\right)/n_3 \\
\left(h_{01}'^{\,2} - h_{02}'^{\,2}\right)/n_4 & \left(h_{11}'^{\,2} - h_{12}'^{\,2}\right)/n_4
\end{bmatrix}
\begin{bmatrix} \dfrac{1}{f_x^2} \\ \dfrac{1}{f_y^2} \end{bmatrix}
=
\begin{bmatrix}
-h_{20}'h_{21}'/n_0 \\
-h_{22}'h_{21}'/n_1 \\
-h_{20}'h_{22}'/n_2 \\
-\left(h_{20}'^{\,2} - h_{21}'^{\,2}\right)/n_3 \\
-\left(h_{21}'^{\,2} - h_{22}'^{\,2}\right)/n_4
\end{bmatrix} \\
n_0 = \sqrt{h_{00}'^{\,2} + h_{10}'^{\,2} + h_{20}'^{\,2}}\sqrt{h_{01}'^{\,2} + h_{11}'^{\,2} + h_{21}'^{\,2}} \\
n_1 = \sqrt{h_{01}'^{\,2} + h_{11}'^{\,2} + h_{21}'^{\,2}}\sqrt{h_{02}'^{\,2} + h_{12}'^{\,2} + h_{22}'^{\,2}} \\
n_2 = \sqrt{h_{00}'^{\,2} + h_{10}'^{\,2} + h_{20}'^{\,2}}\sqrt{h_{02}'^{\,2} + h_{12}'^{\,2} + h_{22}'^{\,2}} \\
n_3 = 4 \cdot \sqrt{\left(0.5\left(h_{00}' + h_{01}'\right)\right)^2 + \left(0.5\left(h_{10}' + h_{11}'\right)\right)^2 + \left(0.5\left(h_{20}' + h_{21}'\right)\right)^2} \\
\cdot \sqrt{\left(\left(h_{00}' - h_{01}'\right)\times 0.5\right)^2 + \left(\left(h_{10}' - h_{11}'\right)\times 0.5\right)^2 + \left(\left(h_{20}' - h_{21}'\right)\times 0.5\right)^2} \\
n_4 = 4 \cdot \sqrt{\left(0.5\left(h_{02}' + h_{01}'\right)\right)^2 + \left(0.5\left(h_{12}' + h_{11}'\right)\right)^2 + \left(0.5\left(h_{22}' + h_{11}'\right)\right)^2} \\
\cdot \sqrt{\left(0.5\left(h_{02}' - h_{01}'\right)\right)^2 + \left(0.5\left(h_{12}' - h_{11}'\right)\right)^2 + \left(0.5\left(h_{22}' - h_{11}'\right)\right)^2}
\end{cases}
\tag{4-57}
$$

根据式（4-57）可以计算得到参数 f_x 和 f_y。目前为止已经获得了 f_x、f_y、c_x 和 c_y 的初值。下面需要计算得到相机位姿的初值。

$$
s_i \begin{bmatrix} u_i' \\ v_i' \\ 1 \end{bmatrix} = \left[\boldsymbol{R} \mid \boldsymbol{t}\right] \begin{bmatrix} X_i \\ Y_i \\ Z_i \\ 1 \end{bmatrix}
\tag{4-58}
$$

其中，$\boldsymbol{K}^{-1}[u_i \;\; v_i \;\; 1]^{\mathrm{T}} = [u_i' \;\; v_i' \;\; 1]^{\mathrm{T}}$，$[u_i' \;\; v_i' \;\; 1]^{\mathrm{T}}$ 为归一化坐标；s_i 为相机坐标系下的 z 轴坐标。解 $\left[\boldsymbol{R} \mid \boldsymbol{t}\right]$ 矩阵与解 H 矩阵使用的方法相同，这里不再赘述。

（3）同时优化得到相机的位姿、内参矩阵、畸变矩阵。其代价函数如下：

$$
s_i \begin{bmatrix} u_i' \\ v_i' \\ 1 \end{bmatrix} = \left[\boldsymbol{R} \mid \boldsymbol{t}\right] \begin{bmatrix} X_i \\ Y_i \\ Z_i \\ 1 \end{bmatrix}
\tag{4-59}
$$

$$
\begin{cases}
x_i' = X_i'/Z_i' \\
y_i' = Y_i'/Z_i'
\end{cases}
\tag{4-60}
$$

$$
r^2 = x_i'^2 + y_2'^2
\tag{4-61}
$$

$$
y_i'' = y_i'\left(1 + k_1 r^2 + k_2 r^4\right) + 2 p_2 x_i' y_i' + p_1\left(r^2 + 2 y_i'^2\right)
\tag{4-62}
$$

$$u_i = f_x \times x_i'' + c_x, \quad v_i = f_y \times y_i'' + c_y \tag{4-63}$$

其中，$[X_i' \ Y_i' \ Z_i']^{\mathrm{T}}$ 为三维点在相机坐标系下的坐标；$[x_i' \ y_i']^{\mathrm{T}}$ 为没有畸变的归一化坐标；$[x_i'' \ y_i'']^{\mathrm{T}}$ 为带有畸变的规划坐标。

这里的非线性优化策略使用 L-M 方法[5, 15]。与高斯-牛顿法相比，L-M 方法拥有更快的收敛速度并且能够有效地解决雅可比矩阵奇异的问题。

2. 实验结果

1）实验设置

使用小觅双目相机进行实验验证。其输出 752 像素×480 像素的图像，其内参为 $f_x = 350.58$，$f_y = 350.58$，$c_x = 382.98$，$c_y = 231.59$。在实验过程中将相机设置为自动曝光模式，FPS 设置为 30。所用代码运行在 2.7GHz 的双核 Ubuntu 操作系统上。全站仪使用的是南方测绘生产的 NTS-340R6A 型号全站仪，其距离测量精度为±2mm，角度测量精度为 2″。使用内角点为 4×6 的标定板作为特殊标志物，因为相比于其他的标志物标定板的内角点更容易被识别并且其检测精度较高。标定板相邻的内角点距离为 3cm。实验分为两个部分，第一部分为基于三维标定板的相机标定结果，第二部分为相机-激光外参标定结果。

第一部分实验：使用双目相机在三维标定板前方进行平稳缓慢地移动以保证能够在各个方向上采集到总共 600 张图像。随机选择 60 张图像计算相机的内参和畸变矩阵并重复此过程共计 20 次。三维标定板一共拥有 72 个内角点，进行计算时随机选择 36 个内角点参与相机内参和畸变矩阵的计算，并保证每个标定板上只选择 12 个内角点。在标定算法开始之前，使用全站仪测量得到三维标定板上内角点的三维坐标、在以往的二维标定实验中，世界坐标系直接由标定板决定，即世界坐标系的 x-y 平面与标定板重合。然而在三维标定实验中，世界坐标系由全站仪确定。如果标定算法足够精确稳定并且输入的数据没有噪声，那么每次计算得到的相机内参和畸变矩阵都会完全相同。然而实际情况下输入的数据含有噪声，标定算法虽然不能保证每次计算得到的相机内参和畸变矩阵完全相同，但是其生成结果的方差应该尽量小以保证结果的稳定性。由于相机内参和畸变矩阵的真值无法获取，因此本章使用方差指标来衡量算法的优劣。在本章实验环境下，使用 60 张图像对相机进行三维标定所耗费的平均时间为 19.234s。

第二部分实验：使用 Velodyne 16 线的三维激光，测距精度为 2cm，测量范围 0.5～50m。在三维标定板前移动手持式平台采集激光和图像数据。

2）相机三维标定结果

为了验证提出的三维相机标定算法精度要优于现有的二维相机标定算法，设计了三种实验方案。

方案 1：标定结果为二维相机标定结果。仅仅使用三维标定板中的一个标定板进行相机的标定。

方案 2：本章提出的三维相机标定实验结果。使用三维标定板作为特殊标识物并使用全站仪计算得到各个内角点的相对位置关系，再使用双目相机对三维标定板进行图像采集。

方案 3：三维标定板上的三个标定板是相互独立的，即标定板和标定板之间的相互位置关系未知，每个标定板都构建自己的世界坐标系。

在分析结果之前，先定义内向残差和外向残差。

根据实验的设定从三维标定板 72 个内角点中随机选择使用 36 个内角点进行相机模型的估计，被选中的 36 个内角点经过优化后所生成的代价函数残差即为内向残差。而剩余的 36 个没有被选中的内角点所生成的残差为外向残差。外向残差和内向残差的定义如下：

$$\text{error} = \frac{\sqrt{\left\| \sum_{i=1}^{M} \boldsymbol{u}_i - P\left(X_{i,w}, k_1, k_2, p_1, p_2, k_3 . f_x, f_y, c_x, z, \boldsymbol{T}_{i,w}\right) \right\|_2^2}}{M} \tag{4-64}$$

其中，M 为内角点的个数；u_i 为对应的像素坐标；$X_{i,w}$ 为三维点在世界坐标系下的坐标由全站仪测量得到；$\boldsymbol{T}_{i,w}$ 为双目相机在世界坐标系下的位姿由标定算法计算得到。

计算得到 f_x、f_y、c_x 和 c_y 的初始值。因为 c_x 和 c_y 的初始值分别始终等于图像一半的宽和高，其方差始终等于零，所以不作为衡量指标。表 4-1 给出 f_x 和 f_y 初值在三种实验情况下的结果。

表 4-1　f_x 和 f_y 的初始值方差结果

方案	f_x 初始值	f_y 初始值
方案 1	297.022	297.022
方案 2（本章提出方法）	12.440	12.329
方案 3	13.744	13.744

从表 4-1 可以看出，本章提出的方法 f_x 和 f_y 的初始值稳定性优于另外两种方法。在计算得到 f_x、f_y、c_x 和 c_y 的初始值后，再使用非线性优化计算得到最终的相机内参矩阵、畸变矩阵和相机各个时刻的位姿，如表 4-2 所示。

表 4-2　相机标定最终比较结果

参数	方案 1	方案 2（本章提出方法）	方案 3
f_x	28.307	1.052	1.386
f_y	550.752	0.940	0.951

续表

参数	方案 1	方案 2（本章提出方法）	方案 3
c_x	5.160	0.759	3.351
c_y	55.451	0.805	3.861
k_1	0.0298	0.004	0.004
k_2	0.0933	0.0123	0.00766
p_1	0.0130	0.0002	0.001
p_2	0.00130	0.000238	0.000543
内向残差（像素）	0.00667	0.0107	0.00372
外向残差（像素）	1.127	0.00786	3.574

从表 4-2 可以看出，本章提出的三维标定方法与其他的两个方法相比算法的稳定性更高，仅仅三维标定方法计算得到的 k_2 方差比其他方法稍差。但是由于 k_2 的绝对值很小，因此对相机的模型精度不会产生很大的影响。最为重要的五个指标参数为 f_x 方差、f_y 方差、c_x 方差、c_y 方差和外向残差。f_x、f_y、c_x 和 c_y 的值要远大于畸变矩阵中的值，因此微小的方差变化就会引起数值上发生很大的变化。从表 4-2 中可以看出，这四个参数的方差在三维标定算法中都要小于其他两个方法。而外向残差指标的大小衡量了计算得到的相机模型与真实世界的拟合程度，如果内向残差很小而外向残差很大说明计算得到的模型发生了过拟合情况。从表 4-2 中可以看出，三维标定算法的外向残差都远远小于其他两种方法。因此可以说明三维相机标定的结果不仅拥有高的稳定度还与真实世界的拟合程度较好。

本章提出了基于三维标定板的相机内参和相机-激光外参的标定方法。在标定相机内参的方法中，将三个标定板放置在三面体上以保证三维空间点不共面，提高了相机位姿的解算精度，降低了标定过程中过拟合情况的发生，最终提高了相机内参和畸变矩阵的精度和鲁棒性。通过实验证明本章提出的三维相机标定方法的精度高于现有的相机标定方法。

4.2　视觉-激光外参标定

4.2.1　现有激光-相机外参标定方法

本书基于视觉和激光进行融合实现快速可视化技术，因此需要对激光和视觉的外参进行标定。现有的激光和视觉的外参标定方法分为基于平面标识物和基于立体标识物两种。最早在标定时使用黑色平面圆圈作为标识物进行外参的标定[19]，通过提取圆圈的中心和法向量来构建位姿约束方程。但是此方法需要人为干预将激光点和图像点进行匹配，无法实现全自动的标定。由于在实验中仅仅使用一个黑色圆圈，需要移动标识物以获得更多的约束方程来满足求取外参的最小条件。为了能够实现全自动的外参标定，可以将空间中圆圈的个数提升到多个并使用 RANSAC 算法提取点云中的平面[20]。在优化过程中一般都使用圆圈的中心点和法向量来构建代价函数进行优化。此外还可以使用三角形作为标识物进行外参的标定[21]，通过检测三角形的边缘激光点并拟合得到三角形的三个角点，在图像上通过 FAST 算法提取三角形的角点以此建立匹配关系进行基于点的 ICP 算法。基本思路是选择四个在同一平面的圆圈作为标识物[22]，并基于激光的曲率进行前景和背景的归类。在激光数据处理中使用 RANSAC 方法拟合圆的参数，在图像中使用 Hough 变换得到圆的参数。在优化过程中将位置和旋转矩阵进行分步优化，得到初始外参后再使用精优化提高外参的精度。同时本书作者创新地提出了评测标定指标的参数，将激光的前景和背景点投影到图像上并判断图像上的点是否与之匹配，通过匹配率来衡量标定结果的好坏。还可以将两个 ARUCO Marker 贴到硬纸板上作为标识物进行外参的标定[23]。此种方法不需要对标识物或者传感器进行移动即可得到结果。但是为了保证测量的可靠性和精度，通过使用多次测量取平均值的方法得到最终的位姿变换矩阵。在开始进行第一帧测量之前需要人为地选出激光点对应的硬纸板边界。在 Autoware 自动驾驶工具箱中，也提供了相机和激光外参标定的应用程序。但是在使用的过程中需要人手持大型标定板进行移动，并手动进行点云和图像的匹配，因此每次得到的标定结果方差较大，稳定性程度不高。并且在进行外参标定之前需要对相机进行标定，无法实现相机内参、相机和激光外参同时标定。

由于平面标识物对于空间泛化能力较差，经常会造成对平面过拟合的情况。因此基于多维的标识物标定算法拥有更高的精度和泛化性。使用三面体作为标识物进行外参的标定[24]，但是此种方法需要人为地将点云分割为三个平面并与图像建立对应关系。KITTI 数据集中设计了一种完全自动的外参标定方法，在空间中布置了多个朝向不同的平面标定板，只需要测量一次数据就可以标定得到相机的内参、激光和相机的外参。为了能够实现激光点云检测到的平面和视觉检测到的标定板自动匹配，基于总体一致性原则设计了一种匹配方法，首先随机建立匹配关系并计算外参，然后计算符合此参数的内值点，如果内值点数量够多则认为此参数有效。在构建代价函数时使用平面的法向量和平面的中心点作为测量值优化外参矩阵。但是在实际的使用过程中仍旧会出现误匹配的情况，此方法对空间的布置过于复杂，不具有现实的实用性，因此其算法的普及度并不高。自动化程度更高的基于三面体的外参标定方法由此提出[12]。作者在激光和视觉测量值中都对三面体的七个角点进行提取，然后将外参标定问题转化为经典的 PnP 进行计算。但是此种方法需要在外参标定之前对相机进行标定。

4.2.2　基于三维标定板的自动外参标定方法

本章设计的三维标定板不仅用于相机的内参标定，也用于双目相机和激光的外参标定。其基本思想是在激光坐标系和视觉坐标系下拟合得到的平面参数，进行外参的计算。4.1 节已经标定得到了相机的内参矩阵。通过双目相机的极线匹配可以计算得到内角点在双目相机下的坐标 p_c^i。在进行相机自动标定之前需要手动依次选择三个标定板上内角点并在后续的图像中按照选定的内角点进行光流追踪。由此可以得到三维标定板三个平面上内角点的相机坐标 $\left\{p_c^{i,1}\right\}$、$\left\{p_c^{k,2}\right\}$ 和 $\left\{p_c^{m,1}\right\}$。然后针对每个平面上的内角点坐标使用 RANSAC 平面估计方法拟合得到三个平面在相机坐标系下的平面参数分别记为 $\left(A_1^c,B_1^c,C_1^c,D_1^c\right)$、$\left(A_2^c,B_2^c,C_2^c,D_2^c\right)$ 和 $\left(A_3^c,B_3^c,C_3^c,D_3^c\right)$。需要注意的是，这里做了平面参数归一化处理保证 $A_i>0$。在将激光平面参数和视觉平面参数匹配时，不需要采用手动选择的方式，3 个平面一共计算 6 种匹配方式，并在最终的结果中选择方差最小的结果作为最后的外参。

提取激光点云平面时，使用本书后续介绍的体素平面算法进行点云平面的提取。然后，使用 RANSAC 方法拟合得到激光坐标系下的平面参数 $\left(A_1^l,B_1^l,C_1^l,D_1^l\right)$、$\left(A_2^l,B_2^l,C_2^l,D_2^l\right)$ 和 $\left(A_3^l,B_3^l,C_3^l,D_3^l\right)$。相机坐标系下的平面参数和激光坐标系下的平面参数有如下关系：

$$\boldsymbol{R}_{l,c}^{*}=\arg\min\sum_{i=1}^{3}\left\|\boldsymbol{R}_{l,c}^{\mathrm{T}}\begin{bmatrix}A_i^l\\B_i^l\\C_k^l\end{bmatrix}-\begin{bmatrix}A_i^c\\B_i^c\\C_k^c\end{bmatrix}\right\|^2 \tag{4-65}$$

$$\begin{bmatrix}A_1^l & B_1^l & C_1^l\\A_2^l & B_2^l & C_2^l\\A_3^l & B_3^l & C_3^l\end{bmatrix}\boldsymbol{t}_{l,c}=\begin{bmatrix}D_1^c-D_1^l\\D_2^c-D_2^l\\D_3^c-D_3^l\end{bmatrix} \tag{4-66}$$

式(4-65)本质上是ICP问题，可以使用ICP算法求解得到外参的旋转矩阵 $R_{l,c}$。式（4-66）属于解线性方程问题，对系数矩阵直接进行 SVD 分解即可得到结果。在得到外参的解析解之后得到了外参的初值，将此初值再代入非线性优化中进行求解。为了保证解算结果的精度，本章对三维标定板采集多次数据再对拟合得到的外参求平均值作为最终的拟合结果。

在此实验中将激光坐标系下的点变换到相机坐标系下，再根据相机的内参计算得到激光点对应的像素坐标，最后根据相机下的点到相机原点的距离绘制颜色。首先，设计了 10 种颜色对距离进行分类；然后，为了防止个别距离较远的点影响分类的结果，将对距离进行升序排序并舍弃最后 10%的点；最后，将剩余 90%的点归一化到 0～9 的范围内对应不同的颜色。分别在室内和室外对标定结果进行验证，如图 4-3 所示，白色对应距离最近的点，黑色代表距离最远的点，图例绘制于图像的左上角。

(a) 室内场景效果

(b) 室外场景效果

图 4-3 激光-相机外参标定结果

由图 4-3 可知，在室内环境下白色对应的点云与最前方的标定板完全重合，并且在最前方的标定板后方的 ARUCO 标定板被红色对应的深度点云所覆盖。并且在最左侧的褐色椅子上能明显看到椅子上对应的深度颜色和桌面上对应的颜色不同，符合实际摆放的深浅顺序。在室外的场景中，最近的白色点云与右侧的柱子重合度较好，并且蓝色深度对应的点云与远处建筑物基本重合并没有出现与实际不符的情况。由此可以得出结论：本章的相机-激光外参标定方法在空间一致性上有较好的结果，能够满足后续激光视觉传感器紧耦合的使用。

在标定相机-激光外参的方法中，通过利用面的对应关系解算得到激光和相机的外参，并且在标定的过程中提高了标定算法的自动化程度，减少了人为干预，最后通过实验证明本章提出的外参标定方法与现实环境的一致性较好，可以用于视觉和激光的紧耦合系统。

4.3 GNSS-IMU-视觉外参标定方法

4.3.1 视觉-IMU 标定方法

在 VIO（visual-inertial-odometer）系统中，相机-IMU 内外参精确与否对整个定位精度起着重要的作用。所以良好的标定结果是定位系统的前提工作。

目前标定算法主要分为离线和在线标定，离线标定以 Kalibr 为代表，能够标定相机内参、相机-IMU 之间位移旋转、时间延时以及 IMU 自身的刻度系数、非正交性等。

基于 Kalibr 整体框架，介绍标定算法原理，如图 4-4 所示。

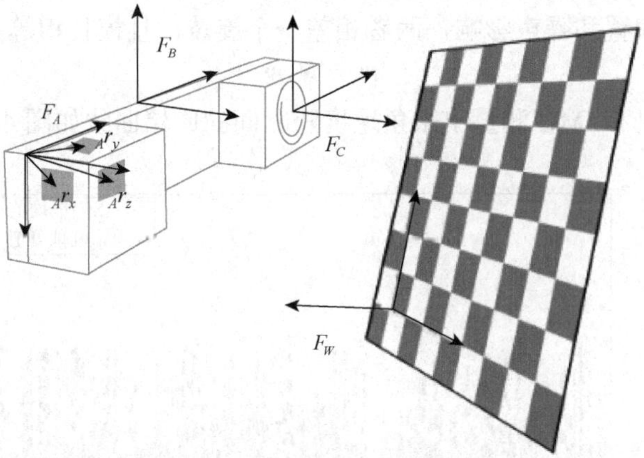

图 4-4　相机-IMU 内外参标定

由图 4-4 可知，世界坐标系由标定板构建，标定板上的点在世界坐标系下的 Z 轴的值等于 0。F_C 为相机坐标系、F_A 为 IMU 坐标系，F_B 为载体坐标系。已知 IMU 测试每一时刻加速度和角速度，对加速度、角速度进行积分可以得到速度、位置、旋转。不同于 SLAM 中对离散 IMU 数据进行积分得到状态可能带来较大的误差，采用对时间连续的状态求导来反推 IMU 数据。把离散的状态描述成连续的 B-spline。

相机-IMU 外参标定大体上分为三步。

（1）粗略估计相机与 IMU 之间的时间延时。

（2）获取相机-IMU 之间初始旋转，还有一些必要的初始值：重力加速度、陀螺仪偏置。

（3）大优化，包括所有的角点重投影误差、IMU 加速度计与陀螺仪测量误差、偏置随机游走噪声。

首先粗略估计相机与 IMU 之间的时间延时。

上面相机内参标定，可以先标定出相机的内参。现在已知每一帧图像的 3D-2D 对应，可以算出每一帧相机的位姿。用这些离散的位姿构造连续的 B-spline，就可以获取任意时刻位姿。

注意，这里对位姿参数化采用六维的列向量，分别为三维的位移 θ 和旋转矢量 t。对位移和旋转矢量分别求一阶导、二阶导可以得到速度与加速度：

$$
\begin{cases}
\boldsymbol{v} = \dot{\boldsymbol{t}} \\
\boldsymbol{a} = \ddot{\boldsymbol{t}} \\
\boldsymbol{w} = \boldsymbol{J}_r(\boldsymbol{\theta})\dot{\boldsymbol{\theta}}
\end{cases}
\tag{4-67}
$$

利用相机的样条曲线获取任意时刻相机旋转角速度，而用陀螺仪测量 IMU 的角速度。忽略偏置和噪声影响，两者相差一个旋转，且模长相等：

$$\boldsymbol{w}_i = \boldsymbol{R}_{ic}\boldsymbol{w}_c \tag{4-68}$$

这样用相机和 IMU 测量出来角速度随时间的原始曲线如图 4-5 所示。

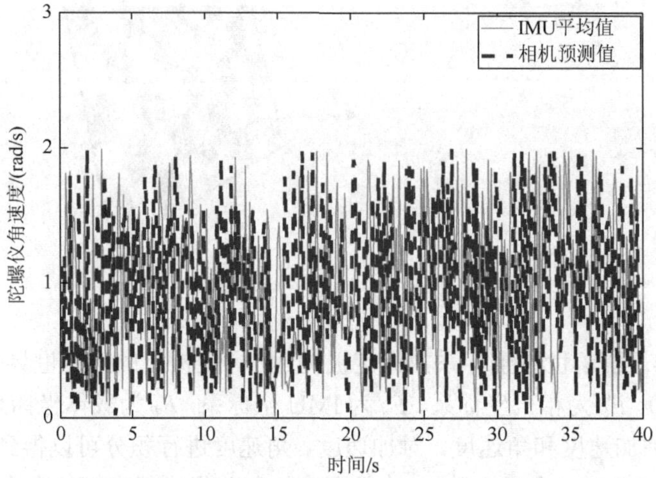

图 4-5　角速度随时间的原始曲线（对齐前）

利用两个曲线的相关性，可以粗略估计 IMU 和相机时间延时：

$$\text{step} = \arg\max \sum_i \boldsymbol{a}_i \times \boldsymbol{v}_{i+k} \tag{4-69}$$

对齐后的曲线如图 4-6 所示。

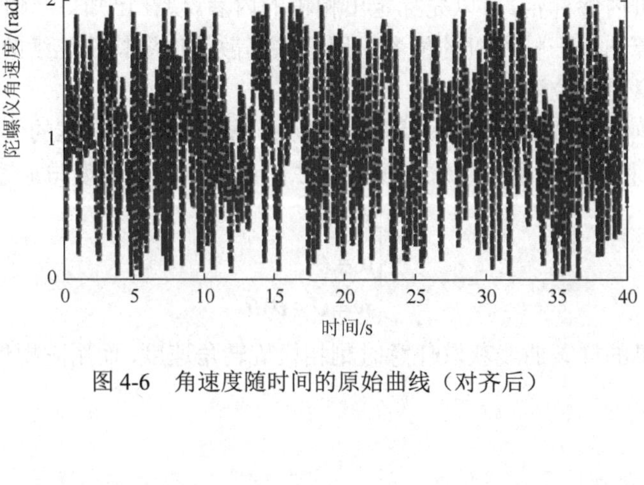

图 4-6　角速度随时间的原始曲线（对齐后）

利用相关性，可以把时间延时误差缩小到1～2个IMU周期范围内。

然后获取相机-IMU之间初始旋转，还有一些必要的初始值：重力加速度、陀螺仪偏置。

同样利用角速度测量关系，构造一个优化问题：

$$\boldsymbol{R}_{ic}\boldsymbol{b}_g = \arg\max \sum_i \boldsymbol{R}_{ic}\boldsymbol{w}_c + \boldsymbol{b}_g - \boldsymbol{w}_m \tag{4-70}$$

这样就可以获得相机-IMU之间的旋转，以及陀螺仪偏置初始值。

忽略加速度偏置与噪声，假设整个标定过程中平均加速度为零，也可以获得重力加速度在参考坐标系下的表示：

$$\hat{\boldsymbol{g}} = -\frac{1}{n}\sum_{i=1}^{n} \boldsymbol{R}_{wc} \times \boldsymbol{R}_{ci} \times \boldsymbol{a}_m \tag{4-71}$$

最后进行大优化，包括所有的角点重投影误差、IMU加速度计与陀螺仪测量误差、偏置随机游走噪声。

前面两步为最后大优化提供了不错的初始值，接着优化调整所有变量来让所有的观测误差最小。

误差项包括所有标定板角点重投影误差、IMU加速度计与陀螺仪测量误差、偏置的随机游走噪声（相对特殊点）。

为了简化IMU测量误差的构建，这里利用相机位姿 $\boldsymbol{T}_{wc}$ 乘上上面计算出来的外参 $[\boldsymbol{R}_{ci}\ \ \boldsymbol{0}]$，得到IMU的位姿 $\boldsymbol{T}_{wi}$ 曲线。当然这个曲线的误差可能比较大，会在后续优化过程中进行调整。

4.3.2 GNSS/INS-激光雷达/相机外参标定方法

多传感器融合建立在经典矢量几何学基础上，必须满足以下假设：①各传感器在同一时刻采样；②各传感器输出的信息表征在同一空间坐标系下[25]。但由于传感器设计以及安装的因素，在实际系统中这两个假设难以满足，因此必须对导航系统和传感器系统的同步关系及安装关系进行标定[17, 26]。传感器位姿关系的确定对多传感器空间信息融合有直接影响，是研究多源融合导航定位算法的基础。传感器安置关系标定可以分为传感器间的位置安置关系标定和传感器之间的姿态安置关系标定。文献[26]在GNSS/INS/LiDAR的安置关系标定中，GNSS位置安置参数（即杆臂值）为位置安置关系标定，LiDAR与GNSS/INS间的安置角参数为姿态安置关系标定。

Zhu等[27]利用直接量测法进行传感器安置关系标定，其核心就是根据给定的设备标称中心、三轴指向，直接测量出各安置传感器之间的位姿关系。Zhao等[28]根据测量公共点建立传感器之间的联系，从而推导出各传感器之间的位姿关系，即所谓的间接量测法。无论直接量测法还是间接量测法均是根据传感器安置平台来完成的，因此称为平台标定法。Kilian 等[29]通过选择合适的数学模型对 LiDAR 条带数据进行变换和改正，使变换后的 LiDAR 条带之间或 LiDAR 与实际控制数据之间的偏差最小，即条带平差法。García-San-Miguel 等[30]针对多传感器系统直接定位的数学模型，并详细分析了安置误差对最终定位结果的影响，采用虚拟连接点模型实现了安置参数自检校功能，即系统检校法[31]。与条带平差法相比，系统检校法以严格物理模型为基础，直接对系统误差源进行补偿，平差精度和稳定性都较好。但系统误差源众多，许多误差项之间存在强相关性，所以需要选择合适的误差项进行平差。还有系统检校需要确定不同条带上的同名特征作为平差约束条件，在实际应用中常常难以满足。

目前，多传感器安置关系标定存在的主要问题有：一是用户依赖厂商完成导航传感器安置参数标定过程，但各厂商无法对各集成系统尚无有效、统一和公开的标定方案；二是在线校准是在平台标定的基础上进一步对安置参数进行的修正和补偿，若安置参数存在较大的误差，会影响导航定位整体解算精度。对于惯导与卫导之间的杆臂误差，建议事先进行准确测定，再作为已知参数设定并补偿，这样有利于降低滤波器维数。但对于某些特定的高精度应用场合，如机载定位定向系统中，卫导天线安装在飞机蒙皮上方，惯导安装在机腹仪器舱内，难以准确测量出两者的相对位置，此时需将不能准确测定的杆臂误差列为状态[32]。

GNSS、IMU 以及激光/视觉坐标系如图 4-7 所示，由于前面已经将激光雷达与相机进行了外参标定，所以将其统一归为激光雷达坐标系。

激光雷达坐标系为 l 系，原点位于激光雷达结构中心，X 轴指向激光雷达的正前方，Y 轴垂直于 X 轴指向雷达左侧，Z 轴垂直于 X、Y 轴指向上方；IMU 载体坐标系定义为 b 系，b 系原点通常取惯性仪 IMU 测量中心，X 轴指向运动载体右方，Y 轴朝向载体前进方向，Z 轴垂直于 X、Y 轴指向上方。当地水平坐标系定义为 N 系（N, E, U），N 指向地理北方向，E 指向地理东方向，U 顺着重力指向上面。因为 GNSS 接收机输出的大地经度、纬度和高度表示的大地坐标（L, B, H）是一种椭球面上的坐标，不能直接应用于导航定位计算，因此将其转换为空间直角坐标系 m 系。

$$\boldsymbol{X}_i^m(t) = \boldsymbol{R}_n^m(t)\boldsymbol{R}_b^n(t)\left(\boldsymbol{R}_l^b \boldsymbol{p}_i^l(t) + \boldsymbol{r}_l^b\right) + \boldsymbol{X}_n^m(t) \tag{4-72}$$

其中，$\boldsymbol{X}_i^m(t)$ 是 t 时刻第 i 帧激光雷达的点云在空间直角坐标系下的坐标向量；$\boldsymbol{R}_n^m(t)$ 是导航系转换到空间直角坐标系下的转换矩阵，其转换公式如下：

$$\boldsymbol{R}_n^m(t) = \begin{bmatrix} -\cos L \sin B & -\sin L & -\cos L \cos B \\ -\sin L \sin B & \cos L & -\sin L \cos B \\ \cos B & 0 & -\sin B \end{bmatrix} \tag{4-73}$$

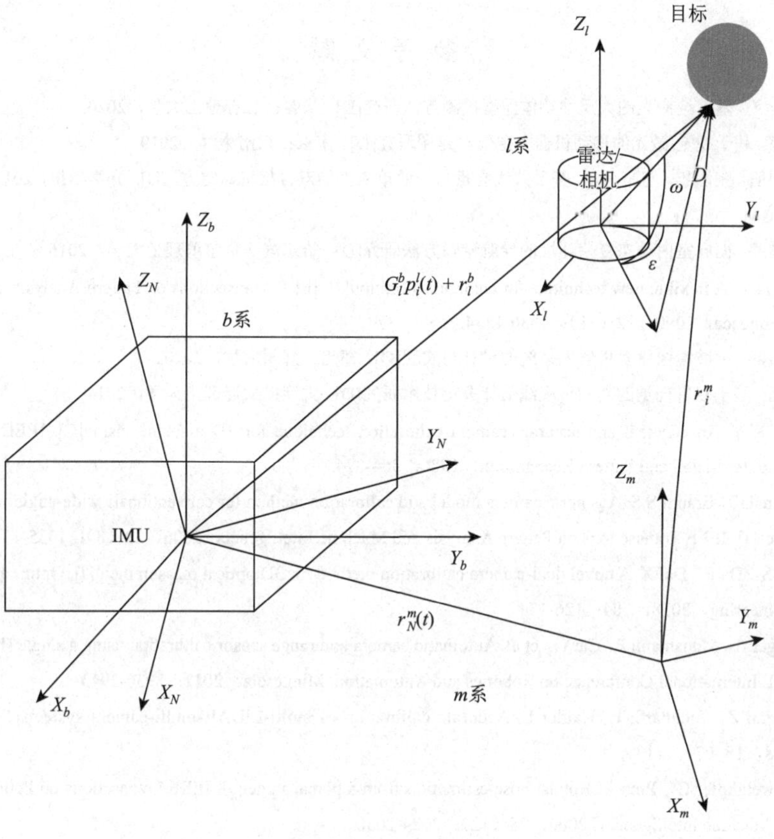

图 4-7　坐标系关系

$\boldsymbol{R}_l^b$ 是激光雷达 l 系与 IMU 载体坐标系 b 系之间的旋转矩阵，由 l 系与 b 系之间坐标轴的欧拉角计算所得。$\boldsymbol{R}_l^b$ 和 $\boldsymbol{R}_b^n(t)$ 转换公式为

$$\boldsymbol{R}_l^b = \boldsymbol{R}_b^n = \boldsymbol{R}_Z^{\text{Yaw}}(\alpha)\boldsymbol{R}_X^{\text{Pitch}}(\beta)\boldsymbol{R}_Y^{\text{Roll}}(\gamma) \tag{4-74}$$

其中，α、β、γ 分别是偏航角（Yaw）、俯仰角（Pitch）、横滚角（Roll）对应的角度。偏航角是指坐标系绕着 Z 轴旋转 α 角度，俯仰角是指坐标系绕着 X 轴转动 β 角度，横滚角是指坐标系绕 Y 轴旋转 γ 角度。这一组欧拉角唯一确定了 l 系与 b 系、b 系与 N 系的姿态关系。假设 l 系与 b 系平移量为 0 且两系原点重合，则三次旋转后的 l 系可与载体坐标系 b 系重合；矩阵 $\boldsymbol{R}_Z^{\text{Yaw}}(\alpha)\boldsymbol{R}_X^{\text{Pitch}}(\beta)\boldsymbol{R}_Y^{\text{Roll}}(\gamma)$ 相乘的顺序不可发生改变，若顺序改变则会影响 $\boldsymbol{R}_l^b$ 的最终结果。p_i^l 是第 i 帧激光雷达点云在 l 系下的位置向量；$\boldsymbol{r}_l^b$ 是 IMU 中心与 l 系激光雷达中心的杆臂量，即为两坐标系之间的平移向量。$\boldsymbol{r}_l^b$ 和 $\boldsymbol{R}_l^b$ 需由标定过程决定。

参 考 文 献

[1] 刘传义. 基于结构光的大尺寸物体面型检测方法研究[D]. 长春：长春理工大学，2020.

[2] 康璐. 基于视觉/激光的移动机器人定位与建图研究[D]. 南京：东南大学，2019.

[3] 邹朋朋，张滋黎，王平，等. 基于共线向量与平面单应性的双目相机标定方法[J]. 光学学报，2017，37（11）：236-244.

[4] 孙增鹏. 面向室内动态复杂环境的导航避障方法研究[D]. 哈尔滨：哈尔滨理工大学，2016.

[5] Zhang Z. A flexible new technique for camera calibration[J]. IEEE Transactions on Pattern Analysis and Machine Intelligence，2000，22（11）：1330-1334.

[6] 陈海洋. 上肢镜像康复机器人系统的设计与实现[D]. 郑州：郑州大学，2020.

[7] 郑雨. 基于双目视觉的驾驶员视线估计关键技术研究[D]. 大连：大连理工大学，2014.

[8] Tsai R Y. An efficient and accurate camera calibration technique for 3D machine vision[C]. IEEE Conference Computer Vision and Pattern Recognition，1986：364-374.

[9] Kannala J，Brandt S S. A generic camera model and calibration method for conventional，wide-angle，and fish-eye lenses[J]. IEEE Transactions on Pattern Analysis and Machine Intelligence，2006，28（8）：1335-1340.

[10] Gai S，Da F，Dai X. A novel dual-camera calibration method for 3D optical measurement[J]. Optics and Lasers in Engineering，2018，104：126-134.

[11] Geiger A，Moosmann F，Car Ö，et al. Automatic camera and range sensor calibration using a single shot[C]//2012 IEEE International Conference on Robotics and Automation. Minnesota，2012：3936-3943.

[12] Pusztai Z，Eichhardt I，Hajder L. Accurate calibration of multi-LiDAR-multi-camera systems[J]. Sensors，2018，18（7）：2139.

[13] Schweighofer G，Pinz A. Robust pose estimation from a planar target[J]. IEEE Transactions on Pattern Analysis and Machine Intelligence，2006，28（12）：2024-2030.

[14] Lu C P，Hager G D，Mjolsness E. Fast and globally convergent pose estimation from video images[J]. IEEE Transactions on Pattern Analysis and Machine Intelligence，2000，22（6）：610-622.

[15] Rehder J，Nikolic J，Schneider T，et al. Extending Kalibr：Calibrating the extrinsics of multiple IMUs and of individual axes[C]//2016 IEEE International Conference on Robotics and Automation（ICRA）. Stockholm，2016：4304-4311.

[16] Hartley R I. In defense of the eight-point algorithm[J]. IEEE Transactions on Pattern Analysis and Machine Intelligence，1997，19（6）：580-593.

[17] Li S，Xu C，Xie M. A robust O（n）solution to the perspective-n-point problem[J]. IEEE Transactions on Pattern Analysis and Machine Intelligence，2012，34（7）：1444-1450.

[18] Maye J，Furgale P，Siegwart R. Self-supervised calibration for robotic systems[C]//2013 IEEE Intelligent Vehicles Symposium（IV）. Gold Coast，2013：473-480.

[19] Fremont V，Bonnifait P. Extrinsic calibration between a multi-layer LiDAR and a camera[C]//2008 IEEE International Conference on Multisensor Fusion and Integration for Intelligent Systems. Seoul，2008：214-219.

[20] Alismail H，Baker L D，Browning B. Automatic calibration of a range sensor and camera system[C]//2012 Second International Conference on 3D Imaging，Modeling，Processing，Visualization & Transmission. New York，2012：286-292.

[21] Park Y，Yun S，Won C S，et al. Calibration between color camera and 3D LIDAR instruments with a polygonal

planar board[J]. Sensors，2014，14（3）：5333-5353.

[22] Vel'as M，Španěl M，Materna Z，et al. Calibration of rgb camera with velodyne LiDAR[C]//International Conference on Computer Graphics，Visualization and Computer Vision（WSCG）. Darmstadt，2014，135-144.

[23] Dhall A，Chelani K，Radhakrishnan V，et al. LiDAR-camera calibration using 3D-3D point correspondences[J]. arXiv preprint arXiv：1705.09785，2017.

[24] Gong X，Lin Y，Liu J. 3D LIDAR-camera extrinsic calibration using an arbitrary trihedron[J]. Sensors，2013，13（2）：1902-1918.

[25] 张靖，江万寿. 基于虚拟连接点模型的机载 LiDAR 系统安置误差自检校[J]. 测绘学报，2011，40（6）：762.

[26] 周阳林，李广云，王力，等. 一种 GNSS/INS/LiDAR 组合导航传感器安置关系快速标定方法[J]. 中国惯性技术学报，2018，26（4）：7.

[27] Zhu S，Zhang X. Enabling high-precision visible light localization in today's buildings[C]//International Conference on Mobile Systems. Orlando，2017：5.

[28] Zhao H，Zhang B，Shang J，et al. Aerial photography flight quality assessment with GPS/INS and DEM data[J]. Journal of Photogrammetry and Remote Sensing，2018，135：60-73.

[29] Kilian J，Haala N，Englich M. Capture andevaluation of airborne laser scanner data[J]. Journal of Photogrammetry and Remote Sensing，2001：383-388.

[30] García-San-Miguel D，Lerma J L. Geometric calibration of a terrestrial laser scanner with local additional parameters：An automatic strategy[J]. Journal of Photogrammetry and Remote Sensing，2013，79：122-136.

[31] 严恭敏，邓瑀. 传统组合导航中的实用 Kalman 滤波技术评述[J]. 导航定位与授时，2020，7（2）：50-64.

[32] 叶珏磊，周志峰，王立端，等. 一种多线激光雷达与 GNSS/INS 系统标定方法[J]. 激光与红外，2020，50（1）：30-36.

第 5 章　视觉 SLAM 方法

本章对于视觉 SLAM 算法中经常遇到的 ICP、PnP 和 PGO 算法进行了分析，并提出了新的方法，通过实验证明新的方法在精度和稳定性上相较于以往的方法都有提升。

5.1　基于李群李代数的 ICP 总体最小二乘方法

3D-3D 匹配算法常被用于位姿估计和点云拟合过程，在视觉和激光的 SLAM 算法中都有着重要的应用[1]。广泛使用的是基于高斯-马尔可夫模型的最小二乘方法，即 ICP 算法[2]。但在 ICP 算法中仅仅认为目标坐标系输入的数据存在误差而源坐标系中输入的坐标点不存在测量噪声。而基于 EIV（error in variables）模型的总体最小二乘算法能够有效地弥补原有 ICP 算法的缺陷。现有的总体最小二乘 ICP 算法都是使用欧拉角作为参数化姿态矩阵的方法，但是由于欧拉角受到万向锁问题的影响并不适用于非线性优化中的插值算法中。相比于欧拉角，李群李代数更加适用于对姿态矩阵的参数化。本节中重新对 TLS（total least square，总体最小二乘法）问题进行了梳理，并基于 GHM（Gauss Helmert model）和李群李代数的参数化方法提出了一种新的 ICP 总体最小二乘算法。该算法比现有的 TLS 算法更加稳定，且能够适用于各种情况的位姿变换矩阵。同时，基于点-点对应关系的 ICP 算法拓展到了基于向量-向量对应的 ICP 算法中，并将该种算法应用在了界址点坐标解算的过程中。实验结果表明，基于向量-向量的 ICP 算法其模型参数对于误差有一定的泛化能力，拥有更高的界址点坐标结算精度。

5.1.1　研究内容概述

ICP 算法根据两个坐标系下同一对应点的坐标值计算得到两个坐标之间的位姿变换矩阵，此算法常被用在帧间位姿估计[3]、计算机几何学和系统识别[4]。本节中两点云的对应匹配关系已知且没有异值点数据，仅关注 ICP 算法中的位姿变换矩阵的求取。使用单位四元数对 ICP 算法中的姿态矩阵进行参数化进而能够求解得到两坐标变换的解析解[5]。此方法仅对目标坐标系中输入的坐标点误差进行建模，将输入的误差拟合为各向同性且各自相互独立的高斯误差，同时认为源坐标系下输入的点没有误差。将该问题再进行扩展，如果源坐标系下输入的噪声不是各向同性，则可以使用非线性优化的方法解决此问题[6]。但是实际情况下噪声往往也存在于源坐标中，如果将模型再泛化为源坐标系下的输入点也存在噪声，那么最小二乘模型就无法对此问题进行有效的解决。取而代之的是更加精确的误差模型——EIV 模型[7]。如果在 EIV 模型中，待估计的参数相对于构造的代价函数是线性的，可以使用牛顿-高斯总体最小二乘算法[8]或者使用拉格朗日总体最小二乘算法[9]得到 EIV 模型的解。然而在 ICP 问题中，待估计旋转矩阵 R 是非线性程度很高的变量，因而 EIV 模型的线性求解方法并不适用。因此解决非线性 ICP 问题的总体最小二乘算法应运而生[8, 10]。可以使用 Procrustes 方法获得姿态矩阵[8]，能有效地避免姿态矩阵带来的非线性问题，再根据 EIV 模型使用线性化的方式求解即可得到位姿变换矩阵。此算法需要在一个重要假设条件下才能成立，即源坐标系下和目标坐标系下输入点的噪声是完全相同的。可以先对位置矩阵中的位置向量进行固定然后去求解旋转矩阵[10]。在计算得到旋转矩阵后就可以使用线性的 EIV 模型计算得到位置向量。但是交替固定一个变量去优化另外一个变量的方法[10]从原理上无法保证算法的最优性和有效性。可以使用欧拉角参数化的方法[8, 10]去解决非线性的 EIV 模型问题。也可以直接使用姿态矩阵中的各个值舍弃了正交矩阵的约束条件[11]，此种方法能够很方便地得到最终的解算结果。但是待优化的变量属于欧氏空间，这明显与旋转矩阵所属的特殊正交空间不相符，因此无法保证最后得到的每个旋转矩阵的元素能够构造出一个正交矩阵。为了克服这一缺点，可以通过计算与欧氏空间解 Frobenius 距离最近的正交空间变量进行解决。但是，这一做法又无法保证最终得到的正交空间解使代价函数的残差最小。现有的 ICP 总体最小二乘研究主要聚焦于如何构建一个稳定的代价函数使其能够有效地处理带有权重的 EIV 模型的问题。而旋转矩阵的参数化方法统一使用的是欧拉角[12-14]。然而欧拉角在万向锁情况发生时会失去自由度，导致变量搜索的空间从三维降低到二维，欧拉角并不适合在非线性优化问题中进行参数化。

实际情况下无法保证万向锁的情况一定不会发生。为了解决这一问题引入李代数的方法去解决总体最小二乘问题。采用 Gauss-Helmert 模型去构建非线性 TLS 问题的代价函数，然后使用李代数对位姿矩阵进行参数化。

5.1.2　基于李群李代数的总体 ICP 算法

本节首先描述基础的 ICP 问题，并将 TLS 模型引入 ICP 问题中。然后详细讲解如何使用 GHM 算法去解决非线性的 TLS 问题。之后基于李群李代数使用两种不同的方法去参数化位姿矩阵。最后推导得到用于迭代更新参数 GHM 中的雅可比矩阵。

1. ICP 算法

ICP 算法的目的是计算两个坐标系之间的刚体变换。已知条件为两个坐标系下输入点的坐标，并且点与点的对应关系已知。在没有噪声的情况下，可以得到

$$\bar{\boldsymbol{X}}_i' = \boldsymbol{R}\bar{\boldsymbol{X}}_i + \boldsymbol{t} \tag{5-1}$$

其中，$\bar{\boldsymbol{X}}_i$ 为目标坐标系下没有噪声影响的坐标值；$\bar{\boldsymbol{X}}_i'$ 为对应的源坐标系下没有噪声影响的坐标值。若 $\bar{\boldsymbol{X}}_i' = \boldsymbol{X}_i + \Delta\boldsymbol{X}_i$，$\boldsymbol{X}_i$ 为目标坐标系下受到噪声影响的真实测量值，$\Delta\boldsymbol{X}_i$ 为对应测量值中噪声修正值；若 $\bar{\boldsymbol{X}}_i' = \boldsymbol{X}_i' + \Delta\boldsymbol{X}_i'$，$\boldsymbol{X}_i'$ 为源坐标系下受到噪声影响的真实测量值，$\Delta\boldsymbol{X}_i'$ 为对应测量值中噪声修正值。

ICP 算法的目标是根据测量值 $\{\bar{\boldsymbol{X}}_i'\}$ 和 $\{\bar{\boldsymbol{X}}_i\}$，计算得到旋转矩阵 $\boldsymbol{R}$ 和位置向量 $\boldsymbol{t}$。在最小二乘算法框架下，认为 $\Delta\boldsymbol{X}_i' = 0$。因此优化方程为

$$\min_{\boldsymbol{R},\boldsymbol{t}} \sum_{i=1}^{n} \Delta\boldsymbol{X}_i'^{\mathrm{T}} \Delta\boldsymbol{X}_i' = \min_{\boldsymbol{R},\boldsymbol{t}} \sum_{i=1}^{n} (\boldsymbol{R}\boldsymbol{X}_i + \boldsymbol{t} - \boldsymbol{X}_i')^{\mathrm{T}} (\boldsymbol{R}\boldsymbol{X}_i + \boldsymbol{t} - \boldsymbol{X}_i') \tag{5-2}$$

其中，n 为源坐标系和目标坐标系输入测量值点的个数。

从式（5-2）中可以看出，最小二乘算法仅仅以最小化目标坐标系中的误差为目标。而总体最小二乘将目标坐标系和源坐标系的误差都纳入考虑范围，则总体最小二乘算法框架下的优化方程为

$$\min_{\boldsymbol{R},\boldsymbol{t}} \sum_{i=1}^{n} \Delta\boldsymbol{X}_i'^{\mathrm{T}} \Delta\boldsymbol{X}_i' + \Delta\boldsymbol{X}_i^{\mathrm{T}} \Delta\boldsymbol{X}_i \tag{5-3}$$

总体最小二乘不仅需要优化式(5-3)，同时还需要保证 $\boldsymbol{X}_i' + \Delta\boldsymbol{X}_i' = \boldsymbol{R}(\boldsymbol{X}_i + \Delta\boldsymbol{X}_i) + \boldsymbol{t}$ 成立。将此等式作为拉格朗日乘子加入式（5-3）中，则优化方程变为

$$\min_{R,t} \sum_{i=1}^{n} \Delta X_i'^{\mathrm{T}} \Delta\boldsymbol{X}_i' + \Delta\boldsymbol{X}_i^{\mathrm{T}} \Delta\boldsymbol{X}_i + \sum_{i=1}^{n} 2\lambda_i \left(\boldsymbol{R}(\boldsymbol{X}_i + \Delta\boldsymbol{X}_i) + \boldsymbol{t} - \boldsymbol{X}_i' - \Delta\boldsymbol{X}_i' \right) \tag{5-4}$$

式中，λ_i 为实数。

式（5-4）所构造的优化方程属于带有约束条件的非线性优化问题，下面使用 GHM 去解决这一问题。

2. Gauss-Helmert 模型

首先将式（5-4）变为如下形式：

$$\varPhi = \min_{R,t} \boldsymbol{e}^{\mathrm{T}} \boldsymbol{P}\boldsymbol{e} + 2\lambda^{\mathrm{T}} \left((\boldsymbol{A} + \boldsymbol{V}_A)\boldsymbol{R}^{\mathrm{T}} + \boldsymbol{l}_n^{\mathrm{T}} \otimes \boldsymbol{t}^{\mathrm{T}} - \boldsymbol{Y} - \boldsymbol{V}_y \right) \tag{5-5}$$

其中，$\boldsymbol{e} = \begin{bmatrix} \mathrm{vec}(\boldsymbol{V}_A) \\ \mathrm{vec}(\boldsymbol{V}_y) \end{bmatrix}_{6n\times 1}$，vec 表示将矩阵中的每列从左到右构造成一个列向量；$\boldsymbol{P}$ 是 Fisher 信息矩阵，在本节中恒等于单位矩阵；$\boldsymbol{l}_n$ 为 $n\times 1$ 且元素全为 1 的列向量；

运算符“ ⊗ ”表示 Kronecker-Zehfuss 乘积。

令 $\boldsymbol{A}+\boldsymbol{V}_A$ 和 $\boldsymbol{Y}+\boldsymbol{V}_y$ 分别等于

$$\boldsymbol{A}+\boldsymbol{V}_A=\begin{bmatrix} x_1+\Delta x_1 & y_1+\Delta y_1 & z_1+\Delta z_1 \\ x_2+\Delta x_2 & y_2+\Delta y_2 & z_2+\Delta z_2 \\ \vdots & \vdots & \vdots \\ x_n+\Delta x_n & y_n+\Delta y_n & z_n+\Delta z_n \end{bmatrix}_{n\times 3} \tag{5-6}$$

$$\boldsymbol{Y}+\boldsymbol{V}_y=\begin{bmatrix} x_1'+\Delta x_1' & y_1'+\Delta y_1' & z_1'+\Delta z_1' \\ x_2'+\Delta x_2' & y_2'+\Delta y_2' & z_2'+\Delta z_2' \\ \vdots & \vdots & \vdots \\ x_n'+\Delta x_n' & y_n'+\Delta y_n' & z_n'+\Delta z_n' \end{bmatrix}_{n\times 3} \tag{5-7}$$

其中，$\boldsymbol{X}_i=\begin{bmatrix} x_i & y_i & z_i \end{bmatrix}^{\mathrm{T}}$；$\boldsymbol{X}_i'=\begin{bmatrix} x_i' & y_i' & z_i' \end{bmatrix}^{\mathrm{T}}$；$\boldsymbol{\varPsi}=(\boldsymbol{A}+\boldsymbol{V}_A)\boldsymbol{R}^{\mathrm{T}}+\boldsymbol{l}_n^{\ \mathrm{T}}\otimes\boldsymbol{t}^{\mathrm{T}}-\boldsymbol{Y}-\boldsymbol{V}_y$ 与待估计变量 $\boldsymbol{\xi}$ 和随机误差 $\boldsymbol{e}$ 有关。

然后对 $\boldsymbol{\varPsi}$ 进行一阶泰勒级数展开，可以得到如下与 $\boldsymbol{\xi}$ 和 $\boldsymbol{e}$ 线性相关的等式：

$$\boldsymbol{\varPsi}\approx\boldsymbol{J}_e\delta\boldsymbol{e}+\boldsymbol{J}_\xi\delta\boldsymbol{\xi}+\varPsi(\boldsymbol{e}_0,\boldsymbol{\xi}_0) \tag{5-8}$$

其中，$\boldsymbol{J}_\xi=\dfrac{\partial\boldsymbol{\varPsi}}{\partial\boldsymbol{\xi}^{\mathrm{T}}}$；$\delta\boldsymbol{e}=\boldsymbol{e}-\boldsymbol{e}_0$；$\delta\boldsymbol{\xi}$ 为迭代过程中估计变量的更新参数。

将式（5-8）代入式（5-5）中，得到

$$\boldsymbol{\varPhi}\approx\min_{R,t}\boldsymbol{e}^{\mathrm{T}}\boldsymbol{P}\boldsymbol{e}+2\lambda^{\mathrm{T}}\left(\boldsymbol{J}_e\delta\boldsymbol{e}+\boldsymbol{J}_\xi\delta\boldsymbol{\xi}+\varPsi(\boldsymbol{e}_0,\boldsymbol{\xi}_0)\right) \tag{5-9}$$

对式（5-9）求变量 $\boldsymbol{e}$ 和待估计变量 $\boldsymbol{\xi}$ 的偏微分方程，可以得到

$$0.5\frac{\partial\boldsymbol{\varPhi}}{\partial\boldsymbol{e}^{\mathrm{T}}}=\boldsymbol{P}\boldsymbol{e}+\boldsymbol{B}_0^{\mathrm{T}}\lambda=0 \tag{5-10}$$

$$0.5\frac{\partial\boldsymbol{\varPhi}}{\partial\boldsymbol{\xi}^{\mathrm{T}}}=\boldsymbol{A}_0^{\mathrm{T}}\lambda=0 \tag{5-11}$$

其中，$\boldsymbol{B}_0=\begin{bmatrix}\boldsymbol{R}\otimes\boldsymbol{I}_n & -\boldsymbol{I}_3\otimes\boldsymbol{I}_n\end{bmatrix}$；$\boldsymbol{A}_0=\boldsymbol{J}_\xi$ 是 GHM 的雅可比矩阵。

结合式（5-8）、式（5-9）和式（5-11），可以递推得到迭代推导结果：

$$\delta\boldsymbol{\xi}=-\left(\boldsymbol{J}_\xi^{\mathrm{T}}\boldsymbol{N}_0^{-1}\boldsymbol{J}_\xi\right)^{-1}\boldsymbol{J}_\xi^{\mathrm{T}}\boldsymbol{N}_0^{-1}\boldsymbol{\omega}_0 \tag{5-12}$$

$$\lambda=\boldsymbol{N}_0^{-1}\left(\boldsymbol{J}_\xi\delta\boldsymbol{\xi}+\boldsymbol{\omega}_0\right) \tag{5-13}$$

$$\boldsymbol{e}=-\boldsymbol{P}^{-1}\boldsymbol{J}_e^{\mathrm{T}}\lambda \tag{5-14}$$

其中，$\boldsymbol{\omega}_0=-\boldsymbol{J}_e\boldsymbol{e}+\varPsi(\boldsymbol{e}_0,\boldsymbol{\xi}_0)$，随机误差的初始值 $\boldsymbol{e}_0=0$，$\boldsymbol{\xi}_0=\begin{bmatrix}0 & 0 & 0 & 0 & 0 & 0\end{bmatrix}^{\mathrm{T}}$。

因此根据式（5-12）～式（5-14）更新状态变量 $\boldsymbol{\xi}$ 。

3. 李群李代数定义

使用欧拉角对旋转矩阵的表示如下：

$$\boldsymbol{R}=\begin{bmatrix}\cos\theta_z & -\sin\theta_z & 0\\ \sin\theta_z & \cos\theta_z & 0\\ 0 & 0 & 1\end{bmatrix}\begin{bmatrix}\cos\theta_y & 0 & \sin\theta_y\\ 0 & 1 & 0\\ -\sin\theta_y & 0 & \cos\theta_y\end{bmatrix}\begin{bmatrix}1 & 0 & 0\\ 0 & \cos\theta_x & -\sin\theta_x\\ 0 & \sin\theta_x & \cos\theta_x\end{bmatrix} \tag{5-15}$$

式中，θ_z、θ_y和θ_x分别为围绕Z轴、Y轴和X轴旋转的角度。

如果$\theta_y=\dfrac{\pi}{2}$，那么欧拉角的参数化方程就会出现万向锁的情况，此时欧拉角便无法在非线性优化中随意地进行插值。当Y轴的旋转角度为90°时，旋转矩阵会丢失掉X轴和Z轴的变化自由度。为了克服这一缺点，引入了李群李代数代替欧拉角对位姿矩阵进行参数化。群的定义为属于某个集合的任意两个元素在某个操作符的运算下能够使得运算之后的结果仍旧属于这个集合，则称这个集合和这个运算符构成了一个群。群属于流形的范畴，因此群的操作也是连续的[12]。群满足如表 5-1 所示的 4 个性质。

表 5-1　群的性质

性质	SO(3)	SE(3)
闭合性	$\boldsymbol{R}_1\boldsymbol{R}_2\in\mathrm{SO}(3)$	$\boldsymbol{T}_1\boldsymbol{T}_2\in\mathrm{SE}(3)$
交换性	$\boldsymbol{R}_1(\boldsymbol{R}_2\boldsymbol{R}_3)=(\boldsymbol{R}_1\boldsymbol{R}_2)\boldsymbol{R}_3=\boldsymbol{R}_1\boldsymbol{R}_2\boldsymbol{R}_3$	$\boldsymbol{T}_1(\boldsymbol{T}_2\boldsymbol{T}_3)=(\boldsymbol{T}_1\boldsymbol{T}_2)\boldsymbol{T}_3=\boldsymbol{T}_1\boldsymbol{T}_2\boldsymbol{T}_3$
归一性	$\boldsymbol{R}_1 1=1\boldsymbol{R}_1=\boldsymbol{R}_1\in\mathrm{SO}(3)$	$\boldsymbol{T}_1 1=1\boldsymbol{T}_1=\boldsymbol{T}_1\in\mathrm{SE}(3)$
可逆性	$\boldsymbol{R}_1^{-1}\in\mathrm{SO}(3)$	$\boldsymbol{T}_1^{-1}\in\mathrm{SE}(3)$

旋转矩阵属于特殊正交群同时也属于李群，符号表示为 SO(3)。位姿变换矩阵属于特殊欧氏群同时也属于李群，符号表示为SE(3)。每一个李群的变量都对应一个李代数中的值。例如，李群中的旋转矩阵与李代数中轴角表示的三维向量$\boldsymbol{\phi}$呈对应关系。位姿变换矩阵$\begin{bmatrix}\boldsymbol{R} & \boldsymbol{t}\\ 0 & 1\end{bmatrix}$与六维向量$\boldsymbol{\xi}$呈对应关系。符号 so(3)表示与李群中 SO(3)所对应的李代数，符号 se(3)表示与李群中 SE(3)所对应的李代数。李代数中的操作符为李括号，so(3)的李括号操作符定义如下：

$$[\boldsymbol{\phi}_1 \quad \boldsymbol{\phi}_2]=(\boldsymbol{\phi}_1\boldsymbol{\phi}_2-\boldsymbol{\phi}_2\boldsymbol{\phi}_1)^{\wedge} \tag{5-16}$$

其中，$\boldsymbol{\phi}^{\wedge}$为向量$\boldsymbol{\phi}$的反对称矩阵。

se(3)的李括号操作符如下：

$$[\boldsymbol{\xi}_1 \quad \boldsymbol{\xi}_2]=\left(\boldsymbol{\xi}_1^{\wedge}\boldsymbol{\xi}_2^{\wedge}-\boldsymbol{\xi}_2^{\wedge}\boldsymbol{\xi}_1^{\wedge}\right)^{\wedge} \tag{5-17}$$

式（5-17）中上三角运算符与 so(3)中定义的有所不同。如果$\boldsymbol{\xi}$属于 se(3)空间，那么$\boldsymbol{\xi}^{\wedge}=\begin{bmatrix}\boldsymbol{\phi}^{\wedge} & \boldsymbol{\rho}\\ 0 & 0\end{bmatrix}$。如果$\boldsymbol{\xi}$属于 so(3)，那么$\boldsymbol{\xi}^{\wedge}$等于向量$\boldsymbol{\xi}$的反对称矩阵。

从式（5-8）中可以看出，非线性因素只存在于旋转矩阵中。

根据 SO(3)和 SE(3)，提供两种不同的位姿矩阵参数化形式。

方法 1：使用 SO(3)和位置向量去参数化位姿矩阵。

方法 2：直接使用 SE(3)参数化位姿矩阵。

其中方法 1 的待估计参数为$[\boldsymbol{\phi}\ \boldsymbol{t}]$：

$$\begin{bmatrix} \boldsymbol{R} & \boldsymbol{t} \\ 0 & 1 \end{bmatrix} = \begin{bmatrix} \exp(\boldsymbol{\phi}^{\wedge}) & \boldsymbol{t} \\ 0 & 1 \end{bmatrix} \tag{5-18}$$

其中方法 2 的待估计参数为$\boldsymbol{\xi} = [\boldsymbol{\phi}\ \ \boldsymbol{\rho}]$：

$$\begin{bmatrix} \boldsymbol{R} & \boldsymbol{t} \\ 0 & 1 \end{bmatrix} = \begin{bmatrix} \exp(\boldsymbol{\phi}^{\wedge}) & \boldsymbol{J}_{\rho} \\ 0 & 1 \end{bmatrix} \tag{5-19}$$

其中，$\boldsymbol{J}_{\rho} = \dfrac{\sin\theta}{\theta}\boldsymbol{I} + \left(1 - \dfrac{\sin\theta}{\theta}\right)\boldsymbol{a}\boldsymbol{a}^{\mathrm{T}} + \dfrac{1-\cos\theta}{\theta}\boldsymbol{a}^{\wedge}$，$\theta$ 是$\boldsymbol{\phi}$ 的模，$\boldsymbol{a}$ 是$\boldsymbol{\phi}$ 的单位向量。

在获得$\delta\boldsymbol{\xi}$后，可以对待估计变量进行更新。如果待估计变量在欧氏空间，例如欧拉角，那么变量的更新可以使用$\boldsymbol{\xi}_{k+1} = \boldsymbol{\xi}_k + \delta\boldsymbol{\xi}$。需要注意的是，李代数并不属于欧氏空间，而在李代数空间内运算符“+”和“−”是都没有被定义的。这里定义运算“⊕”符合李代数空间中变量的更新规则。如果使用李代数去参数化位姿矩阵，那么其更新方程为$\boldsymbol{\xi}_{k+1} = \boldsymbol{\xi}_k \oplus \delta\boldsymbol{\xi}$，式（5-31）～式（5-37）中会详细介绍变量的更新规则。

4. GHM 雅可比矩阵求解

$\boldsymbol{J}_e = \dfrac{\partial \boldsymbol{\Psi}}{\partial \boldsymbol{e}^{\mathrm{T}}}$和$\boldsymbol{J}_{\xi} = \dfrac{\partial \boldsymbol{\Psi}}{\partial \boldsymbol{\xi}^{\mathrm{T}}}$为 GHM 中待求的雅可比矩阵。首先对$\boldsymbol{\Psi}$ 变换形式如下：

$$\begin{aligned} \boldsymbol{\Psi} &= (\boldsymbol{A} + \boldsymbol{V}_A)\boldsymbol{R}^{\mathrm{T}} + \boldsymbol{l}_n^{\mathrm{T}} \otimes \boldsymbol{t}^{\mathrm{T}} - \boldsymbol{Y} - \boldsymbol{V}_Y \\ &= (\boldsymbol{R} \otimes \boldsymbol{I}_n) \times \mathrm{vec}(\boldsymbol{A} + \boldsymbol{V}_A) + \boldsymbol{t} \otimes \boldsymbol{I}_n - \mathrm{vec}(\boldsymbol{Y} + \boldsymbol{V}_y) \end{aligned} \tag{5-20}$$

$\boldsymbol{e}$ 在式（5-5）中是线性的，则很容易得到$\boldsymbol{J}_e$：

$$\boldsymbol{J}_e = \begin{bmatrix} \dfrac{\partial \boldsymbol{\Psi}}{\partial \mathrm{vec}(\boldsymbol{V}_A)^{\mathrm{T}}} & \dfrac{\partial \boldsymbol{\Psi}}{\partial \mathrm{vec}(\boldsymbol{V}_y)^{\mathrm{T}}} \end{bmatrix} = \begin{bmatrix} \boldsymbol{R} \otimes \boldsymbol{I}_n & -\boldsymbol{I}_3 \otimes \boldsymbol{I}_n \end{bmatrix}_{3n\times 6n} \tag{5-21}$$

其中，$\boldsymbol{I}_n$ 是维度为 n 的单位矩阵。那么需要计算雅可比矩阵$\boldsymbol{J}_{\xi} = \dfrac{\partial \boldsymbol{\Psi}}{\partial \boldsymbol{\xi}^{\mathrm{T}}}$。

若使用方法 1 的参数化方法，则雅可比矩阵为

$$\boldsymbol{J}_{\xi} = \begin{bmatrix} \dfrac{\partial \boldsymbol{\Psi}}{\partial [\phi_1 \quad \phi_2 \quad \phi_3]} & \dfrac{\partial \boldsymbol{\Psi}}{\partial [t_1 \quad t_2 \quad t_3]} \end{bmatrix}_{3n\times 6} \tag{5-22}$$

其中

$$\frac{\partial \boldsymbol{\Psi}}{\partial[t_1 \quad t_2 \quad t_3]} = \boldsymbol{I}_3 \otimes \boldsymbol{I}_n \tag{5-23}$$

$\dfrac{\partial \boldsymbol{\Psi}}{\partial[\phi_1 \quad \phi_2 \quad \phi_3]}$可以简化为

$$\frac{\partial \boldsymbol{\Psi}}{\partial[\phi_1 \quad \phi_2 \quad \phi_3]} = \left[\operatorname{vec}\left(\frac{\partial(\boldsymbol{A}+\boldsymbol{V}_A)}{\partial \phi_1}\right) \quad \operatorname{vec}\left(\frac{\partial(\boldsymbol{A}+\boldsymbol{V}_A)}{\partial \phi_2}\right) \quad \operatorname{vec}\left(\frac{\partial(\boldsymbol{A}+\boldsymbol{V}_A)}{\partial \phi_3}\right)\right]_{3n\times 3} \tag{5-24}$$

因此可以得到

$$\frac{\partial \boldsymbol{R}_p}{\partial[\phi_1 \quad \phi_2 \quad \phi_3]} = -(\boldsymbol{R}_p)^{\wedge} \tag{5-25}$$

令$\boldsymbol{R}(\boldsymbol{X}_i + \Delta\boldsymbol{X}_i) = [f_i \quad g_i \quad h_i]^{\mathrm{T}}$可以得到如下的等式：

$$\frac{\partial \boldsymbol{R}(\boldsymbol{X}_i + \Delta\boldsymbol{X}_i)}{\partial[\phi_1 \quad \phi_2 \quad \phi_3]} = \begin{bmatrix} \dfrac{\partial f_i}{\partial \phi_1} & \dfrac{\partial f_i}{\partial \phi_2} & \dfrac{\partial f_i}{\partial \phi_3} \\ \dfrac{\partial g_i}{\partial \phi_1} & \dfrac{\partial g_i}{\partial \phi_2} & \dfrac{\partial g_i}{\partial \phi_3} \\ \dfrac{\partial h_i}{\partial \phi_1} & \dfrac{\partial h_i}{\partial \phi_2} & \dfrac{\partial h_i}{\partial \phi_3} \end{bmatrix} \tag{5-26}$$

式（5-26）的解可以根据式（5-25）得到，则$\dfrac{\partial \boldsymbol{\Psi}}{\partial[\phi_1 \quad \phi_2 \quad \phi_3]}$可表示为

$$\frac{\partial \operatorname{vec}(\boldsymbol{A}+\boldsymbol{V}_A)\boldsymbol{R}^{\mathrm{T}}}{\partial \phi_1} = \begin{bmatrix} \dfrac{\partial f_1}{\partial \phi_1} & \dfrac{\partial g_1}{\partial \phi_1} & \dfrac{\partial h_1}{\partial \phi_1} \\ \dfrac{\partial f_2}{\partial \phi_1} & \dfrac{\partial g_2}{\partial \phi_1} & \dfrac{\partial h_2}{\partial \phi_1} \\ \vdots & \vdots & \vdots \\ \dfrac{\partial f_n}{\partial \phi_1} & \dfrac{\partial g_n}{\partial \phi_1} & \dfrac{\partial h_n}{\partial \phi_1} \end{bmatrix}_{n\times 3} \tag{5-27}$$

$$\frac{\partial \operatorname{vec}(\boldsymbol{A}+\boldsymbol{V}_A)\boldsymbol{R}^{\mathrm{T}}}{\partial \phi_2} = \begin{bmatrix} \dfrac{\partial f_1}{\partial \phi_2} & \dfrac{\partial g_1}{\partial \phi_2} & \dfrac{\partial h_1}{\partial \phi_2} \\ \dfrac{\partial f_2}{\partial \phi_2} & \dfrac{\partial g_2}{\partial \phi_2} & \dfrac{\partial h_2}{\partial \phi_2} \\ \vdots & \vdots & \vdots \\ \dfrac{\partial f_n}{\partial \phi_2} & \dfrac{\partial g_n}{\partial \phi_2} & \dfrac{\partial h_n}{\partial \phi_2} \end{bmatrix}_{n\times 3} \tag{5-28}$$

$$\frac{\partial \mathrm{vec}(\boldsymbol{A}+\boldsymbol{V}_A)\boldsymbol{R}^{\mathrm{T}}}{\partial \phi_3}=\begin{bmatrix} \dfrac{\partial f_1}{\partial \phi_3} & \dfrac{\partial g_1}{\partial \phi_3} & \dfrac{\partial h_1}{\partial \phi_3} \\ \dfrac{\partial f_2}{\partial \phi_3} & \dfrac{\partial g_2}{\partial \phi_3} & \dfrac{\partial h_2}{\partial \phi_3} \\ \vdots & \vdots & \vdots \\ \dfrac{\partial f_n}{\partial \phi_3} & \dfrac{\partial g_n}{\partial \phi_3} & \dfrac{\partial h_n}{\partial \phi_3} \end{bmatrix}_{n\times 3} \tag{5-29}$$

方法 1 的参数化方法使用的是 SO(3)的李代数和位移向量。因此更新的变量等于$\begin{bmatrix}\Delta\boldsymbol{\phi} & \Delta\boldsymbol{t}\end{bmatrix}^{\mathrm{T}}$。位移向量属于欧氏空间，对于变量的更新直接使用加法即可：$\boldsymbol{t}_{k+1}=\boldsymbol{t}_k+\Delta\boldsymbol{t}$。$\Delta\boldsymbol{\phi}$ 属于 SO(3)群对应的李代数，更新公式为

$$\boldsymbol{\phi}_{k+1}=\ln\left(\exp(\Delta\boldsymbol{\phi}^{\wedge})\boldsymbol{R}_k\right)^{\vee} \tag{5-30}$$

其中，$\boldsymbol{R}_k$ 为第 k 步迭代更新得到的旋转矩阵；$\ln(\cdot)^{\vee}$ 运算符将李群变换为李代数[15]。

根据左乘推导得到的式（5-25）雅可比矩阵，则更新式（5-30）变量也需要使用左乘。方法 1 的更新公式如下：

$$\boldsymbol{\xi}_{k+1}=\boldsymbol{\xi}_k\oplus\delta\boldsymbol{\xi}=\left[\boldsymbol{t}_k+\Delta\boldsymbol{t}\quad \ln\left(\exp(\Delta\boldsymbol{\phi}^{\wedge})\boldsymbol{R}_k\right)^{\vee}\right]^{\mathrm{T}} \tag{5-31}$$

若使用方法 2 的参数化方法，则雅可比矩阵为

$$\boldsymbol{J}_{\xi}=\left[\frac{\partial\Psi}{\partial[\rho_1\quad\rho_2\quad\rho_3]}\quad\frac{\partial\Psi}{\partial[\phi_1\quad\phi_2\quad\phi_3]}\right] \tag{5-32}$$

因此可知

$$\frac{\partial\boldsymbol{Tp}}{\partial\boldsymbol{\xi}}=\left(\boldsymbol{I}\quad -(\boldsymbol{Rp}+\boldsymbol{t})^{\wedge}\right) \tag{5-33}$$

需要注意式（5-33）的左侧使用的是齐次坐标，右侧使用的是非齐次坐标，默认进行了一次齐次坐标到非齐次坐标的转换。令$\boldsymbol{T}(\boldsymbol{X}_i+\Delta\boldsymbol{X}_i)=\begin{bmatrix}f_i & g_i & h_i\end{bmatrix}^{\mathrm{T}}$，则可得到下面等式：

$$\frac{\partial\boldsymbol{T}(\boldsymbol{X}_i+\Delta\boldsymbol{X}_i)}{\partial\xi}=\begin{bmatrix} \dfrac{\partial f_i}{\partial\rho_1} & \dfrac{\partial f_i}{\partial\rho_2} & \dfrac{\partial f_i}{\partial\rho_3} & \dfrac{\partial f_i}{\partial\phi_1} & \dfrac{\partial f_i}{\partial\phi_2} & \dfrac{\partial f_i}{\partial\phi_3} \\ \dfrac{\partial g_i}{\partial\rho_1} & \dfrac{\partial g_i}{\partial\rho_2} & \dfrac{\partial g_i}{\partial\rho_3} & \dfrac{\partial g_i}{\partial\phi_1} & \dfrac{\partial g_i}{\partial\phi_2} & \dfrac{\partial g_i}{\partial\phi_3} \\ \dfrac{\partial h_i}{\partial\rho_1} & \dfrac{\partial h_i}{\partial\rho_2} & \dfrac{\partial h_i}{\partial\rho_3} & \dfrac{\partial h_i}{\partial\phi_1} & \dfrac{\partial h_i}{\partial\phi_2} & \dfrac{\partial h_i}{\partial\phi_3} \end{bmatrix} \tag{5-34}$$

式（5-34）中的数值可以通过式（5-33）得到，则进一步可以推理得到

$$
\boldsymbol{J}_{\xi}=\begin{bmatrix}
\frac{\partial f_1}{\partial \rho_1} & \frac{\partial f_1}{\partial \rho_2} & \frac{\partial f_1}{\partial \rho_3} & \frac{\partial f_1}{\partial \phi_1} & \frac{\partial f_1}{\partial \phi_2} & \frac{\partial f_1}{\partial \phi_3} \\
\vdots & \vdots & \vdots & \vdots & \vdots & \vdots \\
\frac{\partial f_n}{\partial \rho_1} & \frac{\partial f_n}{\partial \rho_2} & \frac{\partial f_n}{\partial \rho_3} & \frac{\partial f_n}{\partial \phi_1} & \frac{\partial f_n}{\partial \phi_2} & \frac{\partial f_n}{\partial \phi_3} \\
\frac{\partial g_1}{\partial \rho_1} & \frac{\partial g_1}{\partial \rho_2} & \frac{\partial g_1}{\partial \rho_3} & \frac{\partial g_1}{\partial \phi_1} & \frac{\partial g_1}{\partial \phi_2} & \frac{\partial g_1}{\partial \phi_3} \\
\vdots & \vdots & \vdots & \vdots & \vdots & \vdots \\
\frac{\partial g_n}{\partial \rho_1} & \frac{\partial g_n}{\partial \rho_2} & \frac{\partial g_n}{\partial \rho_3} & \frac{\partial g_n}{\partial \phi_1} & \frac{\partial g_n}{\partial \phi_2} & \frac{\partial g_n}{\partial \phi_3} \\
\frac{\partial h_1}{\partial \rho_1} & \frac{\partial h_1}{\partial \rho_2} & \frac{\partial h_1}{\partial \rho_3} & \frac{\partial h_1}{\partial \phi_1} & \frac{\partial h_1}{\partial \phi_2} & \frac{\partial h_1}{\partial \phi_3} \\
\vdots & \vdots & \vdots & \vdots & \vdots & \vdots \\
\frac{\partial h_n}{\partial \rho_1} & \frac{\partial h_n}{\partial \rho_2} & \frac{\partial h_n}{\partial \rho_3} & \frac{\partial h_n}{\partial \phi_1} & \frac{\partial h_n}{\partial \phi_2} & \frac{\partial h_n}{\partial \phi_3}
\end{bmatrix}_{3n\times 6} \tag{5-35}
$$

在方法 2 中待估计的参数是 SE(3)的李代数。更新的状态变量为$\Delta\boldsymbol{\xi}$，其属于 SE(3)李代数范畴，则更新公式如下：

$$
\boldsymbol{\xi}_{k+1}=\ln\left(\exp(\Delta\boldsymbol{\xi}^{\wedge})\boldsymbol{T}_k\right)^{\vee} \tag{5-36}
$$

其中，$\boldsymbol{T}_k$是第k步更新得到的位姿变换矩阵；运算符$\ln(\cdot)^{\vee}$将 SE(3)李群变换到了 SE(3)对应的李代数[15]。

根据左乘推导得到的式（5-33）雅可比矩阵，则更新式（5-36）变量也需要使用左乘。方法 2 的更新公式如下：

$$
\boldsymbol{\xi}_{k+1}=\boldsymbol{\xi}_k\oplus\delta\boldsymbol{\xi}=\ln\left(\exp(\Delta\boldsymbol{\xi}^{\wedge})\boldsymbol{T}_k\right)^{\vee} \tag{5-37}
$$

5.1.3 基于向量的坐标解算方法

基于 ICP 总体最小二乘方法提出了一种视觉测量方法，其能够有效地提高遮蔽环境下 GNSS 坐标点测量效率，如图 5-1 所示。

（1）确定待测量点的位置，即界址点，将特殊的标志物，如标定板，放置在界址点处。

（2）在界址点最近处寻找一个空旷地带，将特殊的标志物放置在空旷地带，并使用 RTK 获取 GNSS 坐标，放置在空旷地带中的点称为控制点。

（3）手持双目相机从控制点处移动到界址点处，并且要求界址点和控制点尽可能多地出现在画面中。

整体的运动过程保持稳定匀速。实验部分使用标定板作为特殊标志物，相比于其他的标志物，其内角点坐标易于提取且精度较高。

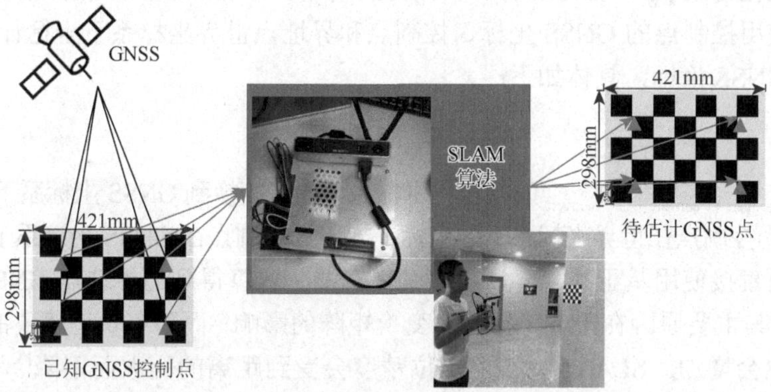

图 5-1　坐标测量方法总体流程

控制点和界址点由双目相机捕获到，则它们在 SLAM 坐标系下的坐标可以由下面公式获得：

$$\boldsymbol{p}_w = \boldsymbol{R}_{wc}\boldsymbol{p}_c + \boldsymbol{t}_{wc} \tag{5-38}$$

其中，$\boldsymbol{p}_c$ 为在相机坐标系下的点，可以通过左右相机的立体匹配获得[16]；$\left[\boldsymbol{R}_{wc} \quad \boldsymbol{t}_{wc}\right] = \boldsymbol{T}_{wc}$ 为相机在世界坐标系下的位姿；$\boldsymbol{p}_w$ 为世界坐标系下的点，此处的世界坐标系为当前帧相对第一帧的位姿变化。

世界坐标系由 SLAM 算法中第一帧的位姿决定，后面所有帧的位姿都是相对于第一帧的位姿变化。可以使用第一个捕捉到界址点或者控制点的相机位姿去初始化对应标志物在世界坐标系下的位姿。计算得到标志物在世界坐标系下的初始值后，构造如下的代价函数对初始值进一步优化：

$$\arg\min \sum_{i=1}^{N} \left\| u_i - \frac{1}{z^i} K\left(\boldsymbol{R}_{cw}^i p_w + \boldsymbol{t}_{cw}^i\right) \right\|_{2\,p_w}^2 \tag{5-39}$$

$$\boldsymbol{J} = -\begin{bmatrix} \dfrac{f_x}{z_i^c} & 0 & -\dfrac{f_x \times x_i^c}{z_i^c} \\ 0 & \dfrac{f_y}{z_i^c} & -\dfrac{f_y \times y_i^c}{\left(z_i^c\right)^2} \end{bmatrix} \tag{5-40}$$

其中，$\boldsymbol{R}_{cw}^{i} p_{w}+\boldsymbol{t}_{cw}^{i}=\left[\begin{array}{lll}x_{i}^{c} & y_{i}^{c} & z_{i}^{c}\end{array}\right]^{\mathrm{T}}$；$N$ 为观测到特殊标志物 $\boldsymbol{p}_{w}$ 的所有帧的个数；u_{i} 为对应 $\boldsymbol{p}_{w}$ 点带有畸变的像素坐标。

式（5-39）被用于优化特殊标志物在世界坐标系下的坐标 $\boldsymbol{p}_{w}$。然后基于式（5-39）的代价函数和式（5-40）的雅可比矩阵使用 Dog-leg 优化策略[17]进行非线性优化得到 $\boldsymbol{p}_{w}$。优化之后可以获得控制点和界址点在世界坐标系下的坐标。下一步使用控制点的 GNSS 坐标、控制点和界址点世界坐标系下坐标计算得到界址点的 GNSS 坐标，具体如下：

$$\boldsymbol{R}_{\text{convert}} \boldsymbol{p}_{w}^{c}+\boldsymbol{t}_{\text{convert}}=\boldsymbol{p}_{\text{GPS}}^{c} \tag{5-41}$$

其中，$\left[\begin{array}{ll}\boldsymbol{R}_{\text{convert}} & \boldsymbol{t}_{\text{convert}}\end{array}\right]=\boldsymbol{T}_{\text{convert}}$ 为将世界坐标系下的点变换到 GNSS 坐标系下的刚体变换；$\boldsymbol{p}_{w}^{c}$ 为控制点在世界坐标系下的坐标；$\boldsymbol{p}_{\text{GPS}}^{c}$ 为控制点在 GNSS 坐标系下的坐标。

然而直接使用基于式（5-41）的 ICP 算法，解算得到的界址点 GNSS 坐标精度不高。其主要原因在于 $\boldsymbol{p}_{w}^{c}$ 受到 $\boldsymbol{T}_{wc}$ 变换矩阵的影响，而随着轨迹距离的增加 $\boldsymbol{T}_{wc}$ 的误差也会增加。SLAM 系统的定位精度会受到距离的变大而下降[3, 18]。$\boldsymbol{p}_{w}^{c}$ 和 $\boldsymbol{p}_{\text{GPS}}^{c}$ 为输入数据。在式（5-41）中，假设误差仅仅存在于 $\boldsymbol{T}_{wc}$，而假设 $\boldsymbol{p}_{w}^{c}$ 没有受到误差的影响。但是实际上，$\boldsymbol{p}_{w}^{c}$ 存在的误差要远远大于 $\boldsymbol{p}_{\text{GPS}}^{c}$ 存在的误差。鉴于此种情况将式（5-41）调整为

$$\boldsymbol{R}_{\text{convert}}^{\text{inv}} \boldsymbol{p}_{\text{GPS}}^{c}+\boldsymbol{t}_{\text{convert}}^{\text{inv}}=\boldsymbol{p}_{w}^{c} \tag{5-42}$$

其中，$\left[\begin{array}{ll}\boldsymbol{R}_{\text{convert}}^{\text{inv}} & \boldsymbol{t}_{\text{convert}}^{\text{inv}}\end{array}\right]=\boldsymbol{T}_{\text{convert}}^{-1}$，可以根据 $\boldsymbol{T}_{\text{convert}}^{-1}$ 计算得到 $\boldsymbol{T}_{\text{convert}}$。

然而通过后续的实验发现使用式（5-41）计算得到的 $\boldsymbol{T}_{\text{convert}}$ 与式（5-42）相同，即使 $\boldsymbol{T}_{\text{convert}}$ 通过式（5-42）计算得到的精度更高，但是在计算界址点 GNSS 坐标时，仍旧需要使用界址点在世界坐标系下的坐标，具体如下：

$$\boldsymbol{R}_{\text{convert}} \boldsymbol{p}_{w}^{b}+\boldsymbol{t}_{\text{convert}}=\boldsymbol{p}_{\text{GPS}}^{b} \tag{5-43}$$

其中，$\boldsymbol{p}_{w}^{b}$ 为界址点在世界坐标系下的坐标，为已知量；$\boldsymbol{p}_{\text{GPS}}^{b}$ 为界址点在 GNSS 坐标系下的坐标，为待估计量。

在式（5-43）中，存在于 $\boldsymbol{p}_{w}^{b}$ 中的误差会导致 $\boldsymbol{p}_{\text{GPS}}^{b}$ 的精度降低。根据以上的分析可以得出结论：直接使用点坐标的 ICP 算法其精度容易受到 $\boldsymbol{T}_{wc}$ 中误差的影响。为了克服这个缺点，提出使用基于向量的 ICP 算法：

$$\boldsymbol{R}_{\text{vector}}\left(\boldsymbol{p}_{i, w}^{c}-\boldsymbol{p}_{j, w}^{c}\right)+\boldsymbol{t}_{\text{vector}}=\boldsymbol{p}_{i, \text{GPS}}^{c}-\boldsymbol{p}_{j, \text{GPS}}^{c} \tag{5-44}$$

$$\boldsymbol{p}_{w}^{c}=\overline{\boldsymbol{p}}_{w}^{c}+\boldsymbol{e}_{w}^{c} \tag{5-45}$$

$$\boldsymbol{p}_{\text{GPS}}^{c}=\overline{\boldsymbol{p}}_{\text{GPS}}^{c}+\boldsymbol{e}_{\text{GPS}}^{c} \tag{5-46}$$

其中，$\boldsymbol{p}_w^c$ 为已知的控制点在世界坐标系下的坐标，$\overline{\boldsymbol{p}}_w^c$ 为没有噪声影响的控制点在世界坐标系下的坐标，$\boldsymbol{e}_w^c$ 为其对应的输入噪声；$\boldsymbol{p}_{\text{GPS}}^c$ 为控制点在 GNSS 坐标系下实际测量得到的坐标；$\overline{\boldsymbol{p}}_{\text{GPS}}^c$ 为控制点在 GNSS 坐标系下的真值坐标；$\boldsymbol{e}_{\text{GPS}}^c$ 为对应的输入噪声。

将式（5-45）和式（5-46）代入式（5-44）中可以得到

$$\boldsymbol{R}_{\text{vector}}\left(\overline{p}_{i,w}^c + e_{i,w}^c - \overline{p}_{j,w}^c - e_{j,w}^c\right) + \boldsymbol{t}_{\text{vector}} = \overline{p}_{i,\text{GPS}}^c + e_{i,\text{GPS}}^c - \overline{p}_{j,\text{GPS}}^c - e_{j,\text{GPS}}^c \tag{5-47}$$

已知 $\boldsymbol{R}_{\text{convert}}\overline{p}_{i,w}^c + \boldsymbol{t}_{\text{convert}} = \overline{p}_{i,\text{GPS}}^c$，将此公式代入式（5-47）中得到如下结果：

$$\boldsymbol{R}_{\text{vector}} = \boldsymbol{R}_{\text{convert}} \tag{5-48}$$

$$\boldsymbol{t}_{\text{vector}} = e_{i,\text{GPS}}^c - e_{j,\text{GPS}}^c - \boldsymbol{R}_{\text{convert}}\left(e_{i,w}^c - e_{j,w}^c\right) \tag{5-49}$$

在 GNSS 坐标系下的误差非常小，因此可以假设 $e_{i,\text{GPS}}^c - e_{j,\text{GPS}}^c \approx 0$。则式（5-49）可简化为

$$\boldsymbol{t}_{\text{vector}} = \boldsymbol{R}_{\text{convert}}\left(e_{i,w}^c - e_{j,w}^c\right) \tag{5-50}$$

根据式（5-48）的结果，可以使用式（5-44）来计算得到 $\boldsymbol{R}_{\text{convert}}$。$\boldsymbol{t}_{\text{vector}}$ 是与测量噪声相关的。最后，使用 $\boldsymbol{R}_{\text{convert}}$ 和 $\boldsymbol{t}_{\text{vector}}$ 恢复得到 $\boldsymbol{p}_{\text{GPS}}^b$：

$$p_{i,\text{GPS}}^b = \frac{\sum_{j=1}^{M}\boldsymbol{R}_{\text{convert}}\left(p_{i,w}^b - p_{j,w}^c\right) + \boldsymbol{t}_{\text{vector}} + p_{j,\text{GPS}}^b}{M} \tag{5-51}$$

其中，M 为控制点的总个数。

基于向量的 ICP 算法的优势在于，它将测量值存在的误差进行了抵消。实验验证了本节提出的基于向量的 ICP 算法相比于传统的 ICP 算法精度更高。

5.1.4　实验结果

1. 总体最小二乘算法实验结果

此数据集来自于真实测绘业务中对两个坐标系进行拟合时所测的实测坐标点[8]。在此数据实例中，4 个控制点的坐标来源于 2 个不同的坐标系。已知尺度因子为 2.1，对源坐标系下的坐标乘以此尺度因子。使用如表 5-2 所示数据对 ICP 总体最小二乘方法和 ICP 最小二乘方法进行了比较。

表 5-2　数字实例

点序号	源点云坐标			目标点云坐标		
1	63	84	21	290	150	15
2	210	84	21	420	80	2

续表

点序号	源点云坐标			目标点云坐标		
3	210	273	21	540	200	20
4	63	273	21	390	300	5

首先，使用仿真实验对总体最小二乘 ICP 算法和最小二乘 ICP 算法进行比较。位移向量的真值设置为[190 110 –15]，旋转矩阵由欧拉角所构造，其中欧拉角真值分别为 X 轴 60°、Y 轴 90°和 Z 轴 45°。然后，根据位移向量真值、旋转矩阵的真值和表 5-2 中源坐标系的坐标生成目标坐标系下的坐标。并在源坐标系和目标坐标系的坐标中添加不同的噪声数据，其噪声分布服从平均分布和高斯分布。所添加的噪声分为 8 种不同的类型，具体的噪声类型见表 5-3。高斯分布噪声设定均值为 0，方差拥有不同的等级。所加的平均分布噪声所生成的原则为对某个范围内的数据进行平均采样，并将采样后的数据作为噪声加入坐标中。在表 5-3 的第一行，0.1 为高斯分布的方差，5 表示平均分布噪声的采样范围为–5～5。

表 5-3　噪声类型和幅值

噪声序号	噪声类型	x	y	z	噪声序号	噪声类型	x	y	z
1	高斯噪声	0.1	0.1	0.1	5	平均分布噪声	5	5	5
2	高斯噪声	0.1	0.5	1.0	6	平均分布噪声	5	10	20
3	高斯噪声	0.1	0.5	0.5	7	平均分布噪声	5	10	10
4	高斯噪声	0.1	1.0	1.0	8	平均分布噪声	5	20	20

姿态误差定义如下：

$$\mathrm{Error}_R = \arccos\Big(\max\Big(\min\big(0.5\times\big(\Delta\boldsymbol{R}(0,0)+\Delta\boldsymbol{R}(1,1)+\Delta\boldsymbol{R}(2,2)\big),1\big),-1\Big)\Big) \tag{5-52}$$

其中，$\Delta\boldsymbol{R}=\boldsymbol{R}_{\mathrm{true}}^{\mathrm{T}}\boldsymbol{R}_{\mathrm{TLS}}$，$\boldsymbol{R}_{\mathrm{TLS}}$ 是总体最小二乘计算得到的旋转矩阵，$\boldsymbol{R}_{\mathrm{true}}$ 是旋转矩阵的真值。

式(5-52)中，如果 $\Delta\boldsymbol{R}$ 越接近单位矩阵其误差就越小，也就意味着 $\boldsymbol{R}_{\mathrm{TLS}}$ 和 $\boldsymbol{R}_{\mathrm{true}}$ 越接近。位移向量误差的定义为 $\mathrm{Error}_t=\|\boldsymbol{t}_{\mathrm{true}}-\boldsymbol{t}_{\mathrm{TLS}}\|$，$\boldsymbol{t}_{\mathrm{TLS}}$ 为总体最小二乘计算得到的位移向量，$\boldsymbol{t}_{\mathrm{true}}$ 为位移向量的真值。

如果噪声是高斯分布，那么在实验中信息矩阵 $\boldsymbol{P}$ 就设置为方差的倒数。如果噪声服从归一化分布，那么在实验中就设置为单位矩阵。图 5-2 和图 5-3 绘制了最小二乘算法、本节提出的方法 1 和方法 2 的位姿误差结果。黑色的柱状图为最小二乘算法的结果，深灰色柱状图为方法 1 的结果，浅灰色柱状图为方法 2 的结果。横轴为表 5-3 中的噪声序号。

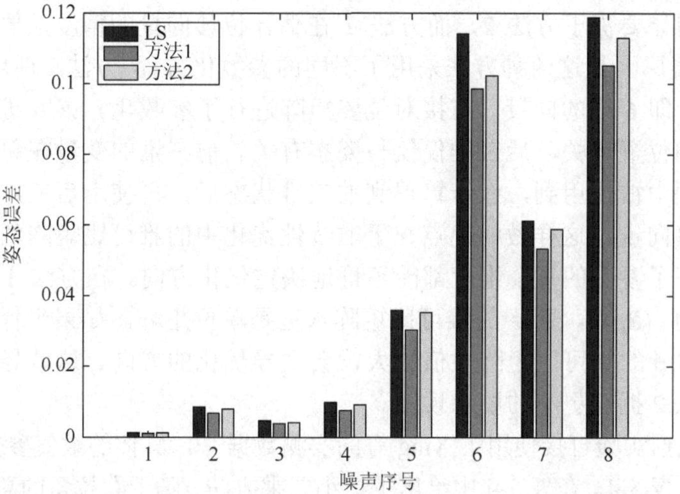

图 5-2　最小二乘算法与本节所提出算法的姿态误差比较

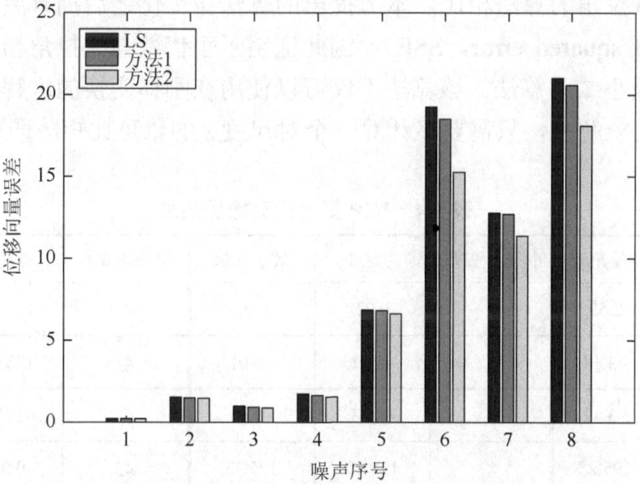

图 5-3　最小二乘算法与本节所提出算法的位移向量误差比较

由图 5-2 和图 5-3 可知，X、Y 和 Z 轴之间的方差越大会导致最小二乘方法的误差越大。这是因为旋转矩阵由 Procrustes 方法[8]获得，而 Procrustes 算法假定 X、Y 和 Z 轴的误差幅值是一样的。在这种情况下，可以从图 5-2 和图 5-3 的第一列结果中看出最小二乘方法与总体最小二乘方法精度比较接近。但是当 X、Y 和 Z 轴的噪声差异变大时，可以从图 5-2 和图 5-3 的第 8 列和第 6 列中看出，总体最小二乘算法的精度要远高于最小二乘算法。同时方法 1 在估计旋转矩阵的精度上明显要优于方法 2，而方法 2 在估计位移向量的精度上要明显优于方法 1。其主要原因是这两种方法采用了不同的参数化方程。方法 2 使用的是 SE(3) 的李代数，即 6 维的向量，直接对位姿矩阵进行了参数化。该 6 维向量的前三维与姿态和位置有关，后三维仅仅与姿态有关。前三维的变量在总体最小二乘的优化过程中被使用到，在计算得到前三维状态后，再使用后三维的状态计算得到的位移向量。这样做的优点在于非线性优化中的雅可比矩阵的条件数不会太大，保证了参数的每个维度都能等价地决定优化方向。在方法 1 中，$\boldsymbol{\phi}$ 的雅可比矩阵为 $-(\boldsymbol{Rp})^{\wedge}$，而 $\boldsymbol{t}$ 的雅可比矩阵永远是单位矩阵。如果坐标点的数值太大，会导致 $\boldsymbol{\phi}$ 的雅可比矩阵数值较大，会主导优化的方向。这就导致了方法 1 相比于方法 2 拥有更小的姿态误差。

实测数据实验直接使用了 Xing 等的实测数据[19]，具体的数值参数见表 5-3，实验结果见表 5-4。在表 5-4 中给出了最小二乘方法、基于欧拉角的总体最小二乘方法、基于本节提出的方法 1 和方法 2 的总体最小二乘方法。与最小二乘方法相比，本节提出的两种方法拥有非常小的残差，充分体现了总体最小二乘方法的优点。与基于欧拉角的算法相比，本节提出的算法在优化之后拥有更小的平方误差之和（sum of squared error，SSE），因此证明了李代数与欧拉角相比更加适用于 ICP 的总体最小二乘算法。该算法不仅可以使用在刚体变换的求解中，也可以用在相似变换的求解中，只需要多计算一个对尺度 s 的雅可比矩阵即可。

表 5-4 ICP 算法实测数据结果

待估计参数	欧拉角/(°)	待估计参数	方法 1	最小二乘	待估计参数	方法 2	最小二乘
Z 轴角度	2.52	ϕ_1	0.02	0.02	ξ_1	151.84	151.83
Y 轴角度	−3.14	ϕ_2	−0.01	−0.01	ξ_2	175.06	175.07
X 轴角度	−3.12	ϕ_3	−0.63	−0.63	ξ_3	−17.60	−17.60
t_1	195.23	t_1	195.20	195.23	ξ_4	0.02	0.02
t_2	118.06	t_2	118.10	118.07	ξ_5	0.01	0.01
t_3	−15.14	t_3	−15.14	−15.14	ξ_6	−0.63	−0.63
SSE	1.14	SSE	0.06	68.58	SSE	0.01	68.58

ICP 总体最小二乘算法经常使用 4～8 个点来计算两个坐标系之间的刚体变换。然而在三维重建领域，ICP 算法也常常被用于计算帧间的位姿变换。因此 ICP 算法的时效性就非常重要。实验的所有代码全部运行在 2.7GHz 的双核 Ubuntu 操作系统上，对实测数据进行复制[8]，复制得到 100 个点、500 个点和 1000 个点的

数据用于评估基于李群李代数的 ICP 总体最小二乘算法的运行时间。在使用 4 个点数据进行坐标系配准时，每次迭代所耗费的时间为 0.2ms。在使用 100 个点数据进行配准时，每次迭代所耗费的时间为 380ms。在使用 500 个点数据进行配准时，每次迭代所耗费的时间为 46s。在使用 1000 个点数据进行配准时，每次迭代所耗费的时间为 369s。本节提出的算法每次在 3～5 步迭代之后就会收敛得到结果，可以看出本节提出的改进算法也拥有较好的时效性。

2. 基于向量的坐标求解实验结果

首先使用全站仪和 RTK 测量得到界址点和控制点的真实 GNSS 坐标，然后手持相机从控制点到界址点，界址点的误差指标为真实 GNSS 坐标与测量值坐标的差值的模。在实际测量情况中回环情况很难发生，因此设计的数据集使用的是无回环数据进行算法的验证[20]。数据集 a 为室内采集环境，数据集 b 为停车场采集环境，数据集 d、e 和 f 为室外采集环境。

图 5-4 中绘制了每个数据中标定板摆放的位置。在数据集 c 中一共存在 9 个特殊标识物分布在室内的 8 个角点，为了节省空间这里只绘制 2 个标识物的图像。图 5-4（a）为数据集 a 中标识物摆放位置示意图，图 5-4（b）为数据集 b 中标识物摆放位置示意图，图 5-4（c）为数据集 d 中标识物摆放位置示意图，图 5-4（d）为数据集 e 和 f 中标识物摆放位置示意图。这 5 个数据集拥有不同的运行轨迹，每个数据集的运行轨迹绘制于图 5-5 中，图中的三角形为控制点和界址点的位置。

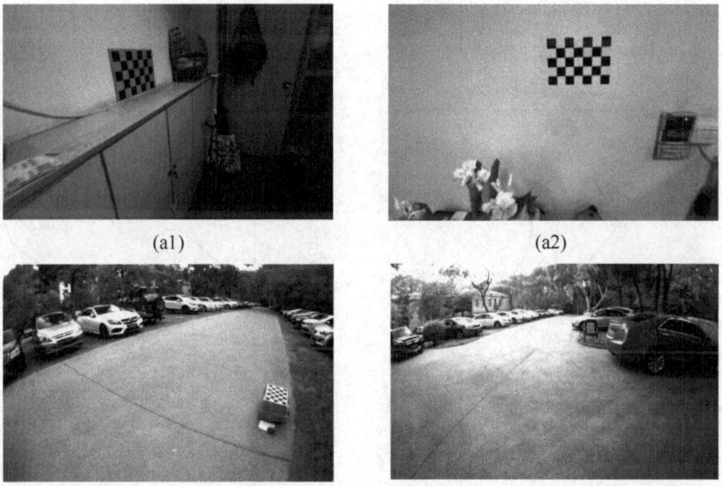

(a1)　(a2)　(b1)　(b2)

(c1)

(c2)

(d1)

(d2)

(d3)

图 5-4　标识物摆放示意图

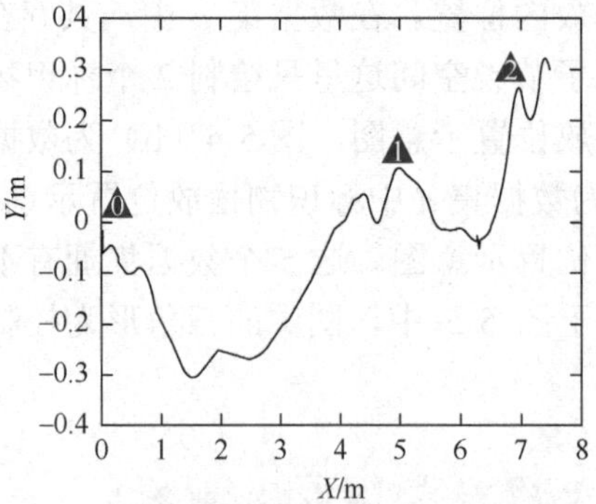

(a) 总路径长 = 8.0551

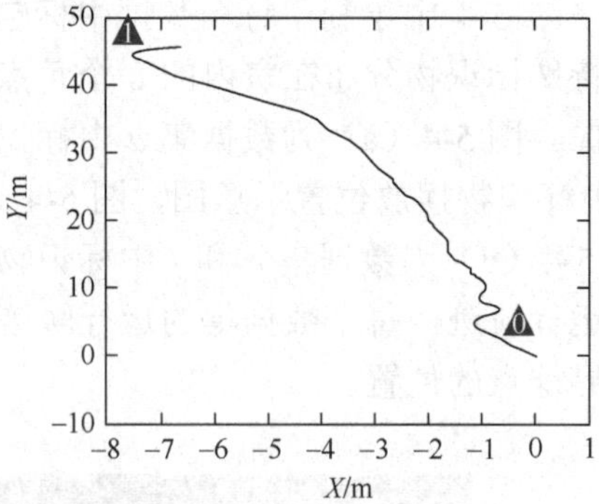

(b) 总路径长 = 49.0023

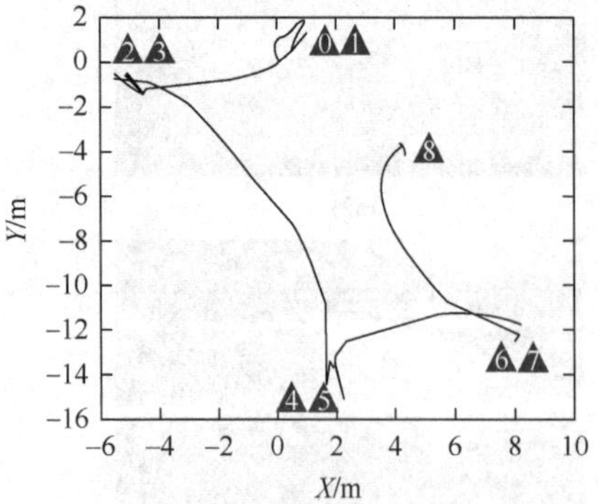

(c) 总路径长 = 67.1588

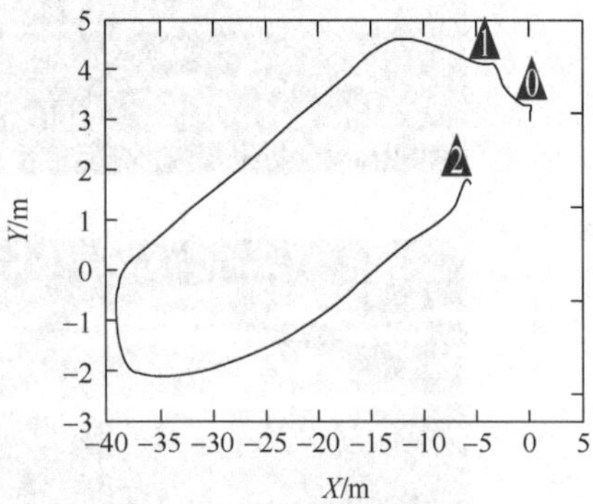

(d) 总路径长 = 104.1683

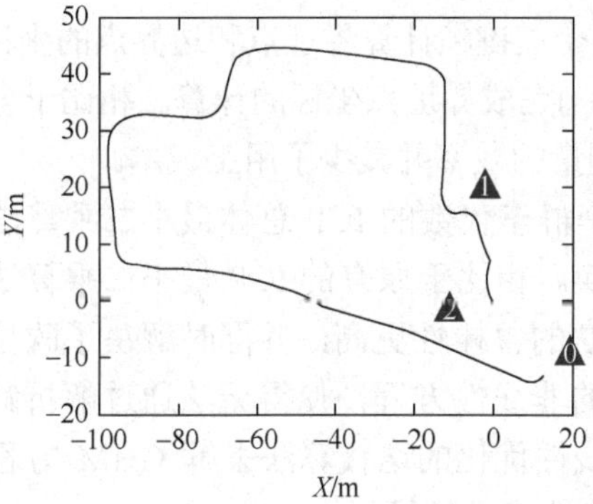

(e) 总路径长 = 279.0502

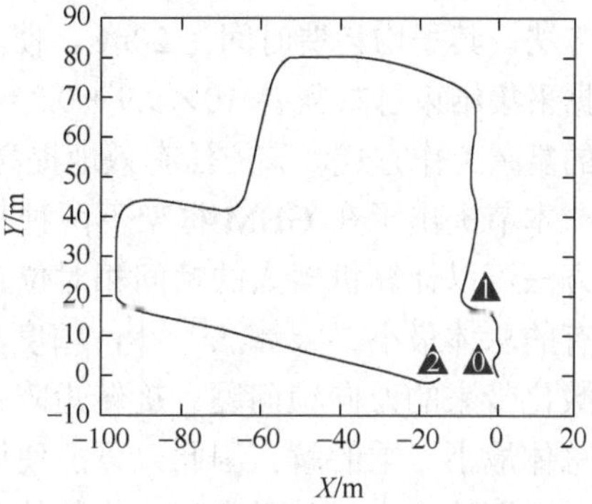

(f) 总路径长 = 312.4306

图 5-5　数据集运行轨迹图

最终界址点精度解算的结果如表 5-5 所示。其中，界址点和控制点序号对应右侧两列中百分比定义如下：

$$P=\frac{\sum_{i=1}^{N}\sqrt{\left\|\boldsymbol{p}_{i,\text{true}}^{b}-\boldsymbol{p}_{i}^{b}\right\|_{2}^{2}}}{N\times L} \tag{5-53}$$

式中，L 为每个数据集中轨迹的总长度；N 为界址点数量；$\boldsymbol{p}_{i,\text{true}}^{b}$ 为界址点的 GNSS 坐标真值，由全站仪和 RKT 测量得到；$\boldsymbol{p}_{i}^{b}$ 为解算得到的界址点 GNSS 坐标值；P 为最终计算得到的精度结果，单位为%。

表 5-5　界址点精度结果

数据集	界址点	控制点	总长度/m	基于点 ICP	基于向量 ICP
a	2	0，1	8.06	0.65%	0.58%
b	1	0	49.00	1.27%	1.27%
c	8	0～7	67.16	0.07%	0.06%
d	2	0，1	105.17	0.48%	0.47%
e	2	0，1	279.05	1.99%	1.99%
f	2	0，1	312.43	0.53%	0.53%

从表 5-5 中可以看出在 6 个数据集中，本节提出的基于向量的坐标解算方法精度要高于基于点的 ICP 方法。该方法能够实时运行在 2.7GHz 的双核笔记本电脑上。其中算法耗费时间分为三个部分：第一部分为角点检测耗时，在本节的实验中每张图像检测耗时 9.9s；第二部分为 SLAM 算法所用时间，使用 ORB-SLAM 算法可以实时地得到结果，耗费时间等于手持相机运动时间；第三部分为基于向量的坐标解

算方法，其平均耗费时间为 20ms。使用 10 个关键帧计算界址点和边界点的坐标，数据采集结束总共需要 $10\times 9.9+0.2=99.2$(s)完成界址点坐标的计算。相比于全站仪的复杂工作方式，该方法有效地提高了测量的效率并减少了用工成本。

本节提出了在 GHM 框架下两种基于李群李代数的 ICP 总体最小二乘算法，此方法可以计算机器人的帧间相对位置变换。相比于原有的 ICP 最小二乘算法和现有的总体最小二乘算法[19, 21]，精度和算法的鲁棒性更高，并同时解决了欧拉角参数化带来的万向锁问题。旋转矩阵带来的非线性方程，使得无法通过解析解得到总体最小二乘的解。因此，只能使用非线性优化的迭代算法去解 GHM 方程。本节详细地给出了基于李群李代数的 GHM 迭代求解推导。

最后，将基于点-点对应关系的 ICP 算法拓展到了基于向量-向量对应的 ICP 算法中，并将该算法应用在了界址点坐标结算的过程中，实验结果表明基于向量-向量的 ICP 算法其模型参数对于误差有一定的泛化能力，拥有更高的界址点坐标结算精度。同时，提出了基于双目相机的界址点测量方法，有效地代替了全站仪进行界址点 GNSS 坐标的测量工作。使用新的测量方法仅仅需要一名操作人员即可快速完成测量过程，最为重要的是该方法能够在狭窄的空间和不可通视的室内进行作业。实验结果表明，所提出的界址点计算方法在精度上满足现实的应用要求。

5.2 基于稳定框架下的 PnP 方法

在多视角几何中存在三个主要问题：单应性矩阵求解问题[16, 22]、ICP 问题[23, 24]和 PnP 问题[25-28]。PnP 问题是在已知空间三维点在世界坐标系下的坐标和对应图像上的观测像素坐标后，求解得到视觉传感器在世界坐标系下的绝对位姿，在 SLAM 算法中世界坐标系由第一帧的原点位置确定。PnP 问题是计算机视觉中被广泛研究的问题[29]，同时也有着广泛的应用领域，如增强现实算法[30]、SLAM 系统位姿恢复与重定位算法中[3]。

动态环境的产生、光线的明暗变化和视野的遮挡在实际的应用场景中是完全无法避免的。在上述的场景中机器人或传感器模块常会丢失帧间传递的位姿导致机器人丢失自身的位姿，而 PnP 算法可以通过对空间三维坐标点的匹配重新计算机器人在世界坐标系下的位姿，从而保证位姿输出的连续性。在理想情况下，空间中三维匹配点的选择对 PnP 最终解算得到的位姿影响不是很大，并且最终结果距离真实的位姿值也一定很近。但上述的理想情况仅在有限的情况下才能保证。如果三维点的 X、Y 和 Z 轴在世界坐标系下的坐标分布方差过大，最终通过 PnP 算法解算得到的机器人绝对位姿会受到空间三维点的不同选择而产生极大的改变，并且最终解算的结果与位姿真值也相距甚远。现有的 PnP 算法都无法在三维点分布不平衡的情况下得到较为理想的结果。

首先，本节针对现有的 PnP 算法无法在非平衡分布的三维点情况下得到准确和稳定的结果，提出了使用基于主成分分析（principal component analysis，PCA）算法来保证 PnP 解算结果更加稳定和精确。该方法受到求解单应性矩阵的启示[31]，将归一化过程应用到了模型计算中，其目的在于保证奇异值分解（singular value decomposition，SVD）矩阵中每个元素的值都尽量地和彼此靠近使得矩阵的样本方差尽量变小，最终使得求解方程的条件数变小[32]。除了增加了归一化这一步骤以外，还抛弃原有的经典位姿变换模型 $Rp + t$，转而选择使用 $R(p-c)$这一模型。其主要原因在于，原有传统模型会在 PnP 算法求解的过程中扩大旋转矩阵的误差。

其次，设计了一个基于全站仪和三维标定板的实验用来验证 PnP 算法的稳定性。提出的全新实验有两点需要明确：在现有的 PnP 算法实验中[33-38]，仅仿真数据被用于验证不同 PnP 算法的精度。而空间三维点生成范围仅仅局限在$[1, 2]\times[1, 2]\times[4, 8]$或者 $[1, 2]\times[-2, 2]\times[4, 8]$ 范围中。实验使用 RTK-GNSS 技术来获得全站仪的 GNSS 坐标，再利用全站仪获得标定板上的 GNSS 坐标。根据实测数据的结果，标定板上的 X 轴、Y 轴和 Z 轴的分布范围是 $[-1845992, -1845991]\times[870837, 870838]\times[-2928936, -2928935]$。为了防止 PnP 算法所使用的三维空间点在一个平面上，将三个标定板放置在相互垂直的三面体的不同平面上构成三维标定板（图 5-6）。相机的位姿真值根据三维点在相机坐标系下的平均坐标计算得到。实验使用双目小觅相机内参作为相机模型的内参来求解相机的位姿真值。

图 5-6　三维标定板

5.2.1　研究内容概述

近些年来，PnP 算法在机器人领域和计算机视觉领域被广泛研究。现有的 PnP 算法种类较多，但可以分为两大类：基于优化的 PnP 算法和基于解析解的 PnP 算法。基于优化的 PnP 算法首先使用不同的参数化方法构造代价函数，描述三维点到相机的投影模型，然后利用非线性优化方法如高斯-牛顿法或者 L-M 方法不断迭代得到最终的位姿结果。但其缺点在于过于依赖开始优化之前的初始值设定，如果初始值距离真值较远，那么最终的优化结果无法收敛到真实值附近。非线性优化方法无法计算得到代价函数中所有的驻点，因此最终的优化结果仅仅是向距离初始值最近的驻点方向收敛而无法保证向全局最优点收敛。基于解析解的 PnP

算法与基于优化的方法不同，其需要求出所有的驻点并选取残差最小的驻点作为最终的结果。解析解算法对于输入数据的噪声和错误的测量值非常敏感，因此其得到结果后需使用非线性优化方法对最终的结果再进行优化以保证得到的最终结果有较好的抗差性。

直接线性变换（direct linear transformation，DLT）算法是一种比较朴素的基于解析解的 PnP 方法[39]：

$$s_i\begin{bmatrix}u_i'\\v_i'\\1\end{bmatrix}=\begin{bmatrix}r_{11}&r_{12}&r_{13}&t_x\\r_{21}&r_{22}&r_{23}&t_y\\r_{31}&r_{32}&r_{33}&t_z\end{bmatrix}\begin{bmatrix}x\\y\\z\\1\end{bmatrix}\tag{5-54}$$

将式（5-54）直接转换为式（5-55）求解齐次性矩阵的问题：

$$\begin{bmatrix}x&y&z&1&0&0&0&0&-u_i'x&-u_i'y&-u_i'z&-u_i'\\0&0&0&0&x&y&z&1&-v_i'x&-v_i'y&-v_i'z&-v_i'\end{bmatrix}\begin{bmatrix}r_{11}\\r_{12}\\r_{13}\\t_x\\r_{21}\\r_{22}\\r_{23}\\t_y\\r_{31}\\r_{32}\\r_{33}\\t_z\end{bmatrix}=0\tag{5-55}$$

其中，$[x\ \ y\ \ z\ \ 1]^{\mathrm{T}}$ 是三维点在世界坐标系下的齐次坐标；$[u_i'\ \ v_i'\ \ 1]^{\mathrm{T}}$ 是三维空间点 $[x\ \ y\ \ z\ \ 1]^{\mathrm{T}}$ 被相机观测到的像素齐次坐标；$[\boldsymbol{R}\quad \boldsymbol{t}]=\begin{bmatrix}r_{11}&r_{12}&r_{13}&t_x\\r_{21}&r_{22}&r_{23}&t_y\\r_{31}&r_{32}&r_{33}&t_z\end{bmatrix}$ 是待估计的相机位姿矩阵。

可以直接使用 SVD 方法求解得到式（5-55）齐次方程的解，但是这种方法没有将位姿矩阵中旋转矩阵的正交性这一约束条件考虑进去。因此相比于其他的 PnP 方法，使用式（5-55）求解得到的相机位姿会产生较大的误差。

LHM 算法属于非线性优化的 PnP 方法[40]。首先使用 Weak-Perspective 模型[31]得到相机位姿在世界坐标系下的初始值，然后构造图像空间的代价函数来获得最终的位姿结果。传统迭代法的 PnP 代价函数的残差使用的是像素观测误差，但是

LHM 的代价函数使用的是三维空间中的误差。该方法的优点在于将误差从二维扩展到三维增加了约束条件的鲁棒性，并且 LHM 在进行迭代优化时充分地将姿态矩阵的正交性考虑进去，使用合理的参数化方法来表示位姿矩阵，将 PnP 问题转换为 ICP 问题进行求解。LHM 的初值获取非常关键，其假设空间点的分布满足 Weak-Perspective 模型，即在世界坐标系下所有的三维点是平行于图像平面的。在实际情况下 LHM 算法无法满足 Weak-Perspective 模型，使得计算得到的初始值距离真值较远，导致最终的迭代优化的方向也无法保证趋近于真值。

根据 LHM 算法的缺点，当三维点在一个平面的情况下，LHM 算法中的代价函数不具有可观性，无法解算得到良好的位姿矩阵[41]。因此，LHM + SP 算法应运而生用于解决三维点共面的情况。LHM + SP 算法对 LHM 算法进行了变化，保证了所有三维点共面时优化结果的鲁棒性，但 LHM + SP 算法也需要满足 Weak-Perspective 模型，仍旧不满足真实情况下的三维点分布要求。

最为著名的且被各开源算法广泛使用的是 EPnP 算法[42]，此方法使用非迭代的求解方式，有效地减少了计算量并保证了在现有的硬件资源下能够实时运行。EPnP 算法的核心思想是将 PnP 问题转换为 ICP 问题，如果通过某种方式能够计算得到三维点在相机坐标下的坐标，那么就可以使用 ICP 方法对相机坐标系下的点和世界坐标系下的点进行拟合，进而求解得到最终的位姿矩阵。EPnP 算法根据三维点的分布使用主成分分析的方法在世界坐标系下构建了一个新的坐标系。坐标系的变换并不影响点与点之间的距离，EPnP 充分利用了这一属性计算得到相机坐标系和新坐标系之间的位姿变换矩阵，从而三维点在相机坐标系下的坐标能够很容易求解得到。然而 EPnP 算法的最后一步将世界坐标系下的点与相机坐标系下的点对齐时，无法保证变换之后的世界坐标系下的点在相机坐标系下的 Z 轴坐标值大于 0。Z 轴数值小于 0 表明被相机观测到的点在相机的后方，这明显有悖于物理法则。

DLS 算法[33]是第一个鲁棒的非迭代 PnP 算法。DLS 构造的代价函数与 LHM 算法中的代价函数十分相似。图 5-7 比较了 DLS 和 LHM 算法中代价函数的异同。$\boldsymbol{P}$ 是三维点在相机坐标系下的坐标，根据 $\boldsymbol{P}_{\text{camera}} = \boldsymbol{R}\boldsymbol{P}_{\text{world}} + \boldsymbol{t}$ 得到。$\boldsymbol{P}_{\text{world}}$ 是输入的三维点在世界坐标下的坐标，$\boldsymbol{P}_{\text{camera}}$ 是三维点在相机坐标下的坐标。L_2 直线在相机坐标系下的方向由归一化像素坐标 $\begin{bmatrix} u_i' & v_i' & 1 \end{bmatrix}^{\mathrm{T}}$ 决定，L_3 直线在相机坐标系下的方向由 $\boldsymbol{P}_{\text{camera}}$ 决定。P_1' 是由直线 L_2 和 L_1 相交得到并且其垂直于直线 L_3，与直线 L_2 相交的点。$\boldsymbol{P}_{\text{camera}} - P_1'$ 是 LHM 算法所定义的残差。在 LHM 的残差定义中，本章做了一个假设，即 P_1' 点一定是直线 L_1 和 L_2 的交点。很明显在输入数据存在噪声的情况下，这种强假设的情况不是一定成立的。DLS 算法在求解时添加了新的待估计参数，使得参数化后的代价函数更加容易求解。新添加的待估计参数是三维点到相机中心的距离 α，因此点 $\boldsymbol{P}_2'$ 可以表示为

$$P_2' = \frac{\alpha\left[u_i' \quad v_i' \quad 1\right]^{\mathrm{T}}}{\left\|\left[u_i' \quad v_i' \quad 1\right]^{\mathrm{T}}\right\|} \tag{5-56}$$

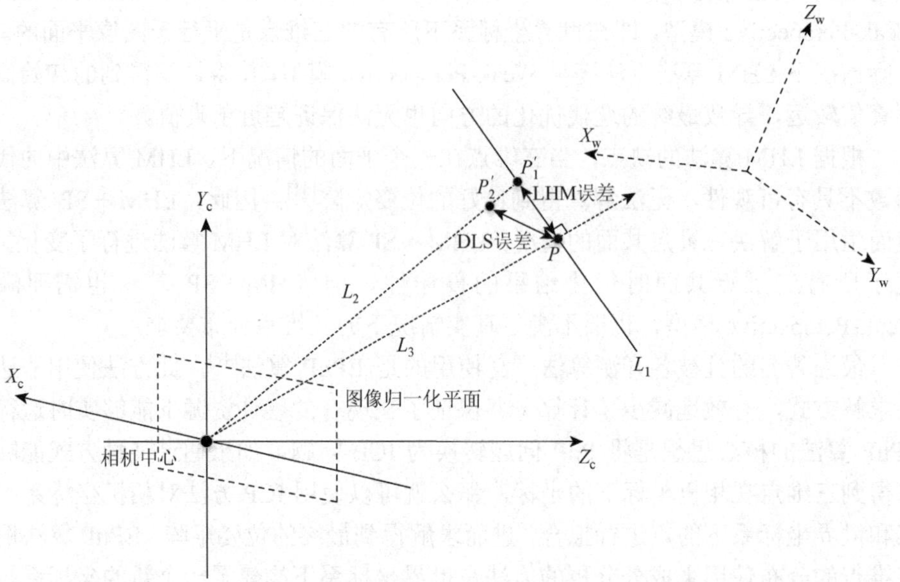

图 5-7　DLS 算法和 LHM 算法代价函数的差异比较图

DLS 算法的误差是 $\boldsymbol{P}_2'$ 到 $\boldsymbol{P}$ 的距离，见图 5-7。DLS 算法没有像 LHM 算法使用迭代的方式去求解代价函数的解。DLS 算法将 CGR 参数化方法引入代价函数中表示姿态矩阵 $\boldsymbol{R}$，将求解非线性代价函数最优解的问题转换为多项式问题。在此框架下，不需要使用 LHM 算法中的 Weak-Perspective 模型得到初始值。Macaulay 矩阵被用于求解多项式的所有解，在所有的解中选择使代价函数残差最小的解作为最终的结果。尽管 DLS 算法相较于 LHM 更加稳定并且能够得到解析解，但是当真实的姿态矩阵的 X、Y 和 Z 的旋转轴在 180°附近时，CGR 参数化方法无法对姿态矩阵参数化，最终导致 DLS 算法失效。

RPnP 算法[34]基于经典的 P3P 算法[35]，将 P3P 算法中的约束方程变换成一个四阶的多项式方程。RPnP 算法没有使用线性化方法[36]去解四阶多项式方程，而是使用特征值的方法[37]去获得多项式的四个最小解。在求得多项式的解后，三维点在相机位姿下的坐标可以容易地获得。RPnP 算法没有直接使用 ICP 方法去求解相机的绝对位姿，而是在相机坐标系下使用归一化方法构建一个新的坐标系。该步骤与本节提出的归一化方法较为类似，但是 RPnP 和其他的 PnP 算法一样，并没有在方差较大的三维点的情况下获得较好的结果，主要是因为 RPnP 使用的是相机坐标下的三维点构建的归一化坐标系，在相机坐标系下的三维点的方差要远小于世界坐标系下点的方差，因此在相机坐标系下构建归一化坐标系并不能提高 PnP 算法的精度。

OPnP 算法[43]继承了 DLS 算法的核心思想：构造一个代价函数，参数化旋转矩阵并使用求解多项式根的方法来获得代价函数的所有驻点解。在 OPnP 算法中使用的旋转矩阵参数化方法是非单位四元数而不是 CGR 参数化方法。非单位四元数相比于四元数没有模为 1 的约束，优化问题变为非约束最优问题。非单位四元数不会在 X、Y 和 Z 轴 180°附近参数化失效，因此 OPnP 算法相比于 DLS 算法更加稳定。然而，OPnP 算法与上述其他 PnP 算法一样均没有考虑归一化过程，导致 PnP 算法鲁棒性变差和精度下降。

5.2.2　归一化 PnP 算法

求解齐次性方程的问题经常会在计算机视觉中遇到，如式（5-55）中对于 PnP 问题直接进行求解：

$$\boldsymbol{Ax}=0 \tag{5-57}$$

其中，$\boldsymbol{A}=\begin{bmatrix} x & y & z & 1 & 0 & 0 & 0 & 0 & -u_i'x & -u_i'y & -u_i'z & -u_i' \\ 0 & 0 & 0 & 0 & x & y & z & 1 & -v_i'x & -v_i'y & -v_i'z & -v_i' \end{bmatrix}$，$A$ 的列数等于 n，行数等于 m；$\boldsymbol{x}=\begin{bmatrix} r_{11} & r_{12} & r_{13} & t_x & r_{21} & r_{22} & r_{23} & t_y & r_{31} & r_{32} & r_{33} & t_z \end{bmatrix}^{\mathrm{T}}$。

式（5-55）存在唯一非零解的充分必要条件为 $\boldsymbol{A}$ 的秩等于 n–1。然而由于输入的测量数据存在噪声，$\boldsymbol{A}$ 的秩常常会等于 n。在这种情况下，SVD 分解经常被用于求解式（5-57）。SVD 本质上是求解一个矩阵 $\boldsymbol{A}'$ 使其与 $\boldsymbol{A}$ 矩阵求解得到的 Frobenius 模最小，并且保证矩阵 $\boldsymbol{A}'$ 的秩等于 n–1。然后，对 $\boldsymbol{A}'$ 矩阵执行 SVD 分解：$\boldsymbol{A}'=UD'V^{\mathrm{T}}$。$\boldsymbol{A}=UDV^{\mathrm{T}}$，将 D 矩阵中最小的奇异值设置为零就得到了 $\boldsymbol{D}'$ 矩阵。若 $A^{\mathrm{T}}A$ 拥有越小的条件数，则得到的 SVD 结果越稳定。如果三维点在世界坐标系下的坐标是 $[10^4 \;\; 10^4 \;\; 10]$，此时输入矩阵中各个值之间差异过大导致式（5-55）拥有非常大的条件数，最终解出的 SVD 结果非常不稳定。因此可以看出，x 和 y 变量所在项要远大于 z 变量所在项，如果使用 SVD 对其进行求解，结果会随着输入变量的微小改变而发生巨大改变。这种情况不仅仅发生在 DLT 算法中，也同时出现在 EPnP、LHM + SP、EPnP、DLS、RPnP 和 OPnP 算法中。

归一化方法可以有效解决上述问题[16, 32]。根据世界坐标系下的三维坐标点建立一个新的坐标系以保证三维点在新坐标系下的坐标 x_{new}、y_{new} 和 z_{new} 拥有相同数量级的幅值。本节将新建的坐标系称为归一化坐标系，$[x_{\mathrm{new}} \;\; y_{\mathrm{new}} \;\; z_{\mathrm{new}}]^{\mathrm{T}}$ 是三维点在归一化坐标系下的坐标。

$$\boldsymbol{X}=\begin{bmatrix} x_{1,\text{world}}-\overline{x_{\text{world}}} & x_{2,\text{world}}-\overline{x_{\text{world}}} & \cdots & x_{n,\text{world}}-\overline{x_{\text{world}}} \\ y_{1,\text{world}}-\overline{y_{\text{world}}} & y_{2,\text{world}}-\overline{y_{\text{world}}} & \cdots & y_{n,\text{world}}-\overline{y_{\text{world}}} \\ z_{1,\text{world}}-\overline{z_{\text{world}}} & z_{2,\text{world}}-\overline{z_{\text{world}}} & \cdots & z_{n,\text{world}}-\overline{z_{\text{world}}} \end{bmatrix} \tag{5-58}$$

其中，$\boldsymbol{p}_{i,\text{world}}=[x_{i,\text{world}}\quad y_{i,\text{world}}\quad z_{i,\text{world}}]^{\text{T}}$为三维点在世界坐标系下的坐标，即三维点在第一帧相机下的坐标；$\overline{\boldsymbol{p}_{\text{world}}}=\left[\overline{x_{\text{world}}}\quad \overline{y_{\text{world}}}\quad \overline{z_{\text{world}}}\right]^{\text{T}}$是在世界坐标系下的平均中心点。

PCA 算法寻找一个变换矩阵$\boldsymbol{R}_{\text{convert}}$使得$\boldsymbol{Q}$矩阵为对角矩阵，$\boldsymbol{R}_{\text{convert}}\boldsymbol{X}\boldsymbol{X}^{\text{T}}\boldsymbol{R}_{\text{convert}}=\boldsymbol{Q}$。使用 SVD 分解求解得到$\boldsymbol{R}_{\text{convert}}$：$\text{SVD}(XX^{\text{T}})=UDU^{\text{T}}$，根据 PCA 算法可以得到$\boldsymbol{R}_{\text{convert}}=U^{\text{T}}$，$\boldsymbol{t}_{\text{convert}}=-\boldsymbol{R}_{\text{convert}}\overline{\boldsymbol{p}_{\text{world}}}$，则

$$R_{\text{convert}}\boldsymbol{p}_{i,\text{world}}+\boldsymbol{t}_{\text{convert}}=\boldsymbol{p}_{i,\text{new}} \tag{5-59}$$

在 PCA 坐标系变换之后，新坐标系下的三维点坐标 x、y 和 z 的幅度数量级相同。然后根据归一化坐标系下的点使用 PnP 算法计算得到相机在归一化坐标系下的位姿$[R_{\text{new}}\quad t_{\text{new}}]$，满足如下条件：

$$\boldsymbol{R}_{\text{new}}\boldsymbol{p}_{i,\text{new}}+\boldsymbol{t}_{\text{new}}=s_i\left[u_i'\quad v_i'\quad 1\right]^{\text{T}} \tag{5-60}$$

将式(5-60)代入式(5-59)中，可以得到$\boldsymbol{R}_{\text{new}}\boldsymbol{R}_{\text{convert}}=\boldsymbol{R}$和$\boldsymbol{R}_{\text{new}}\boldsymbol{t}_{\text{convert}}+\boldsymbol{t}_{\text{new}}=\boldsymbol{t}$。因此，世界坐标系下的位姿矩阵$[\boldsymbol{R}\quad \boldsymbol{t}]$可以通过$\left[\boldsymbol{R}_{\text{new}}\quad \boldsymbol{t}_{\text{new}}\right]$计算得到。可以看出，即使选择不同的 PnP 算法或者世界坐标系下不同三维点都不会使$\boldsymbol{R}_{\text{new}}$和$\boldsymbol{R}_{\text{convert}}$矩阵发生太大变换。因此使用归一化方法计算得到的旋转矩阵$\boldsymbol{R}$比现有的 PnP 算法得到的结果更加稳定。但是计算得到矩阵$\boldsymbol{R}$后，位置向量$\boldsymbol{t}$乘以$\boldsymbol{t}_{\text{convert}}$之后其误差会被放大，即$\boldsymbol{t}$的精度也受到了$\boldsymbol{R}$矩阵的影响。如果$\overline{\boldsymbol{p}_{\text{world}}}=[10^4\quad 10^4\quad 10]^{\text{T}}$并且计算得到的$\boldsymbol{R}$矩阵与真值相比产生了 0.1 的误差，则最终计算得到的$\boldsymbol{t}$向量会因为乘上$\overline{\boldsymbol{p}_{\text{world}}}$的值后其误差变为 1000。因此位置向量$\boldsymbol{t}$的鲁棒性要劣于旋转矩阵的鲁棒性。解决这一问题的办法是使用新的位姿变换模型：

$$\boldsymbol{R}\boldsymbol{p}_{i,\text{world}}+\boldsymbol{t}=\boldsymbol{p}_{i,\text{camera}} \tag{5-61}$$

$$\boldsymbol{R}(\boldsymbol{p}_{i,\text{world}}-\boldsymbol{c})=\boldsymbol{p}_{i,\text{camera}} \tag{5-62}$$

其中，式（5-61）为经常使用的位姿变换等式；$\boldsymbol{c}=-\boldsymbol{R}^{\text{T}}\boldsymbol{t}$是对位置向量$t$的另外一种表示方式。

在 EPnP 算法中，首先获得三维点在相机坐标系下的坐标，然后使用 ICP 算法获得相机坐标系和世界坐标系的位姿变换矩阵$[\boldsymbol{R}\quad \boldsymbol{t}]$：

$$\boldsymbol{q}_i=\boldsymbol{p}_{i,\text{world}}-\overline{\boldsymbol{p}_{\text{world}}} \tag{5-63}$$

$$\boldsymbol{q}_i'=\boldsymbol{p}_{i,\text{camera}}-\overline{\boldsymbol{p}_{\text{camera}}} \tag{5-64}$$

$$H=\sum_{i=1}^{N}\boldsymbol{q}_i\boldsymbol{q}_i'^{\mathrm{T}} \tag{5-65}$$

$$\boldsymbol{c}=\overline{\boldsymbol{p}_{\text{world}}}-\boldsymbol{R}^{\mathrm{T}}\overline{\boldsymbol{p}_{\text{camera}}} \tag{5-66}$$

$$\boldsymbol{t}=\overline{\boldsymbol{p}_{\text{camera}}}-\boldsymbol{R}\overline{\boldsymbol{p}_{\text{world}}} \tag{5-67}$$

其中，$\overline{\boldsymbol{p}_{\text{world}}}$ 是三维点在世界坐标系下的中心点；$\overline{\boldsymbol{p}_{\text{camera}}}$ 是三维点在相机坐标系下的中心点；$\mathrm{SVD}(H)=UDV^{\mathrm{T}}$；$R=VU^{\mathrm{T}}$。

式（5-66）和式（5-67）使用 ICP 算法后得到位置向量。可以看出，$\overline{\boldsymbol{p}_{\text{camera}}}$ 的幅值数量级远小于 $\overline{\boldsymbol{p}_{\text{world}}}$。因此，出现在 $\boldsymbol{R}$ 矩阵的相同数量的误差会在式(5-66)中产生更小的误差。不是所有的 PnP 算法都像 EPnP 算法一样第一步是获取三维点在相机坐标系下的坐标，例如，DLS 和 OPnP 算法第一步是根据其构建的代价函数直接解算得到相机在世界坐标系下的位姿。为了能将此框架应用于所有的 PnP 算法，本节提出一种适用于所有 PnP 算法的算法框架。首先，使用三维点在世界坐标系下的坐标建立归一化坐标系并得到所有点在归一化坐标系下的坐标；然后，使用任何一种 PnP 算法解算得到$[\boldsymbol{R}_{\text{new}}\quad \boldsymbol{c}_{\text{new}}]$。最后使用$[\boldsymbol{R}_{\text{new}}\quad \boldsymbol{c}_{\text{new}}]$和$[\boldsymbol{R}_{\text{convert}}\quad \boldsymbol{c}_{\text{convert}}]$恢复得到$[\boldsymbol{R}\quad \boldsymbol{t}]$完成最终的求解。

$$\boldsymbol{R}_{\text{convert}}(\boldsymbol{p}_{i,\text{world}}-\boldsymbol{c}_{\text{convert}})=\boldsymbol{p}_{i,\text{new}} \tag{5-68}$$

$$\boldsymbol{R}_{\text{new}}(\boldsymbol{p}_{i,\text{new}}-\boldsymbol{c}_{\text{new}})=s_i\begin{bmatrix}u_i' & v_i' & 1\end{bmatrix}^{\mathrm{T}} \tag{5-69}$$

$$\boldsymbol{R}(\boldsymbol{p}_{i,\text{world}}-\boldsymbol{c})=s_i\begin{bmatrix}u_i' & v_i' & 1\end{bmatrix}^{\mathrm{T}} \tag{5-70}$$

其中，$\boldsymbol{c}_{\text{convert}}=-\boldsymbol{R}_{\text{convert}}^{\mathrm{T}}\boldsymbol{t}_{\text{convert}}$；将式(5-68)代入式(5-69)，可以得到 $\boldsymbol{R}=\boldsymbol{R}_{\text{new}}\boldsymbol{R}_{\text{convert}}$。

归一化之后，$\boldsymbol{c}=\boldsymbol{c}_{\text{convert}}+\boldsymbol{R}_{\text{convert}}^{\mathrm{T}}\boldsymbol{c}_{\text{new}}$ 和 $\boldsymbol{R}_{\text{new}}$ 矩阵拥有较高的精度和鲁棒性，因此，最终的旋转矩阵 $\boldsymbol{R}$ 也拥有较高的鲁棒性。可以看到，$\boldsymbol{c}_{\text{new}}$ 是归一化坐标系下的位置向量，其数量级要远小于 $\boldsymbol{c}$ 向量。即使 $\boldsymbol{R}_{\text{convert}}$ 矩阵的误差非常大，$\boldsymbol{R}_{\text{convert}}^{\mathrm{T}}\boldsymbol{c}_{\text{new}}$ 由于 $\boldsymbol{c}_{\text{new}}$ 的数量级较小，其误差也很小。与现有方法相比[39]，很明显本节计算得到的位置向量 c 拥有更高的鲁棒性。表 5-6 给出通用的 PnP 算法流程。

表 5-6　通用 PnP 算法流程

目标：给定 n 个在世界坐标系下的三维点 $\{\boldsymbol{p}_{i,\text{word}}\mid i=1,\cdots,n\}$ 和其对应的图像归一化坐标 $\{[u_i'\quad v_i'\quad 1]\mid i=1,\cdots,n\}$，相机在世界坐标系下的位姿矩阵 $[\boldsymbol{R}\quad \boldsymbol{c}]$。
算法流程： （1）归一化：根据 $\{\boldsymbol{p}_{i,\text{word}}\mid i=1,\cdots,n\}$，使用 PCA 算法计算得到转换位姿矩阵 $[\boldsymbol{R}_{\text{convert}}\quad \boldsymbol{c}_{\text{convert}}]$。 （2）使用任意一种 PnP 算法计算得到在归一化坐标系下的位姿矩阵 $[\boldsymbol{R}_{\text{new}}\quad \boldsymbol{t}_{\text{new}}]$。 （3）最终得到相机在世界坐标系下的位姿：$\boldsymbol{R}=\boldsymbol{R}_{\text{new}}\boldsymbol{R}_{\text{convert}}$，$\boldsymbol{c}=\boldsymbol{c}_{\text{convert}}+\boldsymbol{R}_{\text{convert}}^{\mathrm{T}}\boldsymbol{c}_{\text{new}}$。

5.2.3 实验结果

PnP 算法的验证使用的是双目小觅相机，其输出 752 像素×480 像素图像，内参参数为 $f_x = 350.58$，$f_y = 350.58$，$c_x = 382.98$ 和 $c_y = 231.59$。相机被设定为自动曝光模式。所有的程序运行在拥有 2.7GHz 双核的 Ubuntu 操作系统笔记本电脑上。所用的全站仪型号为南方测绘生产的 NTS-340R6A，距离测量精度为±2mm，角度测量精度为 2s。实验分为两个部分。

第一部分：使用仿真数据用于检验 PnP 算法的精度。但是不同于以往在 DLS 算法、OPnP 算法和 EPnP 算法中的实验，首先在[−2, 2]×[−2, 2]×[4, 8]区间内随机生成三维点在相机坐标系下的坐标，然后根据所有点的平均值生成相机在世界坐标系下的位姿作为真值用于验证精度，在 SLAM 算法中世界坐标系由第一帧相机的位姿决定，造成真实情况下的位姿矩阵与相机坐标下点的坐标无关系，进而容易造成生成点的方差较小没有涵盖所有的分布情况。为了克服原有实验的缺点，将相机坐标系下点的生成范围设置为[−1845992, −1845991]×[870837, 870838]×[−2928936, −2928935]，使其拥有较大的方差。

第二部分：使用真实采集的图像数据。现有的 PnP 真实数据实验中仅仅是对两张图像进行特征点匹配，然后使用 PnP 算法得到最终的结果。这种实验由于缺少相机的真实位姿数据，无法验证 PnP 算法的精度和鲁棒性。因此，提出一种使用全站仪和标定板的实验方法，其能够行之有效地验证 PnP 算法的精度和鲁棒性。三个标定板被放置在三面体的三个表面，标定板的内角点能够非常容易地被识别，避免了特征点误匹配情况的发生。全站仪放置在标定板前用于获取标定板内角点在世界坐标系下的坐标。已知图像上的像素坐标和三维点的空间坐标可以验证 PnP 算法的鲁棒性。

1. *仿真实验*

仿真数据实验用于验证 PnP 算法的精度，使用小觅相机获取空间点和图像上像素点的 3D-2D 对应关系。世界坐标系下位置向量的真值由相机坐标系下三维点的平均值决定，而姿态矩阵的真值由轴角构造得到。三维点在世界坐标系下的坐标根据相机位姿的真值和三维点在相机坐标系下的坐标得到。现有的实验中，相机坐标系下的三维点分布在[−2, 2]、[−2, 2]和[4, 8]，使得世界坐标系下点的差异程度较小。而实际应用的场景中，GNSS 站心坐标系下的 Z 轴坐标值要远小于 X 轴和 Y 轴的坐标值。因此，将实验仿真数据进行调整以求得更加符合实际的应用条件。

首先，使用全站仪得到标定板上所有内角点的 GNSS 坐标。X、Y 和 Z 轴的坐标设置范围在[−1845992, −1845991]×[870837, 870838]×[−2928936, −2928935]，其保证

了在 X、Y 和 Z 轴中的坐标有较大的方差，并在这一范围内随机生成位置的真值。然后获得三维点在相机坐标系下的分布范围为[0.05, 0.3]×[–0.06, 0.3]× [0.3, 0.5]，并在这个范围内生成三维点在相机坐标系下的坐标。最后，根据随机生成数构建姿态矩阵的真值，由此得到三维点在世界坐标系下的坐标真值。根据相机投影模型计算得到三维点在图像中的投影，同时在每个像素坐标上增加 0.5～5 的观测误差。

令真实的姿态矩阵为 $\boldsymbol{R}_{\text{true}}$，位置向量的真值为 $\boldsymbol{t}_{\text{true}}$。PnP 算法计算得到的姿态矩阵为 $\boldsymbol{R}$，位置向量为 $\boldsymbol{t}$，则姿态误差定义如下：

$$E_{\boldsymbol{R}}(°) = \arccos\left(\max\left(\boldsymbol{r}_{1,\text{true}}^{\text{T}}\boldsymbol{r}_1, \boldsymbol{r}_{2,\text{true}}^{\text{T}}\boldsymbol{r}_2, \boldsymbol{r}_{3,\text{true}}^{\text{T}}\boldsymbol{r}_3\right)\right) \tag{5-71}$$

其中，$\boldsymbol{r}_{1,\text{true}}^{\text{T}}$，$\boldsymbol{r}_{2,\text{true}}^{\text{T}}$ 和 $\boldsymbol{r}_{3,\text{true}}^{\text{T}}$ 是 $\boldsymbol{R}_{\text{true}}$ 矩阵的三个列向量；$\boldsymbol{r}_1$，$\boldsymbol{r}_2$ 和 $\boldsymbol{r}_3$ 是矩阵 $\boldsymbol{R}$ 的列向量。

位置误差定义如下：

$$E_t(\%) = \left\|\boldsymbol{t}_{\text{true}} - \boldsymbol{t}\right\| / \left\|\boldsymbol{t}\right\| \tag{5-72}$$

各 PnP 算法的精度结果绘制在图 5-8 和图 5-10 中。使用仿真数据但没有引入归一化算法时，EPnP、EPnP-GN、LHM、RPnP、DLS、OPnP、SP 和 DLT 算法的精度结果绘制在图 5-8 中。使用仿真数据并引入归一化算法时，EPnP、EPnP-GN、LHM、RPnP、DLS、OPnP、SP 和 DLT 算法的精度结果绘制在图 5-10 中。为方便阅读，图 5-9 是对图 5-8 中 RPnP、DLS、SP 和 LHM 结果的放大。通过比较图 5-8 和图 5-10 中的结果能够明显地看到，在本章算法框架下的 PnP 算法有着更高的精度。

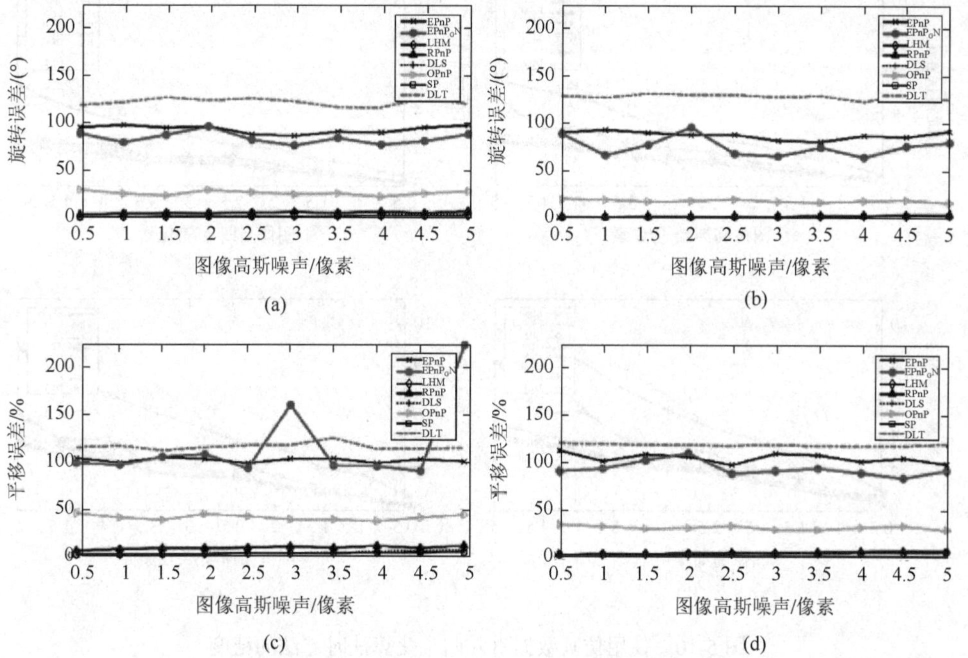

图 5-8　使用仿真数据但没有引入归一化算法时算法的精度

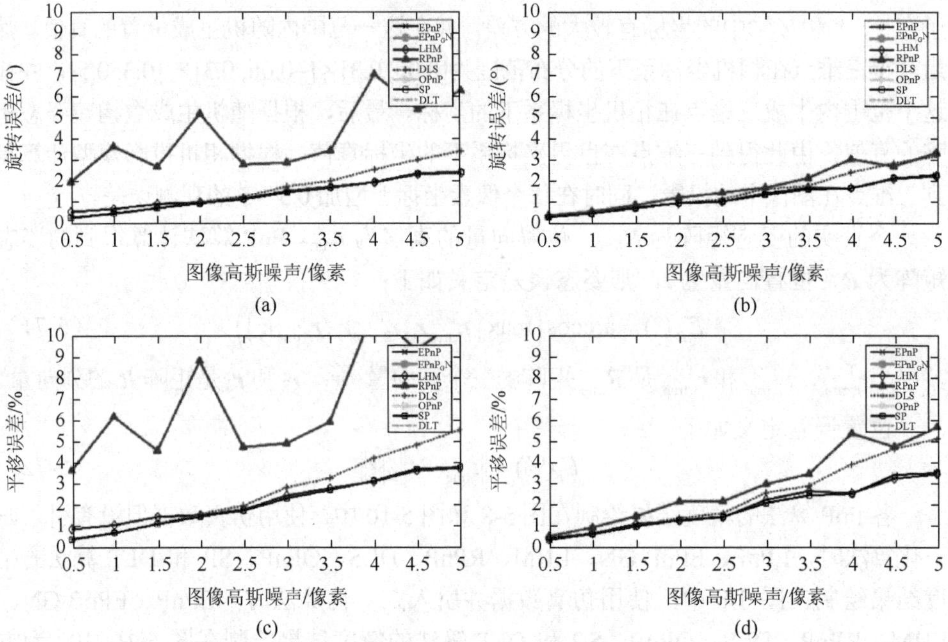

图 5-9　对于图 5-8 中部分算法精度结果的放大图

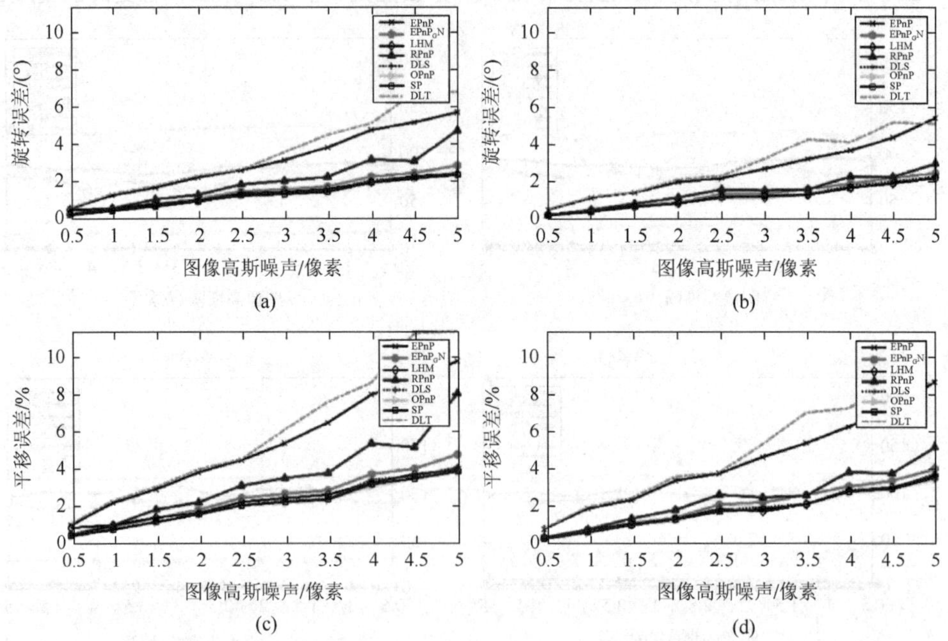

图 5-10　使用仿真数据引入归一化算法时算法的精度

由图 5-8～图 5-10 可知，经过归一化处理后精度明显提升的 PnP 算法有 DLT、EPnP、EPnP-GN 和 OPnP 算法。其中 DLT、EPnP、EPnP-GN 和 OPnP 算法在图 5-8 中其误差过大明显表明最终的解算结果是错误的。这四种算法都使用了高斯-牛顿法进一步提升解析解的精度。而使用方差较大的原始数据极易导致奇异的雅可比矩阵，这主要是因为在雅可比矩阵中受到输入数据的影响，每个值的幅度相差较大。剩余的四种算法 LHM、RPnP、DLS 和 SP 使用的是解析解的方法或者非传统的非线性优化方法，因此它们的结果更加接近真值。但是能够从图 5-10 的结果看出，这四种算法在经过归一化后的精度也比原有的算法精度要高。由此可以得出结论，归一化过程能够提高求解 PnP 算法的精度。

2. 实测实验

当所有的三维点处于同一个平面时，PnP 算法解算得到的结果误差会变大，且在实际应用场景中所有点共面的情况极少会出现。因此，使用图 5-6 所示的三维标定板提取三维空间点，并使用全站仪测量得到所有内角点的 GNSS 坐标作为世界坐标系下的坐标。在相机标定时，OpenCV 的内角点检测函数经常被用来提取标定板的内角点，但是在三维标定板的情况下需要同时检测出三个标定板上的内角点并且经过实测发现 OpenCV 的内角点检测结果精度较差，经常出现漏检和错检的情况。因此，使用 Geiger 等的方法检测内角点[44]。

提取出每个标定板上的所有内角点后，建立三维空间点和图像上的二维像素坐标的对应关系。首先，在第一张图像中，根据三维点的顺序手动地选择图像上的像素点；然后，对图像上的像素点进行三角化，得到每个三维点在第一帧相机坐标系下的坐标；最后，将第一帧相机坐标系下的点投影到第二帧图像上并在第二帧图像上搜索与之最近的内角点。如果在一定范围内搜索不到内角点，则认为这帧图像的测量值不准确并抛弃这帧图像不参与到 PnP 算法的计算中。其主要目的是排除异值数据，与 RANSAC 算法较为相似。但是 RANSAC 算法只能处理误差比较大的异值数据，而无法排除误差比较小的异值数据。目前，已经获得了空间三维点到每帧图像上的匹配关系。接下来，将比较本节提出的 PnP 算法与现有的 EPnP、EPnP-GN、LHM、RPnP、DLS、OPnP、SP 和 DLT 算法的鲁棒性。

在理想情况下，选择不同空间中的三维点不会改变 PnP 最终解算的位姿。但是由于输入的三维点坐标、观测到的像素坐标和相机模型误差的影响，PnP 算法结果会受到选择的三维点影响。三维标定板共有 72 个内角点。首先，随机选择 12 个内角点计算位姿并重复 15 次，可以获得 15 个相机在世界坐标系下的位姿。然后，将位姿中的旋转矩阵变换到轴角，其目的是能够直观地展示姿态的鲁棒性。最后，计算轴角和位置向量在使用归一化方法和没有使用归一化方法的方差。

除了用于衡量算法鲁棒性的方差指标，本实验还将空间中的约束指标加入评价指标中，空间约束指标包括像素误差、距离误差和角度误差。当获得相机在世界坐标系下的位姿后，将世界坐标系下的点投影到图像中计算得到重投影误差即像素误差。同时三维点在相机坐标系下的坐标也可以根据三维点在世界坐标系下的坐标和位姿计算得到，在相机坐标系下每个点之间的距离应该与世界坐标系下每个点之间的距离相同，但是下面的实验结果证明本节提出的 PnP 算法框架计算得到的距离误差要比现有的 PnP 算法计算得到的距离误差小。三个点可以构造两个向量，因此两个向量在世界坐标系下的夹角和在相机坐标系下的夹角应该相同，而两者之差即为角度误差。

实验结果绘制于图 5-11～图 5-18 中。在图 5-11、图 5-13 和图 5-17 中，三维坐标绘制的是旋转矩阵的轴角向量，其定义如下：$[\phi_1 \quad \phi_2 \quad \phi_3]=\theta[a_1 \quad a_2 \quad a_3]$。$\theta$ 的单位是 rad，$\theta=\sqrt{\phi_1^2+\phi_2^2+\phi_3^2}$ 用于表示旋转的角度，$[a_1 \quad a_2 \quad a_3]$ 是旋转的轴。图像中的像素误差为观测到的像素坐标和重投影之后得到的像素坐标的欧氏距离。在图 5-12 和图 5-14～图 5-16 中，位置向量属于欧氏空间，其单位为 m。本实验中使用双目相机观测三维标定板，然后使用标定板上的随机 12 个内角点来计算相机在世界坐标系下的位姿。理想情况下选择不同三维点不会改变最终解算得到的结果，但是实际情况下 PnP 算法解算的结果会发生比较大的变化。图 5-11～图 5-18 中右下角的图为计算得到的不同情况下结果的方差，方差越大表示 PnP 算法的鲁棒性越差。方差是一个衡量鲁棒性非常重要的指标，但是方差极易受到异值点的影响导致其变大，为了保证异值点对结果没有影响，在图 5-11～图 5-18 中将每次计算得到的结果也绘制在图中以证明数据的有效性。

在归一化坐标系下旋转矩阵和位置向量的波动绘制于图 5-12 中。没有使用归一化算法框架在世界坐标系下旋转矩阵和位置向量的波动绘制于图 5-13 和图 5-14 中。使用归一化算法框架在世界坐标下旋转矩阵和位置向量的波动绘制于图 5-16 和图 5-17 中。使用归一化算法框架在世界坐标系下位置向量 c 的波动绘制于图 5-15 中。每个图的右下角为不同方法的方差结果。

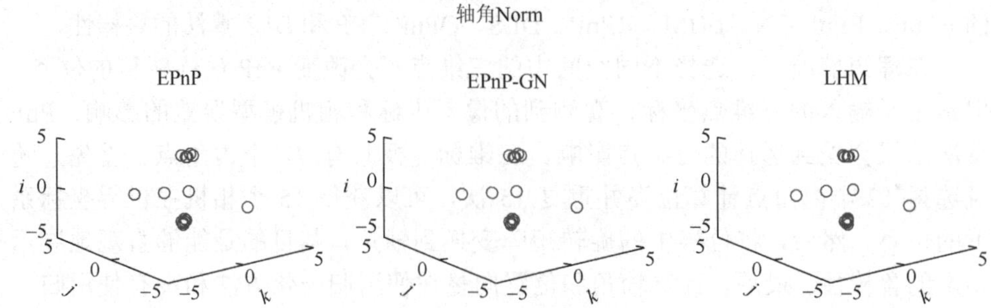

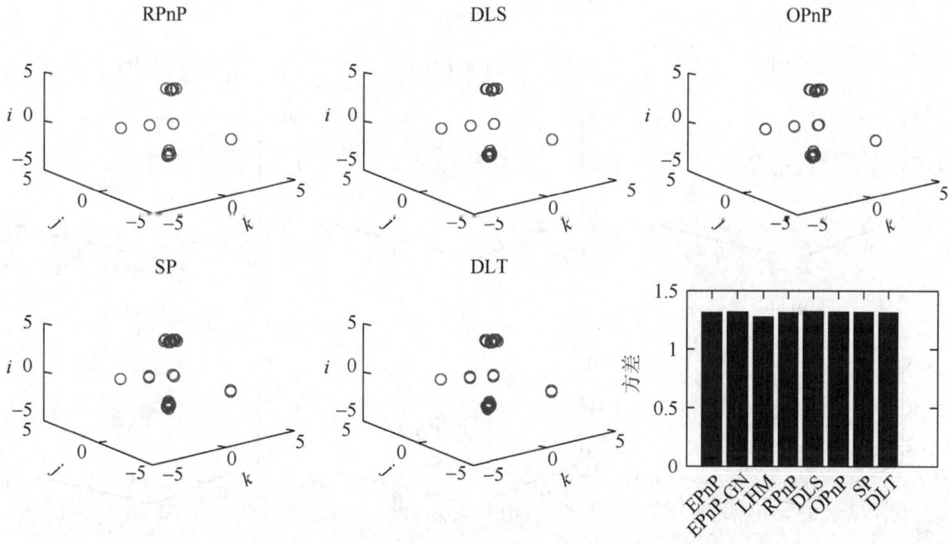

图 5-11　在归一化坐标系下的姿态矩阵的变化情况

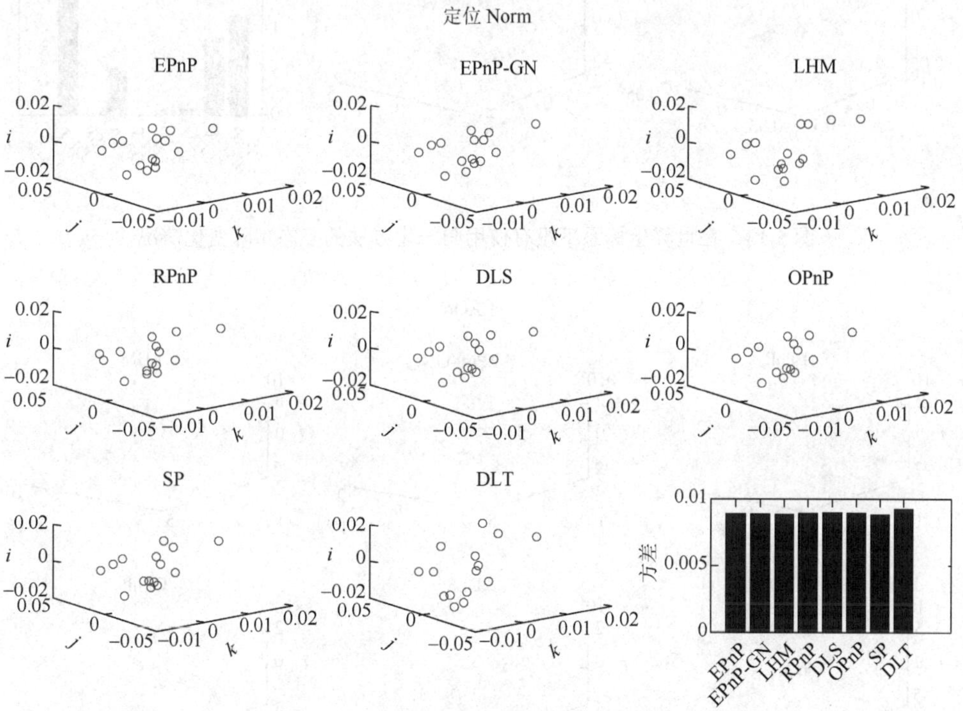

图 5-12　在归一化坐标系下位置的变化情况

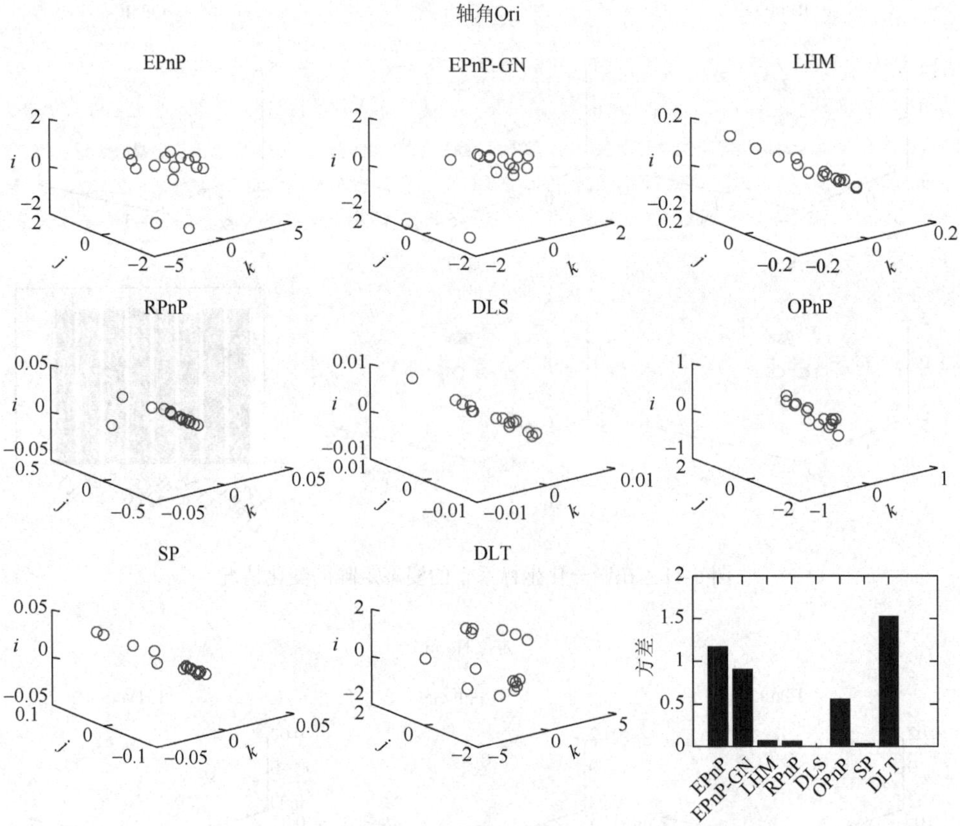

图 5-13　在世界坐标系下没有使用归一化方法的姿态矩阵变化情况

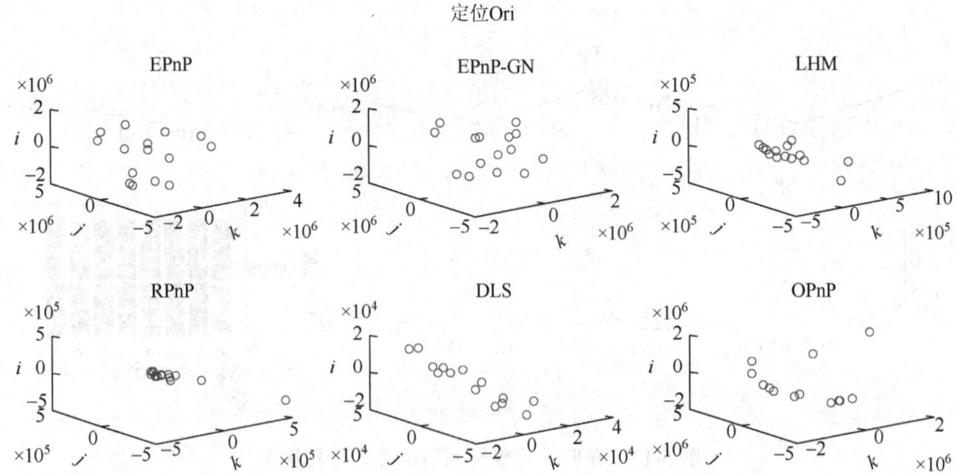

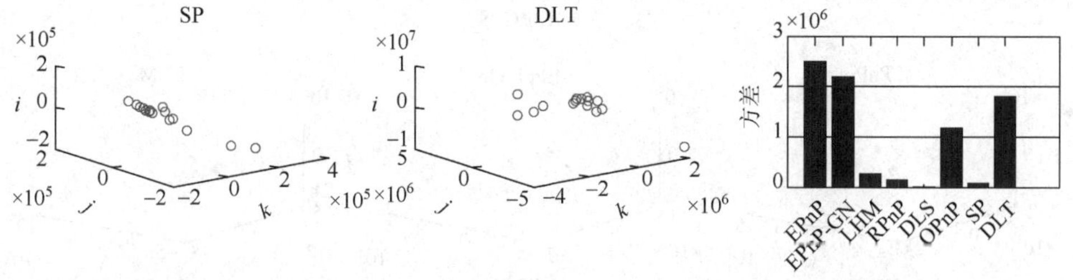

图 5-14 在世界坐标系下没有使用归一化方法的位置向量变化情况

由图 5-11 和图 5-12 可知，姿态矩阵和位置向量的鲁棒性要高于图 5-13 和图 5-14 中的结果。在图 5-11 和图 5-12 中，各个 PnP 算法的方差比较接近，然而在图 5-13 和图 5-14 中，LHM、RPnP 和 DLS 算法的方差要远小于其他 PnP 算法的方差，其主要原因是这三种方法都使用了较合理的参数化方法去构造代价函数，因此解的结果也更加稳定。由图 5-13 和图 5-14 可知，DLT 算法对输入的噪声非常敏感，其主要原因在于 DLT 算法基于齐次线性方程解算相机位姿，因而相比于其他的非线性方法更容易受到噪声的影响。实验表明，选择不同的三维点，PnP 解算的结果会发生较大程度的改变，而好的坐标系转换能够解决这一问题，从而提高 PnP 算法的鲁棒性。

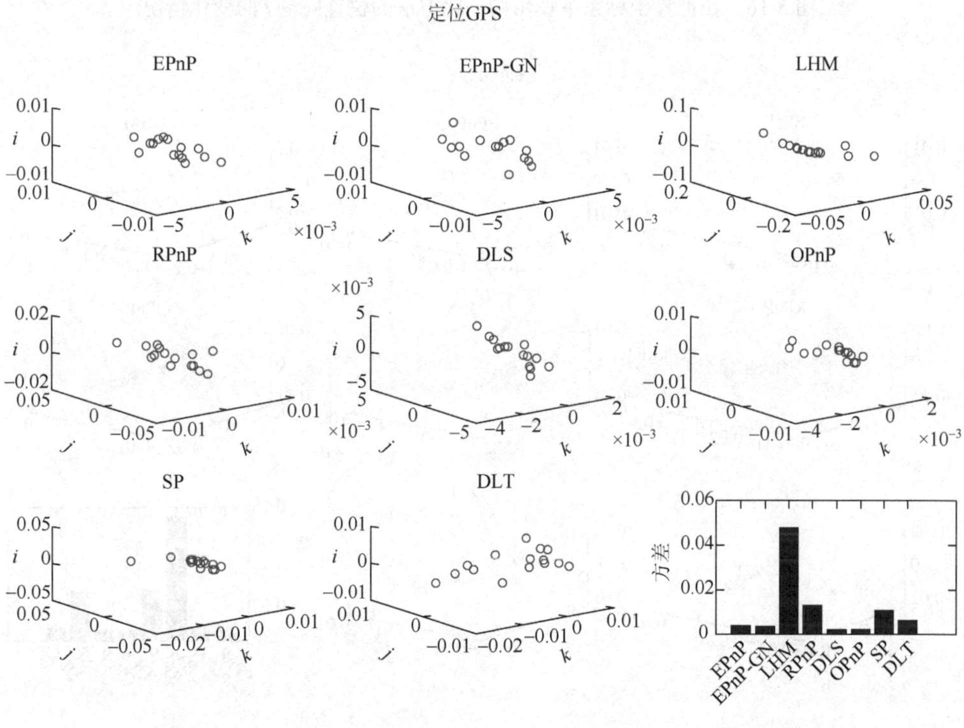

图 5-15 在世界坐标系下使用归一化方法的位置向量 $\boldsymbol{c}$ 的变化情况

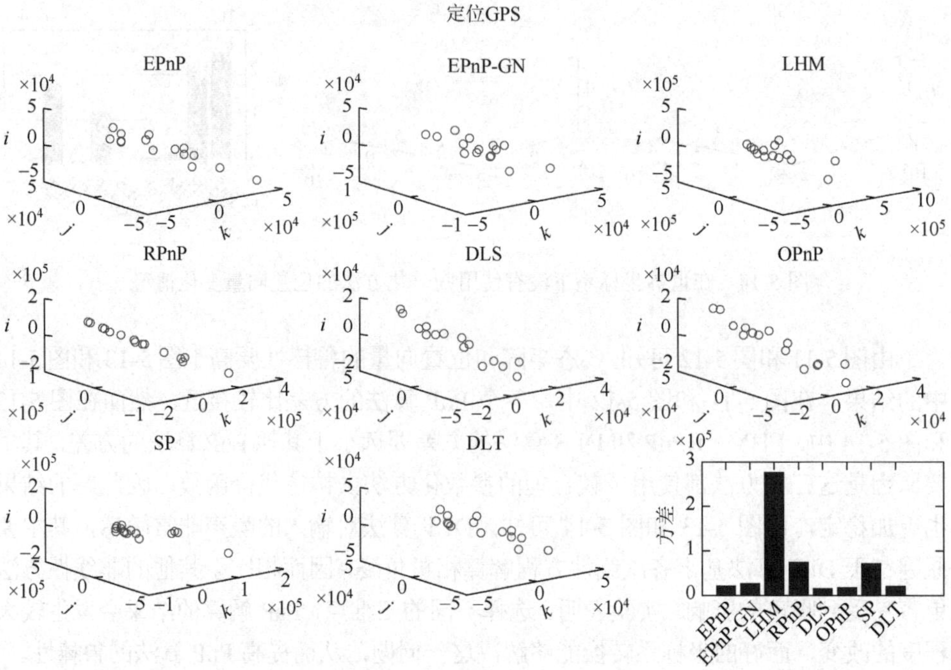

图 5-16　在世界坐标系下使用归一化方法的位置向量 t 的变化情况

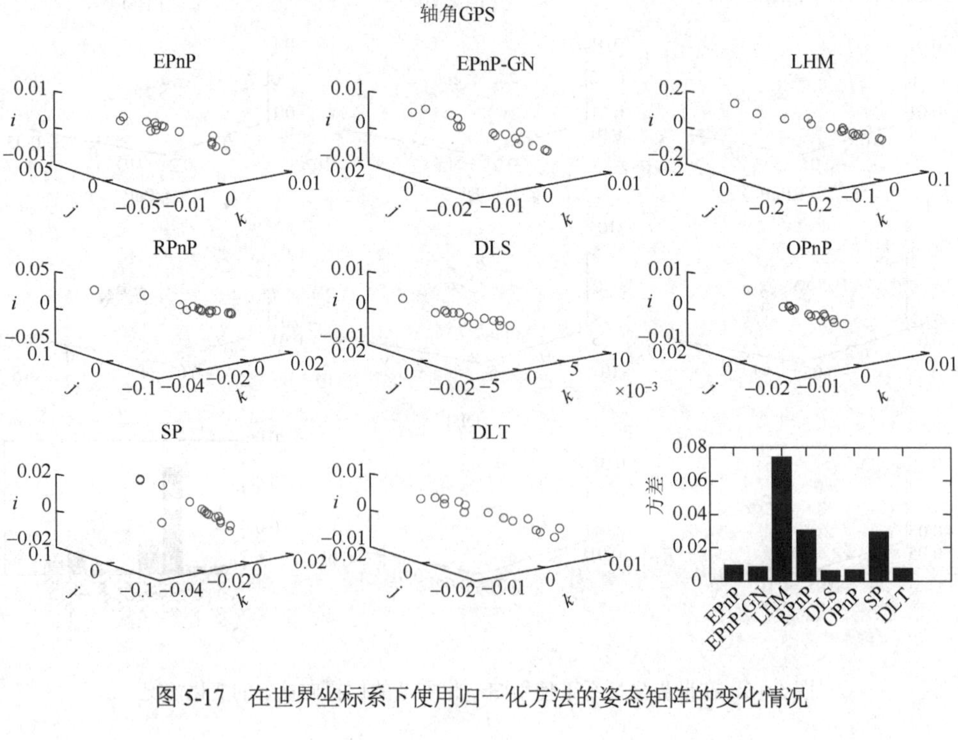

图 5-17　在世界坐标系下使用归一化方法的姿态矩阵的变化情况

图 5-13 中的结果为直接使用输入的三维点坐标计算得到的相机姿态，而图 5-17 的结果为使用本节提出的归一化方法得到的相机姿态。图 5-17 右下角图中的方差单位为 0.02，而图 5-13 右下角图中的方差单位为 0.5。在图 5-17 中，不同的 PnP 算法相差最大的方差为 0.06，由此可以证明在归一化算法框架下无论使用哪一种算法都可以得到稳定的旋转矩阵。可以很直观地看出，DLT 算法使用归一化框架后其姿态求解的鲁棒性提高幅度最大，同时 EPnP 和 EPnP + GN 算法也有较大程度的提升。其主要原因在于，DLT 算法和 EPnP 算法都需要求解齐次性方程，而归一化算法的引入使得求解齐次性方程的条件数变小，从而提高了最终结果的鲁棒性。通过这两组实验对比可以证明在经过归一化算法后 PnP 算法最终解算得到的相机位姿矩阵受到三维点的不同选择影响不大。

通过比较图 5-14 和图 5-16 中位置向量的方差也可以得到相同的结论。尽管归一化坐标系下的位置方差相比图 5-16 的方差略有下降，但是其整体的幅值还是太大，由此可以看出原有的位姿变换模型并不适用于三维点分布方差较大的情况，其主要原因在于，求解得到的姿态矩阵误差会放大位置向量的误差。新的位姿求解变换模型的结果在图 5-15 中，在新的位姿变换模型中原有的位置向量 t 被 c 所代替。图 5-15 中的 y 值远小于图 5-16 中的 y 值，并且可以看到新的模型结果中各个 PnP 算法的鲁棒性都较为接近。由此可以证明新的位姿模型相比于原有的位姿模型会提高 PnP 解的鲁棒性。

尽管坐标系之间的刚体变换理论上不会改变点到点的距离和向量之间的夹角，但是图 5-18 中的结果显示在实际应用中刚体变换会稍稍地改变点到点的距离和向量之间的夹角。其主要原因在于，相机的测量单位尺度与全站仪的测量单位尺度不同。例如，给定世界坐标系下的两个点，两点之间的距离可以通过全站仪和双目相机测量得到，而每一个测量仪器都有其固定的系统误差，即使精度再高其测量得到的距离也等于理想的真值仅仅是相距真值较近。这就可以解释为什么经过刚体变换后图 5-18 中的误差不等于零。为了绘图的方便，无法在图 5-18 中完全显示非归一化柱状条，因为非归一化框架计算得到的误差比归一化的误差要大 100 倍。从图 5-18 中可以看出，有些算法即使在没有归一化的情况下其像素误差仍旧较小，如 LHM、DLS 和 SP 算法。但是没有一个算法在没有归一化的情况下其距离误差和角度误差仍旧能够与归一化的算法保持在一个数量级上。由此可以证明本节提出的算法框架能够有效地减少 PnP 算法结果的误差。

本节提出的 PnP 算法在计算时间上与其他的 PnP 算法相比仅仅增加了 PCA 计算的时间。对 PCA 执行时间进行分析发现，PCA 执行时间对于输入点数量的影响不是很明显。随机生成了 10～100 个点并连续执行 PCA 算法 100 次，

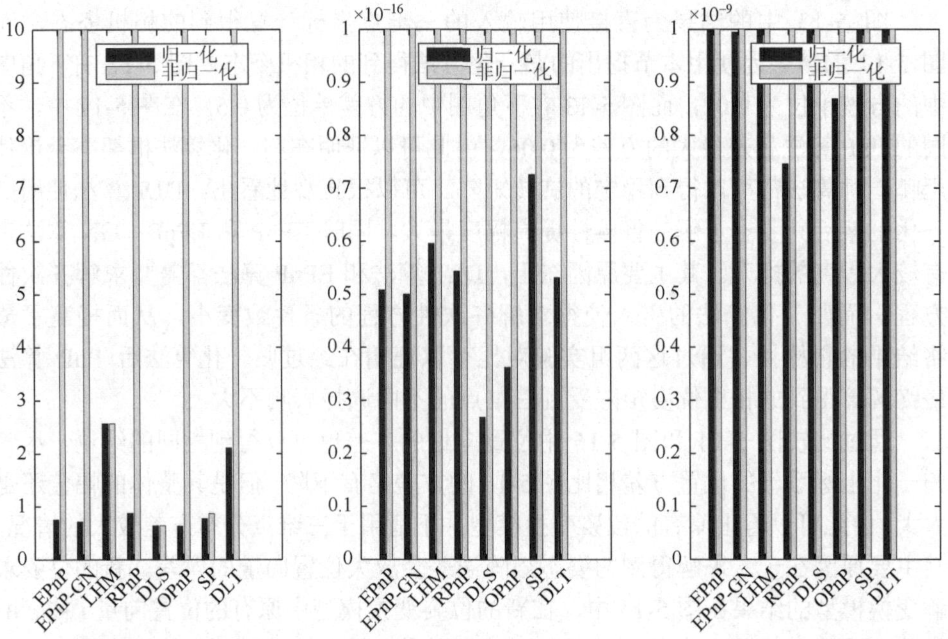

(a) 像素误差　(b) 距离误差　(c) 角度误差

图 5-18　像素误差、距离误差和角度误差

平均的执行时间为 0.252ms，由此可以证明本节提出的 PnP 算法能够实现实时运行。

本节首先详细介绍了现有的 PnP 算法的优缺点，并根据现有 PnP 算法的缺点提出了一种新的 PnP 算法框架，并将新的位姿转换模型引入 PnP 算法中，以此提高了 PnP 算法解算的精度和鲁棒性。实验证明，本节算法框架可以实时运行在 CPU 上，并且本节提出的优化算法框架对于不同空间点的选择有较强的鲁棒性。然后，本节提出的算法框架适用于所有的三维点分布情况：共面情况、不共面情况和接近共面情况。最为重要的是在本节算法框架下，基于非线性优化的 PnP 算法求解雅可比矩阵时不会出现奇异矩阵的情况，保证了迭代方程的有效解。最后，在 PnP 仿真数据实验和真实数据实验方面进行了改进，补充了现有 PnP 验证实验的不足。与以往的实验不同，本节实验的空间三维点坐标由全站仪测得，保证了数据与实际应用时的最大契合。在真实数据实验方面，提出了一种用于验证 PnP 算法鲁棒性的方法，而不是像现有的实验仅仅解算得到 PnP 结果。在仿真数据实验方面，使用实测数据生成仿真数据并与现有的 PnP 算法进行比较。实验结果表明，本节提出的基于 PCA 框架下的 PnP 算法比现有的 PnP 算法拥有更高的精度和鲁棒性。

5.3　不依赖 FEJ 的位姿图优化方法

在 SLAM 系统框架下，仅使用里程计对机器人的位姿进行估计，将无法避免累积误差的存在，而回环检测和位姿估计算法能够有效地消除里程计所带来的累积误差[45-50]。当系统检测到回环发生时，位姿图优化（pose graph optimization，PGO）算法会优化各个时刻机器人的位姿，从而消除位姿估计的误差。PGO 算法属于非凸优化问题，无法获取解析解。在实际的应用中，PGO 算法主要分为两类：全局 PGO 算法和增量式 PGO 算法。全局 PGO 算法在同一时刻对所有采集的数据进行优化处理。其精度较高，但无法提供实时解。而增量式 PGO 算法在检测到回环时，就使用现有的数据进行位姿图优化。其拥有较好的实时性，且更加适用于机器人的实时位姿估计。此算法中，Schur 补常被用于边缘化滑动窗口外的状态变量。需要注意的是，本节提到的 Schur 补算法与在光束平差法中的概念有所不同。在光束平差法中，Schur 补在优化的过程中被用于边缘化地图中的坐标点，其目的是在优化过程中仅对机器人的位姿进行求解，主要原因是地图中坐标点的数量远大于不同时刻位姿的数。因此，Schur 补能够有效地减少求解线性方程的维度。Schur 补在增量式 PGO 算法中运用时，需要在优化过程中使用 FEJ（first estimation Jacobian）[51, 52]算法来弥补被边缘化状态的信息。GTSAM[53]和 SLAM ++[54]都使用此方法实现增量式 PGO 的运算，但是 FEJ 无法保证最终的结果为全局最优解。

本节详细地分析了边缘化的缺点，提出了不依赖 Schur 补算法的增量式 PGO 算法。现有的 PGO 算法验证实验主要使用仿真数据对算法的精度进行评估，但是仿真数据不完全符合实际应用的情况。因此，本节使用实测数据对 PGO 初始化算法和优化中的代价函数进行评估，并选择精度最高的算法应用在提出的增量式位姿图优化（G-PGO）算法中。

5.3.1　研究内容概述

PGO 算法的研究主要包括代价函数的构造[17, 55]、局部最小解的数量、凸优化问题的泛化解、Riemannian 优化问题[56]、异值点检测[57-61]、独立性和拓扑结构。本节主要聚焦于异值点检测和代价函数的构造。回环检测是进行位姿图优化的第一步，如果环境中相似场景较多，回环检测不可避免会向 PGO 算法提供异值测量数据。因此，PGO 算法对于异值数据的检测能够直接地影响到最终的位姿优化结果。常用的方法是构造更为稳定的代价函数，如 Huber 和 Cauchy 函数代替原有的误差代价函数[53, 54, 62]。另一种方法是使用回环约束条件来获得位姿，并对位姿的结果进行聚类来修正位姿。第一种方法无法完全避免异值数据对 PGO 算法的影响，而第二种方法耗时太久无法获得实时位姿优化结果。本节提出了一种基于回环约束条件的异值数据检测方法并将其用于提出的 G-PGO 算法中。

PGO 问题属于非凸优化的范畴，初始值对优化的结果有很大的影响。COP-SLAM[63]是轻量级的 PGO 后端优化算法，其能够消耗很少的时间而获得较为精确的位姿解。COP-SLAM 算法无须获取初值，而是推导得到了位姿优化的解析解。LAGO[64]初始化算法仅能够处理机器人在平面的运动，无法获得三维的 PGO 算法初始位姿解。另外一种方法将初始化算法分为了两步[65]：第一步，根据帧间的相对位姿约束优化得到各个时刻的姿态；第二步，使用优化后的姿态去计算各个时刻的位置向量。该方法也被称为二步 PGO 初始化算法。在 5.3.2 节中，将对 COP-SLAM 和二步初始化算法进行比较，并分析其各自的优缺点。

诸多研究讨论了 PGO 算法的非线性程度和解的收敛情况[17, 66, 67]。Carlone 等首次使用拉格朗日对偶性定理解决 PGO 算法问题，并提出了基于此方法的优化结果评价理论，这为解决 PGO 算法问题开辟了一条崭新的道路[66]。Nasiri 等使用轴角参数化的方法推导得到了 PGO 的解析结果，进而将 PGO 问题从非线性优化问题转为了解析问题[57]。

获得位姿的初始状态后，将构建代价函数，并使用高斯-牛顿法或者 Dog-leg 算法得到最终的非线性优化解。不同的代价函数和参数化方法会得到不同的 PGO 结果，代价函数的残差可以为李代数，待估计变量属于 se(3)空间。代价函数的参数也可以为四元数和位移向量，而待估计变量为单位四元数和位移向量或者李代数，但是雅可比矩阵不尽相同[15]。5.3.2 节中将比较不同上述的代价函数和优化变量，并选择结果精度最高的模型用于 G-PGO 算法中。

ISAM[17]和 SLAM ++[54]都将 FEJ 算法引入增量式 PGO 算法中。下面将详细地讨论 FEJ 算法的缺点，并阐述了 G-PGO 会比 ISAM 和 SLAM ++拥有更高的增量式 PGO 精度结果的原因。

5.3.2 增量式 PGO 算法

1. PGO 算法模型构建

PGO 问题模型绘制于图 5-19 中。里程计构造的位姿约束在图中为细线，回环构造的位姿约束在图中为粗线。E_{ij} 表示位姿 i 和 j 的边。黑色三角形表示机器人在世界坐标系的位姿，黑色三角形中的序号表示位姿的序号。图中存在两个回环分别由序号为{1, 2, 3, 4}和{2, 3, 4, 5, 6, 7, 8}的位姿构成。已知条件为两位姿之间的相对位姿约束关系，对应于图 5-19 中的 E_{ij} 变量。PGO 算法的目标是计算优化

各位姿使得残差 $\sum\|\boldsymbol{e}_{ij}\|^2$ 最小，其中 $\boldsymbol{e}_{ij}$ 为代价函数的残差。待估计的变量为各个时刻的位姿，对应于图 5-19 中的黑色三角形，但相对位姿的测量值会受到噪声的影响，且某些测量值带有过大的误差需要从优化算法中剔除。因此异值检测算法需要在 PGO 算法优化之前执行以保证数据的有效性。PGO 算法有三个核心问题：初始化算法、代价函数和位姿的参数化方法。

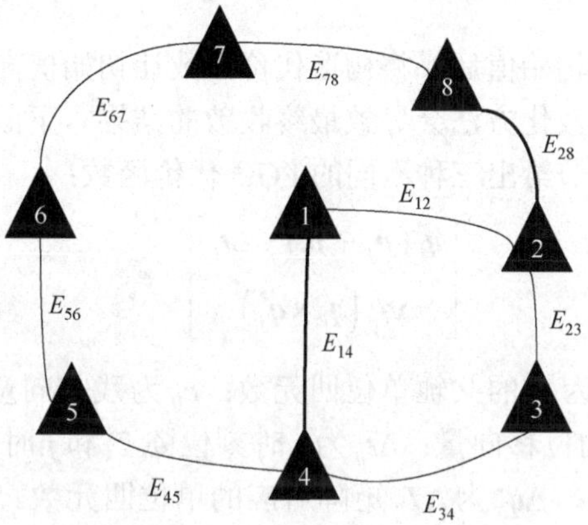

图 5-19　PGO 算法示例图

已知 PGO 属于非凸优化问题，初始值会直接影响到最终的优化结果。理想情况下，初值需要尽可能地在全局最优值的附近，以保证周围没有其他的驻点。为了保证能够收敛到全局最优解，初始值的设定非常重要。现有的两种初始化方法为 COP-SLAM[63]和二步初始化算法。COP-SLAM 通过解析推导得到了 PGO 的初始解，而二步初始化算法仍旧基于非线性优化，只是先优化得到各个帧的姿态矩阵再去计算各个帧的位移向量。

二步初始化方法的步骤如下。

首先使用李代数构造第一个代价函数：

$$\boldsymbol{e}_{\phi,ij} = \log\left(\Delta\boldsymbol{R}_{ij}^{-1}\boldsymbol{R}_i^{-1}\boldsymbol{R}_j\right)^{\vee} \tag{5-73}$$

其中，$\Delta\boldsymbol{R}_{ij}$ 为位姿 i 和 j 的相对姿态矩阵；$\boldsymbol{e}_{\phi,ij}$ 为代价函数的残差，属于 so(3) 空间。

然后，利用优化得到各帧的姿态矩阵构造计算位移向量的代价函数：

$$\boldsymbol{e}_{t,ij} = \boldsymbol{R}_i\Delta t_{ij} + \boldsymbol{t}_i - \boldsymbol{t}_j \tag{5-74}$$

其中，$\boldsymbol{R}_i$ 已经通过第一步获得；$\Delta\boldsymbol{t}_{ij}$ 为两帧之间的相对位移测量值；$\boldsymbol{t}_i$ 和 $\boldsymbol{t}_j$ 为待估计的 i 时刻和 j 时刻的位移向量。

式(5-74)中相对于$\boldsymbol{t}_i$和$\boldsymbol{t}_j$的雅可比矩阵非常容易求得，由于$\boldsymbol{t}_i$和$\boldsymbol{t}_j$在式(5-74)中是线性的，其雅可比矩阵非常容易求得，因此对于第二个代价函数的求解可以直接使用线性方程求解方法，这样能够较大程度地减少运算的时间。二步法的优点在于将 PGO 问题简化为两个较为简单的问题进行求解。同时与 COP-SLAM 的解析方法相比，二步法中非线性优化的估计函数能够有效地减少噪声对结果的影响。而 COP-SLAM 初始化算法使用的是解析解，非常容易受到输入噪声的影响。

使用二步法得到初始值后，将构造代价函数让初始值向全局最优解收敛。而不同的代价函数和参数化方法会导致最终收敛的结果。下面对它们各自的优缺点进行详细的分析。本节给出三种不同的 PGO 代价函数：

$$\begin{bmatrix} \boldsymbol{q}_i^*(\boldsymbol{p}_j-\boldsymbol{p}_i)-\Delta\boldsymbol{t}_{ij} \\ \Delta\boldsymbol{q}_{ij}\left(\boldsymbol{q}_i^*\times\boldsymbol{q}_j^*\right)^* \end{bmatrix}=\boldsymbol{e}_{ij} \tag{5-75}$$

$\boldsymbol{q}$为单位四元数；$\boldsymbol{q}^*$为$\boldsymbol{q}$的共轭单位四元数；$\boldsymbol{e}_{ij}$为残差向量；$\boldsymbol{q}_i$为i时刻的单位四元数；$\boldsymbol{t}_i$为i时刻的位移向量；$\Delta\boldsymbol{t}_{ij}$为$i$时刻位姿$T_i$和$j$时刻位姿$T_j$的相对位姿矩阵；$\Delta\boldsymbol{T}_{ij}=\boldsymbol{T}_i^{-1}\times\boldsymbol{T}_j$；$\Delta\boldsymbol{q}_{ij}$为$\Delta\boldsymbol{T}_{ij}$矩阵对应的单位四元数。待估计的变量为单位四元数$\boldsymbol{q}_i$和位移向量$\boldsymbol{t}_i$，式（5-75）来自于 CERES 库[55]。

$$\log\left(\Delta\boldsymbol{T}_{ij}^{-1}\boldsymbol{T}_i^{-1}\boldsymbol{T}_j\right)^{\vee}=\boldsymbol{e}_{ij} \tag{5-76}$$

式(5-76)的残差属于 se(3)空间，其被广泛应用于 SLAM 系统，如 ORB-SLAM[3]。

$$\boldsymbol{e}_{ij}=\begin{bmatrix} \log\left(\Delta\boldsymbol{R}_{ij}^{-1}\boldsymbol{R}_i^{-1}\boldsymbol{R}_j\right)^{\vee} \\ \Delta\boldsymbol{R}_{ij}^{\mathrm{T}}\left(\boldsymbol{R}_i^{\mathrm{T}}(\boldsymbol{t}_j-\boldsymbol{t}_i)-\Delta\boldsymbol{t}_{ij}\right) \end{bmatrix}_{6\times1}=\begin{bmatrix} \boldsymbol{e}_{\phi,ij} \\ \boldsymbol{e}_{t,ij} \end{bmatrix} \tag{5-77}$$

其中，残差向量的前三维属于 so(3)空间，后三维属于欧氏空间[57, 58]。

在 CERES 库中，式（5-75）被用于构建 PGO 的代价函数，而其对应的雅可比矩阵是根据 Jets 运算规则[55]计算得到的自动求导公式。ORB-SLAM 算法[3]使用 G2O::EdgeSim3 边所构造的代价函数执行 PGO 优化。在 G2O::EdgeSim3 边的定义中，式（5-76）为其构造函数而雅可比矩阵使用代数求导。与解析方式计算得到的雅可比矩阵相比，代数求导得到的雅可比矩阵精度较差、耗费时间更多并且会造成迭代步数变多。在 GTSAM 库中，式（5-76）的解析雅可比矩阵被推导得到。GTSAM 使用的是右乘法则去更新迭代中状态的变量。式（5-77）被用于执行 PGO 优化的代价函数[57]。

需要注意的是，式（5-77）待估计的变量是 so(3)和位移向量，代价函数的非线性因素仅仅存在于姿态矩阵中。而式（5-75）和式（5-76）中，待估计变量分别为 se(3)、单位四元数和位移向量。相比较而言，式（5-77）的非线性程度较小使得进行泰勒级数展开时所造成的误差较小，从而比式（5-75）和式（5-76）能够获得更加精确的迭代结果。实验部分也对此做出了证明。

2. G-PGO 算法

全局的 PGO 算法可以根据所有输入的相对位姿测量值直接使用式（5-77）构造的代价函数进行优化。但是全局的 PGO 算法在大场景的情况下，无法得到实时解只能通过后处理的方式得到结果。而在实际的应用中，机器人需要实时得到自身的位姿以便进行路径规划或者与环境进行交互。为了解决这一问题，增量式 PGO 算法被用到实际的机器人测量领域中。增量式 PGO 算法有序地处理所检测到的回环，而不是一次性地处理所有的测量数据。

在图 5-20 中存在两个回环。第一个回环由机器人的{1, 2, 3, 4}位姿构成，第二个回环由机器人{2, 3, 4, 5, 6, 7, 8}构成。为了简化问题，只引入了相邻帧之间的相对位姿关系，即第 n 帧和第 $n+1$ 帧之间的相对位姿。对于全局 PGO 算法，在获得第 8 个机器人位置后，将所有的相对位姿关系作为测量值放入优化函数中进行优化，此时非线性优化中的 Hesse 矩阵如图 5-20 所示，灰色方框表示矩阵中此项非空，白色方框表示此项为空。

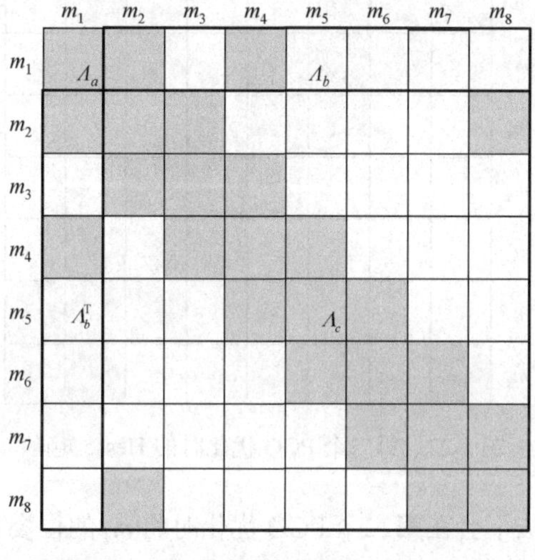

图 5-20　全局 PGO 算法的 Hesse 矩阵

在 ORB-SLAM 和 VINS-Fusion 算法中，都没有使用 Schur 补去边缘化在滑动窗口之外的状态。只是优化与当前回环有关的机器人位姿数据。例如，在图 5-19 中，当机器人移动到位置 4 时并且检测到回环后，第一个 PGO 的优化开始了，此时的 Hesse 矩阵为图 5-21 所示。在进行完第一个 PGO 的优化后，得到了优化后的位姿{1, 2, 3, 4}。当机器人移动到 m_8 时，此时 m_2 和 m_8 构建了一个回环边，第二个 PGO 优化开始。进行第二个 PGO 时的 Hesse 矩阵如图 5-22 所示。

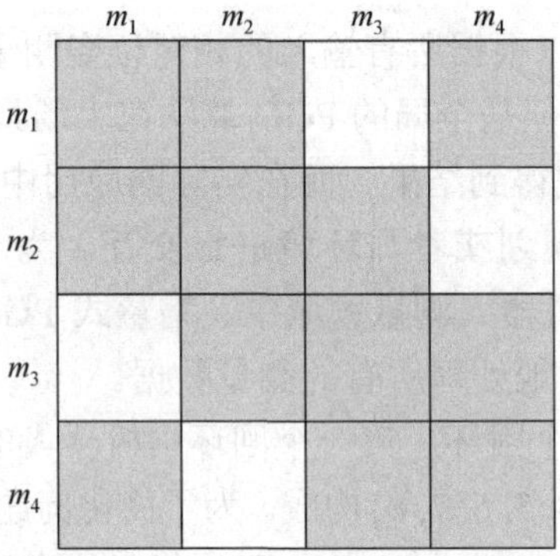

图 5-21　第一个 PGO 优化时的 Hesse 矩阵

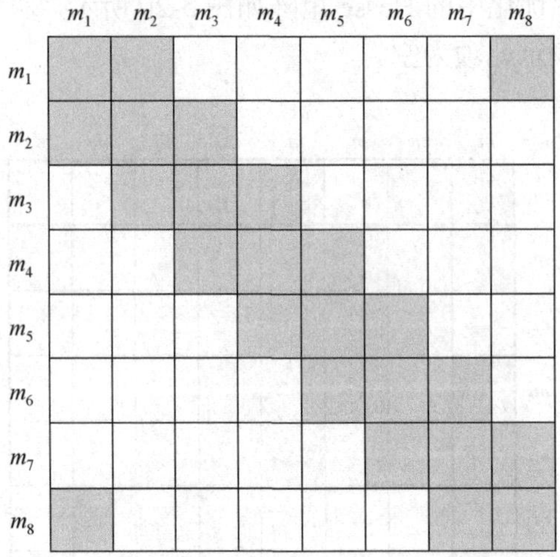

图 5-22　第二个 PGO 优化时的 Hesse 矩阵

增量式 PGO 算法不会在第二个 PGO 优化时将 m_1 的位姿也作为待估计变量放入优化函数中。同时需要考虑 FEJ 问题，将图 5-20 与图 5-22 相比较可以看出 m_1 状态被边缘化了，则新的 Hesse 矩阵就变为 $\boldsymbol{\Lambda}_c - \boldsymbol{\Lambda}_b^{\mathrm{T}}\boldsymbol{\Lambda}_a^{-1}\boldsymbol{\Lambda}_b$。如果第二次是增量式 PGO 优化则 Hesse 矩阵如图 5-23 所示。需要强调的是，图 5-23 中与 m_2 和 m_4 状态相关的项不可以使用迭代过程的状态，只能使用 m_2 和 m_4 第二次开始优化时的初始值计算迭代过程的雅可比矩阵，否则会将不一致性问题引入增量式 PGO 优化中[52]。

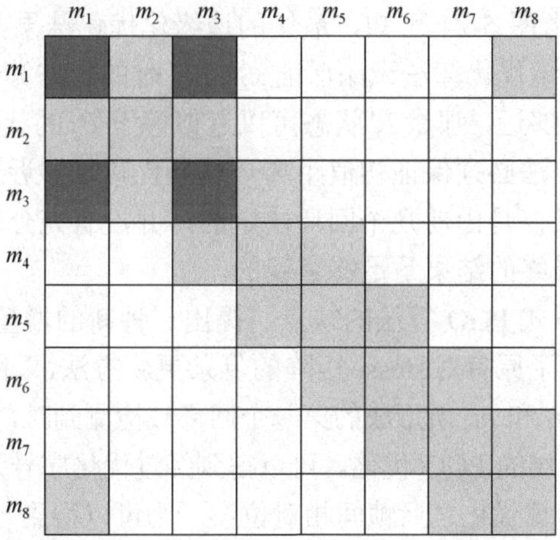

图 5-23　第二个回环发生时正确的增量式 PGO 优化的 Hesse 矩阵

如图 5-21～图 5-23 所示，灰色方框表示矩阵中此项非空，白色方框表示此项为空，深灰色方框表示此项受到 Schur 补的影响需要使用初始时状态来计算其雅可比矩阵。使用边缘化方法的增量式 PGO 算法明显要比全局 PGO 算法复杂。在边缘化状态后，需要使用被边缘化变量的初始状态来计算雅可比矩阵。虽然此算法能够解决非一致性问题，但是其最终解无法达到最终理想状态。如图 5-24 所示，灰色点为没有使用边缘化得到的迭代结果，黑色点为使用边缘化得到的迭代结果，x_1 和 x_2 为待优化变量。已知 x_1 和 x_2 的初始状态在 P_1 点处。P_2 点为 x_1 和 x_2 同时进行优化后到达的状态，P_3 为最终的收敛状态。如果在 P_1 点处对 x_1 状态进行边缘化，那么 P_2' 点为第二次迭代得到的结果，P_3' 为使用边缘化方法最终得到的收敛结果。在 P_1 点处将 x_1 状态边缘化，后续的迭代步骤中不对 x_1 状态再进行更新，使得第二次边缘化优化的结果在 P_2' 而不是 P_2。在 P_2' 处使用在 P_1 处得到的雅可比矩

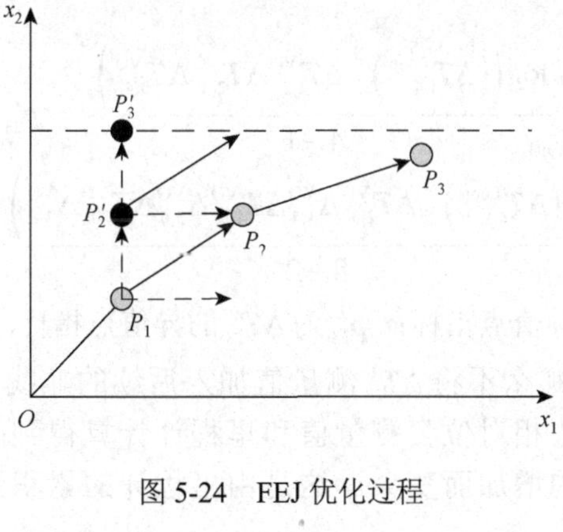

图 5-24　FEJ 优化过程

阵去更新 x_2 变量。由图 5-24 可知，最终的边缘化优化结果在 P_3' 而非全局最优解 P_3。基于边缘化的增量优化算法无法保证 x_2 在 P_3' 时的状态等于 P_3，但是如果初始的状态 P_1 距离 P_3 足够近，那么 P_3' 状态可以近似等于 P_3 的状态。由此可以看出原有的增量式 PGO 算法必须保证初值距离全局最优解足够近才能保证最后算法的有效性。而初始值又仅是由前几个回环决定的，并没有充分地考虑到后面测量值的影响，无法保证最终的结果是足够客观的。

鉴于现有的增量式 PGO 算法的缺点，提出一种新的增量式 PGO 算法，名为 G-PGO。G-PGO 省略了原有对 Hesse 矩阵的复杂更新方法，以图 5-19 为例对 G-PGO 算法进行说明。当 m_1 和 m_4 所形成的第一个回环被检测到时，使用式（5-77）的代价函数执行第一次全局的 PGO 优化。可以得到经过优化序号为{1, 2, 3, 4}的机器人位姿，在此范围内计算优化之后帧间相对位姿，则可以得到 $\left\{\Delta\boldsymbol{T}_{12}^1,\Delta\boldsymbol{T}_{23}^1,\Delta\boldsymbol{T}_{34}^1\right\}$。其中，$\Delta\boldsymbol{T}_{ij}^k$ 为位姿 i 和位姿 j 之间的相对位姿，k 表示这个相对位姿是通过第 k 个回环计算得到的。$\left\{\Delta\boldsymbol{T}_{12}^1,\Delta\boldsymbol{T}_{23}^1,\Delta\boldsymbol{T}_{34}^1\right\}$ 作为待优化变量 $\left\{\Delta\boldsymbol{T}_{12},\Delta\boldsymbol{T}_{23},\Delta\boldsymbol{T}_{34}\right\}$ 的测量值。当第二个回环发生后，使用全局优化计算得到{2, 3, 4, 5, 6, 7, 8}的位姿，并计算各个位姿之间的相对位姿变换，即 $\left\{\Delta\boldsymbol{T}_{23}^2,\Delta\boldsymbol{T}_{34}^2,\Delta\boldsymbol{T}_{45}^2,\Delta\boldsymbol{T}_{56}^2,\Delta\boldsymbol{T}_{78}^2\right\}$。对于要待估计的状态 $\Delta\boldsymbol{T}_{23}$，有两个测量值与其对应：$\left\{\Delta\boldsymbol{T}_{23}^1,\Delta\boldsymbol{T}_{34}^2\right\}$。对于状态变量 $\Delta\boldsymbol{T}_{24}$，同样也有两个测量值与其对应。在构建代价函数之前，对错误的回环信息进行处理，根据约束方程计算每个测量值的异值点指标，如果指标不在规定的范围内，不将此测量值加入代价函数中。式（5-78）为异值点指标的具体计算方法：

$$\frac{\log\left(\left(\Delta\boldsymbol{T}_{i,m}^{\mathrm{Loop}^{-1}}\right)\Delta\boldsymbol{T}_{i,i+1}^{\mathrm{VO}}\Delta\boldsymbol{T}_{i+1,i+2}^{\mathrm{VO}}\cdots\Delta\boldsymbol{T}_{m-1,m}^{\mathrm{VO}}\right)}{m-i}=\boldsymbol{p} \tag{5-78}$$

其中，$\Delta\boldsymbol{T}_{i,j}^{\mathrm{VO}}$ 为里程计得到的序号为 i 和 j 位姿的相对位姿；$\Delta\boldsymbol{T}_{i,m}^{\mathrm{Loop}}$ 为回环检测得到的序号为 i 和 m 位姿的相对位姿，i 和 m 构造了一条回环边；p 为异值点指标。

在图 5-19 中，待估计变量 $\Delta\boldsymbol{T}_{23}$ 拥有两个测量值 $\left\{\Delta\boldsymbol{T}_{23}^1,\Delta\boldsymbol{T}_{23}^2\right\}$，则 $\Delta\boldsymbol{T}_{23}^1$ 和 $\Delta\boldsymbol{T}_{23}^2$ 的约束指标分别为

$$\frac{\log\left(\left(\Delta\boldsymbol{T}_{1,4}^{\mathrm{Loop}}\right)^{-1}\Delta\boldsymbol{T}_{1,2}^{\mathrm{VO}}\Delta\boldsymbol{T}_{2,3}^{\mathrm{VO}}\Delta\boldsymbol{T}_{3,4}^{\mathrm{VO}}\right)^{\vee}}{4-1}=\boldsymbol{p}_{23}^{1} \tag{5-79}$$

$$\frac{\log\left(\left(\Delta\boldsymbol{T}_{2,8}^{\mathrm{Loop}}\right)^{-1}\Delta\boldsymbol{T}_{2,3}^{\mathrm{VO}}\Delta_{3,4}^{\mathrm{VO}}\Delta\boldsymbol{T}_{4,5}^{\mathrm{VO}}\Delta_{5,6}^{\mathrm{VO}}\Delta\boldsymbol{T}_{6,7}^{\mathrm{VO}}\Delta_{7,8}^{\mathrm{VO}}\right)}{8-2}=\boldsymbol{p}_{23}^{2} \tag{5-80}$$

其中，$\boldsymbol{p}_{23}^1$ 为 $\Delta\boldsymbol{T}_{23}^1$ 的异值点指标；$\boldsymbol{p}_{23}^2$ 为 $\Delta\boldsymbol{T}_{23}^2$ 的异值点指标。

如果 $\boldsymbol{p}_{23}^1$ 太大，那么不将 $\Delta\boldsymbol{T}_{23}^1$ 测量值加入后续的非线性优化中。回环检测所计算得到的回环边相对位姿测量值和里程计计算得到的回环边测量值之间的误差会随着距离的增加而变大。这是由里程计的累积误差引起的。但是将

两者之间的误差平均分配在每个边中，那么每个边所分得的误差较小。因此，式（5-78）可以作为衡量某个回环好坏的依据。如果一个错误的回环测量发生，那么$\left(\Delta \boldsymbol{T}_{i,m}^{\text{Loop}}\right)^{-1}\Delta \boldsymbol{T}_{i,i+1}^{\text{VO}}\Delta \boldsymbol{T}_{i+1,i+2}^{\text{VO}}\cdots\Delta \boldsymbol{T}_{m-1,m}^{\text{VO}}$将会远离单位矩阵，则异值点指标则会很大。在筛选出异值数据后，为待估计变量$\Delta \boldsymbol{T}_{23}$构建代价函数：

$$e\Delta \boldsymbol{T}_{23}=e\left(\Delta \boldsymbol{T}_{23},\Delta \boldsymbol{T}_{23}^{1}\right)^{\mathrm{T}}\times \boldsymbol{W}_1\times e\left(\Delta \boldsymbol{T}_{23},\Delta \boldsymbol{T}_{23}^{1}\right)+e\left(\Delta \boldsymbol{T}_{23},\Delta \boldsymbol{T}_{23}^{2}\right)^{\mathrm{T}}\times \boldsymbol{W}_2\times e\left(\Delta \boldsymbol{T}_{23},\Delta \boldsymbol{T}_{23}^{2}\right)^{\mathrm{T}} \tag{5-81}$$

其中，e表示代价函数；W_k是权重矩阵，其中的权重由第k个回环的残差所决定。

很明显在代价函数e中是单边优化问题，因此仅仅需要计算一个雅可比矩阵即可。构造两个不同的代价函数e。

代价函数 1：

$$e\left(\Delta \boldsymbol{T}_{ij},\Delta \boldsymbol{T}_{ij}^{m}\right)=\log\left(\left(\Delta \boldsymbol{T}_{ij}^{k}\right)^{-1}\Delta \boldsymbol{T}_{ij}\right)^{\vee} \tag{5-82}$$

其中，$\Delta \boldsymbol{T}_{ij}$为待估计的在$i$和$j$之间相对位姿；$\Delta \boldsymbol{T}_{ij}^{k}$为从第$k$个回环得到的$i$和$j$之间相对位姿的测量值。

代价函数 2：

$$e\left(\Delta \boldsymbol{T}_{ij},\Delta \boldsymbol{T}_{ij}^{m}\right)=\begin{bmatrix}\log\left(\left(\Delta \boldsymbol{R}_{ij}^{k}\right)^{\mathrm{T}}\Delta \boldsymbol{R}_{ij}\right)^{\vee}\\ \boldsymbol{t}_{ij}^{k}-\boldsymbol{t}_{ij}\end{bmatrix}=\begin{bmatrix}\boldsymbol{e}_{\phi,ij}\\ \boldsymbol{e}_{t,ij}\end{bmatrix} \tag{5-83}$$

其中，$\Delta \boldsymbol{R}_{ij}^{k}$为$\Delta \boldsymbol{T}_{ij}^{k}$的姿态矩阵；$\boldsymbol{t}_{ij}^{k}$为$\Delta \boldsymbol{T}_{ij}^{k}$的位移向量；$\boldsymbol{t}_{ij}$为$\Delta \boldsymbol{T}_{ij}$的位移向量。

实验结果表明，方法 1 和方法 2 得到的结果差异微乎其微，主要是因为得到的初始值距离全局最优解比较近，因此无论采用哪种优化方法最终得到的结果是十分相近的。完整的 G-PGO 算法流程如表 5-7 所示。

表 5-7　G-PGO 算法流程

符号说明：

$\boldsymbol{L}_k\in \boldsymbol{L}=\left\{\boldsymbol{L}_1,\boldsymbol{L}_2,\cdots,\boldsymbol{L}_n\right\}$，$n$为回环的总数，$\boldsymbol{L}$为一系列的回环数。$\boldsymbol{L}_k$为第$k$个回环，并且由如下的位姿组成：$\left\{\boldsymbol{T}_{i\_\text{start}},\boldsymbol{T}_{i\_\text{start}+1},\cdots,\boldsymbol{T}_{i\_\text{end}}\right\}$。$i_\text{start}$为第$k$个回环的起始的位姿序号，$i_\text{end}$为第$k$个回环结束的位姿序号。$\boldsymbol{O}^k=\left\{\Delta \boldsymbol{T}_{i\_\text{start}}^{k},\Delta \boldsymbol{T}_{i\_\text{start}+1}^{k},\cdots,\Delta \boldsymbol{T}_{i\_\text{end}-1}^{k}\right\}$，$\Delta \boldsymbol{T}_{i_\text{start}}^{k}$为在第$k$个回环中序号为$i_\text{start}$的位姿和序号为$i_\text{start}+1$位姿之间的相对位姿矩阵。$O^k$为第$k$个回环中相对位姿测量值。$\boldsymbol{O}=\{\boldsymbol{O}^1,\boldsymbol{O}^2,\cdots,\boldsymbol{O}^k\}$，$\boldsymbol{O}$为通过前几个回环得到的相对位姿测量值。

算法：

令$k=0$；$O=\{\}$；

while（得到在世界坐标系下的位姿$\boldsymbol{T}_h$）

如果新的位姿检测到了回环

　　k++；

　　优化L_k并且得到O^k；

更新 $O = \{O, O^k\}$；

计算回环的异值点筛选指标，并确定哪些优化得到的测量值需要从集合 O 中剔除。在排除集合 O 中的异值数据后，优化得到 $\{\Delta\boldsymbol{T}_{12}, \Delta\boldsymbol{T}_{23}, \cdots, \Delta\boldsymbol{T}_{(h-1)h}\}$；

使用 $\{\Delta\boldsymbol{T}_{12}, \Delta\boldsymbol{T}_{23}, \cdots, \Delta\boldsymbol{T}_{(h-1)h}\}$ 更新在世界坐标系下的绝对位姿 $\{\boldsymbol{T}_1, \boldsymbol{T}_2, \cdots, \boldsymbol{T}_h\}$；

end

输出优化得到的位姿序列 $\{\boldsymbol{T}_1, \boldsymbol{T}_2, \cdots, \boldsymbol{T}_h\}$。

5.3.3 实验结果

本节详细地介绍了验证 G-PGO 算法的实验。首先描述了评价 PGO 结果的指标；然后介绍了实验所用的数据集；最后评测了使用不同代价函数的全局 PGO 算法，并且将提出的 G-PGO 算法与现有的增量式算法进行对比分析。

1. *误差评价模型*

使用 KITTI 数据集、TUM 数据集和 New College 数据集验证 PGO 算法的精度。KITTI 和 TUM 数据集都提供了 6 自由度的位姿真值，但是 TUM 数据集中位姿真值与测量时的时间戳并没有对齐，故使用 TUM 数据集验证 PGO 算法精度时只能够使用 TUM 数据集自己提供的脚本文件。此脚本文件运行结束后能够生成 AME 和 RME 两个指标去评测 PGO 算法精度：AME 为绝对位姿误差，RME 为相对位姿误差[68]。

在 KITTI 数据集中，使用四个指标来评价算法的精度[18]。前两个指标为绝对姿态误差和绝对位置误差，这两个指标定义如下：

$$\text{Error}_R^a = \frac{\sum_{i=1}^{n} \arccos\Big(\max\Big(\min\big(0.5\times\big(\Delta\boldsymbol{R}_i(0,0)+\Delta\boldsymbol{R}_i(1,1)+\Delta\boldsymbol{R}_i(2,2)\big),1\big),-1\Big)\Big)}{n} \tag{5-84}$$

$$\text{Error}_t^a = \frac{\sum_{i=1}^{n} \text{norm}(\Delta\boldsymbol{t}_i)}{n} \tag{5-85}$$

其中，Error_R^a 为绝对姿态误差；Error_t^a 为绝对位置误差；$\Delta\boldsymbol{R}_i = \boldsymbol{R}_i^{\text{T}}\boldsymbol{R}_{i,\text{true}}$，$\boldsymbol{R}_{i,\text{true}}$ 为第 i 个位姿中旋转矩阵的真值，$\boldsymbol{R}_i$ 是第 i 个被优化位姿的旋转矩阵；n 为存在的世界坐标系下的所有位姿的总数；$\Delta\boldsymbol{t}_i = \boldsymbol{t}_{i,\text{true}} - \boldsymbol{t}_i$，$t_i$ 为第 i 个被优化得到的位姿位置向量，$\boldsymbol{t}_{i,\text{true}}$ 为第 i 个位姿中位置向量的真值。

载体的移动路径以鸟瞰图的方式进行呈现，而绝对误差指标能够非常直观地反映真实的路径与优化后路径的误差，因此绝对误差指标是非常直观的评价指标。

然而如果在前几帧中系统就已经发生了比较大的偏差，这个误差会带给后面的绝对位姿，使得绝对误差指标无法从整体上很好地反映 PGO 算法精度。

为了弥补绝对误差指标的不足，使用相对误差去衡量 PGO 算法的精度。相对误差指标定义如下：

$$\Delta \boldsymbol{T}_{i,\mathrm{true}} = \boldsymbol{T}_{i,\mathrm{true}}^{-1} \boldsymbol{T}_{i(100),\mathrm{true}} \tag{5-86}$$

$$\Delta \boldsymbol{T}_{i} = \boldsymbol{T}_{i}^{-1} \boldsymbol{T}_{i(100)} \tag{5-87}$$

$$\Delta \boldsymbol{T}_{i,\mathrm{error}} = \Delta \boldsymbol{T}_{i}^{-1} \Delta \boldsymbol{T}_{i,\mathrm{true}} = \begin{bmatrix} \Delta \boldsymbol{R}_{i,\mathrm{error}} & \Delta \boldsymbol{t}_{i,\mathrm{error}} \\ 0 & 1 \end{bmatrix} \tag{5-88}$$

式中，$\boldsymbol{T}_{i,\mathrm{true}}$ 为第 i 个位姿的真值；$\boldsymbol{T}_{i(100),\mathrm{true}}$ 为距离第 i 个位姿 100m 的位姿真值；$\boldsymbol{T}_i$ 为第 i 个被优化得到的位姿；$\boldsymbol{T}_{i(100)}$ 为距离第 i 个优化后位姿相距 100m 的位姿。

在得到 $\Delta \boldsymbol{R}_{i,\mathrm{error}}$ 和 $\Delta \boldsymbol{t}_{t,\mathrm{error}}$ 后，可用式（5-84）和式（5-85）计算得到相对误差。相比于绝对误差，相对误差仅计算 100m 以内的累积误差，因此相比于绝对误差能够从总体上衡量 PGO 算法的精度。

New College 数据集仅提供位置的真值并且真值与测量值没有对齐。因此需要首先使用 ICP 算法根据前 50%的真值和测量值位姿，将测量值和真值的位姿进行对齐。New College 评价指标只使用绝对位置误差指标[69]。

2. 数据集

本节聚焦的是三维 PGO 算法，目前大量的 PGO 数据集都只提供二维 PGO 算法验证数据，如 vertigo[44]、RRR[70]、G2O[6]和 Switchable Constraints[71]。只有 COP-SLAM 算例中提供了三维 PGO 算法数据集，在 COP-SLAM 中位姿的真值由 GNSS 和 IMU 组合的系统提供。实验部分使用 COP-SLAM 算例中提供的 KITTI 和 New College 数据集。在 COP-SLAM 算例中，里程计的数据是由 LIBVISO2 算法[72]提供的，回环检测算法使用的是 RTAB-MAP 算法[73]。本节也使用 TUM 数据集对 PGO 算法进行评估，TUM 数据集中的里程计数据是使用 ORB-SLAM 算法得到的，在使用 ORB-SLAM 算法时，本节将其位姿图优化模块删除以保证只进行回环检测而不进行位姿图优化。

New College 和 KITTI 数据集被用于 PGO 初始化算法的精度评测。TUM 和 KITTI 数据集被用于全局 PGO 算法的精度评测。New College 和 TUM 数据集被用于增量式 PGO 算法的精度评测。图 5-25 为每个数据集中的回环信息，其中 X 轴为位姿的各个序号，Y 轴为每个回环中开始的位姿序号和结束的位姿序号。

KITTI-00 数据序列的位姿图显示在图 5-25（a）中，其总长度为 4km。KITTI-02 序列的位姿图显示在图 5-25（b）中，其总长度为 5km。New College 中 Pittsburgh-A

数据集的位姿图显示在图 5-25(c)中，其总长度为 8km。New College 中 Pittsburgh-B

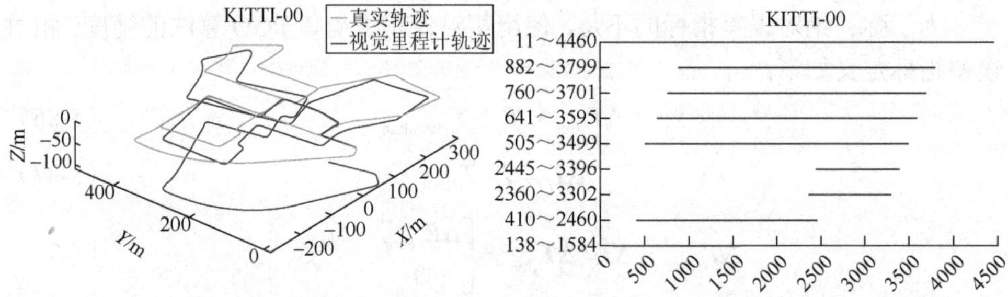

(a)

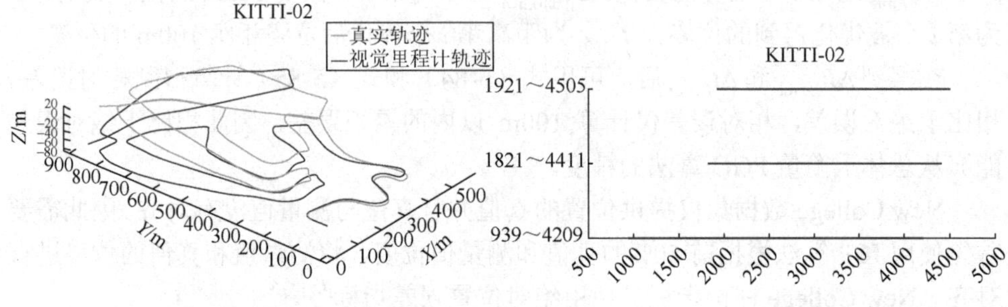

(b)

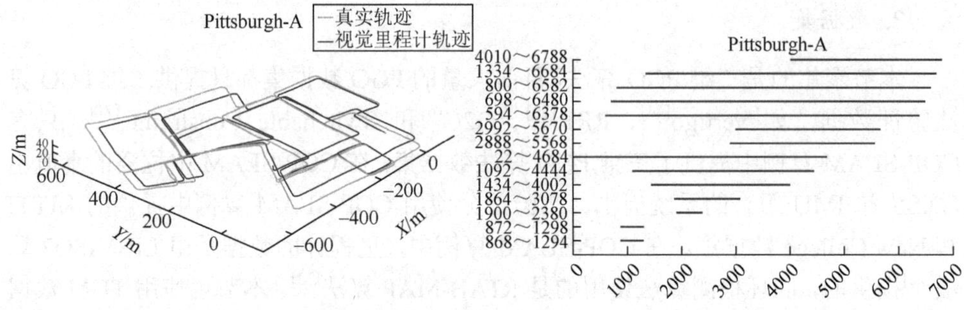

(c)

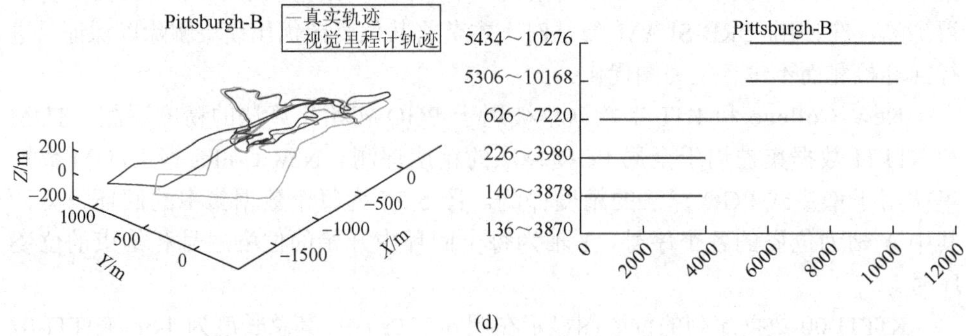

(d)

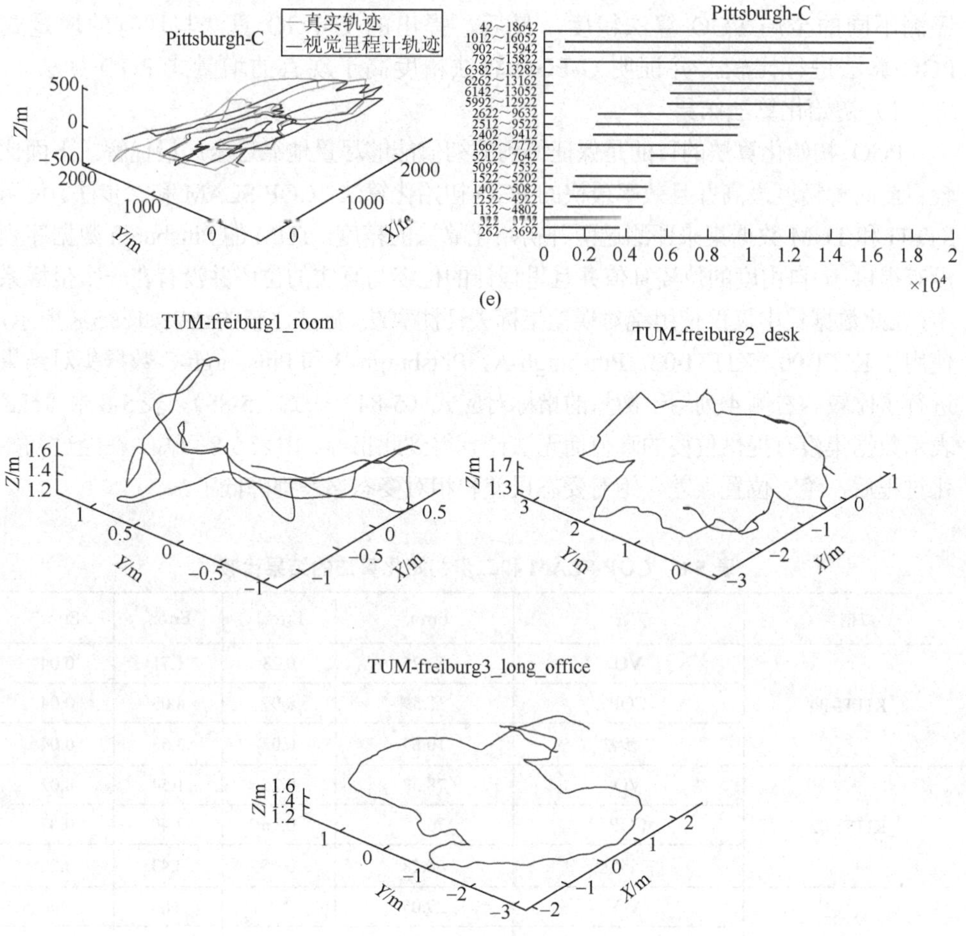

(e)

(f)

图 5-25　PGO 数据集位姿鸟瞰图

数据集的位姿图显示在图 5-25（d）中，其总长度为 14km。New College 中 Pittsburgh-C 数据集的位姿图显示在图 5-25（e）中，其总长度为 19km。图 5-25（f）中的图像从左向右依次为 TUM-freiburg1_room 数据集、TUM-freiburg2_desk 数据集和 TUM-freiburg3_ long_office 数据集。因为在 TUM 数据集中仅存在一个回环，因此 TUM 数据集不被用于增量式 PGO 算法的验证。图 5-25（f）从左到右的总长度分别为 17.48m、20.34m 和 22.2m。

3. PGO 算法验证

首先，使用上述数据集对不同的 PGO 初始化算法精度进行比较。然后，评测不同的全局 PGO 算法精度。最后，提出的 G-PGO 算法与现有的增量式 PGO 算法进行比较，并证明 G-PGO 算法精度高于现有的增量式 PGO 算法。

1）初始化算法结果

PGO 初始化算法的目的是保证得到的初值能够尽量地靠近全局最优解。下面比较目前两种精度最高并且效率最快的 PGO 初始化算法：COP-SLAM 和二步法。使用 KITTI 和 TUM 数据集来评测这两种初始化算法的精度。TUM 的 Pittsburgh 数据序列没有提供 6 自由度的位姿真值并且里程计的位姿与真实的位姿并没有在一个坐标系中，在此数据集中仅仅使用绝对误差指标去评测算法。算法比较的结果如表 5-8 所示，使用了 KITT-00，KITTI-02，Pittsburgh-A，Pittsburgh-B 和 Pittsburgh-C 数据集对结果进行了比较。右侧 4 列用于衡量的指标对应式（5-84）～式（5-88）。表 5-8 中“Na”表示数据集没有提供位姿的真值而无法计算得到此指标。由表 5-8 可知，在经过初始化过程后，绝对位置误差、绝对姿态误差和相对姿态误差都降低了。

表 5-8　COP-SLAM 和二步初始化算法的结果比较

数据集	方法	Error_t^a	Error_R^a	Error_t^r	Error_R^r
KITTI-00	VO	52.75	0.23	1.71	0.04
	COP	11.59	0.09	4.09	0.04
	二步法	10.69	0.07	3.53	0.04
KITTI-02	VO	78.37	0.25	1.54	0.02
	COP	70.58	0.16	2.40	0.02
	二步法	68.28	0.15	2.43	0.02
Pittsburgh-A	VO	29.05	Na	Na	Na
	COP	19.61	Na	Na	Na
	二步法	19.59	Na	Na	Na
Pittsburgh-B	VO	237.55	Na	Na	Na
	COP	97.92	Na	Na	Na
	二步法	83.89	Na	Na	Na
Pittsburgh-C	VO	418.32	Na	Na	Na
	COP	173.99	Na	Na	Na
	二步法	77.64	Na	Na	Na

从表 5-8 中可以看出，二步法的结果拥有更小的绝对位置误差、绝对姿态误差和相对位置误差。由此表明，二步法的初始化算法相比于 COP-SLAM 算法拥有更高的精度。但是相对位置误差在经过初始化优化后都变大了，其主要原因在于二步法将求解的过程分为了两个步骤：固定位置向量计算得到姿态矩阵，再固定姿态矩阵

计算得到位置向量。被优化的变量为在世界坐标系下的绝对位姿，而在二步法的优化过程中向着代价函数最小的方向去迭代。二步法的代价函数并不能使总体 PGO 的代价函数最小，即不满足回环的约束条件。无法将位置向量和姿态矩阵一起进行优化便是二步法的主要缺陷。因此才需要总体 PGO 算法对二步法的结果进行进一步的优化。

2）全局 PGO 算法结果

得到 PGO 的初始值后，需要使用总体 PGO 算法得到全局最优值。总体 PGO 算法适用于线下情况。下面使用 KITTI-00 数据集、KITTI-02 数据集和 TUM 数据集来比较不同的代价函数对总体 PGO 算法的影响，如表 5-9 和表 5-10 所示。可以从 KITTI-00、KITTI-02、TUM-freiburg 2 和 TUM-freiburg 3 数据集中看出，SP 方法要比 CERES、ORB 和 STATE 的精度高。SP 算法的另外一个主要优点在于其优化所需要的迭代步数要小于其他三种方法，主要是因为 SP 方法中待优化变量相对于代价函数拥有更小的非线性程度。尽管 GTSAM 方法在 TUM-freiburg 3 和 TUM-freiburg 2 迭代步数要小于 SP 方法，但是 SP 方法的精度更高。根据以上实验，本节采用 SP 方法作为 PGO 的代价函数应用到 G-PGO 算法中。不得不承认最终优化得到的结果也在一定程度上取决于解线性方程的方法，而在 G2O、GTSAM 和 CERES 库中都使用了不同的策略去解线性方程。但是本实验的目的是比较不同的代价函数对 PGO 算法的影响，将线性解的影响降到最低，本节选择使用各个库中最优的解作为本实验的结果进行比较。

表 5-9　CERES/ORB、STATE、GTSAM 和 SP 总体 PGO 算法在 KITTI-00 和 KITTI-02 的结果

数据集	方法	$Error_t^a$	$Error_R^a$	$Error_t^r$	$Error_t^r$	迭代步数
KITTI-00	VO	52.75	0.23	1.71	0.04	Na
	CERES	33.37	0.14	1.58	0.03	50
	ORB	73.52	0.28	62.78	0.21	50
	STATE	51.93	0.27	6.48	0.07	50
	GTSAM	8.34	0.05	1.31	0.02	18
	SP	8.28	0.05	1.31	0.02	5
KITTI-02	VO	78.37	0.25	1.54	0.02	Na
	CERES	78.33	0.26	2.84	0.06	50
	ORB	93.37	0.25	77.62	0.12	50
	STATE	85.86	0.22	1.46	0.02	50
	GTSAM	73.56	0.21	1.43	0.02	9
	SP	64.89	0.15	1.36	0.02	3

表 5-10 为 TUM 数据集的结果。在迭代步数列的数字表示完成优化一共需要迭代多少步。其中，“Na”表示优化失败，设置最大迭代步长为 50，如果超过 50 步那么迭代停止直接输出结果。CERES 对应着式（5-75）的代价函数，ORB 对应着式(5-76)的代价函数，其雅可比矩阵根据代数运算得到，STATE 对应着式(5-76)的代价函数，其雅可比矩阵根据左乘解析解得到，GTSAM 对应着式（5-76）的代价函数，其雅可比矩阵根据右乘解析解得到，SP 对应着式（5-77）的代价函数，其雅可比矩阵由解析解得到。

表 5-10　CERES/ORB、STATE、GTSAM 和 SP 总体 PGO 算法在 TUM 数据集上的结果

数据集	方法	AME	RME	迭代步数
TUM-freiburg1_room	VO	0.07	0.09	Na
	CERES	0.09	0.11	50
	ORB	1.44	2.21	35
	STATE	0.05	0.08	18
	GTSAM	0.05	0.08	4
	SP	0.05	0.08	6
TUM-freiburg2_desk	VO	0.01	0.03	Na
	CERES	0.01	0.03	11
	ORB	0.47	0.60	24
	STATE	0.01	0.03	30
	GTSAM	0.01	0.03	2
	SP	0.01	0.03	5
TUM-freiburg3_long_office	VO	0.01	0.02	Na
	CERES	0.01	0.02	11
	ORB	1.61	2.29	28
	STATE	0.01	0.02	6
	GTSAM	0.01	0.02	2
	SP	0.01	0.02	5

根据表 5-10 可知，总体 PGO 优化结束后相对位置误差变小了，这是因为总体 PGO 算法克服了二步初始化算法的缺点，保证了最终得到的结果为全局最优解。CERES 和 ORB 的收敛速度明显要比其他的方法慢很多。KITTI-02 和 TUM-freiburg1_room 数据集中 CERES 优化的方向不是朝着全局最优解，这是 CERES 方法最大的缺点。除此之外 CERES 使用的是自动求导获得的雅可比矩阵，这就导致了收敛速度慢。从 KITTI-00、KITTI-02 和 TUM-freiburg1 数据集中可以

看出，CERES 方法需要使用超过 50 步的迭代次数才能完成优化过程。ORB 方法的最大问题在于其使用代数的雅可比矩阵去更新状态变量，代数雅可比的缺陷会导致收敛速度慢并且误差较大。但是在 ORB-SLAM 中使用的回环检测方法主要针对单个回环进行处理，因此其精度能够得到保证。而在本实验中发现 ORB 方法在处理多个回环的总体 PGO 问题时会导致精度变差。STATE、GTSAM 和 SP 方法相比于 CERES 和 ORB 精度要高，其主要的原因在于这三种方法都使用了解析的雅可比矩阵更新变量并使用李代数进行参数化。

3）增量式 PGO 算法结果

使用 KITTI-00、KITTI-02 和 New College 数据集验证 G-PGO 算法。TUM 数据集仅包含一个回环，所以不使用 TUM 数据集。KITTI 数据集中真实位姿和测量值已经经过坐标系对齐，而 New College 数据集并没有经过坐标系对齐。因此，在使用 New College 数据集时需要使用一半的真值和测量值进行坐标系对齐。坐标系对齐之后，使用绝对位置误差来衡量增量式 PGO 算法。将表 5-11 中的实验结果分为两类。第一类是不包括异值点的数据，没有将错误的回环信息加入输入数据中。第一类的实验结果为第二行和第三行数据。第二类的实验结果为添加了错误回环信息的结果，所添加的错误回环信息在图 5-26 中用柱状图标出。带有异值数据的实验结果在第四行和第五行。

表 5-11　增量式 PGO 算法的实验结果　　单位：m

算法	KITTI-00	KITTI-02	Pittsburgh-A	Pittsburgh-B	Pittsburgh-C
ISAM	5.30	78.37	20.86	77.99	Na
G-PGO	4.72	64.15	17.66	74.41	85.56
Outlier-ISAM	31.89	55.07	38.29	237.55	Na
Outlier-PGO	4.72	64.15	17.66	74.41	85.56

由表 5-11 可知，无论在有异值数据还是没有异值数据的情况下，G-PGO 算法要优于现有的增量式 ISAM 算法。提出的 G-PGO 算法在这五个数据集下都拥有更小的 ATE 误差，尤其是在 Pittsburgh-C 数据集中，ISAM 算法无法得到有效的结果。主要原因在于，其使用了 FEJ 算法的 ISAM 方法，虽然能够在一定程度上保证优化结果的一致性，但是无法最终收敛到全局最优解。G-PGO 算法充分地利用了每个回环所提供的信息，能够生成更加精确的位姿。G-PGO 算法优于现有的 ISAM 算法，尤其当输入数据中存在异值点的情况发生时。ISAM 的结果表明，当输入数据存在异值点时，优化的方向直接背离了全局最优点的方向。因此，优化之后的绝对位置误差指标比优化之前还高。

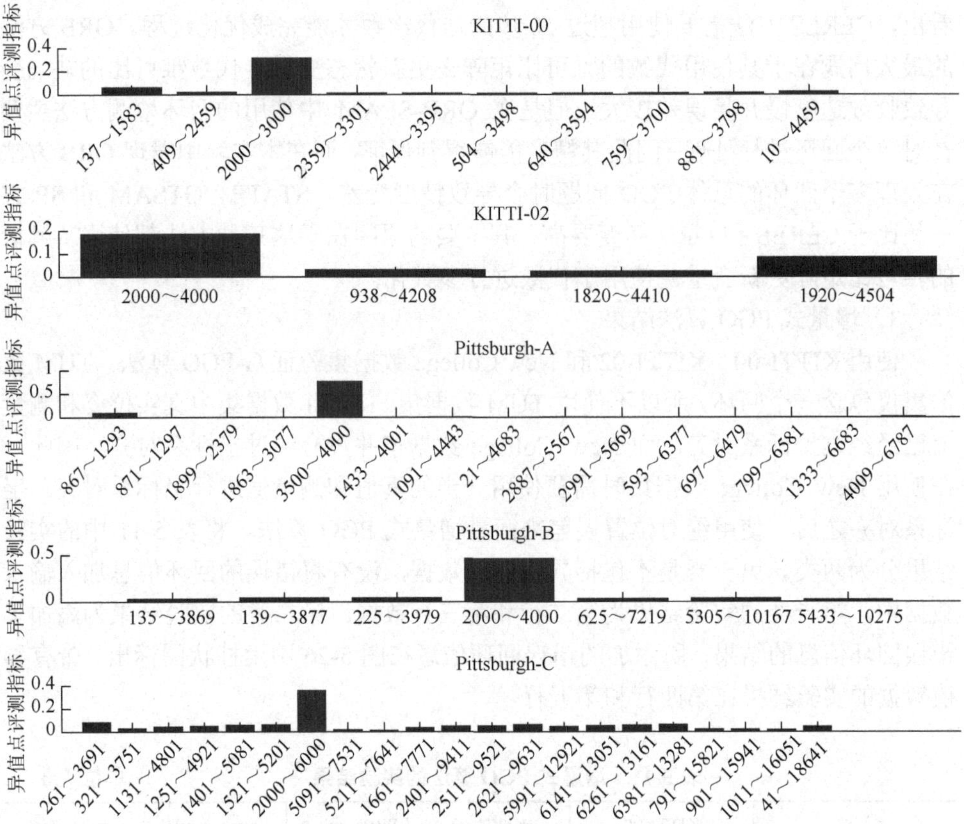

图 5-26　错误回环示意图

G-PGO 算法使用了异值点指标筛选出了异值点数据，因此其输出的结果不会受到异值点数据的影响。在图 5-26 中，详细地描绘了所添加的错误回环信息。在图 5-26 中 Y 轴为异值点评测指标，每张柱状图的最高点为增加的错误回环。对应式（5-78），X 轴为每个回环的起始帧和结束帧的序号。每张柱状图的最高点对应的是所添加的错误回环信息。从图中能够明显看出，错误回环信息的评测指标要远高于正确回环指标，因此可以很容易地将错误回环筛选出来。

经过 G-PGO 得到的位姿结果绘制于图 5-27，KITTI-00 数据集的结果在图 5-27（a）中，KITTI-02 的结果在图 5-27（b）中，Pittsburgh-A 数据集的结果在图 5-27（c）中，Pittsburgh-B 数据集的结果在图 5-27（d）中，Pittsburgh-C 的结果在图 5-27（e）中。从轨迹图中可以看出，实验结果和真值拟合度较高。

本节全面地回顾了现有 PGO 算法，其中包括初始化算法和代价函数的构造。比较了现有精度最高的两种初始化算法——COP-SLAM 和二步法，并使用真实场

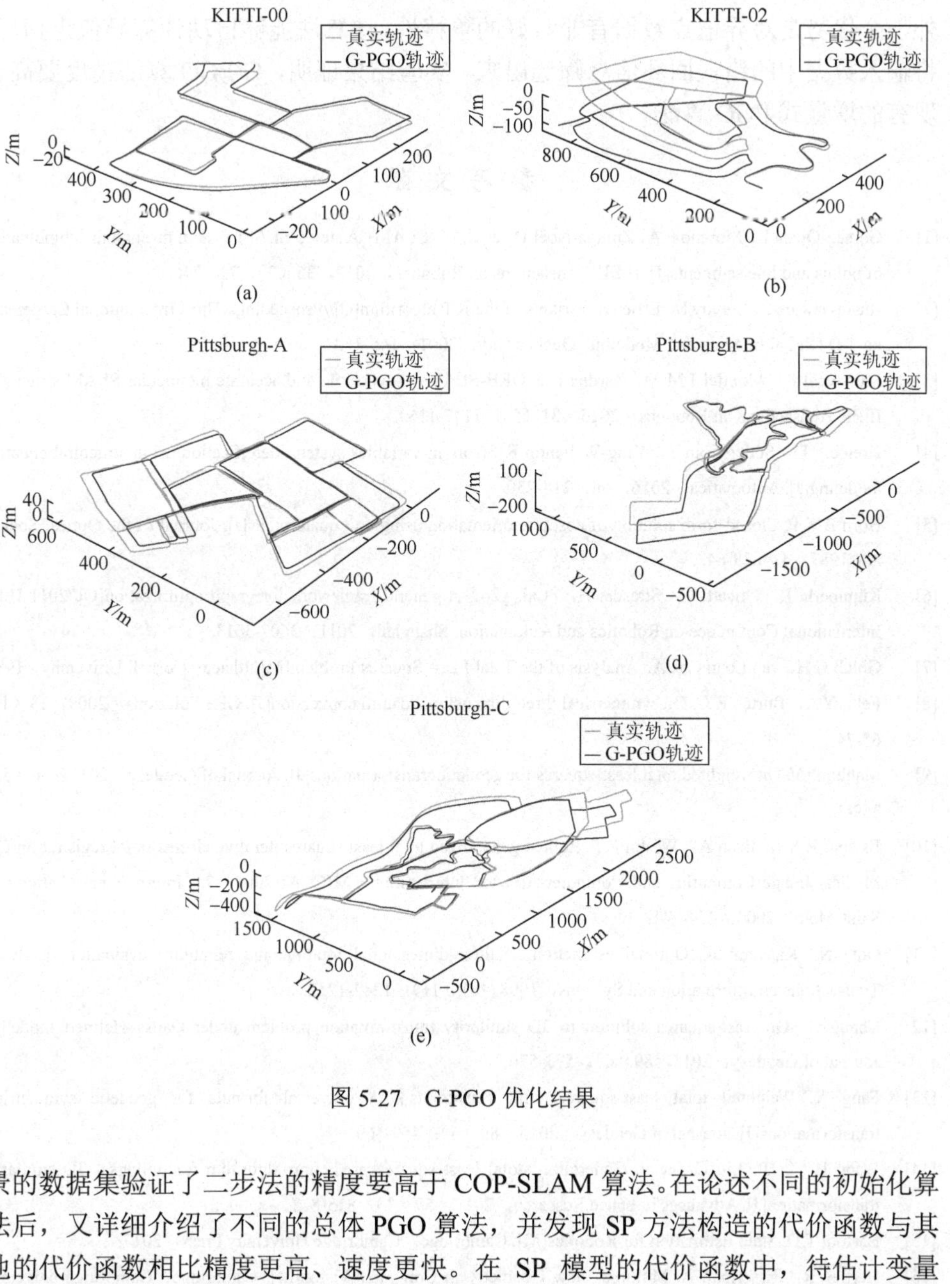

图 5-27 G-PGO 优化结果

景的数据集验证了二步法的精度要高于 COP-SLAM 算法。在论述不同的初始化算法后，又详细介绍了不同的总体 PGO 算法，并发现 SP 方法构造的代价函数与其他的代价函数相比精度更高、速度更快。在 SP 模型的代价函数中，待估计变量分别属于 so(3)空间和欧氏空间。这样能够最大限度地降低代价函数的非线性程度。最后，提出了新的增量式 PGO 算法——G-PGO 算法，G-PGO 算法没有使用现有的增量式 PGO 算法的技术路径，而是从绝对位姿的优化转换到相对位姿的优化，并充分利用了每一个回环的信息将其加入 G-PGO 算法中。G-PGO 算法的另外一个优势是对异值点数据有非常好的鲁棒性，该算法能够自动计算异值点指标，将输入数据中的错误回环信息筛选出来。实验结果证明，G-PGO 算法精度要高于现有的增量式 PGO 算法。

参 考 文 献

[1] Gomez-Ojeda R，Moreno F A，Zuniga-Noël D，et al. PL-SLAM：A stereo SLAM system through the combination of points and line segments[J]. IEEE Transactions on Robotics，2019，35（3）：734-746.

[2] Rusinkiewicz S，Levoy M. Efficient variants of the ICP algorithm[C]//Proceedings Third International Conference on 3-D Digital Imaging and Modeling. Quebec City，2001：145-152.

[3] Mur-Artal R，Montiel J M M，Tardos J D. ORB-SLAM：A versatile and accurate monocular SLAM system[J]. IEEE Transactions on Robotics，2015，31（5）：1147-1163.

[4] Kreiberg D，Söderström T，Yang-Wallentin F. Errors-in-variables system identification using structural equation modeling[J]. Automatica，2016，66：218-230.

[5] Horn B K P. Closed-form solution of absolute orientation using unit quaternions[J]. Journal of the Optical Society A，1987，4：629-642.

[6] Kümmerle R，Grisetti G，Strasdat H，et al. g2o：A general framework for graph optimization[C]//2011 IEEE International Conference on Robotics and Automation. Shanghai，2011：3607-3613.

[7] Golub G H，van Loan C F. An Analysis of the Total Least Squares Problem[M]. Ithaca：Cornell University，1980.

[8] Felus Y A，Burtch R C. On symmetrical three-dimensional datum conversion[J]. GPS Solutions，2009，13（1）：65-74.

[9] Mahboub V. On weighted total least-squares for geodetic transformations[J]. Journal of Geodesy，2011，86（5）：359-367.

[10] Estépar R S J，Brun A，Westin C F. Robust generalized total least squares iterative closest point registration[C]// Medical Image Computing and Computer-Assisted Intervention－MICCAI 2004：7th International Conference. Saint-Malo，2004：234-241.

[11] Ohta N，Kanatani K. Optimal estimation of three-dimensional rotation and reliability evaluation[J]. IEICE Transactions on Information and Systems，1998，81（11）：1247-1252.

[12] Chang G . On least-squares solution to 3D similarity transformation problem under Gauss–Helmert model[J]. Journal of Geodesy，2015，89（6）：573-576.

[13] Fang X. Weighted total least-squares with constraints：A universal formula for geodetic symmetrical transformations[J]. Journal of Geodesy，2015，89（5）：459-469.

[14] Wang B，Li J，Liu C，et al. Generalized total least squares prediction algorithm for universal 3D similarity transformation[J]. Advances in Space Research，2017，59（3）：815-823.

[15] Barfoot T D. State Estimation for Robotics[M]. Cambridge：Cambridge University Press，2017.

[16] Hartley R，Zisserman A. Multiple View Geometry in Computer Vision[M]. Cambridge：Cambridge university Press，2003.

[17] Grafarend E W，Awange J L. Applications of Linear and Nonlinear Models：Fixed Effects，Random Effects，and Total Least Squares[M]. Berlin：Springer，2012.

[18] Geiger A，Lenz P，Stiller C，et al. Vision meets robotics：The KITTI dataset[J]. International Journal of Robotics Research，2013，32（11）：1231-1237.

[19] Fang X. A total least squares solution for geodetic datum transformations[J]. Acta Geodaetica et Geophysica，2014，49（2）：189-207.

[20] 罗顺心，张孙杰. 基于卷积神经网络的回环检测算法[J]. 计算机与数字工程，2019，47（5）：1020-1026，1048.

[21] Schaffrin B，Felus Y A. On the multivariate total least-squares approach to empirical coordinate transformations. Three algorithms[J]. Journal of Geodesy，2008，82（6）：373-383.

[22] Sun F，Sun X，Guan B，et al. Planar homography based monocular SLAM initialization method[C]//Proceedings of the 2019 2nd International Conference on Service Robotics Technologies. Beijing，2019：48-52.

[23] Jiang G，Gong H，Jiang T. Close-form solution of absolute orientation based on inverse problem of orthogonal matrices[C]//2008 Congress on Image and Signal Processing. Sanya，2008：329-333.

[24] Yang J，Li H，Campbell D，et al. Go-ICP：A globally optimal solution to 3D ICP point-set registration[J]. IEEE Transactions on Pattern Analysis and Machine Intelligence，2015，38（11）：2241-2254.

[25] Wang P，Xu G，Cheng Y，et al. A simple，robust and fast method for the perspective-n-point problem[J]. Pattern Recognition Letters，2018，108：31-37.

[26] Hadfield S，Lebeda K，Bowden R. HARD-PnP：PnP optimization using a hybrid approximate representation[J]. IEEE Transactions on Pattern Analysis and Machine Intelligence，2018，41（3）：768-774.

[27] Cao M W，Jia W，Zhao Y，et al. Fast and robust absolute camera pose estimation with known focal length[J]. Neural Computing and Applications，2018，29（5）：1383-1398.

[28] Li H，Zhang X，Zeng L，et al. A monocular vision system for online pose measurement of a 3RRR planar parallel manipulator[J]. Journal of Intelligent & Robotic Systems，2018，92（1）：3-17.

[29] Tumurbaatar T，Kim T. Comparative study of relative-pose estimations from a monocular image sequence in computer vision and photogrammetry[J]. Sensors，2019，19（8）：1905.

[30] Jiang H，Xu S，State A，et al. Enhancing a laparoscopy training system with augmented reality visualization[C]//2019 Spring Simulation Conference（SpringSim）. Tucson，2019：1-12.

[31] 韩义深. 射频场室内定位系统研究与实现[D]. 西安：西安电子科技大学，2019..

[32] Hartley R I. In defense of the eight-point algorithm[J]. IEEE Transactions on Pattern Analysis and Machine Intelligence，1997，19（6）：580-593.

[33] Hesch J A，Roumeliotis S I. A direct least-squares（DLS）method for PnP[C]//2011 International Conference on Computer Vision. Barcelona，2011：383-390.

[34] Li S，Xu C，Xie M. A robust O（n）solution to the perspective-n-point problem[J]. IEEE Transactions on Pattern Analysis and Machine Intelligence，2012，34（7）：1444-1450.

[35] Li S，Xu C. A stable direct solution of perspective-three-point problem[J]. International Journal of Pattern Recognition and Artificial Intelligence，2011，25（5）：627-642.

[36] Quan L，Lan Z. Linear n-point camera pose determination[J]. IEEE Transactions on Pattern Analysis and Machine Intelligence，1999，21（8）：774-780.

[37] William H，Brian P，Saul A，et al. Numerical Recipes：The Art of Scientific Computing[M]. Cambridge：Cambridge University Press，2007：297-299.

[38] Schweighofer G，Pinz A. Globally optimal O（n）solution to the PnP problem for general camera models[C]//BMVC. Leeds，2008：1-10.

[39] Abdel-Aziz Y I，Karara H M，Hauck M. Direct linear transformation from comparator coordinates into object space coordinates in close-range photogrammetry[J]. Photogrammetric Engineering & Remote Sensing，2015，81（2）：

103-107.

[40] Lu C P，Hager G D，Mjolsness E. Fast and globally convergent pose estimation from video images[J]. IEEE Transactions on Pattern Analysis and Machine Intelligence，2000，22（6）：610-622.

[41] Schweighofer G，Pinz A. Robust pose estimation from a planar target[J]. IEEE Transactions on Pattern Analysis and Machine Intelligence，2006，28（12）：2024-2030.

[42] Lepetit V，Moreno-Noguer F，Fua P. EPnP：An accurate o（n）solution to the pnp problem[J]. International Journal of Computer Vision，2009，81（2）：155-166.

[43] Zheng Y，Kuang Y，Sugimoto S，et al. Revisiting the pnp problem：A fast，general and optimal solution[C]//Proceedings of the IEEE International Conference on Computer Vision. Sydney，2013：2344-2351.

[44] Geiger A，Moosmann F，Car Ö，et al. Automatic camera and range sensor calibration using a single shot[C]//2012 IEEE International Conference on Robotics and Automation. Saint Paul，2012：3936-3943.

[45] Durrant-Whyte H，Bailey T. Simultaneous localization and mapping：Part I[J]. IEEE Robotics & Automation Magazine，2006，13（2）：99-110.

[46] Bailey T，Durrant-Whyte H. Simultaneous localization and mapping（SLAM）：Part II[J]. IEEE Robotics & Automation Magazine，2006，13（3）：108-117.

[47] Demim F，Nemra A，Louadj K. Robust SVSF-SLAM for unmanned vehicle in unknown environment[J]. IFAC-PapersOnLine，2016，49（21）：386-394.

[48] Clemens J，Reineking T，Kluth T. An evidential approach to SLAM，path planning，and active exploration[J]. International Journal of Approximate Reasoning，2016，73：1-26.

[49] Demim F，Nemra A，Louadj K，et al. Visual SVSF-SLAM algorithm based on adaptive boundary layer width[C]//International Conference on Electrical Engineering and Control Applications. Cham，2017：97-112.

[50] Demim F，Boucheloukh A，Nemra A，et al. A new adaptive smooth variable structure filter SLAM algorithm for unmanned vehicle[C]//2017 6th International Conference on Systems and Control（ICSC）. Batna，2017：6-13.

[51] Dong-Si T C，Mourikis A I. Motion tracking with fixed-lag smoothing：Algorithm and consistency analysis[C]//2011 IEEE International Conference on Robotics and Automation. Shanghai，2011：5655-5662.

[52] Eckenhoff K，Paull L，Huang G . Decoupled，consistent node removal and edge sparsification for graph-based SLAM[C]//2016 IEEE/RSJ International Conference on Intelligent Robots and Systems（IROS）. Daejeon，2016：3275-3282.

[53] Kaess M，Johannsson H，Roberts R，et al. iSAM2：Incremental smoothing and mapping using the Bayes tree[J]. The International Journal of Robotics Research，2012，31（2）：216-235.

[54] Ila V，Polok L，Solony M，et al. SLAM++-A highly efficient and temporally scalable incremental SLAM framework[J]. The International Journal of Robotics Research，2017，36（2）：210-230.

[55] Ceres：https://github.com/ceres-solver/ceres-solver[EB/OL]. [2023-08-30].

[56] Rosen D M，Carlone L，Bandeira A S，et al. SE-Sync：A certifiably correct algorithm for synchronization over the special Euclidean group[J]. The International Journal of Robotics Research，2019，38（2/3）：95-125.

[57] Nasiri S M，Hosseini R，Moradi H. A recursive least square method for 3D pose graph optimization problem[J]. arXiv preprint arXiv：1806.00281，2018.

[58] Bai F，Vidal-Calleja T，Huang S. Robust incremental SLAM under constrained optimization formulation[J]. IEEE Robotics and Automation Letters，2018，3（2）：1207-1214.

[59] Khosoussi K，Huang S，Dissanayake G. A sparse separable SLAM back-end[J]. IEEE Transactions on Robotics，2016，32（6）：1536-1549.

[60] Bai F，Vidal-Calleja T，Huang S，et al. Predicting objective function change in pose-graph optimization[C]//2018 IEEE/RSJ International Conference on Intelligent Robots and Systems（IROS）. Madrid，2018：145-152.

[61] Khosoussi K，Giamou M，Sukhatme G S，et al. Reliable graphs for slam[J]. The International Journal of Robotics Research，2019，38（2/3）：260-298.

[62] Lee G H，Fraundorfer F，Pollefeys M. Robust pose-graph loop-closures with expectation-maximization[C]//2013 IEEE/RSJ International Conference on Intelligent Robots and Systems. Tokyo，2013：556-563.

[63] Dubbelman G，Browning B. COP-SLAM：Closed-form online pose-chain optimization for visual SLAM[J]. IEEE Transactions on Robotics，2015，31（5）：1194-1213.

[64] Carlone L，Aragues R，Castellanos J A，et al. A fast and accurate approximation for planar pose graph optimization[J]. The International Journal of Robotics Research，2014，33（7）：965-987.

[65] Carlone L，Tron R，Daniilidis K，et al. Initialization techniques for 3D SLAM：A survey on rotation estimation and its use in pose graph optimization[C]//2015 IEEE International Conference on Robotics and Automation（ICRA）. Washington，2015：4597-4604.

[66] Carlone L，Rosen D M，Calafiore G，et al. Lagrangian duality in 3D SLAM：Verification techniques and optimal solutions[C]//2015 IEEE/RSJ International Conference on Intelligent Robots and Systems（IROS）. Hamburg，2015：125-132.

[67] Carlone L，Aragues R，Castellanos J A，et al. A linear approximation for graph-based simultaneous localization and mapping[C]//Robotics：Science and Systems. Sydney，2012：41-48.

[68] Sturm J，Engelhard N，Endres F，et al. A benchmark for the evaluation of RGB-D SLAM systems[C]//2012 IEEE/RSJ International Conference on Intelligent Robots and Systems. Chengdu，2012：573-580.

[69] Smith M，Baldwin I，Churchill W，et al. The new college vision and laser data set[J]. The International Journal of Robotics Research，2009，28（5）：595-599.

[70] Latif Y，Cadena C，Neira J. Robust loop closing over time for pose graph SLAM[J]. The International Journal of Robotics Research，2013，32（14）：1611-1626.

[71] Sünderhauf N，Protzel P. Switchable constraints for robust pose graph SLAM[C]//2012 IEEE/RSJ International Conference on Intelligent Robots and Systems. Vilamoura，2012：1879-1884.

[72] Geiger A，Ziegler J，Stiller C. Stereoscan：Dense 3d reconstruction in real-time[C]//2011 IEEE Intelligent Vehicles Symposium（IV）. Baden-Baden，2011：963-968.

[73] Labbé M，Michaud F. Memory management for real-time appearance-based loop closure detection[C]//2011 IEEE/RSJ International Conference on Intelligent Robots and Systems. San Francisco，2011：1271-1276.

第 6 章　激光 SLAM 方法

视觉定位方法受到光照、剧烈运动和场景特征点太少的影响导致定位精度下降。相比于视觉定位方法，基于激光的 SLAM 方法能够直接获取到三维点云数据，因此应用场景更加广泛、定位稳定性更高。但是相比于视觉传感器，激光点云的语义信息捕获能力较弱，在重复性结构化的空间中会导致求解结果退化使得定位精度下降。本章首先对现有的激光 SLAM 算法进行了归类，并详细分析了各自的优缺点。考虑到现有激光 SLAM 方法在结构化空间中不能有效解决激光点云配准的难题，我们提出了一种新的基于体素的平面提取的激光 SLAM 方法，该方法通过建立体素空间（Voxel）并对空间中的点云进行快速提取和匹配，利用空间中的平面约束关系对位姿进行优化。实验结果分析表明，本章提出的算法提高了定位和建图的精度。

6.1　现有激光 SLAM 算法

激光 SLAM 算法主要分为四类：点-点、点-面/线、线-线、类-类。点-点匹配方法与视觉方法较为类似，从图像上提取特征点转为提取每帧点云的特征点。最经典的 ICP 算法可以用于稠密的点云配准。该方法首先根据计算得到的曲率或者 FPH 特征描述子进行匹配，然后进行点-点的匹配，最后使用 ICP 算法计算得到相对位姿。但是三维激光每帧产生的点云较为稀疏，无法保证采集到的点实现点-点匹配。

为了克服此缺点，点-面/线的激光点云算法应运而生。点-面/线为代表的算法分为两类：①以 LOAM 系为代表的显式距离算法，如 LOAM[1]、Lego-LOAM[2]和 A-LOAM[3]；②以 IMLS[4]为代表的隐式距离算法。以 LOAM 为代表的显式距离算法将每帧点云根据激光扫描的线数分成 16 个不同的区域，在每个区域中提取曲率最大和最小的点。三维激光在垂直角度上分辨率较小产生的点云数据较为稀疏，所以无法保证点与点的真实对应关系。将点-点的匹配转换为点-面和点-线的匹配，其构建的代价函数为当前帧的点到上一帧中面和线的距离。此方法与基于特征点的视觉 SLAM 方法一样无法构建稠密的点云，只能对空间中特征点进行估计。以 IMLS 为代表的隐式距离算法没有拟合上一帧线或面的参数，而是将点到点的平均距离作为代价函数的残差。IMLS 算法首先根据曲率和其他指标提取当前帧的特征点，然后将当前帧的点到上一帧曲面的平均距离作为代价函数的残差。但是 IMLS 没有使用上一帧在一个曲面上的点拟合得到精确的曲面参数，而是直接使用上一帧曲面上的点到当前帧点的平均距离作为残差进行计算。IMLS 算法泛化了空间曲面模型，没有将其局限于平面或者直线，减少了对空间约束条件的限制，保证了算法的精度。但是 IMLS 算法使用的是隐式曲面并没有精确的曲面模型，因此在进行匹配时只能依靠最近距离来进行匹配。如果相对位姿的初始值不够精确，会导致匹配的失败。代价函数除了可以构造成点到面或者点到线的距离，NDT 算法对每帧的点云进行了分割得到更小的长方体空间（体素），在此体素空间下拟合得到上一帧的三维高斯模型；然后将当前帧落入此体素内的点代入上一帧的三维高斯模型中求得分数，并以此分数的累加作为最终代价函数的残差。此方法与 IMLS 算法一样都属于弱匹配算法，对于相对位姿的初始值的精度要求较高，同时也无法建立稠密的地图。

除了点的信息，CLS 算法中也将线-线的匹配关系应用到了点云配准过程中[5]。CLS 算法首先根据导航角度分成 36 个区域，在每个区域中寻找相邻最近的 5 个点拟合成线；然后将上一帧和当前帧距离最近的线进行匹配；最后计算得到匹配线的中间点，并根据这个点在两帧下的坐标使用点匹配的 ICP 方法计算相对位姿。CLS 算法能够获得较为精确的位姿，但是在拟合直线和匹配直线时需要耗费 2s 左右的时间，其算法的实时性要差于点-点和点-面/线 SLAM 算法。三维激光在垂直方向的分辨率较低，因此使用点作为匹配要素的方法会受到误匹配的影响而导致位姿结果精度降低，即使使用了点-点、点-面/线的匹配方式仍旧无法避免误匹配的发生。

如果将空间中的点云进行聚类，并使用类-类的匹配关系计算相对位姿，会显著降低误匹配的发生。相比于单个点只可以使用的曲率作为描述子，聚类之后的点云可以提取多个维度的参数作为描述子进行匹配。首先使用 Segmatch 算法对空间点进行聚类[6]；然后使用基于特征值的方法或者直方图的方法计算每个类的描述子并使用随机森林优化的方法进行匹配，从而用匹配得到的类计算各自的中心；最后使用 RANSAC-ICP 算法将错误的匹配关系排除，并计算得到相对位姿变换。但是随着地图的扩大，一个类中的点云数据可能达到成千上万个。每次有新的测量数据需要与地图中的类相融合时，还需要重新计算整个类的描述子。为了解决这个问题，使用增量的方式更新各个类的特征值描述子以保证算法的实时性[7]，此算法在兼容了实时性的条件下最大限度地保证了算法的精度。Douillard 等也在类-类匹配的算法中进行了探索[8]。首先使用固定分辨率的体素对三维激光进行分类[7]，然后描述类与类之间的形状相似程度，并使用匈牙利匹配算法得到类-类之间匹配关系，最后在匹配的类中使用最近邻 ICP 迭代搜索算法得到相对位姿的变换[9]。该方法的优势在于没有依靠类中单个点进行

ICP 计算，而是尽可能地找出点-点的匹配关系并进行计算，也正因为后端在精度上的优势，造成算法每帧处理时间需要 7.3s，无法满足实时定位时效性的要求。基于类-类匹配的激光 SLAM 算法虽然能够充分地利用空间中的几何特性进行匹配和定位，但是由于聚类的点云无法拟合复杂的曲面参数，无法构建较为精细的地图。

三维空间中的平面拥有较好的参数特性，并且相比于复杂的类曲面，平面也更易于提取。基于激光传感器的平面检测方法分为三种：基于 Hough 变换的平面检测方法，基于增长法的平面检测方法和 RANSAC 方法。经典的随机 Hough 变换（RTH）方法将待估计参数划分为不同的投票区间，根据投票区间得票多少来计算最终平面的参数。经典的 RTH 算法能够有效地减少离群点对平面参数的影响。但是 RTH 需要对整个状态空间进行遍历，因此计算量非常大，同时离散化参数的步长不容易选择。为了解决这个问题，Grant 等提出了一种带有约束的 RTH 改进方法[10]。首先对每帧测量的数据根据曲率进行分组并计算得到每个组中的中心点和主方向；然后使用这两个参数构建平面法向量和原点到平面距离的约束方程。当进行 RTH 算法遍历距离时，可以确定法向量的值从而减小了 RTH 搜索的范围。相比于 RTH 方法，也可以缩短平面检测时间，增加算法的时效性[10]。相比于算法复杂度较高的 Hough 算法，基于宽度优先的区域增长法算法时效性较高。利用区域增长法可以进行平面检测并更改增量式的平面参数更新方法[11]。当新的平面点加入当前平面时，需要重新计算平面法向量和距离参数。当点云数据量较大时，如果仍旧使用这种全局计算的更新方式会导致算法的整体实时性变差。增量式的平面更新方式将全局计算的矩阵进行分解，将已有平面点和新加入平面点完全解构，保证现有平面点相关的系数不会被重新计算。此种增量式的计算方法对于异值数据点较为敏感，与 RANSAC 和 Hough 方法相比无法排除噪声的干扰。RANSAC 算法虽然能够有效地排除噪声的干扰，但在不断取样迭代的计算过程中耗费的时间较长，无法在实时的系统中使用。平面检测之后还需要进行平面匹配并使用匹配的关系计算得到两帧之间相对位姿的变化。协方差矩阵作为衡量误差的指标也在平面检测时得到了应用[12]，并可以将协方差矩阵引入相对位姿计算之后。为了能够快速地得到结果，此方法将相对姿态和相对位置的变换解耦进行计算，得到相对位姿的解析解。同时引入了多种一致性约束条件对匹配的平面进行一致性检测。此种方法将平面测量过程中的不确定度引入匹配和位姿求解的过程中。但是协方差矩阵和一致性检测计算量太大导致其每帧数据需要 1s 左右的时间才能处理完成，实时性无法得到保证。为了方便比较各种方法特性，将各个方法的特点绘制于表 6-1 中。

表 6-1　SLAM 系统梳理

算法名称	传感器类型	匹配元素	优点和缺点
ICP	激光点云	点-点	算法效率高，无法使用在三维激光的稀疏点云中，容易造成误匹配的情况
LOAM、Lego-LOAM、IMLS	激光点云	点-面/线	改进了 ICP 中误匹配的情况，但是无法建立稠密地图
CLS	激光点云	线-线	对于初始位姿的要求较高，计算量较大
Segmatch、Douillard 等[8]	激光点云	类-类	能够有效地对空间中的点云进行聚类，但是聚类的点云几何特征不明显，因此无法恢复出聚类点的稠密地图。只能将类-类的匹配用于帧间的位姿估计
Grant 等[10]、Pathak 等[12]	激光点云	面-面	算法复杂度较高无法实现实时运算

6.2　特征点提取与匹配

本章的点云提取和平面检测方法依据三维激光传感器的角度分辨率和距离测量精度建立体素空间。三维激光传感器生成的三维点云有三个特性：随着深度的增加，相邻的两个点之间距离会变大；垂直角度分辨率远小于水平角度分辨率（以 Velodyne 的 16 线激光雷达为例，其垂直角度仅有 16 线且线与线之间相差 2°，而水平方向上角度分辨率最小可达到 0.1°）；对于空间中与线接近平行的平面其深度变化较大。

图 6-1 中详细描述了三维激光的测量特性。由图 6-1（a）可知，地面平行于激光坐标系的 Z 轴，因此相邻的激光点之间在 Z 轴上的坐标相差较大。如果使用基于传统正方体体素分割的点云聚类方法很容易将地面上的点分割成不同类，从而造成后续平面点聚类错误。图 6-1（b）为站在激光前方人体的点云分布示意图，可以看出水平方向上的点云分布密度明显高于垂直方向上的点云分布密度。如果使用正方体的体素分割方法，会将同一线的点云划分成一类，而线与线之间的点

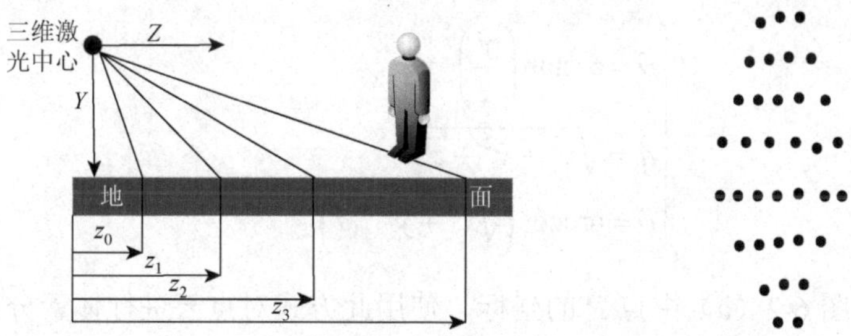

(a) 相邻的激光点之间在Z轴上的坐标相差较大　(b) 站在激光前方人体的点云分布示意图

图 6-1　三维激光测量特性图

云空间相距较远会被划分成另外一类。由此可见，现有的正方体的体素分割方法很容易造成错误的点云聚类。为了解决这个问题，这里使用如下定义的体素对点云进行聚类。

三维点所对应的体素坐标为

$$\begin{aligned}\{i,j,k\}=\{&\Delta d\times i\leqslant d<\Delta d\times(i+1),\\&\Delta\theta\times j\leqslant\theta<\Delta\theta\times(j+1),\\&\Delta\phi\times k\leqslant\phi<\Delta\phi\times(k+1)\}\end{aligned}\tag{6-1}$$

其中，i、j 和 k 为点在体素中的坐标；Δd 为激光传感器的深度测量精度；d 为三维点到激光中心的距离；$\Delta\theta$ 为三维激光的水平角度分辨率；θ 为三维激光的水平角度，如图 6-2（a）所示，图 6-2（b）是对图 6-2（a）的细化；$\Delta\phi$ 为三维激光的垂直角度分辨率；ϕ 为三维激光点的俯仰角度，如图 6-2（a）所示，图 6-2（c）为体素空间下的坐标系。

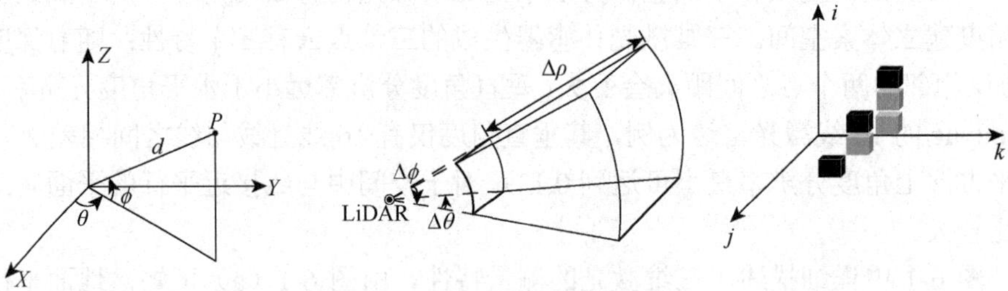

(a) 三维点对应的体素坐标　(b) 图(a)的细化　(c) 体素空间下的坐标系

图 6-2　三维激光体素分割示意图

使用的 Velodyne 16 线激光中 Δd 根据激光的测量精度设置为 2cm，$\Delta\theta$ 设置为 0.5°，$\Delta\phi$ 设置为 2°。由于激光传感器返回的是三维点在 X-Y-Z 轴上的坐标，因此需要根据坐标计算得到 θ、ϕ 和 d。

$$\begin{cases}\theta=\arctan\left(\dfrac{y}{x}\right)\\ d=\sqrt{x^2+y^2+z^2}\\ \phi=\arccos\left(\sqrt[2]{x^2+y^2}\,/\,d\right)\end{cases}\tag{6-2}$$

其中，(x,y,z)为图 6-2（a）中点 P 的坐标。使用此方式对点云进行体素分割可以非常有效地解决垂直角度和水平角度不一致的问题。

激光和平面相交所构造的曲线是锥线，如图 6-2（a）所示。如果使用增长法能够拟合出锥线的模型，那么很容易提取平面点坐标，但是锥线的参数方程复杂，拟合时需要的时间较长。LOAM 使用相同线上左右相邻的五个点计算当前点的曲率：

$$c = \left\| \left(10 \times \boldsymbol{P}(i,j,k) - \sum_{m=1}^{-5} \boldsymbol{P}(i,j+m,k) - \sum_{m=1}^{5} \boldsymbol{P}(i,j+m,k) \right) \right\| \Big/ 5 \tag{6-3}$$

其中，$\boldsymbol{P}(i,j,k)$为(i,j,k)时所对应的点云坐标；c 为点 $P(i,j,k)$计算得到的曲率。

式（6-3）曲率计算公式对应图 6-3（b）～（e）四种情况。图 6-3（b）～（d）中表示在局部范围内属于相同线的激光点测量的是一个平面，图 6-3（e）表示同线的激光在同平面的结果。黑色的方框为要求曲率的当前点，灰色方框为当前点曲率的邻近点。黑色的曲线为激光和平面所交的锥线。图 6-3（b）表示当前点曲率的邻近点都在锥线最高点的一侧。图 6-3（c）表示当前点曲率的邻近点平均分布在了锥线最高点的两侧。图 6-3（d）表示没有在锥线最高点平均分布的情况。图 6-3（e）为相同线的激光测量到了不同的平面。LOAM 曲率设计的本意是希望在一个平面上的点 $\boldsymbol{P}(i,j,k)$和 $\boldsymbol{P}(i+1,j,k)$ 构成的向量与 $\boldsymbol{P}(i,j,k)$和 $\boldsymbol{P}(i-1,j,k)$ 构成的向量基本上相互抵消，能够保证计算得到的曲率接近于 0。从图 6-3（b）～（d）中可以看出其曲率要远小于图 6-3（e）。但是在实际的测量中由于激光自身测量精度的问题，得到的三维坐标点距离真值有 2～3cm 的偏差，会导致距离当前点越近的相邻点构成的左右向量无法抵消，曲率值很大。同时 LOAM 曲率的计算方法针对不同线的不同分辨率的传感器，为了提取角点需要根据场景设置不同的曲率阈值，这就是 LOAM 算法在 KITTI 固定数据集精度较高但在实际使用过程中精度下降的原因。为了解决这个问题，提出了一种具有几何意义的曲率计算方法：

$$\boldsymbol{c} = 180 \times \arccos\left(\cdot \left| \operatorname{norm}\left(\boldsymbol{P}(i-5,j,k) - \boldsymbol{P}(i,j,k) \right) \cdot \operatorname{norm}\left(\left(\boldsymbol{P}(i+5,j,k) - \boldsymbol{P}(i,j,k) \right) \right) \right| \right) \Big/ \pi \tag{6-4}$$

式中，norm 函数表示将输入的向量进行单位化；符号“ · ”表示将两个向量点乘。

利用最远端的两个与当前点构成的夹角作为曲率计算值。该方法的优势是无论使用何种数据集和三维激光雷达，提取角点的曲率阈值不需要发生更改。在实验过程中统一设置曲率阈值为 45°，大于 45°的为角点，小于 45°的为平面点。相比于 LOAM 使用的曲率计算方法，本节提出的计算方法只取用了最远的两个相邻点。距离当前点越远，测量深度造成的误差对于曲率的影响就越小。

首先，根据式（6-4）计算所有点曲率。对于处在边缘或者离群的点是无法使用式（6-4）计算得到曲率的，将此类点划分为无曲率点。此时整个点云被划分成两类点：有曲率点和无曲率点。如果直接使用区域增长对每个点进行广度优先搜索，会导致空间中相连的不同平面聚类为同一个平面，这主要是因为在平面的交界处不能保证所有的点都恰好在交线上，如图 6-3（f）所示。在图 6-3（f）中，黑色的方框表示角点，灰色的方框表示平面点。平面 a 和平面 b 交线上不能保证

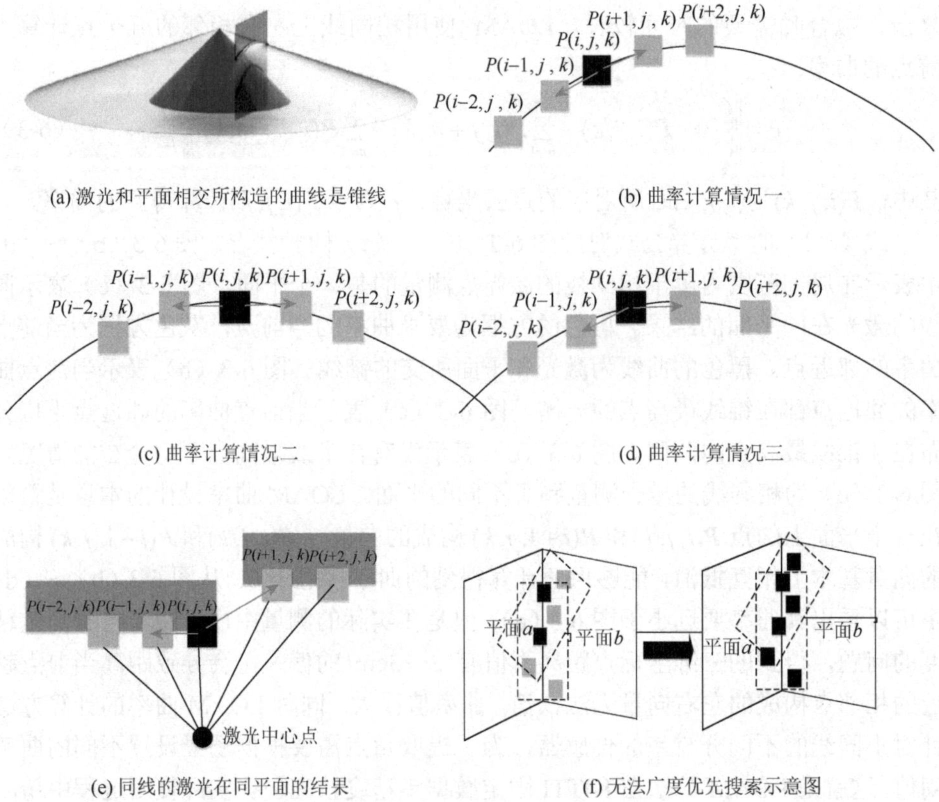

图 6-3　曲率计算示意图

恰好存在激光点，因此使用区域增长会使得平面 a 和平面 b 聚合成一类。为了解决这个问题，将新加入的点代入已经聚类的平面模型中，如果残差大于阈值那么此点不参与聚类。但是此方法需要随着新点的增加不断地更新平面的参数，而且需要对每个加入的点进行残差的计算，整体算法效率较低。本节的解决方法是对所有角点进行轮询，判断其在垂直方向和 45°方向上是否还存在角点，如果存在角点则继续以最远角点在垂直和 45°方向增长，直到没有角点存在。搜索结束后判断总的角点数是否超过了 5 个，如果是则将搜索范围中的所有点全部归类为角点。如图 6-3（f）所示，白色区域为 45°和 90°搜索的方向。经过此项聚类之后，保证了不同平面之间的相交区域都被划归为了角点，进行区域增长时不会划归为同一个平面。

进行第一次区域增长的操作后，空间中平面点已经被大致聚类完毕。但是有些缓慢变化的曲面也会被归类为平面点，此时需要对归类的平面点进行筛选。首先对于同一类的平面点使用 RANSAC 算法拟合出平面参数（$\boldsymbol{A}$，$\boldsymbol{B}$，$\boldsymbol{C}$，$\boldsymbol{D}$）。然后使用 RANSAC 筛选出来内置点投影到平面上，并计算平面的多边形外角点，由此计算平面的面积。再使用 PCA 算法计算点云的三个主方向，如果平面的面积大于 $0.06m^2$ 并且内值点百分比大于 80%，则将属于此平面的点归类为有效平面点，将剩余的点归类为无效平面点。此时空间中的点被划归为四类：有效平面点、无效平面点、无曲率点和角点。但是如图 6-3（e）所示，平面边缘点无论是角点还是无曲率点，仍旧属于平面。为了将这类点与现有的平面进行聚类，执行第二次的区域增长。第二次区域增长遍历空间中所有的无曲率点和角点，判断其周围是否存在有效平面点，如果存在则判断到有效平面的距离是否超过 5cm，如果没有超过 5cm 则向其他的无曲率点和角点增长，直到停止。第二次增长的算法过程如图 6-4 所示，灰色方框为属于同一平面的有效平面点，黑色和深灰色方框为无曲率点和角点，灰色的方框为当前被遍历的点，白色的方框为与周围平面融合的点，白色箭头为区域增长的方向。经过第二次区域增长后，可以将原本属于一个平面的角点和无曲率点与现有的平面点融合。

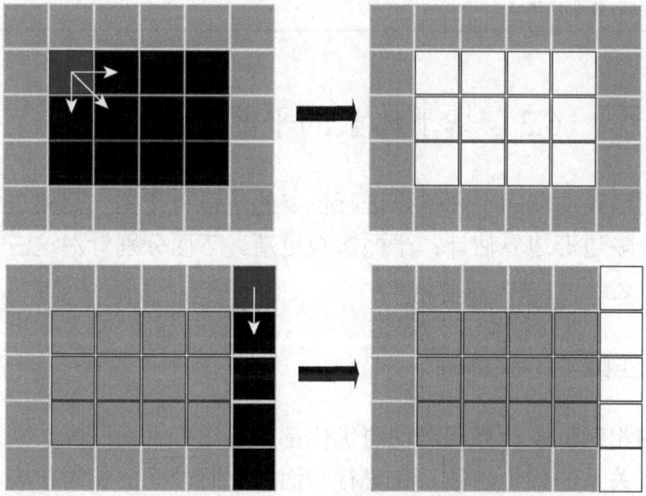

图 6-4　第二次增长示意图

经过第二次增长已经能够将空间中绝大多数平面检测出来，尤其是那些与激光光线垂直的平面。经过实测发现与激光光束较为平行的平面，如地面，仍旧无法进行归类。为了将这些平面检测出来，进行最后一次区域增长。最后一次区域增长使用的点为剩下的无效平面点、角点和无曲率点。遍历剩余的三种点，找到与之最近的平面，然后计算此点到此平面的距离，如果小于阈值则将此点与平面融合。本节方法进行了三次区域增长，但是每次区域增长的范围和空间都互成补集，没有做过多重复的遍历，因此其算法的复杂度为 $O(n)$。整体的算法流程如表 6-2 所示。

表 6-2 基于点云的三次区域增长平面检测算法

输入：三维点云 输出：已经聚类好的平面点
算法： （1）设定三维激光的分辨率参数：$\Delta\theta$ 和 $\Delta\phi$； （2）得到当前帧的三维点云 C； （3）计算 C 中每个点 p_i 的体素坐标(j,k)，并使用 Hash 表存储点云 C 的三维体素空间； （4）根据体素空间的相邻关系计算每个点的曲率，将曲率大于 0.2 的体素设置为角点，集合为 S，小于 0.2 的体素设置为平面点，集合为 P，没有曲率的体素集合为 I； （5）for 每一个体素 $p_i \in P$ 进行广度优先搜索，搜索范围为集合 P，停止条件为遇到集合 I 或者 S 中的体素。 end for （6）对每个聚类的平面点计算面积和稳定性指标，如果面积大于 0.06m^2 且内值点百分比大于 80%，则将此类中的体素归类为有效平面点，否则归类为无效平面点，集合命名为 N； （7）for 每一个体素 $p_i \in (S,I)$ 在现有的平面中搜索哪个平面与当前点 p_i 最接近； 判断当前点 p_i 到最近平面的距离是否超过 5cm，如果不超过 5cm，则将当前点 p_i 加入此平面内； end for （8）return 所有的有效平面点。

6.3 基于体素的平面检测方法

为了使用已经提取的平面信息进行位姿的定位与建图，需要进行：基于参数的平面匹配；多边形边界估计；平面参数更新。下面分别针对这三个环节进行详细的讲解和叙述。

6.3.1 平面匹配

帧与帧的相对位姿计算和滑动窗优化都需要进行平面匹配，用于建立帧间的相对位姿约束关系的代价函数。在进行平面匹配时帧间的相对位姿已经根据双目视觉计算得到。已知 i 时刻的平面点集合 $\boldsymbol{C}^i=\left\{\boldsymbol{P}_1^i,\boldsymbol{P}_2^i,\cdots,\boldsymbol{P}_n^i\right\}$ 和 j 时刻的平面点集合 $\boldsymbol{C}^j=\left\{\boldsymbol{P}_1^j,\boldsymbol{P}_2^j,\cdots,\boldsymbol{P}_m^j\right\}$，其中 i 时刻一共存在 n 个平面，j 时刻一共存在 m 个平面。将 i 时刻下的坐标系移动到 j 时刻坐标系下的位姿矩阵为$\begin{bmatrix}\boldsymbol{R}_{j,i} & \boldsymbol{t}_{j,i}\end{bmatrix}$。已知在平面上的点满足 $Ax+By+Cz+D=0$ 约束方程。假设 i 时刻第 k 个平面和 j 时刻下第 l 个平面对应空间中一个平面，根据几何关系，这两个平面参数与帧间的相对位姿有如下约束关系：

$$
\begin{bmatrix}\boldsymbol{R}_{j,i}^{\mathrm{T}} & \boldsymbol{0}\\ \boldsymbol{t}_{j,i}^{\mathrm{T}} & \boldsymbol{1}\end{bmatrix}\begin{bmatrix}\boldsymbol{A}_k^i\\ \boldsymbol{B}_k^i\\ \boldsymbol{C}_k^i\\ \boldsymbol{D}_k^i\end{bmatrix}=\begin{bmatrix}\boldsymbol{A}_l^j\\ \boldsymbol{B}_l^j\\ \boldsymbol{C}_l^j\\ \boldsymbol{D}_l^j\end{bmatrix} \tag{6-5}
$$

其中，$\left(\boldsymbol{A}_k^i,\boldsymbol{B}_k^i,\boldsymbol{C}_k^i,\boldsymbol{D}_k^i\right)$和$\left(\boldsymbol{A}_l^j,\boldsymbol{B}_l^j,\boldsymbol{C}_l^j,\boldsymbol{D}_l^j\right)$分别为在两个坐标系下拟合得到的平面参数；上标 i 表示此平面坐标为 i 时刻下的平面参数；上标 j 表示此平面参数由 j 时刻下的平面参数变换得到。

将 j 时刻下的所有平面参数变换到 i 时刻坐标系下得到$\left(\boldsymbol{A}^{i(j)},\boldsymbol{B}^{i(j)},\boldsymbol{C}^{i(j)},\boldsymbol{D}^{i(j)}\right)$，并计算与 i 时刻平面的如下两个参数：

$$\begin{gathered}\arccos\left[\left(\boldsymbol{A}^{i(j)},\boldsymbol{B}^{i(j)},\boldsymbol{C}^{i(j)}\right)\left(\boldsymbol{A}^i\boldsymbol{B}^i\boldsymbol{C}^i\right)^{\mathrm{T}}\right]=\Delta r\\ \left|\boldsymbol{D}^{i(j)}-\boldsymbol{D}^i\right|=\Delta d\end{gathered}\qquad(6\text{-}6)$$

其中，Δr 用于衡量两个待匹配平面的法线方向是否一致；Δd 用于衡量 i 时刻坐标系下坐标原点到平面的距离是否一致。

如果法线夹角小于 30°，并且距离小于 0.5m，则将 i 时刻平面加入 j 时刻匹配的候选平面中。空间是无限延展的聚类集合，即使两个点云没有重合，这两个平面的参数也有可能极度接近，如图 6-5 所示。在实际测量的室内环境中，黑板所在的平面由黑色虚线标出，灰色虚线标出的平面与黑色虚线标出的平面很显然是同一个平面，因此其平面参数会非常接近，这就会导致在 i 时刻有两个候选平面计算得到的 Δr 和 Δd 非常接近。因此只依靠法方向和距离一致是不足以进行平面匹配的。

图 6-5　多边形凹凸点结果

为了解决这个问题，使用基于多边形覆盖度的方法来判断两个平面是否匹配。需要将 i 时刻某个平面的点云投影到拟合得到的平面上。为了保证激光测量值的有效性，不可以直接将点垂直投影到平面中得到投影点，因为激光的导航角和俯仰角是准确的，而测量的误差主要来源于深度。在做平面投影时需要计算激光光束与此平面相交的点即为投影点。如图 6-6（a）所示，灰色点 P_2 为实际的测量点，其坐标为 $\boldsymbol{p}_2$，白色的点 P_1 为激光光束与平面的交点，其坐标为 $\boldsymbol{p}_1$；如图 6-6（b）所示，已知 i 时刻的平面模型和 P_2 点在 i 时刻坐标系下的坐标，由此可以计算得到 P_2 到平面的距离 d_2，P_0 点到平面的距离为 d_3，则 P_1 的坐标可以计算得到

$$\boldsymbol{p}_1 = \boldsymbol{p}_2 - \frac{d_2}{d_2 + d_3}(\boldsymbol{p}_2 - \boldsymbol{p}_0) \tag{6-7}$$

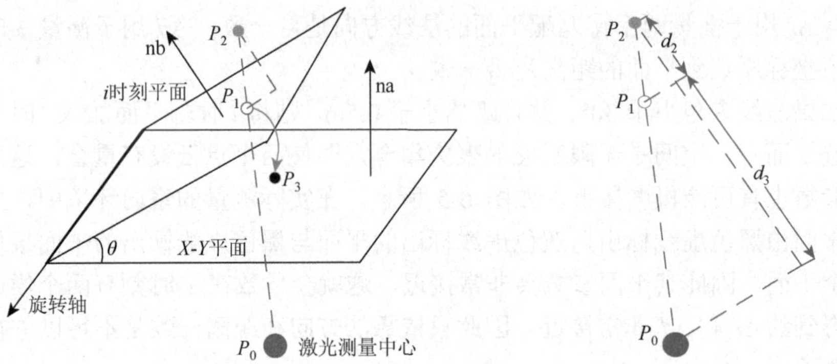

(a) 空间示意图　　(b) 计算P_2到平面的距离

图 6-6　平面空间匹配示意图

将点投影到平面后，需要提取平面点所构成的多边形凸点。为了能够像平面图像中一样提取二维的多边形凸点，需要将平面中点的 z 轴坐标变为相等。因此将 j 时刻的平面坐标变换到 j 时刻坐标系的 X-Y 平面，在图 6-6 中对应从白色点变换到黑色点。需要注意的是，这里进行的不是垂直投影，因为垂直投影会改变原始平面的面积和凸点的几何关系，需要将 j 时刻某个平面的点变换到 X-Y 平面，保证点云上的 Z 轴坐标相同，如图 6-6 所示。**na** 向量为 X-Y 平面的法向量，**nb** 为 j 时刻某个平面的法向量。θ 为两个平面所成的角度。**nb** 向量与 **na** 向量所成的夹角即为 θ。则可以得到进行平面旋转的姿态矩阵为

$$\begin{cases} \boldsymbol{\phi} = \operatorname{norm}\left(\widetilde{\mathbf{na}} \times \widetilde{\mathbf{nb}}\right) \\ \theta = \arccos\left(\widetilde{\mathbf{na}}^{\mathrm{T}} \times \widetilde{\mathbf{nb}}\right) \\ \boldsymbol{R}_p = \boldsymbol{R}(\phi \cdot \theta) \end{cases} \tag{6-8}$$

式中，$\widetilde{\mathbf{na}}$ 和 $\widetilde{\mathbf{nb}}$ 向量来自于图 6-6 中 **na** 和 **nb** 向量。

如果 **na** 和 **nb** 的夹角大于 90°，则将 **na** 向量乘以−1，得到方向归一化之后的

$\widetilde{\mathbf{na}}$ 和 $\widetilde{\mathbf{nb}}$ 向量。式（6-8）中通过 $\widetilde{\mathbf{na}}$ 和 $\widetilde{\mathbf{nb}}$ 向量的叉乘得到了旋转轴，再对叉乘得到的向量进行单位化得到了旋转轴向量 $\boldsymbol{\phi}$。两个平面的夹角可以通过两个向量的点乘得到，最终通过旋转轴和旋转角度构造出了位姿变换矩阵 $\boldsymbol{R}_p$。在 X-Y 平面的 $\boldsymbol{p}_3$ 坐标可以通过式（6-9）计算得到：

$$\boldsymbol{p}_3 = \begin{bmatrix} 1 & 0 & 0 \\ 0 & 1 & 0 \end{bmatrix} \boldsymbol{R}_p \boldsymbol{p}_1 \tag{6-9}$$

根据在 i 时刻 X-Y 平面上的二维坐标点，提取每个平面的多边形的凸/凹包点。i 时刻每个平面的凸/凹包点对应图 6-5 中白色点。对于 j 时刻坐标系下的平面点将其投影到拟合的平面上，以纠正深度测量的误差。然后将点通过相对位姿变换矩阵 $[\boldsymbol{R}_{i,j} \quad \boldsymbol{t}_{i,j}]$ 得到 i 时刻坐标系下的坐标点。通过第一步已经能够得到与 j 时刻平面所匹配的 i 时刻的候选平面，如果候选平面超过两个，则需要将来自于 j 时刻的坐标点投影到 X-Y 平面。计算落在 i 时刻不同凸包轮廓内的数量，选择包含最多 j 时刻投影点的凸/凹包所在候选平面为最优匹配平面。整个匹配过程如图 6-5 所示，i 时刻各个平面对应的凸包多边形已经建立，对应黑色和灰色框。白色点为建立多边形的凸/凹包点。j 时刻某个平面的点云经过位置修正和帧间位姿变化投影到了 i 时刻，在图 6-6 中对应黑色点。由于黑色平面和灰色平面基本平行，其曲面的参数非常接近，这两个平面都可作为 j 时刻的候选平面，但是 j 时刻平面的点落在灰色平面所构成的凸包中，则 j 时刻的最佳平面为灰色虚线所框出的平面。通过凸包的重合率可以非常有效地与空间中参数相似度高但是不连续的平面进行匹配。

6.3.2　多边形边界估计

若判断某个点是否在一个多边形内，需要求解得到多边形的边界点。本章尝试了现有的凹凸点计算方法但是效果都很不理想，其主要原因在于三维点投影到图像后上下间距远大于左右相邻的间距，并且随着越来越靠近图像的两端，像素点的间距越来越大，阈值在每帧图像上都需要进行调整，如图 6-7（a）所示。为了解决这个问题，提出了一种在激光体素空间的腐蚀和膨胀方法。

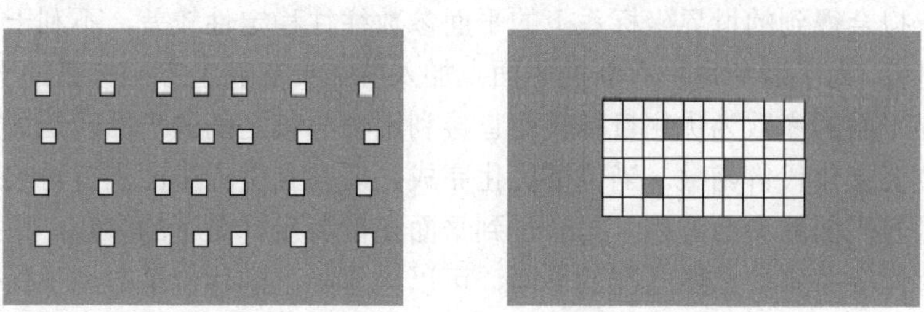

(a) X-Y-Z空间　　(b) 体素空间

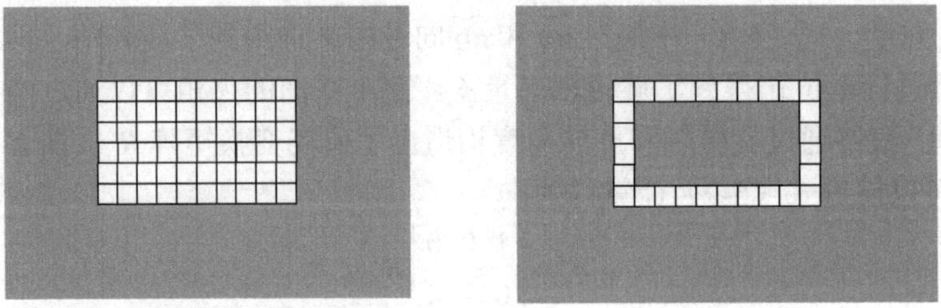

(c) 膨胀和腐蚀后结果　　(d) 寻找边缘点

图 6-7　多边形边界点计算方法

图 6-7 中白色方框表示三维激光点对应的有效点。现有的空间平面根据式（6-2）将 X-Y-Z 坐标系下的点投影到体素空间，由于已经确定了是一个平面的点，因此这里不用计算深度空间 d 的坐标，而是需要计算得到式（6-1）中的 j 和 k。相比于稀疏的 X-Y-Z 空间，在体素空间中各个有效单元相距较为紧密，如图 6-7（b）所示。然后使用图像处理中膨胀和腐蚀函数对平面的体素空间进行操作，保证体素空间中不存在无效点，如图 6-7（c）所示。本节中将膨胀和腐蚀的 j 维度的值设置为 5，k 维度的值设置为 2。然后在图 6-7（c）中寻找边缘点，得到图 6-7（d）的结果。在实际膨胀的过程中可能会出现边缘点不存在三维点与之对应的情况，为了解决这个问题，将图 6-7（b）中的有效体素空间存储到八叉树中，得到边缘点后搜索与之最相近的八叉树中的元素。最后将八叉树中元素对应的三维点取出，即为边界点。

6.3.3　平面参数更新方法

在进行完平面匹配之后会有新的点加入平面的估计中，现有研究中大多选择对世界坐标系下的平面参数进行更新，并使用世界坐标系下的平面参数。在 SLAM 算法中，世界坐标系由第一帧的位姿决定。增量式参数更新方法是将原有的点从整体的方程中解耦出来[11]，尽量避免对原有点重复的计算，只对新加入的点进行计算。虽然此方法能够在一定程度上减少计算的时间，但是其对于异值点数据较为敏感，拟合得到的世界坐标系下的平面参数往往稳定性较差，不利于后续位姿优化的进行。为了避免每次有新的平面点加入就需要更新世界坐标系的平面参数，不以世界平面的参数为优化目标转而直接利用帧与帧之间的平面匹配关系，建立后续的位姿优化代价函数。当位姿优化完成之后并且世界平面没有再被观测到，则构建世界平面的参数方程，拟合得到平面在世界坐标系下的参数。根据两帧之间的相对位姿关系和已经匹配的平面，可以构建如下的代价函数用于优化两帧之间的相对位姿：

$$\sum_{k=1,l=1}^{k=n,l=m}\rho\left(\left\|\begin{bmatrix}\boldsymbol{R}_{i,j}^{\mathrm{T}} & \mathbf{0}\\ \boldsymbol{t}_{i,j}^{\mathrm{T}} & 1\end{bmatrix}\begin{bmatrix}\boldsymbol{A}_k^j\\ \boldsymbol{B}_k^j\\ \boldsymbol{C}_k^j\\ \boldsymbol{D}_k^j\end{bmatrix}-\begin{bmatrix}\boldsymbol{A}_l^i\\ \boldsymbol{B}_l^i\\ \boldsymbol{C}_l^i\\ \boldsymbol{D}_l^i\end{bmatrix}\right\|\right)=\boldsymbol{e}_p \tag{6-10}$$

其中，$\left(\boldsymbol{A}_k^i,\boldsymbol{B}_k^i,\boldsymbol{C}_k^i,\boldsymbol{D}_k^i\right)$和$\left(\boldsymbol{A}_l^j,\boldsymbol{B}_l^j,\boldsymbol{C}_l^j,\boldsymbol{D}_l^j\right)$分别为 i 时刻和 j 时刻坐标系下匹配的两个平面参数，这两个参数作为优化过程中的测量值，$[\boldsymbol{R}_{i,j}\ \ \boldsymbol{t}_{i,j}]$作为优化过程中的待估计参数；$\rho$为鲁棒核函数，能够有效地抑制异值点对优化结果的影响。

将式（6-10）的代价函数与视觉的代价函数相组合用于优化帧间和滑动窗口中的相对位姿。当滑动窗完成优化后，当前帧在世界坐标系下的位姿得到更新。根据当前帧在世界坐标系下的位姿将当前帧得到的平面点云与世界坐标系下的平面进行匹配，如果匹配成功则将当前帧的点云与世界坐标系下的平面点进行融合，否则认为观测到了新的平面，并将此平面加入世界坐标系下的平面中。当世界坐标系下的某个平面超过连续 20 个关键帧没有新的坐标点加入，则计算此平面在世界坐标系下的参数。然后对平面上的点进行降采样，通过区域增长的方式判断周围是否有距离小于 0.5cm 的点，将距离小于 0.5cm 的点从平面点云中删除，将超过 0.5cm 距离的点作为根节点继续进行增长，直到遍历所有点为止。最后将降采样的点云根据世界坐标系下的平面参数投影到平面上，并在屏幕上显示。平面的匹配和世界坐标系的参数更新流程图绘制于图 6-8。本节算法的主要思想是利用

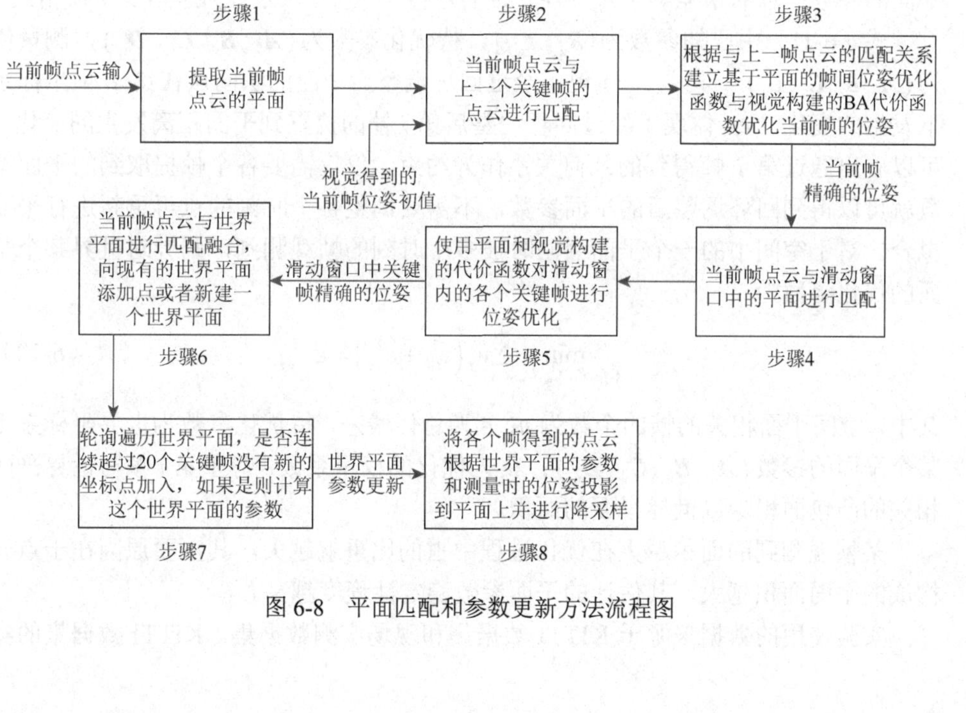

图 6-8　平面匹配和参数更新方法流程图

空间平面所带来的位姿约束关系进行位姿优化，而在优化的过程中并不需要关注平面在世界坐标系下的参数。当完成位姿优化后并且世界坐标系下平面不再持续有新的点云加入时，才去拟合平面的参数。在原有的方法中，每次测量值到来都会增量式地拟合平面在世界坐标系下的参数。然后使用世界坐标系下的参数参与绝对位姿的优化。而在本章提出的方法中，世界坐标系下的建图被放在了位姿估计之后，这样能够保证既能利用平面的约束关系又能对世界平面参数有一个准确的估计。

在发生回环时，空间中各个帧的位姿都会发生调整，此时地图坐标系下的平面点坐标需要进行调整。如果直接将点乘以相对位姿再重新进行平面参数拟合，会因为点云的数量过大而导致计算时间过长无法及时实现地图的修正。为了解决这个问题，使用世界平面与各个帧间的几何约束关系构建代价函数，优化得到回环之后世界平面的参数。虽然里程计会存在累积误差，但是对于某个时刻中载体的位姿与空间平面的几何关系是不变的，因此本节将局部的几何关系当作代价函数的测量值。本节构建的世界平面参数优化代价函数如下：

$$\begin{cases}\left[\boldsymbol{R}_{w,i}^{\mathrm{T}}(\boldsymbol{A}_w,\boldsymbol{B}_w,\boldsymbol{C}_w)^{\mathrm{T}}\right](\boldsymbol{A}_i,\boldsymbol{B}_i,\boldsymbol{C}_i)=e_{i,1}\\(\boldsymbol{A}_w\boldsymbol{tx}_{w,i}+\boldsymbol{B}_w\boldsymbol{ty}_{w,i}+\boldsymbol{C}_w\boldsymbol{tz}_{w,i}+\boldsymbol{D}_w)-\boldsymbol{D}_i=e_{i,2}\end{cases} \tag{6-11}$$

其中，$[\boldsymbol{R}_{w,i}\ \ \boldsymbol{t}_{w,i}]$为世界坐标系移动到第 i 帧坐标系下的位姿变换矩阵；$(\boldsymbol{A}_w,\boldsymbol{B}_w,\boldsymbol{C}_w,\boldsymbol{D}_w)$为世界坐标系下平面的参数；$(\boldsymbol{A}_i,\boldsymbol{B}_i,\boldsymbol{C}_i,\boldsymbol{D}_i)$为第 i 帧坐标系下平面的参数；总的误差等于$e_{i,1}$和$e_{i,2}$的平方和，下标 i 表示此残差和第 i 帧相关。

式（6-11）中已知参数为$[\boldsymbol{R}_{w,i}\ \ \boldsymbol{t}_{w,i}]$，待优化参数为$(\boldsymbol{A}_w,\boldsymbol{B}_w,\boldsymbol{C}_w,\boldsymbol{D}_w)$，测量值为$(\boldsymbol{A}_i,\boldsymbol{B}_i,\boldsymbol{C}_i,\boldsymbol{D}_i)$。其中$e_{i,1}$体现了经过回环调整后平面的法向量在第 i 帧坐标系下发生的变化，$e_{i,2}$体现了经过回环调整后第 i 帧的位置到平面距离发生的变化。可以看出通过第 i 帧得到的几何关系作为约束，仅仅需要各个帧提取到的平面参数就可以得到回环调整后的平面参数，不需要调整各个时刻的点再重新进行平面拟合。对于空间中的一个平面会同时被多个时刻的帧观测到，则针对世界某个平面的优化函数为

$$\min_{(A_w,B_w,C_w,D_w)}\sum_{i=1}^{n}w_i\left(e_{i,1}^2+e_{i,2}^2\right)=e \tag{6-12}$$

其中，空间平面相关的帧的个数为 n；e 为总体残差，待优化参数为世界坐标系下某个平面的参数$(\boldsymbol{A}_w,\boldsymbol{B}_w,\boldsymbol{C}_w,\boldsymbol{D}_w)$；$w_i$为优化的权重系数，等于第 i 帧与世界平面相关的凸包面积除以世界平面的面积。

某帧观测到的面积越大在优化过程中占的比重就越大，其主要原因在于点云构成的平面面积越大，其估计的平面参数稳定性程度越高。

实验使用的数据来源于 KITTI 数据集和现场实测数据集。KITTI 数据集的实

验场景大部分是在道路上，在此数据集中使用了左、右分布的两个灰色相机，其图像分辨率为 1241 像素×376 像素，激光传感器使用的是 64 线 Velodyne 激光雷达，输出频率为 10Hz，激光雷达通过机械结构每旋转一周触发相机拍摄一次，通过这种方式保证了激光和视觉传感器的时间戳对齐。为了克服 KITTI 数据集中测量环境过于单一的缺点，使用本书课题组自主研发的激光和视觉手持终端对室内和变电站环境进行数据采集和处理工作，手持终端如图 6-9 所示。终端设备使用 Velodyne 16 线的三维激光雷达，输出频率为 10Hz。双目相机使用 Mynteye 双目相机，输出频率为 60Hz，相机分辨率为 752 像素×480 像素。两者的数据同步使用 ROS 中的 Synchronizer 组件完成，ROS 是开源的机器人数据处理框架，集成了可视化显示、多线程通信等功能。由于相机的输出频率远高于激光雷达，并且在测量过程中运动相对缓慢，因此可以认为激光和视觉的时间戳是对齐的。下面分别使用这两个数据集中的数据对激光角点检测、平面提取、位姿估计和彩色点云建图算法进行验证。

图 6-9　激光和视觉融合的手持式测量和数据处理终端

6.3.4　激光曲率的检测结果

本小节将对 LOAM、PCA 和提出的角度曲率计算方法进行比较。在 LOAM 的曲率计算过程中沿用 LOAM 研究中左、右相邻相同线的五个点进行曲率的计算。在基于 PCA 的曲率计算过程中使用的是半径搜索方法，使用当前点半径 20cm 之内的所有点拟合得到最终的曲率计算结果。在基于角度的曲率计算方法中将搜索半径扩大到左、右 5 个 Voxel，并使用最远的 2 个 Voxel 中的点进行曲率的计算。

图 6-10 为室内环境下 LOAM 曲率对于不同曲率阈值得到的角点结果，白色的点为超过曲率阈值的角点，黑色的点为小于曲率阈值的平面点。图 6-10（a）～（d）中曲率阈值分别设置为 0.03、0.04、0.05 和 0.06。

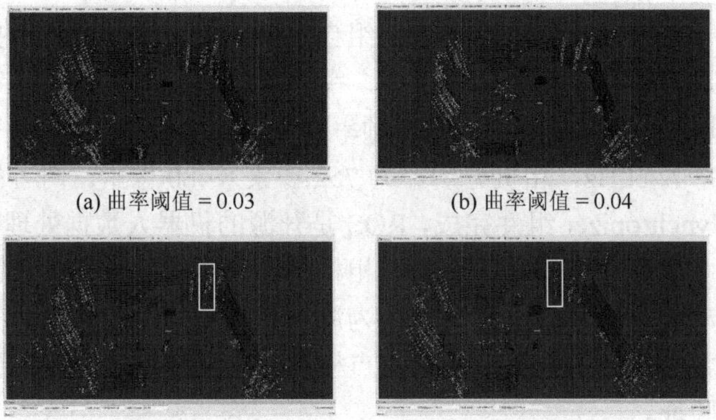

(a) 曲率阈值 = 0.03　(b) 曲率阈值 = 0.04

(c) 曲率阈值 = 0.05　(d) 曲率阈值 = 0.06

图 6-10　室内环境 LOAM 曲率不同阈值设定结果

由图 6-10 可知，与空间实际角点一致性比较好的阈值是 0.04。如果阈值设置太小（图 6-10（a）），会导致大量的平面点被误检测为角点，而阈值设置过大（图 6-10（c）和（d）），会导致实际角点无法被检测出来，使得区域增长时平面之间没有角点作为分界点，如图中方框所示。虽然在图 6-10（b）中 LOAM 曲率能够有效地提取室内角点，但是这种方法并不适用于室外的环境，如图 6-11 所示。

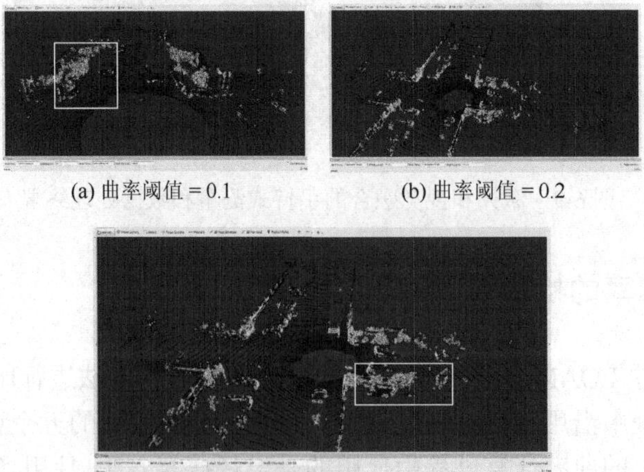

(a) 曲率阈值 = 0.1　(b) 曲率阈值 = 0.2

(c) 曲率阈值 = 0.3

图 6-11　室外环境 LOAM 曲率不同阈值设定结果

图 6-11 为室外环境下 LOAM 曲率对于不同曲率阈值得到的角点结果。图 6-11（a）～（c）中曲率阈值分别被设置为 0.1、0.2 和 0.3。实验结果表明，0.1、0.2 和 0.3 这三个参数最能有效分辨出空间角点的阈值范围。相比于室内环境，室外环境下 LOAM 曲率需要设置得足够大才能分辨出空间中的角点。室外环境受到光照、复杂反射面和激光自身测量精度的影响，导致在相同平面上的点浮动较大。因此，无论怎样设置曲率阈值都无法有效地提取空间中的角点，这一现象可以明显地从图 6-11 中看出。无论阈值怎样设置都存在大量错检平面点，如图中红色方框所示。

PCA 曲率计算使用的是 PCL 库中的 PCA 曲率计算方法，图 6-12（a）～（d）为室内环境下不同曲率阈值提取空间角点的情况。图 6-12（a）～（d）中曲率阈值分别被设置为 0.06、0.07、0.08 和 0.09。

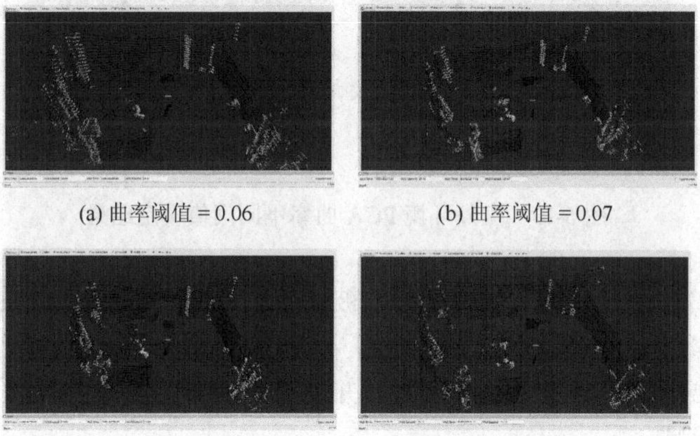

(a) 曲率阈值 = 0.06　　(b) 曲率阈值 = 0.07

(c) 曲率阈值 = 0.08　　(d) 曲率阈值 = 0.09

图 6-12　室内环境 PCA 曲率不同阈值设定结果

从图 6-12 中可以看出，PCA 曲率相比于 LOAM 曲率在室内环境下能够更为准确地提取出角点信息，尤其当曲率阈值设置为 0.06～0.07 范围时，PCA 拥有最好的角点提取结果，基本上没有发生漏检和错检的情况。但是 PCA 曲率存在最大的问题在于参数设置的问题，实验结果表明，对于 16 线激光 PCA 曲率选择使用最近邻 30 个点进行曲率的计算能够得到最好的结果，对于 KITTI 数据集 64 线数据集的情况，PCA 曲率需要使用最近邻 50 个点进行曲率的计算。如果最近邻点选择过大会导致较小的平面无法被有效提取，例如，图 6-12（a）中红色方框标注出来的情况。即使此点在平面上，由于周围存在角点，PCA 计算得到的曲率仍旧很大。出现这种情况主要是由于 PCA 在选择相邻点时并没有考虑激光传感器的测量特性，激光传感器俯仰角上相邻点距离较远而导航角上距离较近，这就会导致导航角上的相邻点被纳入当前点的曲率计算中。同时 PCA 曲率计算和 LOAM 曲率计算都无法适应传感器和环境的变化对阈值的设定。

图 6-13 为室外环境下 PCA 不同曲率阈值角点提取结果。实验结果表明，PCA 曲率在室外环境 64 线激光的情况下使用 50 个相邻点能够拥有最好的角点提取结果。图 6-13（a）和（b）中曲率阈值分别被设置为 0.2 和 0.07。图 6-13（c）和（d）中曲率阈值被设置为 0.15。

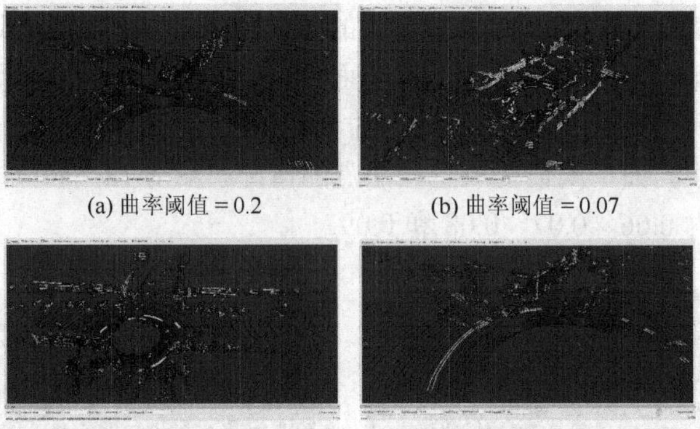

(a) 曲率阈值 = 0.2　　(b) 曲率阈值 = 0.07

(c) 曲率阈值 = 0.15　　(d) 曲率阈值 = 0.15

图 6-13　室外环境 PCA 曲率不同阈值设定结果

从图 6-13 中可以看出，当曲率阈值被设置为 0.15 时拥有最好的空间一致性。相比于图 6-11 中 LOAM 在室外的表现，PCA 曲率计算方法拥有较好的环境一致性，尽可能地减少了平面点的误检测，并且在室外非常复杂的环境下基本上没有出现漏检的情况。

从以上的实验中可以看出，LOAM 和 PCA 的曲率计算方法都需要根据特定的激光雷达和测试环境并根据经验设定曲率阈值，对于环境的泛化能力较差，与实际的应用仍有一定的距离。为了解决这个问题，提出的基于角度的曲率计算方法充分地考虑了激光传感器的测量特性，并将几何夹角引入曲率的计算过程中，使得在不同环境下不同传感器曲率阈值的设定不再需要进行人为调整，并能够得到较为准确的角点提取结果。

图 6-14 为本节提出的基于角度的曲率计算方法提取得到的角点，在室内外环境中都将阈值设置为 45°。从图 6-14 中可以看出，无论在室内还是室外的环境中，本节提出的曲率计算方法都能够行之有效地提取出两个平面的交线上的角点并且能够做到不漏检，如图 6-14 中方框所示，保证了后续的平面增长法过程中不会出现多个平面检测为一个平面的情况。同时相比于 PCA 和 LOAM 的角点提取方法，本节的方法减少了很多平面上的点错检为角点的情况。最为重要的特质是，在本节所提方法中无论使用何种传感器、测量环境如何变换，提取角点所设定的阈值统一设置为 45°，提高了算法的稳定性和实用性。

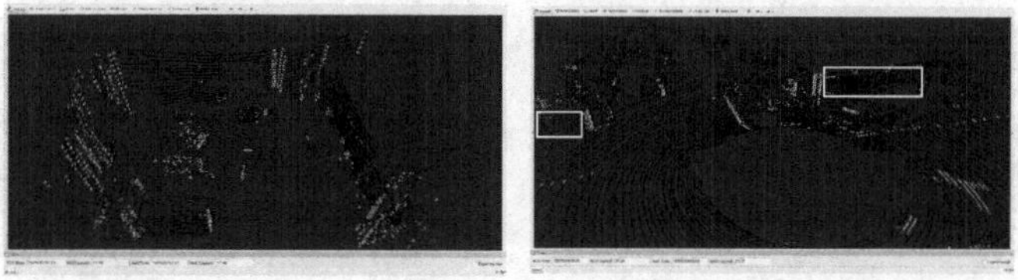

(a) 曲率阈值 = 45°　　(b) 曲率阈值 = 45°

图 6-14　室内外环境下基于角度曲率的角点提取结果

6.3.5　基于三次增长法的平面检测结果

本小节将提出的三次增长的平面检测方法和 PCL 中的基于曲率增长的平面检测方法进行比较。实验数据分为室内和室外环境，室外环境数据来自于 KITTI 数据集使用 64 线激光采集得到的结果，室内的数据集来自于自行研制的终端采集设备。

现有的平面检测方法根据计算得到的曲率选择平面点作为初始种子点开始生长，生长的条件为相邻点的曲率变换比较平缓，直到周围没有满足的点则停止生长。在此过程中需要设置四个参数：计算曲率使用相邻点的个数 n，扩张相邻点的范围 m，曲率阈值 c 和曲率平滑阈值 s。如果这四个参数设置不当会造成平面的检测结果变差。同时原有的平面检测方法主要是针对稠密点云进行设计，并没有考虑三维激光的测量特性，因此现有的平面检测算法使用在三维激光传感器上其效果并不理想。本节中使用 PCL 的平面检测方法进行比较，实验结果如图 6-15 所示。其中，图 6-15（a）和（b）为室内平面检测结果，在图 6-15（a）中将参数设置为 $n = 50, m = 30, c = 0.1, s = 5$。在图 6-15（b）中将参数设置为 $n = 50, m = 30$，$c = 0.1$，$s = 10$。检测结果中相同平面的点使用相同颜色的点进行标注。

从图 6-15（a）中可以明显看出，s 设置较小导致同一平面被检测为多个平面的情况。而在图 6-15（b）中，由于放宽了曲率平滑程度的约束，多个平面被判定为相同的平面。这种情况是最不希望发生的，因为相同平面被检测为多个平面可以通过后续的平面融合方法进行二次聚类，而如果多个平面被聚类为相同平面会为后续的平面匹配和位姿估计带来误差。根据反复测试，在使用 16 线激光雷达对室内进行测试的情况下最优参数设置为 $n = 50, m = 30, c = 0.1, s = 5$。而在图 6-15（c）的室外 64 线激光雷达情况下，最优的参数设置为 $n = 70, m = 50, c = 0.1, s = 10$。从图 6-15（c）中可以看出，虽然现有的方法能够非常有效地提取出地面点，但是无法对两个相交的平面进行有效的聚类，如图 6-15（c）中浅灰色平面所示。为了解决这个问题，实验过程中下调 s 参数会导致大量平面无法得到检测。由此可以看出，现有的平面检测方法对于设定的匹配参数极为敏感，无法应用到基于三维激光稀疏点云的平面检测过程中。

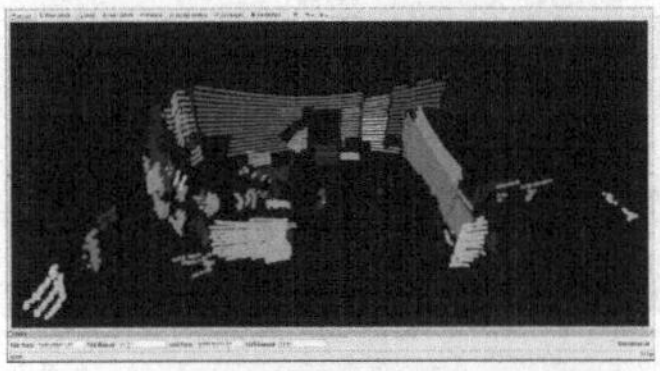

(a) $n=50$，$m=30$，$c=0.1$，$s=5$

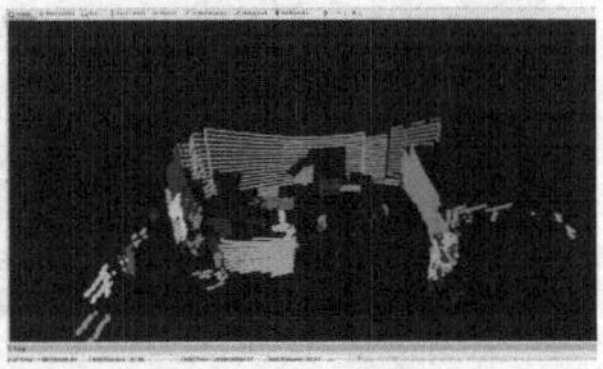

(b) $n=50$，$m=30$，$c=0.1$，$s=10$

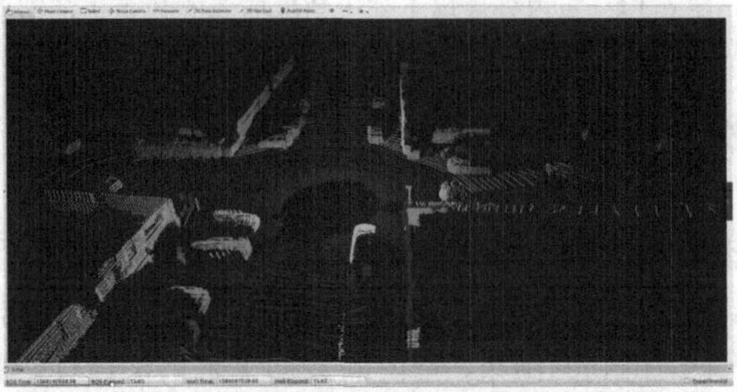

(c) $n=70$，$m=50$，$c=0.1$，$s=10$

图 6-15　PCL 平面检测结果

图 6-16（a）和（b）为室内环境下基于三次增长的平面检测结果，图 6-16（c）和（d）为室外环境 KITTI 数据集的平面检测结果。

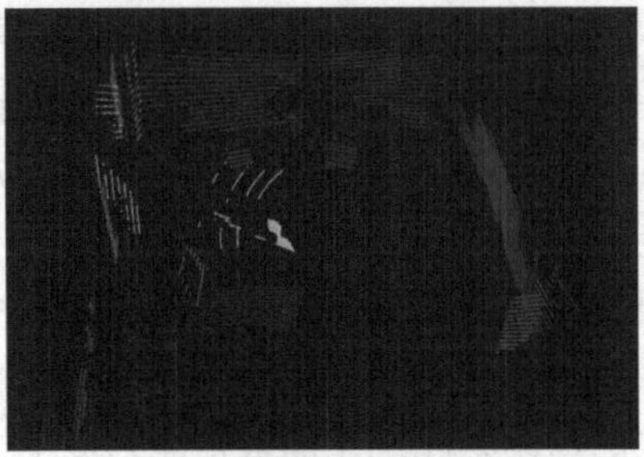

(a) 室内检测结果

(b) 室内检测结果

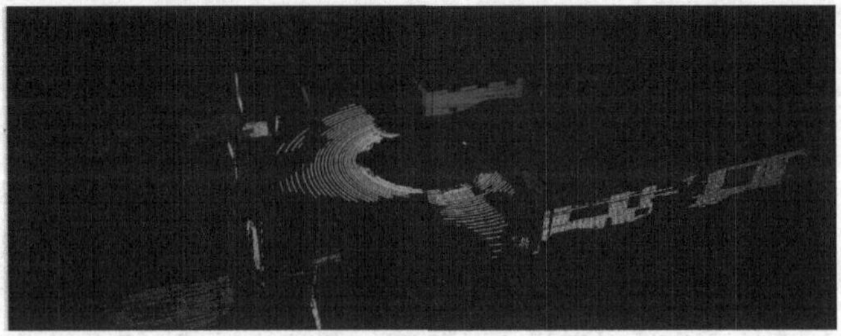

(c) 室外检测结果

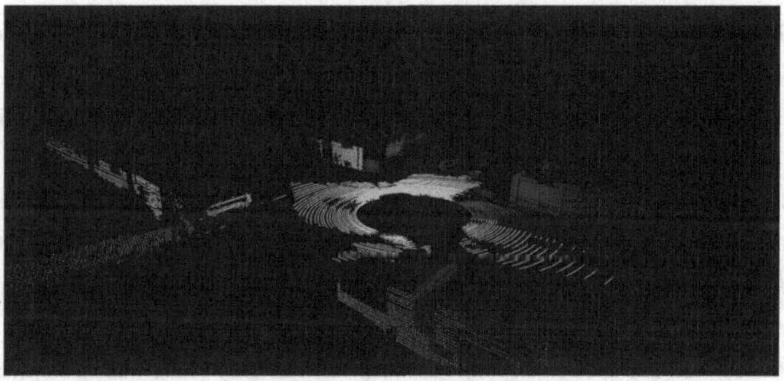

(d) 室外检测结果

图6-16　基于三次增长的平面检测结果

由图6-16可知，在室内环境下相比于图6-15（a）和（b）中的结果，提出的基于三次增长的平面检测方法与空间一致性较好，并没有出现多个平面被聚类为一个平面的情况，也没有出现相同的平面被归类为不同平面的情况。相比于图6-15（c）中的结果，相交的平面被划归为不同的平面，并且在提出的方法中使用了“并查集”的数据结构进行平面之间的融合，即使空间中同一个平面受到障碍物的遮挡产生了不连续的情况，该算法依旧能够克服区域增长法的缺点，将属于同一个空间的不连续平面聚类为相同的平面。同时本节方法最大的优点在于不需要人为设置复杂的阈值参数，仅仅提供激光传感器的线数和导航角度分辨率即可实现平面的检测，相比于现有的平面增长方法显著提高了算法的实际可用性。

参 考 文 献

[1] Zhang J，Singh S. Low-drift and real-time LiDAR odometry and mapping[J]. Autonomous Robots，2017，41（2）：401-416.

[2] Shan T，Englot B. Lego-loam：Lightweight and ground-optimized LiDAR odometry and mapping on variable terrain[C]//2018 IEEE/RSJ International Conference on Intelligent Robots and Systems（IROS）. Madrid，2018：4758-4765.

[3] Qin T. HKUST-aerial-robotics/A-LOAM[EB/OL]. https://github.com/HKUST-Aerial-Robotics/A-LOAM. [2022-04-17].

[4] Deschaud J E. IMLS-SLAM：Scan-to-model matching based on 3D data[C]//2018 IEEE International Conference on Robotics and Automation（ICRA）. Brisbane，2018：2480-2485.

[5] Velas M，Spanel M，Herout A. Collar line segments for fast odometry estimation from velodyne point clouds[C]//2016 IEEE International Conference on Robotics and Automation（ICRA）. Stockholm，2016：4486-4495.

[6] Douillard B，Underwood J，Kuntz N，et al. On the segmentation of 3D LIDAR point clouds[C]//2011 IEEE International Conference on Robotics and Automation. Shanghai，2011：2798-2805.

[7] Dubé R，Gollub M G，Sommer H，et al. Incremental-segment-based localization in 3D point clouds[J]. IEEE Robotics and Automation Letters，2018，3（3）：1832-1839.

[8] Douillard B，Quadros A，Morton P，et al. Scan segments matching for pairwise 3D alignment[C]//2012 IEEE International Conference on Robotics and Automation. St Paul，2012：3033-3040.

[9] Douillard B，Underwood J，Vlaskine V，et al. A pipeline for the segmentation and classification of 3D point clouds[C]//Experimental Robotics. Berlin，2014：585-600.

[10] Grant W S，Voorhies R C，Itti L. Finding planes in LiDAR point clouds for real-time registration[C]//2013 IEEE/RSJ International Conference on Intelligent Robots and Systems. Tokyo，2013：4347-4354.

[11] Poppinga J，Vaskevicius N，Birk A，et al. Fast plane detection and polygonalization in noisy 3D range images[C]//2008 IEEE/RSJ International Conference on Intelligent Robots and Systems. Nice，2008：3378-3383.

[12] Pathak K，Birk A，Vaškevičius N，et al. Fast registration based on noisy planes with unknown correspondences for 3-D mapping[J]. IEEE Transactions on Robotics，2010，26（3）：424-441.

第 7 章　多传感器融合的 SLAM 方法

单一的传感器无法涵盖所有的应用场景，例如，视觉传感器无法在夜晚工作，激光传感器在雨雾天工作时其精度会受到很大的影响，GNSS 接收机只能在无遮挡的环境下工作。多传感器融合能够有效克服单一传感器的应用场景限制和增加信息的感知密度。当前在 AR 和自动驾驶领域，较为常用的传感器为视觉传感器、激光传感器、IMU 和 GNSS。

7.1　GNSS 定位原理与方法

全球卫星导航系统（global navigation satellite system，GNSS）泛指所有的卫星导航系统，包括全球的、区域的和增强的，如美国的 GPS、俄罗斯的 GLONASS、欧洲的 Galileo、中国的北斗卫星导航系统，以及相关的增强系统，如美国的 WAAS（广域增强系统）、欧洲的 EGNOS（欧洲静地导航重叠系统）和日本的 MSAS（多功能运输卫星增强系统）等，还涵盖在建和以后要建设的其他卫星导航系统，表 7-1 为各个国家或组织建成或在建的 GNSS。由现行的 GNSS 发展计划可知，截至 2021 年 7 月，已有 140 余颗导航卫星在轨运行，卫星导航产业将成为继供水、供电、供气和电信之后的第五大公用事业。

表 7-1　各个国家或组织建成或在建的 GNSS

系统性质	系统名称	所属国家或组织
全球系统	GPS	美国
	GLONASS	俄罗斯
	Galileo	欧盟
	北斗	中国
区域系统	QZSS	日本
	IRNSS	印度
增强系统	WAAS	美国
	SDCM	俄罗斯
	EGNOS	欧盟
	BDSBAS	中国
	MSAS	日本
	GAGAN	印度

7.1.1 GNSS 定位基本原理

随着 GNSS 技术的普及以及广泛应用，用户对定位精度的需求也在不断提高，从 10m 的普通手机定位到亚米级的车载定位再到毫米级的高精度变形监测[1]。伪距单点定位由于大气延迟、轨道误差和钟差等误差降低了定位精度，通常适用于普通的低精度定位。常规的实时动态差分（real time kinematic，RTK）、网络 RTK 以及连续运行参考系统的逐步实现，使得高精度相对定位有了长足的发展。精密单点定位技术集成了 GNSS 标准单点定位和相对定位的技术优点，逐渐成为卫星导航定位领域的研究热点。

1. 伪距单点定位

GNSS 接收机可接收到用于授时的准确至纳秒级的时间信息、用于预报未来几个月内卫星所处概略位置的预报星历、用于计算定位时所需卫星坐标的广播星历以及 GNSS 系统信息，如卫星状况等。GNSS 接收机对码的量测就可得到卫星到接收机的距离，因含有接收机卫星钟的误差及大气传播误差，称为伪距[2]。伪距单点定位（single point positioning，SPP）是利用 GNSS 进行导航定位的最基本的方法，其基本原理是在某一瞬间利用 GNSS 接收机同时测定至少四颗卫星的伪距，根据已知的卫星位置和伪距观测值，采用距离交会法求出接收机的三维坐标和时钟改正数[3]，如图 7-1 所示。

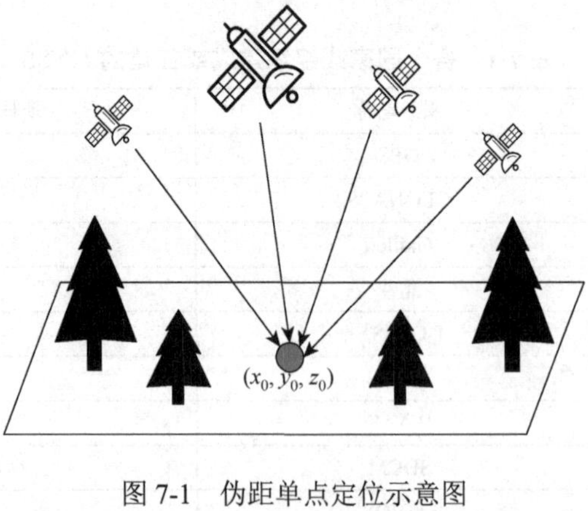

图 7-1　伪距单点定位示意图

SPP 的定位速度很快，又无多值性问题，数据处理也比较简洁。但由于卫星本身轨道误差（米级）、钟差（米级）的存在，电磁波信号在非真空介质传播过程存在延迟（几米到几十米），伪距本身测距误差（米级）等因素，多源误差的存在导致用户最终解算得到位置精度为米级，空旷区域下，精度可达 3～10m。目前，伪距单点定位技术主要应用于智能手机。

2. RTK 技术

RTK 技术是一种差分 GNSS 测量技术，即实时载波相位差分技术，它通过载波相位原理进行测量，通过差分技术消除基准站和流动站间共有误差（卫星星历误差、卫星钟差、大气延迟等误差），有效提高了 GNSS 定位结果的精度。RTK 相对定位的有效范围一般在 15km 以内，可得到厘米级的定位精度[4]。

RTK 定位的基本原理如图 7-2 所示：在基准站上安置一台 GNSS 接收机，另一台或几台接收机置于流动站上，基准站和流动站同时接收同一组 GNSS 卫星发射的信号。基准站所获得的观测值与已知位置信息进行比较，得到 GNSS 差分改正值，将这个改正值及时通过无线电数据传递给流动站接收机；流动站接收机通过无线电接收基准站发射的信息，将载波相位观测值实时进行差分处理，得到基准站和流动站坐标差 ΔX 、ΔY 、ΔZ ；此坐标差加上基准站坐标得到流动站每个点的 CNSS 坐标基准下的坐标；通过坐标转换参数转换得到流动站每个点的平面坐标 x、y 和高程 h[5]。

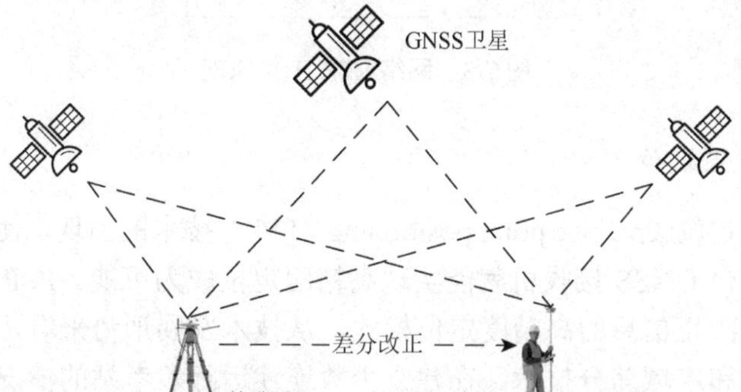

图 7-2　RTK 工作原理

3. 网络 RTK 技术

在常规的 RTK 定位中，主要靠限制流动站与基准站之间的距离，以便使两站上的卫星轨道误差、电离层延迟和对流层延迟尽可能保持一致，从而保证定位的精度。在数字城市的建立过程中，如采用上述常规 RTK 技术，基准站的数量需求将十分惊人，不仅投资巨大，而且后期维持运行的成本也难以接受。网络 RTK 技术就是在这种背景下产生的，在网络 RTK 中，基准站之间的距离可增大至 50～

100km。在网络 RTK 技术（图 7-3）中，首先将依据在流动站周围的多个基准站的观测资料及已知的站坐标来反估出残余误差项卫星轨道误差、对流层延迟和电离层延迟，然后用户就能根据自己的粗略位置内插出或者估计出自己与基准站之间的残余误差项（或者在用户附近形成一组虚拟的观测值），而不是像常规 RTK 测量中那样将它们视为零。这样，当基准站间的距离达 50～100km 时，用户仍可获得厘米级的定位精度[6]。

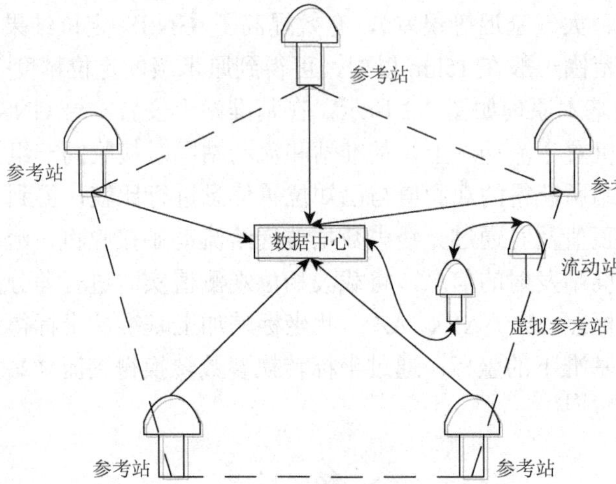

图 7-3　网络 RTK 工作原理

4. 精密单点定位

精密单点定位（precise point positioning，PPP）技术的出现，使得不依靠基准站而仅使用单台 GNSS 接收机就能实现高精度定位成为可能。PPP 技术是一种基于状态空间域改正信息的高精度定位模式，从技术发展形势来看，它融合了标准单点定位技术和广域差分技术，在建立少数连续运行参考站的情况下，就可以在全球参考框架下达到厘米级的定位精度。如图 7-4 所示，PPP 利用全球参考站的 GNSS 观测数据计算出的精密卫星轨道和卫星钟差，对单台 GNSS 接收机所采集的相位和观测值进行定位解算，实现为全球任意位置的用户提供可靠的分米级甚至厘米级定位精度服务[7]。由于广域差分 GNSS 修正系统通过地球同步通信卫星作为通信链路，所以用户无须搭建本地参考站或进行数据后处理，就可直接获得较高的精度。

与 RTK 或者网络 RTK 相比，PPP 使用单机作业，机动灵活，不受作用距离的限制，在 RTK 覆盖不到的地区成为非常有吸引力的替代方案。PPP 技术基于非差分模型，没有在卫星之间求差，因此在多系统组合定位中处理模型要比双差简单，由于PPP使用非差分观测值，GPS定位中所有的误差项都必须考虑。因此模型中保留了所有信息，对于从事大气、潮汐等相关领域的研究具有优势[8]。

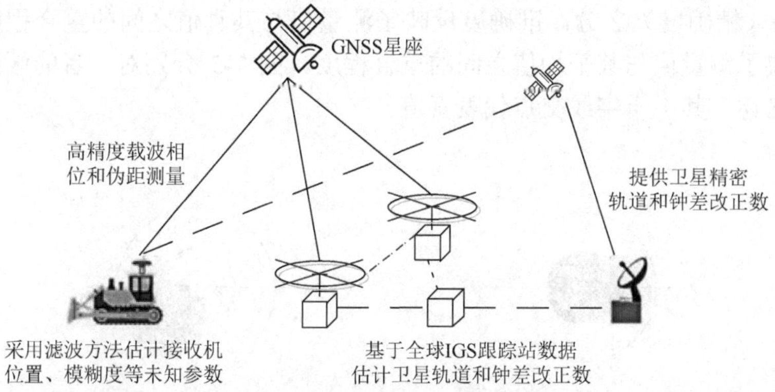

图7-4　PPP工作原理

但PPP技术也存在一些亟待解决的问题，如PPP的定位精度和可靠性很大程度上取决于IGS产品的可靠性和精度，卫星时钟和轨道的精度是影响PPP质量的最重要因素之一[9]，因此IGS产品质量分析需进一步研究。PPP中的非差分组合模糊度不再有整数特性，如何加速模糊度的收敛时间和质量控制也是一个研究课题。对于飞机等高动态载体，大气参数状态会发生很大的变化，因此高动态长距离的PPP对流层参数估计方法还需进一步研究改进。

7.1.2　GNSS定位性能评价

1. GNSS精度特性及评估方法

GNSS的精度是指系统为运载体提供的实时位置与运载体当时的真实位置之间的重合度。受各种各样因素的影响，例如，发射信号的不稳定，接收设备的测量误差，传输环境对信号的影响以及导航信号本身就存在的不确定性等因素，这种重合度有时好有时差，可以用统计的方法来描述。基于统计的观点，导航系统的精度可以表示为在一定置信水平条件下所有误差不会超过的一个限值。这种对于精度概念的定义适用于所有导航定位手段，是用户需要的最为直接的性能评价和表示。根据上述定义，在进行精度描述时需要用户的真实位置，也可称为绝对位置，才可获得用户导航定位的精度评估。利用用户真实位置获得的这种精度被称为外符合精度；与之相对应的是内符合精度。内符合精度在评估时采用多次采样的期望作为真值。实际上，在很多场合中获得外符合精度是很难的，或者是无法做到的；当然在不考虑系统偏差的情况下外符合精度也是没有必要的；而获得内符合精度相对比较容易，特别是在卫星导航系统的仿真评估中，内符合精度尤为常用。对应于外符合精度和内符合精度，在英文中有 Accuracy（准确度）和 Precision（精确度）之分。准确度反映了测量值与其真值之间的重合程度，而精确度反映了测量值与其平均值之间的重合程度。图 7-5 分别对二者的区别与联系进行了描述，其中十字线交点代表真值。

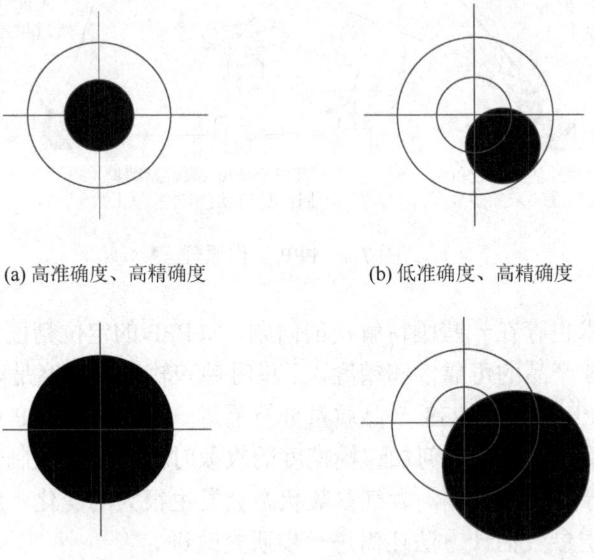

(a) 高准确度、高精确度　(b) 低准确度、高精确度

(c)高准确度、低精确度　(d) 低准确度、低精确度

图 7-5　准确度与精确度之间的关系

1）可预计精度

可预计精度采用的参考值是真值，故其属于外符合精度。可预计精度分为水平可预计精度和垂直可预计精度。在站心坐标系下，水平和垂直方向的误差分别为

$$\Delta e(t_k)=(\lambda_m(t_k)-\lambda_s)\cdot 111319.4908\cdot\cos(\varphi_s) \tag{7-1}$$

$$\Delta n(t_k)=(\varphi_m(t_k)-\varphi_s)\cdot 111319.4908 \tag{7-2}$$

$$\Delta H(t_k)=((\Delta e(t_k))^2+(\Delta n(t_k))^2)^{\frac{1}{2}} \tag{7-3}$$

$$\Delta V(t_k)=h_m(t_k)-h_s \tag{7-4}$$

其中，参考点在站心坐标系内的坐标为 $(\lambda_s,\varphi_s,h_s)$； t_k 时刻观测点的坐标为 $(\lambda_m(t_k),\varphi_m(t_k),h_m(t_k))$。

接下来进行统计，首先对水平方向和垂直方向误差的绝对值按照从小到大进行排序，分别得到序列 $\overline{\Delta H_i}$ 和 $\overline{\Delta V_i}(i=1,2,\cdots,N)$，根据评估周期内的采样数目和置

信度即可获得满足置信度条件的采样序号。假定评估周期内的采样个数为 N，置信度为 95%，则满足置信度条件的采样序号 n 可表示为

$$n = \text{int}(0.95 \times N) \tag{7-5}$$

其中，运算 int(·)表示取整。于是可得置信度为 95%的水平、垂直精度为

$$\Delta H_{95} = \overline{\Delta H_n} \tag{7-6}$$

$$\Delta V_{95} = \overline{\Delta V_n} \tag{7-7}$$

2）可重复精度

与可预计精度相比，可重复精度主要是从时域上考察非相关误差的一致性。在站心坐标系下，水平、垂直可重复误差分别如下：

$$\Delta e_r(t_k + \Delta t) = \Delta e(t_k + \Delta t) - \Delta e(t_k) \tag{7-8}$$

$$\Delta n_r(t_k + \Delta t) = \Delta n(t_k + \Delta t) - \Delta n(t_k) \tag{7-9}$$

$$\Delta H(t_k + \Delta t) = ((\Delta e_r(t_k + \Delta t))^2 + (\Delta n_r(t_k + \Delta t))^2)^{\frac{1}{2}} \tag{7-10}$$

$$\Delta V(t_k + \Delta t) = \Delta u(t_k + \Delta t) - \Delta u(t_k) \tag{7-11}$$

可重复误差的统计方法与可预计精度统计方法类似，不再赘述。需要指出的是，用于计算可重复精度的采样时间间隔 Δt 是一个关键参数，Δt 必须大于最大误差相关时间。事实上，卫星导航定位的误差在时域上具有一定的相关性，且这一相关性是两次采样时间间隔的函数。卫星导航定位的误差受到 DOP 和 UERE 的综合影响。由于可视卫星的运行是连续且有规律的，接收机与可视卫星构成的星地空间几何构型也是缓慢变化的，甚至在一定时间内，星地空间几何可以认为是不变的，这是导航定位误差在时域上产生相关性的重要原因之一。

3）相对精度

两台接收机同一时刻可预计精度之差被称为相对精度。相对精度主要用于反映同一种观测环境下接收机之间的差异对于精度的影响，即用户设备对于定位精度的贡献差异。相对精度需要用户接收机观测同一组卫星，且相距不远，以保证其受到的空间物理影响尽量相似。相对精度的统计方法与可预计精度统计方法类似。相对精度最为关键的是时间同步，时间同步越准，所抵消的公共误差越多，反映的精度越准。

2. GNSS 可用性评价

对于很多关键应用领域，可用性是决定 GNSS 能否作为唯一或主要导航系统的关键性能指标。目前对于可用性概念最新的认识是面向服务的，即卫星导航系统的服务可用性，可以表述为卫星导航系统满足服务性能需求的能力。可用性作为系统对于其提供的服务质量的保证，如同导航定位精度一样，越来越受到用户的关注。根据描述的导航信息不同，可用性可分为 SIS（signal-in-space）层可用性和服务层可

用性。其中，SIS 层可用性是针对单颗卫星的，在信号域和伪距域内对 SIS 的可用性进行时间累积效应统计，单星可用性又可以构成星座的可用性，综合反映星座内所有卫星 SIS 可用的情况；而服务层可用性是对可视卫星组的共同作用结果的统计分析，是在信息域和位置域内进行分析的。可用性和连续性是卫星导航系统基础性能的扩展，在时域和空域内对卫星导航系统的基础性能进行的统计分析。服务层可用性又可细分为精度的可用性和完好性的可用性。导致服务层可用性损失的故障主要有精度故障和完好性故障，分别对应于精度的可用性损失和完好性的可用性损失。

导致导航系统发生可用性故障的因素有很多，如空间卫星的运行状态、空间复杂的物理电磁环境、与用户使用环境相关的因素等。这些因素都会产生影响 SIS 层可用性的故障和服务层可用性的故障，导致 SIS 或服务发生中断，从而降低可用性。因此在理论上，所有可能导致服务中断的故障都应该进行统计评估，才能得到系统准确的可用性。但事实上，统计系统在生命周期内所有影响可用性的故障是不可能的，也是没有意义的，只可能统计系统在一定时间段内的故障及其影响，采用可用性故障样本数据计算的可用性来代替系统的可用性。需要说明的是，可用性统计时段必须远大于平均故障间隔时间和平均故障恢复时间，才可准确反映出系统的性能。可用性的发展过程具有以下特点：①概念服务的对象更加明确，是终端用户，可用性就是要告诉用户，系统在规定的时期内能够向其提供的服务质量和性能指标，而且这一指标在这一时期内具有稳定性；②概念界定的内容层次更加明确，SIS 层可用性和服务层可用性并不是完全独立和并列的，前者是后者的基础；但在评估方法上，二者又存在明显的区别。

7.1.3　GNSS 定位与 SLAM 的坐标系统

GNSS 定位可以实时解算 WGS84 坐标系下的位置，对于 Visual-SLAM 或者 LiDAR-SLAM 而言，其意义如下。其一，SLAM 技术的位置解算以及实时建图是一个相对模型，而 GNSS 为相机提供了地心地固坐标系下的绝对坐标。由此可以把 SLAM 获取的定位与环境纳入绝对的地心地固坐标系，这样在运用 SLAM 算法的过程中，实际上也实时地计算出了点的真实三维坐标。整个构图系统被纳入真实的地心地固坐标系，而不仅仅是相对模型，由此可以实现测量相机与图像中目标的真实距离、测量目标与目标之间的真实距离等功能。其二，GNSS 提供的位置和 SLAM 提供的位置可以互相融合，通过数据融合理论与算法，提高实时动态定位精度；在特定环境下可以互相补充、互相纠正，增强导航功能的鲁棒性。其三，GNSS 可以提供高精度的位置信息，可以为 SLAM 提供位置约束条件（可等价于回环检测）。

GNSS 与 SLAM 融合时涉及三个坐标系，即地心地固坐标系、地理坐标系和站心坐标系，如图 7-6 和图 7-7 所示。

地心地固坐标系（ECEF 坐标系）以地心 O 为坐标原点，Z 轴指向协议地球北极，X 轴指向参考子午面与地球赤道的交点，也称为地球坐标系。一般 GNSS 坐标计算都在地心地固坐标系下进行。

地理坐标系则通过经度（longitude）、纬度（latitude）和高度（altitude）来表示地球的位置，也称为经纬高坐标系（LLA 坐标系）。

站心坐标系以用户所在位置 P 为坐标原点，三个轴分别指向东向、北向和天向，也称为东北天坐标系（ENU 坐标系）。站心坐标系的天向方向和地理坐标系的高度方向是一致的。站心坐标系用在惯性导航和卫星俯仰角计算中较多[10]。

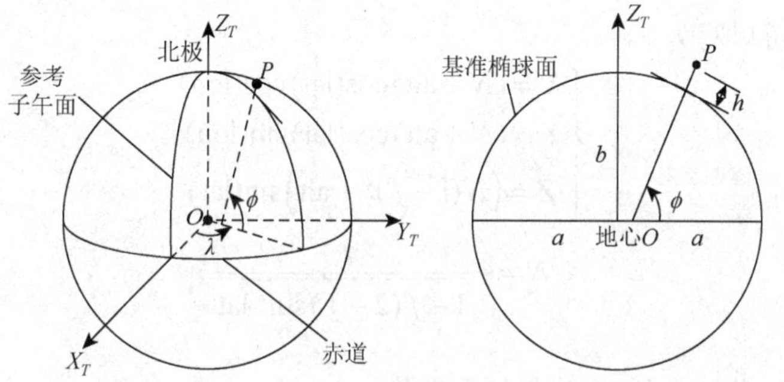

图 7-6　地心地固坐标系和地理坐标系

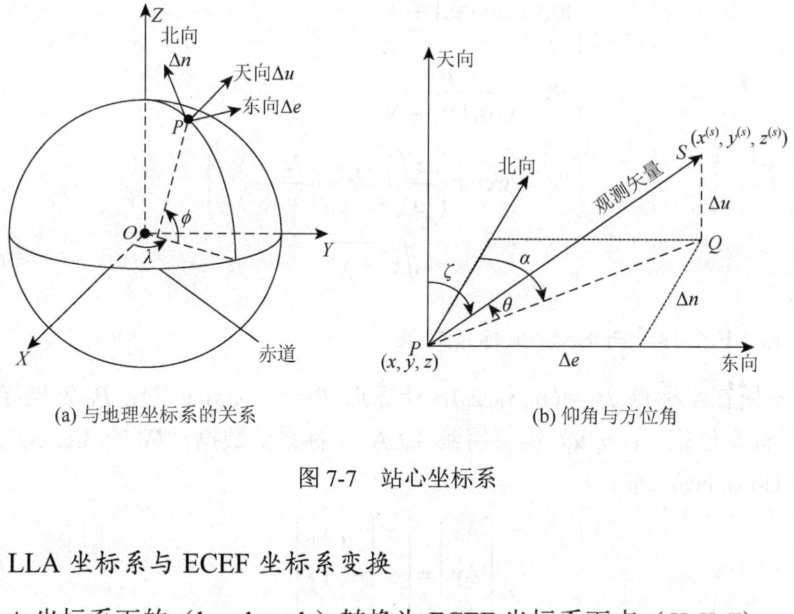

(a) 与地理坐标系的关系　　(b) 仰角与方位角

图 7-7　站心坐标系

1. LLA 坐标系与 ECEF 坐标系变换

LLA 坐标系下的（lon, lat, alt）转换为 ECEF 坐标系下点（X, Y, Z）：

$$\begin{cases} X = (N + \text{alt})\cos(\text{lat})\cos(\text{lon}) \\ Y = (N + \text{alt})\cos(\text{lat})\sin(\text{lon}) \\ Z = \left(N(1-e^2) + \text{alt}\right)\sin(\text{lat}) \end{cases} \tag{7-12}$$

其中，e 为椭球偏心率；N 为基准椭球体的曲率半径：

$$\begin{cases} e^2 = \dfrac{a^2 - b^2}{a^2} \\ N = \dfrac{a}{\sqrt{1 - e^2 \sin^2 \text{lat}}} \end{cases} \tag{7-13}$$

$$e^2 = f(2-f) \tag{7-14}$$

转换公式也可以写为

$$\begin{cases} X = (N + \text{alt})\cos(\text{lat})\cos(\text{lon}) \\ Y = (N + \text{alt})\cos(\text{lat})\sin(\text{lon}) \\ Z = \left(N(1-f)^2 + \text{alt}\right)\sin(\text{lat}) \end{cases} \tag{7-15}$$

$$N = \frac{a}{\sqrt{1 - f(2-f)\sin^2 \text{lat}}} \tag{7-16}$$

2. ECEF 坐标系与 LLA 坐标系变换

ECEF 坐标系下点（X, Y, Z）转换为 LLA 坐标系下的（lon, lat, alt）：

$$\begin{cases} \text{lon} = \arctan\left(\dfrac{y}{x}\right) \\ \text{alt} = \dfrac{p}{\cos(\text{lat}) - N} \\ \text{lat} = \arctan\left(\dfrac{z}{p}\left(1 - e^2 \dfrac{N}{N + \text{alt}}\right)^{-1}\right) \end{cases} \tag{7-17}$$

$$p = \sqrt{x^2 + y^2} \tag{7-18}$$

3. ECEF 坐标系与 ENU 坐标系变换

用户所在坐标点 $P_0 = (x_0, y_0, z_0)$，计算点 $P = (x, y, z)$在以点 P_0 为坐标原点的 ENU 坐标系位置（e, n, u）需要用到 LLA 坐标系的数据，P_0 的 LLA 坐标点为 $\text{LLA}_0 = (\text{lon}_0, \text{lat}_0, \text{alt}_0)$：

$$\begin{bmatrix} \Delta x \\ \Delta y \\ \Delta z \end{bmatrix} = \begin{bmatrix} x \\ y \\ z \end{bmatrix} - \begin{bmatrix} x_0 \\ y_0 \\ z_0 \end{bmatrix} \tag{7-19}$$

$$\begin{bmatrix} e \\ n \\ u \end{bmatrix} = S \cdot \begin{bmatrix} \Delta x \\ \Delta y \\ \Delta z \end{bmatrix} = \begin{bmatrix} -\sin(\mathrm{lon}_0) & \cos(\mathrm{lon}_0) & 0 \\ -\sin(\mathrm{lat}_0)\cos(\mathrm{lon}_0) & -\sin(\mathrm{lat}_0)\sin(\mathrm{lon}_0) & \cos(\mathrm{lat}_0) \\ \cos(\mathrm{lat}_0)\cos(\mathrm{lon}_0) & \cos(\mathrm{lat}_0)\sin(\mathrm{lon}_0) & \sin(\mathrm{lat}_0) \end{bmatrix} \cdot \begin{bmatrix} \Delta x \\ \Delta y \\ \Delta z \end{bmatrix} \tag{7-20}$$

其中

$$S = \begin{bmatrix} -\sin(\mathrm{lon}_0) & \cos(\mathrm{lon}_0) & 0 \\ -\sin(\mathrm{lat}_0)\cos(\mathrm{lon}_0) & -\sin(\mathrm{lat}_0)\sin(\mathrm{lon}_0) & \cos(\mathrm{lat}_0) \\ \cos(\mathrm{lat}_0)\cos(\mathrm{lon}_0) & \cos(\mathrm{lat}_0)\sin(\mathrm{lon}_0) & \sin(\mathrm{lat}_0) \end{bmatrix}$$

7.2　多传感器松耦合/紧耦合方法

随着人类社会对于室内外定位需求的增加，各类定位、视觉传感器成本的不断降低，以及各类定位算法的不断完善，将不同传感器进行融合，并对融合理论、模型与算法进行创新探索是一个必然趋势。

视觉或激光 SLAM 存在输出频率低、旋转运动时或运动速率加快时定位易失败等问题，而 IMU 具有输出频率高、能输出 6 DoF 测量信息等优点。现阶段的一个研究热点是将视觉或激光 SLAM 与 IMU 进行融合，得到更加鲁棒的输出结果[11]。多传感器融合方法将其分为松耦合与紧耦合。松耦合是分别单独利用视觉或激光和 IMU 传感器估计位姿，最后将求得的两个状态融合；而紧耦合是将视觉或激光和 IMU 的测量信息统一起来，构建运动方程和观测方程来估计位姿。

7.2.1　Visual-IMU 组合模型

经过几年的发展，IMU 与视觉的融合已经从基于滤波的方法演化成基于优化的方法，优化的方法又分为紧耦合和松耦合。松耦合算法直接将 IMU 输出的位置作为测量值输出给相机，其融合的效果较差，故这里使用紧耦合的 VIO 算法，其主体思想是建立一个统一的损失函数并同时优化视觉与 IMU 的位姿，用到了滑动窗口的优化分段技术。

根据不同视觉里程计的特点，本章采用光流法视觉里程计与 IMU 进行融合（图 7-8）。此算法大体分为三步，首先 IMU 和视觉分别进行初始化，主要是初始化重力加速度的方向以及 IMU 的零偏；然后进行测量预处理，包括点云特征检测、光流跟踪及 IMU 预积分，计算出 IMU 数据的观测值以及残差的协方差矩阵和雅可比矩阵，如式（7-21）所示，并为视觉和 IMU 的联合初始化提供初值以及后端优化提供 IMU 的约束关系；最后进行局部滑窗优化及回环检测。光流跟踪整个过程中需要确保每一帧图像都能提取 150～300 个角点信息，根据跟踪点的特性选取关键帧。使用三角化方法得到特征点的 3D 点坐标并优化全局尺度，从而获得所有相机关键帧的位姿。

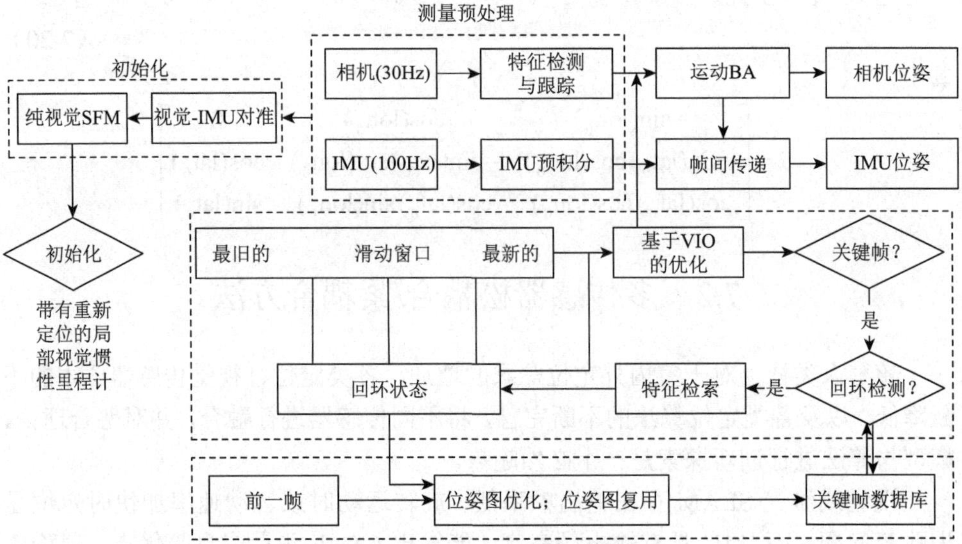

图 7-8　Visual-IMU 组合具体流程

$$\begin{cases}\alpha_{b_{k+1}}^{b_k}=\iint_{t\in[t_k,t_{k+1}]}\boldsymbol{R}_t^{b_k}(\widehat{\boldsymbol{a}}_t-\boldsymbol{b}_{a_t})\mathrm{d}t^2\\ \beta_{b_{k+1}}^{b_k}=\int_{t\in[t_k,t_{k+1}]}\boldsymbol{R}_t^{b_k}(\widehat{\boldsymbol{a}}_t-\boldsymbol{b}_{a_t})\mathrm{d}t\\ \gamma_{b_{k+1}}^{b_k}=\int_{t\in[t_k,t_{k+1}]}\frac{1}{2}\boldsymbol{\Omega}(\widehat{\boldsymbol{\omega}}_t-\boldsymbol{b}_{\omega_t})\boldsymbol{\gamma}_t^{b_k}\mathrm{d}t\end{cases}\tag{7-21}$$

其中，$\boldsymbol{\Omega}(\boldsymbol{\omega})=\begin{bmatrix}-\lfloor\boldsymbol{\omega}\rfloor_\times & \boldsymbol{\omega}\\ -\boldsymbol{\omega}^{\mathrm{T}} & 0\end{bmatrix}$；$\lfloor\boldsymbol{\omega}\rfloor_\times=\begin{bmatrix}0 & -\omega_z & \omega_y\\ \omega_z & 0 & -\omega_x\\ -\omega_y & \omega_x & 0\end{bmatrix}$。

随后进行视觉和 IMU 的联合初始化。在忽视陀螺仪噪声和视觉测量噪声的前提下，使用 IMU 测量的旋转和视觉测量的旋转进行陀螺仪偏置初始化，将所有关键帧的旋转做差构成一个最小化误差模型，旋转差值的绝对值就是待求陀螺仪偏置，在求得陀螺仪偏置之后要再次将陀螺仪偏置代入预积分中再求一次预积分的值，使 IMU 预积分值更加精确；在 IMU 偏置初始化后，初始化速度和重力向量，对于任意两个连续关键帧，构建误差方程，如式（7-22）所示，使用非线性优化理论计算待求优化变量。

$$\min_{\chi}\left\|\hat{z}_{b_{k+1}}^{b_k}-\boldsymbol{H}_{b_{k+1}}^{b_k}\boldsymbol{\chi}\right\|^2\tag{7-22}$$

最后进行基于滑动窗口的单目视觉紧耦合后端优化。优化变量主要包括：滑动窗口内特征点的坐标的逆深度、每一帧图像对应的 IMU 状态（包括位姿、速度、旋转、加速度计和陀螺仪偏置）以及相机外参。这些状态向量与边缘化、IMU 和相机的观测有关，所以以边缘化残差、IMU 残差和视觉代价误差建立一个视觉惯性的 BA 优化模型，求解此 BA 优化，即可获取机器人在世界坐标系下的位姿。

1. 基于滑窗的后端非线性优化

为了实现计算效率和高精度，一般使用滑动窗口公式进行因子图优化。为了初始化 VIO 系统，采用视觉惯性对准方法来恢复 IMU 初始身体状态的尺度、重力矢量、初始偏差和速度。滑动窗口的 $N=10$。时间 i 的滑动窗口中的完整状态变量定义为

$$\boldsymbol{\chi}=\left[\boldsymbol{x}_n,\boldsymbol{x}_{n+1},\cdots,\boldsymbol{x}_{n+N},\boldsymbol{\lambda}_a,\boldsymbol{\lambda}_{a+1},\cdots,\boldsymbol{\lambda}_{a+A},\boldsymbol{p}_b^c,\boldsymbol{q}_b^c\right] \tag{7-23}$$

其中，$\boldsymbol{x}_i$ 由第 i 个 IMU 主体位置、速度和方向在世界框架中描述，在 IMU 主体框架中有偏差；下标 n、a 和 b 分别是载体坐标和点坐标的起始索引；N 是滑动窗口中关键帧的数量；A 是由滑动窗口中的所有关键帧观察到的点的数量。这里仅使用一个变量（逆深度 λ_i）来从第一个观察到的关键帧参数化第 i 个点地标。通过最小化来自所有测量残差的成本项之和来优化滑动窗口中的所有状态变量[12]：

$$\min \rho\left(\left\|\boldsymbol{r}_p-\boldsymbol{J}_p\boldsymbol{\chi}\right\|_{\Sigma_p}^2\right)+\sum_{i\in B}\rho\left(\left\|\boldsymbol{r}_b\left(z_{b_ib_{i+1}},\boldsymbol{\chi}\right)\right\|_{\Sigma_{b_ib_{i+1}}}^2\right)+\sum_{(i,j)\in F}\rho\left(\left\|\boldsymbol{r}_f\left(z_{f_j}^{c_i},\boldsymbol{\chi}\right)\right\|_{\Sigma_{f_j}^{c_i}}^2\right) \tag{7-24}$$

其中，$\boldsymbol{r}_b\left(z_{b_ib_{i+1}},\boldsymbol{\chi}\right)$ 是在体坐标 x_i 和 x_{i+1} 之间的 IMU 测量残差；B 是滑动窗口中所有预集成的 IMU 测量值的集合；$\boldsymbol{r}_f\left(z_{f_j}^{c_i},\boldsymbol{\chi}\right)$ 是点要素重投影残差[13]；F 是摄像机框架观察到的点要素的集合；$\left\{\boldsymbol{r}_p,\boldsymbol{J}_p\right\}$ 是在滑动窗口中边缘化一帧后可以计算的先验信息，并且 $\boldsymbol{J}_p$ 是先前优化后所得的雅可比矩阵；$\boldsymbol{r}_p$ 是用于抑制离群值的柯西鲁棒函数。

这里使用 L-M 方法来解决非线性优化问题。最佳状态估计值 $\boldsymbol{\chi}_0$ 可以通过从初始中迭代更新来获取，$\boldsymbol{\chi}$ 如下所示：

$$\chi_{t+1}'=\chi_t\otimes\delta\chi \tag{7-25}$$

其中，$\otimes$ 是用于使用增量更新参数 $\delta\boldsymbol{\chi}$ 的运算符。对于位置、速度、偏差和逆深度，可以轻松定义更新运算符和增量 δ：

$$\begin{cases}\boldsymbol{p}_{t+1}'=\boldsymbol{p}_t+\delta\boldsymbol{p}\\ \boldsymbol{v}_{t+1}'=\boldsymbol{v}_t+\delta\boldsymbol{v}\\ b_{t+1}'=b_t+\delta b\\ \lambda_{t+1}'=\lambda_t+\delta\lambda\end{cases} \tag{7-26}$$

但是，状态值的更新运算符 q 和增量 δ 更加复杂。四元数中使用四个参数来

表示三自由度旋转，因此对其进行了过度参数化。旋转增量只能是三维的。类似于文献[14]，在切线空间中使用$\delta\theta \in \mathbf{R}^3$作为旋转增量。因此，旋转$\boldsymbol{q}$可以通过四元数乘法来更新：

$$\boldsymbol{q}'_{t+1} = \boldsymbol{q}_t \otimes \delta\boldsymbol{q}, \quad \delta\boldsymbol{q} = \left[1 \ 1/(2\delta\boldsymbol{\theta})\right]^{\mathrm{T}} \tag{7-27}$$

2. IMU 测量模型

由式（7-21）计算的预积分 IMU 测量是两个连续关键帧b_i和b_j之间的约束因子，因此 IMU 测量残差可以定义为

$$\boldsymbol{r}_b\left(\hat{z}_{b_j}^{b_i}, \boldsymbol{\chi}\right) = \begin{bmatrix} \delta\alpha_{b_j}^{b_i} \\ \delta\theta_{b_j}^{b_i} \\ \delta\beta_{b_j}^{b_i} \\ \delta b_a \\ \delta b_g \end{bmatrix} = \begin{bmatrix} \boldsymbol{R}_w^{b_i}\left(\boldsymbol{p}_{b_j}^w - \boldsymbol{p}_{b_i}^w - \boldsymbol{v}_i^w \Delta t + (1/2)\boldsymbol{g}^w \Delta t^2\right) - \hat{\boldsymbol{\alpha}}_{b_j}^{b_i} \\ 2\left[\left(\hat{\boldsymbol{q}}_{b_j}^{b_i}\right)^{-1} \otimes \left(\boldsymbol{q}_{b_i}^w\right)^{-1} \otimes \boldsymbol{q}_{b_j}^w\right]_{xyz} \\ \boldsymbol{R}_w^{b_i}\left(\boldsymbol{v}_j^w - \boldsymbol{v}_i^w \Delta t + \boldsymbol{g}^w \Delta t - \hat{\boldsymbol{\beta}}_{b_j}^{b_i}\right) \\ b_a^{b_j} - b_a^{b_i} \\ b_g^{b_j} - b_g^{b_i} \end{bmatrix}_{15\times 1} \tag{7-28}$$

其中，$[\cdot]_{xyz}$提取四元数的实部，该四元数用于逼近 3D 旋转误差。在非线性优化过程中，IMU 测量残差相对于体坐标系x_i和x_j的雅可比矩阵可通过以下公式计算：

$$\boldsymbol{J}_b = \begin{bmatrix} \dfrac{\partial \boldsymbol{r}_b}{\partial \delta \boldsymbol{x}_i} & \dfrac{\partial \boldsymbol{r}_b}{\partial \delta \boldsymbol{x}_j} \end{bmatrix} \tag{7-29}$$

$$\frac{\partial \boldsymbol{r}_b}{\partial \delta \boldsymbol{x}_i} = \begin{bmatrix} -\boldsymbol{R}_w^{b_i} & \left[\boldsymbol{R}_w^{b_i}\left(\boldsymbol{p}_w^{b_j} - \boldsymbol{p}_w^{b_i} - \boldsymbol{v}_i^w \Delta t + (1/2)\boldsymbol{g}^w \Delta t^2\right)\right]^{\times} & -\boldsymbol{R}_w^{b_i}\Delta t & \boldsymbol{J}_{b_a^i}^{\alpha} & \boldsymbol{J}_{b_g^i}^{\alpha} \\ 0 & \left[-\left[\left(\boldsymbol{q}_w^{b_j}\right)^{-1} \otimes \boldsymbol{q}_w^{b_i}\right]_L \left[\hat{\boldsymbol{q}}_{b_j}^{b_i}\right]_R\right]_{3\times 3} & 0 & 0 & \boldsymbol{J}_{b_g^i}^{r_\theta} \\ 0 & \left[\boldsymbol{R}_w^{b_i}\left(\boldsymbol{v}_j^w - \boldsymbol{v}_i^w \Delta t + \boldsymbol{g}^w \Delta t\right)\right]^{\times} & -\boldsymbol{R}_w^{b_i} & \boldsymbol{J}_{b_a^i}^{\beta} & \boldsymbol{J}_{b_g^i}^{\beta} \\ 0 & 0 & 0 & -\boldsymbol{I} & 0 \\ 0 & 0 & 0 & 0 & -\boldsymbol{I} \end{bmatrix} \tag{7-30}$$

$$\frac{\partial \boldsymbol{r}_b}{\partial \delta \boldsymbol{x}_j} = \begin{bmatrix} -\boldsymbol{R}_w^{b_i} & 0 & 0 & 0 & 0 \\ 0 & \left[-\left[\left(\hat{\boldsymbol{q}}_{b_j}^{b_i}\right)^{-1} \otimes \left(\boldsymbol{q}_w^{b_i}\right)^{-1} \otimes \boldsymbol{q}_w^{b_j}\right]_L\right]_{3\times 3} & 0 & 0 & 0 \\ 0 & 0 & -\boldsymbol{R}_w^{b_i} & 0 & 0 \\ 0 & 0 & 0 & -\boldsymbol{I} & 0 \\ 0 & 0 & 0 & 0 & -\boldsymbol{I} \end{bmatrix}_{15\times 15} \tag{7-31}$$

其中，$[q]_L$ 和 $[q]_R$ 是左四元数乘积矩阵；运算符 $[\cdot]_{3\times3}$ 用于从 $[\cdot]$ 的右下角块中提取 3×3 矩阵。

3. 点特征测量模型

对于点要素，3D 点的重新投影误差是投影点和观测点之间的图像距离。在这项工作中，主要处理归一化图像平面中的点特征。给定第 c_j 帧的第 k 点特征测量值 $\boldsymbol{z}_{f_k}^{c_j}=\begin{bmatrix}u_{f_k}^{c_j} & v_{f_k}^{c_j} & 1\end{bmatrix}^{\mathrm{T}}$，重投影误差定义为

$$\boldsymbol{r}_f\left(\boldsymbol{z}_{f_j}^{c_i},\boldsymbol{\chi}\right)=\begin{bmatrix}\boldsymbol{x}^{c_j}/\boldsymbol{z}^{c_j}-\boldsymbol{u}_{f_j}^{c_j}\\ \boldsymbol{y}^{c_j}/\boldsymbol{z}^{c_j}-\boldsymbol{v}_{f_j}^{c_j}\end{bmatrix} \tag{7-32}$$

为了最大限度地降低点的重新投影误差，需要优化第 b_i 和 b_j 的旋转和位置以及特征逆深度 λ。可以通过链式求导规则获得相应的雅可比矩阵：

$$\boldsymbol{J}_f=\frac{\partial \boldsymbol{r}_f}{\partial f^{c_j}}\begin{bmatrix}\dfrac{\partial f^{c_j}}{\partial x_i} & \dfrac{\partial f^{c_j}}{\partial x_j} & \dfrac{\partial f^{c_j}}{\partial \lambda}\end{bmatrix} \tag{7-33}$$

可以得到

$$\frac{\partial \boldsymbol{r}_f}{\partial f^{c_j}}=\begin{bmatrix}1/z^{c_j} & 0 & -x^{c_j}/\left(z^{c_j}\right)^2\\ 0 & 1/z^{c_j} & -y^{c_j}/\left(z^{c_j}\right)^2\end{bmatrix} \tag{7-34}$$

$$\frac{\partial f^{c_j}}{\partial x_i}=\begin{bmatrix}\left(\boldsymbol{R}_b^c\right)^{\mathrm{T}}\left(\boldsymbol{R}_w^{b_j}\right)^{\mathrm{T}} & \left(\boldsymbol{R}_b^c\right)^{\mathrm{T}}\left(\boldsymbol{R}_w^{b_j}\right)^{\mathrm{T}}\boldsymbol{R}_w^{b_j}\left[\boldsymbol{f}^{b_i}\right]^{\times} & 0 & 0 & 0\end{bmatrix}_{3\times15} \tag{7-35}$$

$$\frac{\partial f^{c_j}}{\partial x_j}=\begin{bmatrix}\left(\boldsymbol{R}_b^c\right)^{\mathrm{T}}\left(\boldsymbol{R}_w^{b_j}\right)^{\mathrm{T}} & \left(\boldsymbol{R}_b^c\right)^{\mathrm{T}}\left[\boldsymbol{f}^{b_j}\right]^{\times} & 0 & 0 & 0\end{bmatrix}_{3\times15} \tag{7-36}$$

$$\frac{\partial f^{c_j}}{\partial x_i}=-\frac{1}{\lambda}\left(\boldsymbol{R}_b^c\right)^{\mathrm{T}}\left(\boldsymbol{R}_w^{b_j}\right)^{\mathrm{T}}\boldsymbol{R}_w^{b_j}\boldsymbol{R}_b^c f_{c_i} \tag{7-37}$$

其中，$\boldsymbol{f}^{b_i}$ 是第 i 个 IMU 体坐标系中的 3D 点向量。通过假设检测到的点特征在图像平面的垂直和水平方向上都具有像素噪声，将点测量的协方差矩阵 $\Sigma_{f_k}^{c_i}$ 定义为 2×2 的对角矩阵。

7.2.2 LiDAR-IMU 组合模型

纯雷达模型使用的传感器是激光雷达，可以很好地探测到外界的环境信息，但是，同样地，它也会受到这些信息的干扰，在长时间的运算中会产生一定的累积误差。为了防止这种误差干扰到后续的地图构建，需要使用另一种传感器来校正机器人自身的位姿信息。IMU 传感器是自身运动估计的传感器，所以采集的都

是自身运动的姿态信息，可以很好地校正激光雷达里程计的位姿信息。所以，通常使用激光雷达和惯导来进行数据融合，实现姿态信息的校正，这种模型也被称为激光-惯性里程计（LiDAR-inertial odometry，LIO）。LIO 通过 LiDAR 和 IMU 传感器的量测值来估计不同时刻的本体状态（位置和速度）以及偏移量，偏移量用来抵消 IMU 传感器的量测值偏差。根据 LiDAR 和 IMU 耦合的程度，LIO 可分为松耦合（见图 7-9）和紧耦合（见图 7-10）两种形式。

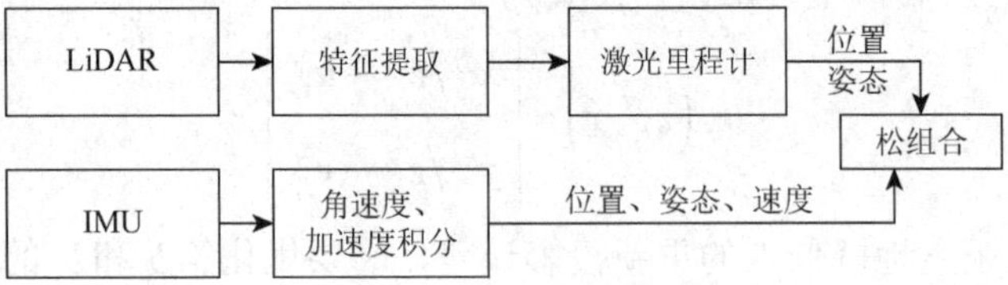

图 7-9　LIO 松耦合框架

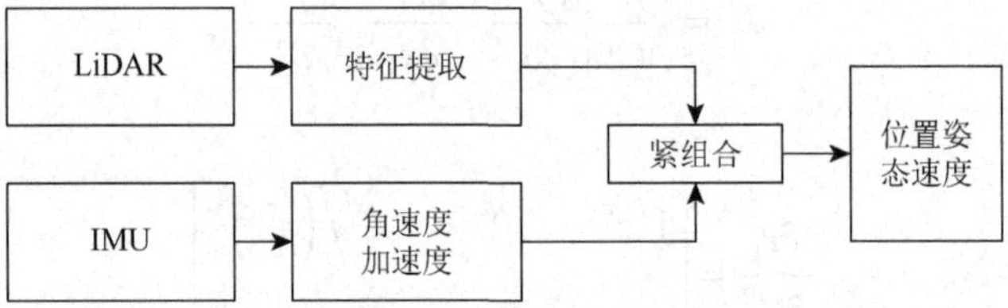

图 7-10　LIO 紧耦合框架

1. 松耦合的 LIO 模型

松耦合模型将 LiDAR 和 IMU 的状态估计单独考虑，得到新的姿态解算后的数据，并没有构建新的损失函数。

（1）基于 IMU 的位姿求解。首先，设 IMU 坐标系为 B，世界坐标系为 W。设 GNSS/INS 组合定位模块采集的加速度 $\tilde{\boldsymbol{a}}^B$ 和角速度 $\tilde{\boldsymbol{\omega}}^B$：

$$\tilde{\boldsymbol{a}}^B = \boldsymbol{q}_{WB}^{\mathrm{T}}(\boldsymbol{a}^W + \boldsymbol{g}^W) + \boldsymbol{b}^a + \boldsymbol{\eta}^a \tag{7-38}$$

$$\tilde{\boldsymbol{\omega}}^B = \boldsymbol{\omega}^B + \boldsymbol{b}^g + \boldsymbol{\eta}^g \tag{7-39}$$

其中，$\boldsymbol{a}^B$、$\boldsymbol{\omega}^B$ 分别为加速度和角速度的真值；$\boldsymbol{b}^a$、$\boldsymbol{b}^g$ 分别为加速度和角速度的漂移值；$\boldsymbol{\eta}^a$、$\boldsymbol{\eta}^g$ 为测量噪声；$\boldsymbol{g}^W$ 为重力值；$\boldsymbol{q}_{WB}$ 表示从 INS 坐标系 B 旋转到世界坐标系 W 的旋转四元数。

对加速度和角速度数据进行积分，可以计算相应的位姿：

$$\boldsymbol{P}_{B_{k+1}}^W = \boldsymbol{P}_{B_k}^W + \boldsymbol{V}_{B_k}^W \Delta t - \frac{1}{2}\boldsymbol{g}^W \Delta t^2 + \boldsymbol{q}_{WB_k} \iint_{t\in[k,k+1]} (\boldsymbol{q}_{B_k B_t} \boldsymbol{a}^{B_t}) \mathrm{d}t^2 \tag{7-40}$$

$$\boldsymbol{V}_{B_{k+1}}^W = \boldsymbol{V}_{B_k}^W - \boldsymbol{g}^W \Delta t + \boldsymbol{q}_{WB_k} \int_{t\in[k,k+1]} (\boldsymbol{q}_{B_k B_t} \boldsymbol{a}^{B_t}) \mathrm{d}t \tag{7-41}$$

$$q_{WB_{k+1}} = q_{WB_k} \int_{t\in[k,k+1]} q_{B_kB_t} \otimes \begin{bmatrix} 0 \\ \frac{1}{2}\omega^{B_t} \end{bmatrix} \mathrm{d}t \tag{7-42}$$

其中，$\boldsymbol{P}_{B_k}^W$、$\boldsymbol{V}_{B_k}^W$、q_{WB_k} 分别表示世界坐标系下 B_k 时刻的位置、速度和旋转四元数；Δt 为时刻 B_{k+1} 与 B_k 之间的时间差；$\boldsymbol{q}_{B_kB_t}$ 表示 B_t 时刻相对于 B_k 时刻的姿态。

（2）基于 LiDAR 的位姿求解。本节主要介绍 LeGO-LOAM 前端方法[15]。首先将三维点云进行分割。将激光点云投影到距离图像上，利用竖直角度和阈值的判定来判断是否为室地面点，从而分割出地面点和非地面点；对于非地面点使用 BFS 进行聚类处理，并设置相应的阈值，去除动态噪点；然后在点云数据中提取特征。将距离图像水平均分为若干个子图像。令 t 时刻的点云集中的一个点，在其同一竖直方向上，左右各找 5 个点，构建集合 S。则每个点的曲率 C 为

$$C = \frac{1}{|S|\cdot\left\|R_{k_1}\right\|}\left\|\sum_{k_1\in S, k_1\neq k_2}\left(R_{k_2}-R_{k_1}\right)\right\| \tag{7-43}$$

其中，R_k 为距离。

将计算出来的曲率值进行排序，设定阈值为 C_{th}，若大于阈值，则为边缘点；反之，则为平面点。从每一行中选取不属于地面点，且具有最大 C 值的 nF_{me} 个边缘点，组成集合 F_{me}；从每一行中选取最小 C 值的 nF_{mp} 个平面点，属于地面点或分割点，组成集合 F_{mp}。再进行一次筛选，从集合 F_{me} 中选取不属于地面点，且具有最大 C 值的 nF_e 个边缘点，组成集合 F_e；从集合 F_{mp} 中选取属于地面点，且具有最小 C 值的 nF_p 个平面点，组成集合 F_p。

最后，利用激光里程计算法进行解算。设定当前时刻为 t，则上一时刻为 t–1。选择特征点 F_e^t 和 F_p^t 以及 t-1 时刻的 F_{me}^{t-1} 和 F_{mp}^{t-1}，构建 $\left\{F_e^t, F_{me}^{t-1}\right\}$ 的点到线的对应关系和 $\left\{F_p^t, F_{mp}^{t-1}\right\}$ 的点到面的对应关系。利用 LM 优化计算 $\left\{F_p^t, F_{mp}^{t-1}\right\}$ 的对应点约束，得到 $[t_z\ \ \theta_{\text{roll}}\ \ \theta_{\text{pitch}}]$；再利用 LM 优化计算 $\left\{F_e^t, F_{me}^{t-1}\right\}$ 的对应点约束，并结合 $\left[t_z\ \ \theta_{\text{roll}}\ \ \theta_{\text{pitch}}\right]$，从而得到 $[t_x\ \ t_y\ \ \theta_{\text{yaw}}]$。于是，就得到了位姿参数 $[t_x\ \ t_y\ \ t_z\ \ \theta_{\text{roll}}\ \ \theta_{\text{pitch}}\ \ \theta_{\text{yaw}}]$。

（3）组合定位模型。激光雷达扫描匹配算法输出较高精度的位置航向数据，其输出频率为 10Hz，IMU 计算得到低精度的位置和航向数据，其输出频率高可达到 100～400Hz，将两种方式获取的位置及航向数据做差，该差值即为系统量测量，将其作为滤波器输入量，系统方程通过两算法的误差模型建立。

对于滤波器的设计，首先需要构建合理的系统状态和观测模型，这里选取系统误差建立系统状态方程。取状态量 $\boldsymbol{X}$，其具体表达形式如下：

$$\boldsymbol{X} = \begin{bmatrix} \delta P_I^n & \delta V_I^n & \phi & b^g & b^a \end{bmatrix} \tag{7-44}$$

其中，δP_I^n、δV_I^n和ϕ是 IMU 解算得到的三轴位置、速度、姿态误差。于是可以得到连续型状态方程如下：

$$\dot{\boldsymbol{X}}(t)=\boldsymbol{F}(t)\boldsymbol{X}(t)+\boldsymbol{G}(t)\boldsymbol{W}(t) \tag{7-45}$$

其中，$\boldsymbol{X}(t)$是t时刻系统状态矩阵；$\boldsymbol{F}(t)$是系统驱动矩阵；$\boldsymbol{G}(t)$是系统噪声驱动矩阵；$\boldsymbol{W}(t)$是系统噪声序列矩阵。

LiDAR 里程计得到的位置P_L^n、航向信息Ψ_L^n和 IMU 解算的位置P_I^n、航向信息Ψ_I^n做差即可作为观测值输入，因此系统的量测方程可以表达成

$$\boldsymbol{Z}(t)=\begin{bmatrix} P_L^n-P_I^n \\ \Psi_L^n-\Psi_I^n \end{bmatrix}=\boldsymbol{H}(t)\boldsymbol{X}(t)+\boldsymbol{v}(t) \tag{7-46}$$

其中，$\boldsymbol{H}(t)$是量测方程系数矩阵；$\boldsymbol{v}(t)$是系统噪声序列矩阵。

松耦合得到的结果相对来说精度较差，但其模型简单，可以快速实现。

2. 紧耦合的 LIO 模型

紧耦合的多传感器融合模型，是将各个传感器的数据输入同一个模型之中，构建约束关系，使用优化方法最小化约束得到最终的结果。紧耦合可以分为基于优化的紧耦合模型，比较热门的是 LIO 算法；基于 EKF 的紧耦合模型，比较热门的是 LIOM 算法。本节主要介绍 LIO 算法。

在 LOAM[16]、LeGO-LOAM[15]、LIO-SAM[17]以及李帅鑫等[18]的基础上，研究基于图优化的 LiDAR/IMU 紧耦合的实时定位方法，通过在预处理、配准和后端优化等多层次的数据融合，实现多源数据的紧耦合，算法流程图如图 7-11 所示。

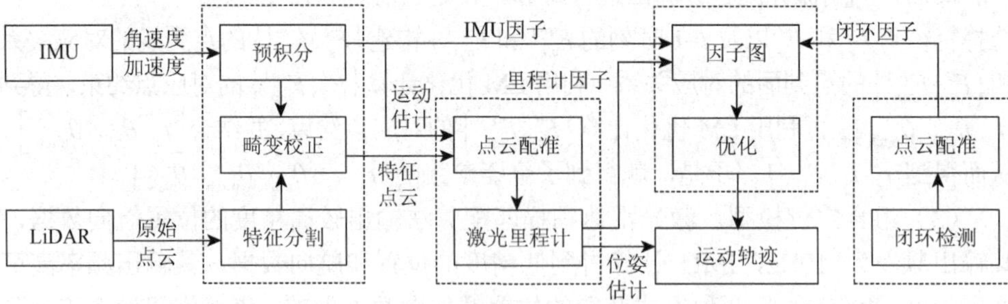

图 7-11　基于优化的 LIO 算法流程图

系统整体分为四个部分：①将原始点云投影为深度图像，并进行快速地面点集目标的分割，以提出野点，并从分割后的点云中提取特征点[15]，同时，利用 IMU 预积分得到的相对运动估值对特征点进行畸变校正；②将连续时刻的特征点配准，

估计 LiDAR 相对运动；③闭环检测，检测轨迹是否闭合，并将闭合处的点云配准结果作为闭环约束关系；④因子图优化，系统维护一个全局的因子图，各模块向因子图中插入 IMU 预积分因子、激光里程计因子和闭环因子，每当插入新的因子节点，优化计算一次。

（1）IMU 预积分因子。因为 IMU 的采样频率高，通常为 100～400Hz，数据量非常大，在进行优化的时候，不可能将如此多的数据都放到状态变量中，因此通常的做法是每隔一段时间提取一个数据，如每隔 1s 提取一个。假如 i 是第 1s 提取的 IMU 数据，j 是第 2s 提取的 IMU 数据。基本过程就是已知第 i 秒的 PVQ（位置、速度、姿态）；从第 i 秒逐步积分得到第 j 秒的 PVQ。但是这样在做后端优化的过程中，进行迭代求解计算来更新和调整 PVQ 的值时，一旦（如第 1s）PVQ 进行了调整，每一个中间过程以及后面所有的轨迹都要重新再积分一遍。总之，预积分的目的就是尝试将这 100 次积分过程变成只有 1 次积分，或者说用 1 个值来代替 100 个值，预积分模型的应用可以大幅缩减计算量。

（2）激光里程计因子。激光里程计因子只使用关键帧的特征，非关键帧的特征全部被抛弃。采用 LOAM 或 LeGO-LOAM 的方法提取第 i 个关键帧的特征 $F_i=\{F_i^e,F_i^p\}$，前者是边缘特征，后者是平面特征。当新的关键帧 F_{i+1} 到来时，利用之前 $n+1$ 个关键帧的特征集合 $\{F_{i-n},\cdots,F_i\}$ 和位姿估计 $\{T_{i-n},\cdots,T_i\}$ 构建局部地图 M_i：

$$
\begin{cases}
M_i=\{M_i^e,M_i^p\} \\
M_i^e=F_i^{e'}\cup F_{i-1}^{e'}\cup\cdots\cup F_{i-n}^{e'} \\
M_i^p=F_i^{p'}\cup F_{i-1}^{p'}\cup\cdots\cup F_{i-n}^{p'}
\end{cases}
\tag{7-47}
$$

其中，$F_i^{e'}$ 和 $F_i^{p'}$ 是变换到世界坐标系中的第 i 个关键帧的特征；M_i^e 和 M_i^p 是世界坐标系中的局部边缘特征地图和局部平面特征地图。

利用 LOAM 中的方法匹配 F_{i+1}^e 和 M_i^e，以及 F_{i+1}^p 和 M_i^p，建立点线和点面距离约束：

$$
f_i=\begin{cases}
\dfrac{\left|\left(l\hat{p}_i^{l_k}-lp_a^{l_k}\right)\times\left(l\hat{p}_i^{l_k}-lp_b^{l_k}\right)\right|}{\left|lp_a^{l_k}-lp_b^{l_k}\right|}, & lp_i^{l_{k+1}}\in F_e \\
\dfrac{\left|\left(l\hat{p}_i^{l_k}-lp_a^{l_k}\right)^{\mathrm{T}}\left(\left(lp_a^{l_k}-lp_b^{l_k}\right)\times\left(lp_a^{l_k}-lp_c^{l_k}\right)\right)\right|}{\left|\left(lp_a^{l_k}-lp_b^{l_k}\right)\times\left(lp_a^{l_k}-lp_c^{l_k}\right)\right|}, & lp_i^{l_{k+1}}\in F_p
\end{cases}
\tag{7-48}
$$

通过最小化所有约束，优化 T_{i+1}。点云匹配和位姿优化过程与 LOAM、LeGO-LOAM 相同。

（3）闭环因子。SLAM 问题中，位姿的估计往往是一个递推的过程，即由上一帧位姿解算当前帧位姿，因此其中的误差便这样一帧一帧地传递下去，即累积误差。回环检测是一种有效消除误差的方法。回环检测判断终端是否回到了先前经过的位置，如果检测到回环，它会把信息传递给后端进行优化处理。回环是一个比后端更加紧凑、准确的约束，这一约束条件可以形成一个拓扑一致的轨迹地图。如果能够检测到闭环，并对其进行优化，就可以让结果更加准确。若构成闭环则利用当前的特征点云与闭环处的特征点云进行配准，得到相对位姿关系，构成闭环约束因子，并将其插入因子图中。闭环检测根据当前关键帧位置与其余关键帧间的距离判断：将关键帧列表保存于 KD 树中，以半径 R 搜索当前关键帧的相邻关键帧，并根据采样时间判断是否为相邻时刻的关键帧[18]。

7.3 激光-视觉的融合方法

视觉工作环境需要保证没有太大的光线变化，激光传感器需要依靠机械传动结构进行测量，因此同一帧下的数据实际上采集于不同时刻，但激光传感器在平面较多的环境下容易造成定位退化的情况。为了弥补单一传感器的缺点，视觉和激光组合的 SLAM 定位算法被广泛研究。从早期的卡尔曼算法框架下的 LIC-Fusion[19]融合方法逐渐过渡到以 LIMO[14]和 V-LOAM[20]为代表的非线性优化的算法框架。V-LOAM 将激光的频率设定为 1Hz，视觉的频率为 60Hz，激光两帧之间的相对位姿初值由视觉的帧间估计给出，如图 7-12 所示。由于系统使用单目相机，因此设计了一种激光和视觉匹配的深度估计方法，并将视觉的帧间优化函数分为三种情况：两特征点都有深度值、一个特征点有深度值和都没有深度值。将这三种情况的代价函数进行叠加构建视觉的帧间代价函数，得到激光的初始位姿后再使用 LOAM 算法得到精确的激光位姿。V-LOAM 中视觉传感器的主要作用与 IMU 类似，都是为了得到激光帧间的相对位姿初值，以保证最后的激光位姿优化结果的准确。但是由于 V-LOAM 使用的是特征点法，因此无法建立稠密的点云地图供人机交互使用。LIC-Fusion 算法中也是单目相机与激光进行融合，如图 7-13 所示。与 V-Loam 不同的是 LIC-Fusion 相机和激光的输出频率相同。但是该方法并没有构建视觉和激光紧耦合的位姿代价函数，而是仅仅将激光传感器作为深度测量的一种方法，并设计了比 V-LOAM 更加稳定的特征点和深度匹配方法，用于恢复单目相机中的深度。激光和视觉的输出频率相同，因此视觉不再作为激光的插值数据用于估计激光的位姿初值。LIC-Fusion 帧间的位姿估计沿用了 V-LOAM 中视觉帧间位姿估计方法。但是，帧间估计之后 LIC-Fusion 使用滑动窗算法对滑动窗中的地图点和位姿再次进行优化。可以看出，LIC-Fusion 本质上仍旧是基于视觉的 SLAM 定位方法。与双目视觉的 SLAM 方法不同的是，LIC-Fusion

使用激光代替了双目视觉中的三角化过程。但 LIC-Fusion 仍旧不适用于空间纹理特征点环境，也无法构建稠密的三维空间地图。

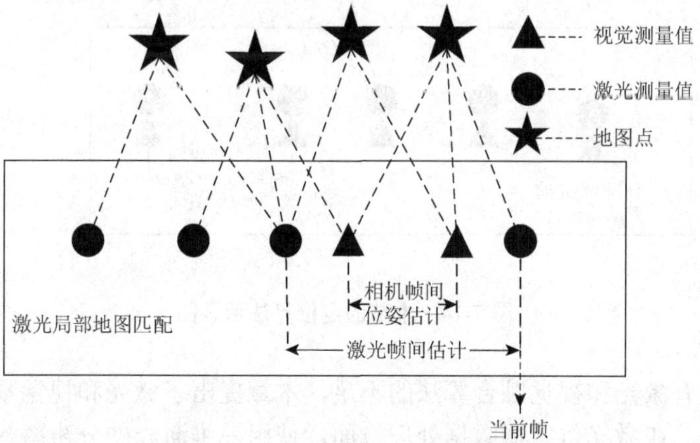

图 7-12　V-LOAM 算法示意图

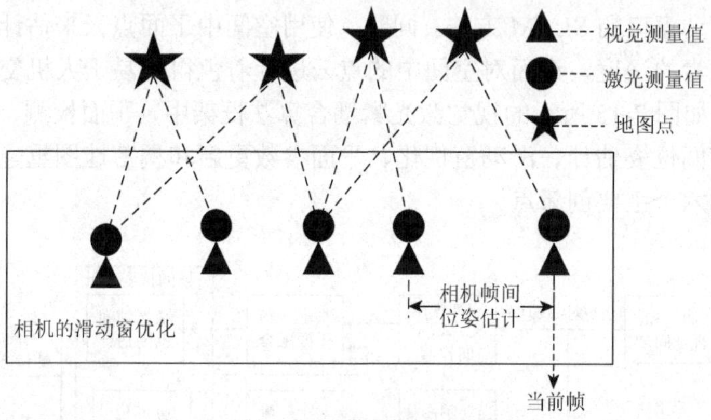

图 7-13　LIC-Fusion 算法示意图

为了弥补 V-LOAM 和 LIC-Fusion 两种算法的缺陷，提出了如图 7-14 所示的算法框架。首先，构建激光和相机紧耦合的帧间位姿估计方法，得到当前帧的初始位姿。然后，基于相机的代价函数和激光的代价函数对滑动窗口中的所有位姿进行优化。该算法没有仅将激光作为深度传感器，而是充分利用了激光所感知的信息与视觉的代价函数一同参与位姿的估计，所构建的激光代价函数将当前位姿到空间中平面的距离作为残差。

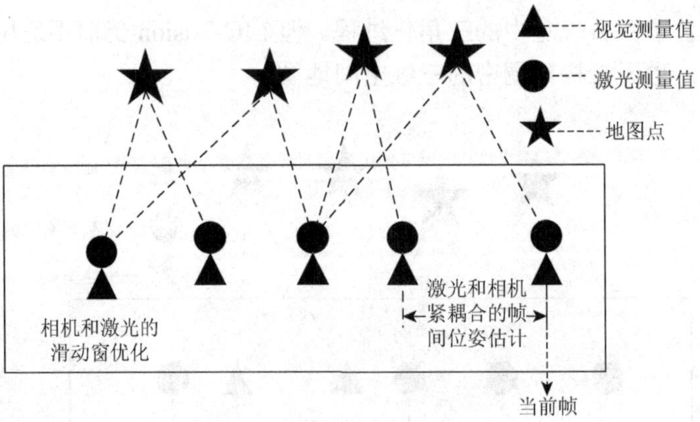

图 7-14　本节的定位算法示意图

针对现有激光和视觉融合算法的不足，本章提出了激光和视觉紧耦合的定位和建图方法。在激光传感器数据处理方面，使用三维激光的分辨率构建稀疏点云的体素，基于体素的连续性实现了平面的快速检测。为了保证平面融合时参数更新的实时性，提出了基于平面参数的增量式更新方法。视觉部分使用双目相机实现了基于滑动窗口的 SLAM 方法。同时，使用空间中平面点云来估计图像中处于同一平面像素的深度，进而对空间中的点云进行着色得到易于人机交互的三维稠密地图。在如图 7-15 所示的视觉激光紧耦合算法框架中，平面检测、与上一帧融合、激光帧间位姿估计、滑动窗优化、平面参数更新和稠密地图重建分别对应着本章提出的六个主要创新点。

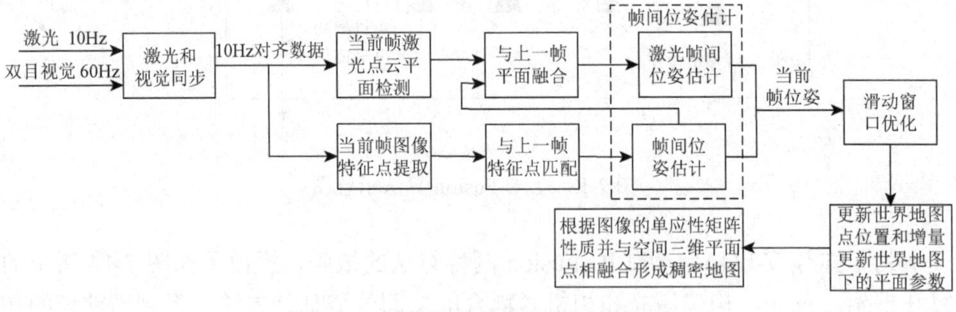

图 7-15　视觉激光紧耦合算法框架图

7.3.1　优化方法

1. 代价函数的构建

现有的位姿估计方法都是将当前帧与世界地图点匹配进行位姿优化，将地图点作为一个待优化的参数进行求解。但是实际上地图点只是表征了两帧之间的共视关系，仅为帧间相对位姿提供了一个约束方程，不需要得到地图点在世界坐标系下的坐标，现有的视觉和激光里程计方法之所以这么做，是因为其优化的位姿在世界坐标系下，并且期望能够实时看到地图的更新。这种方法的缺点是将共视地图点作为一个待优化的参数加入到优化函数中，而在优化过程中又无法对地图点坐标进行全局优化，仅仅是增量式的优化会导致地图点坐标精度降低，从而影响后续位姿估计的结果。而本节提出的位姿估计方法中将共视的平面和特征点作为测量值代入代价函数中，这样做的优势是不用对地图点的世界坐标进行优化。对于超过 15 个关键帧没有被观测到的地图点和空间平面，使用以往观测到这个地图点的所有关键帧对其在世界坐标系下的坐标和平面参数进行拟合。本节将代价函数分为两种：视觉代价函数和激光代价函数。具体的代价函数如下所示：

$$\boldsymbol{R}_{i,j}\boldsymbol{p}_i + \boldsymbol{t}_{i,j} - \boldsymbol{p}_j = \boldsymbol{e}_1 \tag{7-49}$$

$$\begin{bmatrix} 1 & 0 & 0 \\ 0 & 1 & 0 \end{bmatrix} \frac{K\left(\boldsymbol{R}_{i,j}\boldsymbol{p}_i + \boldsymbol{t}_{i,j}\right)}{z_j'} - \begin{bmatrix} u_j \\ v_j \end{bmatrix} = \boldsymbol{e}_2 \tag{7-50}$$

$$\begin{bmatrix} u_j' & v_j' & 1 \end{bmatrix} \hat{\boldsymbol{t}}_{i,j} \boldsymbol{R}_{i,j} \begin{bmatrix} u_i' \\ v_i' \\ 1 \end{bmatrix} = \boldsymbol{e}_3 \tag{7-51}$$

$$\begin{bmatrix} \boldsymbol{R}_{i,j}^{\mathrm{T}} & 0 \\ \boldsymbol{t}_{i,j}^{\mathrm{T}} & 1 \end{bmatrix} \begin{bmatrix} \boldsymbol{A}_j \\ \boldsymbol{B}_j \\ \boldsymbol{C}_j \\ \boldsymbol{D}_j \end{bmatrix} - \begin{bmatrix} \boldsymbol{A}_i \\ \boldsymbol{B}_i \\ \boldsymbol{C}_i \\ \boldsymbol{D}_i \end{bmatrix} = \boldsymbol{e}_4 \tag{7-52}$$

其中，$[\boldsymbol{R}_{i,j} \quad \boldsymbol{t}_{i,j}]$ 为第 i 帧和第 j 帧的相对位姿变换矩阵；K 为相机的内参；$\boldsymbol{p}_i$ 为第 i 帧载体坐标系下的三维点坐标；$\begin{bmatrix} u_i' & v_i' & 1 \end{bmatrix}^{\mathrm{T}}$ 和 $\begin{bmatrix} u_j' & v_j' & 1 \end{bmatrix}$ 为归一化像素坐标；$[\boldsymbol{A}_i \quad \boldsymbol{B}_i \quad \boldsymbol{C}_i \quad \boldsymbol{D}_i]$ 和 $\begin{bmatrix} \boldsymbol{A}_j & \boldsymbol{B}_j & \boldsymbol{C}_j & \boldsymbol{D}_j \end{bmatrix}^{\mathrm{T}}$ 分别对应空间同一平面在 i 时刻和 j 时刻各自载体坐标系下的平面参数；z_j' 为特征点在 j 时刻坐标系下的深度；运算符“^”表示向量的反对称矩阵。

式（7-49）～式（7-51）对应视觉代价函数，式（7-52）对应激光代价函数。视觉代价函数根据匹配特征点是否存在深度信息又被分为三种：i 时刻和 j 时刻匹配的特征点在各自的坐标系下其深度已知；i 时刻和 j 时刻匹配的特征点仅知道在某个时刻坐标系下的位姿；i 时刻和 j 时刻匹配的特征点无法得到在各自坐标系下的深度。当使用双目相机进行特征点匹配时，会同时与右目相机进行极线匹配得到特征点在相机坐标系下的坐标。如果右相机没有观测到左相机的地图点，那么此特征点的深度便无法计算得到。残差 $\boldsymbol{e}_1$ 对应着 ICP 算法问题，即在两个坐标系下的三维坐标已知估计两个坐标系的位姿变换矩阵。残差 $\boldsymbol{e}_2$ 对应着 PnP 算法问题，即已知空间三维点的坐标和其图像中的对应坐标，计算相机的位姿。残差 $\boldsymbol{e}_3$ 对应对极几何问题，即已知两张图像对应的特征点计算本质矩阵。

对于激光代价函数，本节使用空间中的平面对位姿进行拟合，根据空间同一平面在两个坐标系下的参数将两个坐标系之间的位姿变换构建联系。平面的匹配精度要远高于现有的点-点或者点-线匹配。

上述的四个残差函数中需要优化的参数为 i 时刻在世界坐标系下的位姿 $\boldsymbol{T}_{i,w}$ 和 j 时刻在世界坐标系下的位姿 $\boldsymbol{T}_{j,w}$，与 $\begin{bmatrix}\boldsymbol{R}_{i,j} & \boldsymbol{t}_{i,j}\end{bmatrix}$ 变量相关：

$$\begin{cases}\boldsymbol{R}_{i,j}=\boldsymbol{R}_{j,w}^{\mathrm{T}}\boldsymbol{R}_{i,w}\\ \boldsymbol{t}_{i,j}=\boldsymbol{R}_{j,w}^{\mathrm{T}}(\boldsymbol{t}_{i,w}-\boldsymbol{t}_{j,w})\end{cases}\tag{7-53}$$

用 SO(3)李代数来表示旋转矩阵 R，由此可以计算得到四个代价函数的雅可比矩阵：

$$\begin{aligned}&\frac{\partial\boldsymbol{e}_1}{\partial\begin{bmatrix}\phi_{i,w} & t_{i,w} & \phi_{j,w} & \boldsymbol{t}_{j,w}\end{bmatrix}}\\&=\begin{bmatrix}-\boldsymbol{R}_{j,w}^{\mathrm{T}}(\boldsymbol{R}_{i,w}p_i)^{\wedge} & \boldsymbol{R}_{j,w}^{\mathrm{T}} & \boldsymbol{R}_{j,w}^{\mathrm{T}}(\boldsymbol{R}_{i,w}p_i+\boldsymbol{t}_{i,w}-\boldsymbol{t}_{j,w}) & -\boldsymbol{R}_{j,w}^{\mathrm{T}}\end{bmatrix}\end{aligned}\tag{7-54}$$

$$\begin{aligned}&\frac{\partial\boldsymbol{e}_2}{\partial[\phi_{i,w} \quad \boldsymbol{t}_{i,w} \quad \phi_{j,w} \quad \boldsymbol{t}_{j,w}]}\\&=\begin{bmatrix}\dfrac{f_x}{z_j'} & 0 & -\dfrac{f_x x_j'}{z_j'^2}\\ 0 & \dfrac{f_y}{z_j'} & -\dfrac{f_y y_j'}{z_j'^2}\end{bmatrix}\frac{\partial\boldsymbol{e}_1}{\partial[\phi_{i,w} \quad \boldsymbol{t}_{i,w} \quad \phi_{j,w} \quad \boldsymbol{t}_{j,w}]}\end{aligned}\tag{7-55}$$

$$\begin{aligned}&\frac{\partial\boldsymbol{e}_3}{\partial\begin{bmatrix}\phi_{i,w} & \boldsymbol{t}_{i,w} & \phi_{j,w} & \boldsymbol{t}_{j,w}\end{bmatrix}}\\&=\left[-\begin{bmatrix}u_j' & v_j' & 1\end{bmatrix}\boldsymbol{R}_{j,w}^{\mathrm{T}}(\boldsymbol{t}_{i,w}-\boldsymbol{t}_{j,w})^{\wedge}\left(\boldsymbol{R}_{i,w}\begin{bmatrix}u_i'\\ v_i'\\ 1\end{bmatrix}\right)^{\wedge} \quad \frac{\partial\boldsymbol{e}_3}{\partial\boldsymbol{t}_{i,w}}\right.\\&\qquad\left.\cdot\begin{bmatrix}u_j' & v_j' & 1\end{bmatrix}\boldsymbol{R}_{j,w}^{\mathrm{T}}\left((\boldsymbol{t}_{i,w}-\boldsymbol{t}_{j,w})^{\wedge}\boldsymbol{R}_{i,w}\begin{bmatrix}u_i'\\ v_i'\\ 1\end{bmatrix}\right)^{\wedge} \quad -\frac{\partial\boldsymbol{e}_3}{\partial\boldsymbol{t}_{i,w}}\right]\end{aligned}\tag{7-56}$$

$$\frac{\partial \boldsymbol{e}_4}{\partial\left[\boldsymbol{\phi}_{i,w} \quad \boldsymbol{t}_{i,w} \quad \boldsymbol{\phi}_{j,w} \quad \boldsymbol{t}_{j,w}\right]} = \begin{bmatrix} \boldsymbol{R}_{i,w}^{\mathrm{T}}\left(\boldsymbol{R}_{j,w}\begin{bmatrix}\boldsymbol{A}_j\\ \boldsymbol{B}_j\\ \boldsymbol{C}_j\end{bmatrix}\right)^{\wedge} & 0 & -\boldsymbol{R}_{i,w}^{\mathrm{T}}\left(\boldsymbol{R}_{j,w}\begin{bmatrix}\boldsymbol{A}_j\\ \boldsymbol{B}_j\\ \boldsymbol{C}_j\end{bmatrix}\right)^{\wedge} & 0 \\ 0 & \left(\boldsymbol{R}_{j,w}\begin{bmatrix}\boldsymbol{A}_j\\ \boldsymbol{B}_j\\ \boldsymbol{C}_j\end{bmatrix}\right)^{\mathrm{T}} & -\left(\boldsymbol{t}_{i,w}-\boldsymbol{t}_{j,w}\right)^{\mathrm{T}}\left(\boldsymbol{R}_{j,w}\begin{bmatrix}\boldsymbol{A}_j\\ \boldsymbol{B}_j\\ \boldsymbol{C}_j\end{bmatrix}\right)^{\wedge} & -\left(\boldsymbol{R}_{j,w}\begin{bmatrix}\boldsymbol{A}_j\\ \boldsymbol{B}_j\\ \boldsymbol{C}_j\end{bmatrix}\right)^{\mathrm{T}} \end{bmatrix} \tag{7-57}$$

其中

$$\frac{\partial \boldsymbol{e}_3}{\partial \boldsymbol{t}_{i,w}} = \begin{bmatrix} \left(du_i'+ev_i'+f\right)\left(u_j'g'+v_j'h'+i'\right)-\left(gu_i'+hv_i'+i\right)\left(u_j'd'+v_j'e'+f'\right) \\ -\left(au_i'+bv_i'+c\right)\left(u_j'g'+v_j'b'+i'\right)-\left(gu_i'+hv_i'+i\right)\left(u_j'a'+v_j'b'+c'\right) \\ \left(au_i'+bv_i'+c\right)\left(u_j'd'+v_j'e'+f'\right)-\left(du_i'+ev_i'+f\right)\left(u_j'a'+v_j'b'+c'\right) \end{bmatrix}^{\mathrm{T}} \tag{7-58}$$

其中，SO(3)流形对应的so(3)李代数为ϕ；$\boldsymbol{R}_{i,w}=\begin{bmatrix}a & b & c\\ d & e & f\\ g & h & i\end{bmatrix}$，$\boldsymbol{R}_{j,w}=\begin{bmatrix}a' & b' & c'\\ d' & e' & f'\\ g' & h' & i'\end{bmatrix}$。

使用上述的代价函数可以实现帧间的位姿估计和滑动窗的位姿估计，并且可以显著简化非线性优化过程中的Hesse矩阵，缩短求解线性方程的运算时间。

2. 边缘化过程

当有新的关键帧输入时需要对滑动窗尾部的位姿进行边缘化操作，并且在边缘化操作的过程中同时需要考虑一致性问题，图7-16详细注释了本节算法如何实现边缘化操作并与地图点作为参数估计的方法进行比较。

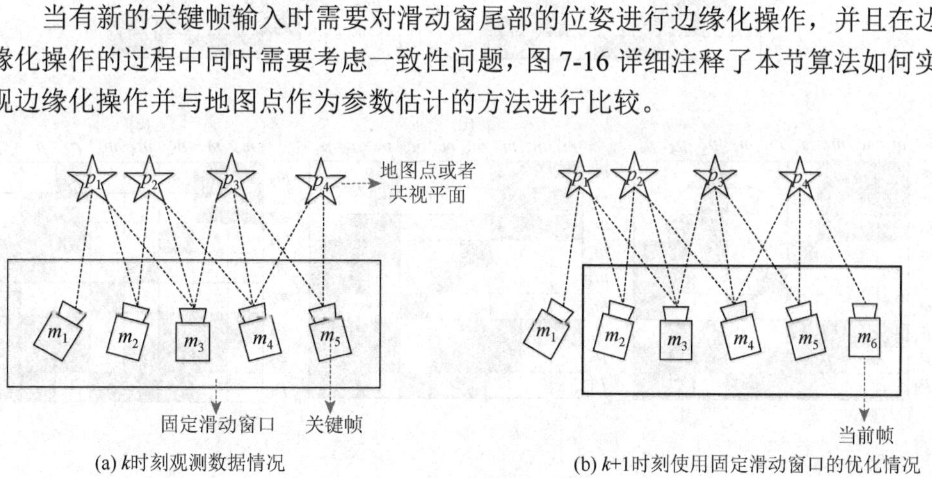

图7-16　边缘化操作示意图

图 7-16（a）为 k 时刻观测数据情况，方框表示相机的位姿，其中 m_1～m_4 表示以往的关键帧，m_5 表示最新的关键帧；星形为观测到的地图点，其中位姿和地图点的虚线连接表示此地图点被位姿观测到。为了方便对原理进行介绍，这里将固定窗口的关键帧个数设定为 5 个。图 7-16（b）为 $k+1$ 时刻使用固定滑动窗口的优化情况，其中 m_6 方框表示当前帧。$k+1$ 时刻移动到当前帧 m_6 所在位置，m_6 观测到了地图点或者平面 p_4。现有的激光和视觉定位方法都将世界坐标点作为待估计的参数，因此参数空间维度也由此变大，图 7-17（a）为对应的 Hesse 矩阵。而根据式（7-49）～式（7-52）构造的代价函数，平面参数和地图点都不作为待估计状态参与优化，因此其 Hesse 矩阵中并没有包括 p_1～p_4 的相关项，图 7-18（a）为对应的 Hesse 矩阵。将图 7-17（a）和图 7-18（a）的 Hesse 矩阵相比，图 7-17（a）中的 Hesse 矩阵属于稀疏矩阵，为了能够提高稀疏矩阵的处理速度常常需要借助 CSparse 等稀疏矩阵库来加速线性方程求解的速度。图 7-18（a）中只要帧与帧之间有公式关系，Hesse 矩阵对应的项都会不为 0，等价于对图 7-17（a）中的地图点进行了边缘化操作，只保留了位姿信息。由此可以看出，本节方法在进行优化时显著提高了 Hesse 矩阵的稠密程度，缩短了线性方程求解的时间。

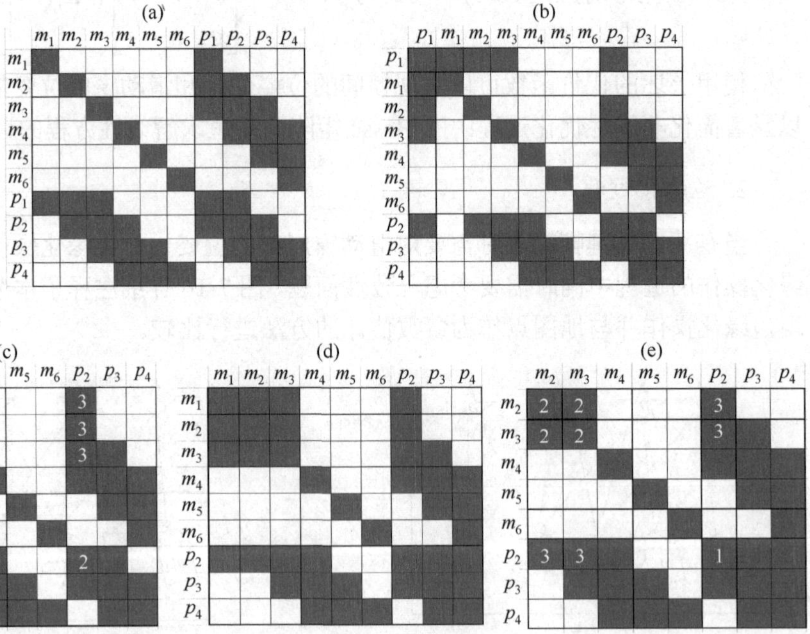

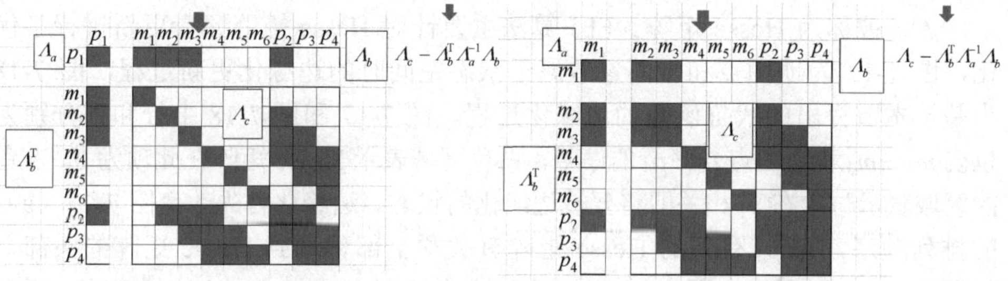

图 7-17　地图点和平面参数作为优化状态时的 Hesse 矩阵变化示意图

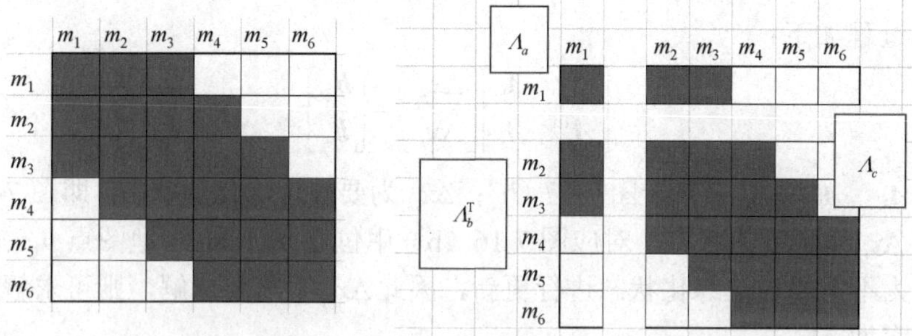

(a) Hesse矩阵原始状态　　(b) 分解状态

图 7-18　仅将位姿作为优化状态时的 Hesse 矩阵变化示意图

对于固定滑动窗口，如果 m_6 满足关键帧的条件则被设置为关键帧，进而需要在固定滑动窗口中将 m_1 状态删除。从图 7-16 中可以看出，位姿 m_1 与地图点 p_1 有约束关系，而 p_1 又被位姿 m_2、m_3 和 m_4 观测到建立了约束关系。当 p_1 参与 $k+1$ 时刻的优化时只能保证 p_1–m_2、p_1–m_3 和 p_1–m_4 所构建的代价函数为最小值，但是 p_1 的状态从滑动窗口被边缘化，因此也抛弃了 m_1–p_1 之间的约束关系。虽然被边缘化的约束关系只有 1 个，但是在实际的应用中被边缘化的位姿与现有滑动窗口地图点的观测关系可能会存在几百个。为了尽可能利用以往观测信息的数据，并保证现有滑动窗口的各个状态能够得到最优解，需要使用 FEJ 算法解决此问题。接下来分别对地图点作为状态空间的边缘化过程和基于本节提出的代价函数的边缘化过程进行比较。

无论代价函数如何构造，待优化变量如何变化，非线性优化时需要解决的问题始终为解线性方程问题：

$$\boldsymbol{J}^{\mathrm{T}}\boldsymbol{J}\Delta\boldsymbol{x} = -\boldsymbol{J}^{\mathrm{T}}\boldsymbol{f} \tag{7-59}$$

其中，$\boldsymbol{f}$ 为代价函数求解得到的残差向量，维度为 $m\times 1$；$\boldsymbol{J}$ 为代价函数对待优化状态优化得到的变量，$\boldsymbol{J} = \mathrm{d}f / \mathrm{d}x$，维度为 $m\times n$，n 为待优化变量的维度；$\Delta\boldsymbol{x}$ 为待优化状态的更新变量。

$\boldsymbol{J}^{\mathrm{T}}\boldsymbol{J}$ 被称为 Hesse 矩阵。FEJ 算法主要针对 Hesse 矩阵元素更新进行了优化，图 7-17 为地图点和平面参数属于状态空间时的边缘化更新过程，图 7-18 为基于本节提出的代价函数的边缘化过程。图 7-17 和图 7-18 中行和列分别为位姿 m_1～m_6 和地图点 p_1～p_4 的序号，白色区域表示 Hesse 矩阵在此项为 0，灰色的区域表示与状态 p_1 相关即将要被边缘化的状态。边缘化首先改变图 7-17（a）的排列顺序，与 p_1 有关的 Hesse 矩阵有关项全部移动到 Hesse 矩阵的头部，如图 7-17（b）所示。图 7-17（a）中的灰色区域与图 7-17（b）相对应。再对图 7-17（b）中的矩阵进行分割分别得到边缘化需要用到的 $\boldsymbol{\Lambda}_a$、$\boldsymbol{\Lambda}_b$ 和 $\boldsymbol{\Lambda}_c$ 矩阵。然后对图 7-17（b）中的 Hesse 矩阵进行边缘化计算，得到图 7-17（c）。边缘化计算过程如下：

$$\begin{bmatrix} \boldsymbol{\Lambda}_a & \boldsymbol{\Lambda}_b \\ \boldsymbol{\Lambda}_b^{\mathrm{T}} & \boldsymbol{\Lambda}_c \end{bmatrix} \begin{bmatrix} \Delta \boldsymbol{x}_m \\ \Delta \boldsymbol{x}_r \end{bmatrix} = \begin{bmatrix} \boldsymbol{b}_m \\ \boldsymbol{b}_r \end{bmatrix} \tag{7-60}$$

其中，$\boldsymbol{\Lambda}_a$、$\boldsymbol{\Lambda}_b$ 和 $\boldsymbol{\Lambda}_c$ 来自于图 7-17（b）；$\Delta \boldsymbol{x}_m$ 为要被边缘化的状态，即图 7-16（b）中 p_1；$\Delta \boldsymbol{x}_r$ 为剩下的状态，对应图 7-16（b）中位姿 m_2～m_6 和地图点 p_1～p_4。

因为不需要对边缘化状态进行更新，因此 $\Delta \boldsymbol{x}_m$ 不需要求解，则可求解得到剩余的状态为

$$\Delta \boldsymbol{x}_r = \left(\boldsymbol{\Lambda}_c - \boldsymbol{\Lambda}_b^{\mathrm{T}} \boldsymbol{\Lambda}_a^{-1} \boldsymbol{\Lambda}_b \right)^{-1} \boldsymbol{b}_r \tag{7-61}$$

式（7-61）可以理解为经过边缘化后 Hesse 矩阵变为了 $\boldsymbol{\Lambda}_c - \boldsymbol{\Lambda}_b^{\mathrm{T}} \boldsymbol{\Lambda}_a^{-1} \boldsymbol{\Lambda}_b$，如图 7-17（c）所示。可以看出，将一个位姿边缘化之后剩下的矩阵发生了改变，有些原本是零矩阵的地方被插入了数值。

在地图点属于状态空间的情况下，除了边缘化位姿以外也会边缘化距离当前帧非常远的地图点，在图 7-17（c）中继续对地图点 p_1 进行边缘化的操作，与边缘化位姿 m_1 相同先将与 m_1 状态相关的状态移动到矩阵的前端，如图 7-17（d）所示，然后即可得到边缘化后的 Hesse 矩阵，如图 7-17（e）所示。而地图点被边缘化之后原有的 Hesse 矩阵也发生一些变化。而本节提出的方法由于状态空间不能存在地图点和平面参数，因此不需要对距离当前帧较远的地图点进行边缘化操作，减少了边缘化过程的计算量。如图 7-18 所示，仅对 m_1 状态进行边缘化即可，而新的 Hesse 矩阵根据式（7-60）可以计算得到。

3. 一致性问题

在边缘化状态的过程中，新的 Hesse 矩阵存在被边缘化的状态和没有被边缘化的状态。而被边缘化的状态在后续滑动窗的优化迭代过程中是不被更新的，而没有被边缘化的状态持续进行更新。此时不一致情况发生了，式（7-59）对应的是所有变量参与优化的迭代更新方程，但是根据此方程推导得到的边缘化后的解

为式（7-60），而在式（7-61）的迭代过程中并没有保证所有状态的更新只是将部分状态进行了迭代。因此为了保证一致性原则满足式（7-59）所对应的前提条件，需要在边缘化后一直使用初始值求得的雅可比矩阵，即在迭代更新的过程中其雅可比矩阵不变。$\boldsymbol{\Lambda}_c-\boldsymbol{\Lambda}_b^{\mathrm{T}}\boldsymbol{\Lambda}_a^{-1}\boldsymbol{\Lambda}_b$ 的值在迭代优化中不发生改变，只使用初值计算得到的雅可比矩阵对其赋值即可。而在迭代的过程中仅仅 b_r 根据状态的迭代发生了改变。但是使用了 FEJ 算法的非线性优化方法却无法应用于高斯–牛顿法、L-M 方法或者 Dog-leg 方法中，这就导致现有的很多优化算法库如 CERES 和 g2o 无法正常使用，因此为了将边缘化方法应用在实际的算法框架中需要将现有的边缘化方法线性化以满足现有非线性优化框架的要求。

当执行完 Schur 补后，得到了如下的方程：

$$(\boldsymbol{U}-\boldsymbol{W}\boldsymbol{V}^{-1}\boldsymbol{W}^{\mathrm{T}})\Delta\boldsymbol{x}_a=\boldsymbol{b}\_\boldsymbol{a}-\boldsymbol{W}\boldsymbol{V}^{-1}\boldsymbol{b}\_\boldsymbol{b} \tag{7-62}$$

其中，U 是雅可比矩阵，根据一致性原则它是不变量；W 和 V 也都是雅可比矩阵，因此在迭代的过程中也不发生改变；$\boldsymbol{b}\_\boldsymbol{a}$ 和 $\boldsymbol{b}\_\boldsymbol{b}$ 与残差相关，因此会发生改变。

整体的迭代流程为：首先，通过上述方程计算得到状态的变化量 $\Delta\boldsymbol{x}_a$，用其更新状态 $\boldsymbol{x}_a$；然后，将新的状态代入残差中计算得到新的 $\boldsymbol{b}\_\boldsymbol{a}$ 和 $\boldsymbol{b}\_\boldsymbol{b}$；最后，将新的 $\boldsymbol{b}\_\boldsymbol{a}$ 和 $\boldsymbol{b}\_\boldsymbol{b}$ 代入上述方程进行下次迭代。但是这种方法无法应用到现有的非线性优化代码框架中。主要原因是 CERES 或者 g2o 需要用户定义每个残差块的残差计算方法。很显然 Schur 补的结果 $\boldsymbol{b}\_\boldsymbol{a}-\boldsymbol{W}\boldsymbol{V}^{-1}\boldsymbol{b}\_\boldsymbol{b}$ 只给出了整体的残差计算方法，但是没有给出每一项的计算方法。为了解决这个问题需要对等式右侧进行线性化操作：

$$\boldsymbol{b}=\begin{bmatrix}\boldsymbol{b}\_\boldsymbol{a}\\ \boldsymbol{b}\_\boldsymbol{b}\end{bmatrix}=\boldsymbol{b}_0+\frac{\partial\boldsymbol{b}}{\partial\Delta x}\Delta x=\boldsymbol{b}_0-\frac{\partial\boldsymbol{J}^{\mathrm{T}}f}{\partial\Delta x}\Delta x=\boldsymbol{b}_0-\boldsymbol{H}\Delta x \tag{7-63}$$

其中，$\boldsymbol{b}=\begin{bmatrix}\boldsymbol{b}_{0a}\\ \boldsymbol{b}_{0b}\end{bmatrix}-\begin{bmatrix}\boldsymbol{U} & \boldsymbol{W}\\ \boldsymbol{W}^{\mathrm{T}} & \boldsymbol{V}\end{bmatrix}\begin{bmatrix}\Delta\boldsymbol{x}_a\\ \Delta\boldsymbol{x}_b\end{bmatrix}=\begin{bmatrix}\boldsymbol{b}\_\boldsymbol{a}\\ \boldsymbol{b}\_\boldsymbol{b}\end{bmatrix}$。将其代入 Schur 补的结果 $\left(\boldsymbol{U}-\boldsymbol{W}\boldsymbol{V}^{-1}\boldsymbol{W}^{\mathrm{T}}\right)\Delta x_a=\boldsymbol{b}\_\boldsymbol{a}-\boldsymbol{W}\boldsymbol{V}^{-1}\boldsymbol{b}\_\boldsymbol{b}$ 中，可以得到

$$\left(\boldsymbol{U}-\boldsymbol{W}\boldsymbol{V}^{-1}\boldsymbol{W}^{\mathrm{T}}\right)\Delta x_a=\boldsymbol{b}_{0a}-\boldsymbol{W}\boldsymbol{V}^{-1}\boldsymbol{b}_{0b}-\left(\boldsymbol{U}-\boldsymbol{W}\boldsymbol{V}^{-1}\boldsymbol{W}^{\mathrm{T}}\right)\Delta x_a \tag{7-64}$$

令 $\boldsymbol{H}^*=\boldsymbol{U}-\boldsymbol{W}\boldsymbol{V}^{-1}\boldsymbol{W}^{\mathrm{T}}$，$\boldsymbol{b}^*=\boldsymbol{b}_{0a}-\boldsymbol{W}\boldsymbol{V}^{-1}\boldsymbol{b}_{0b}$，这两个变量都是常量，在优化的过程中不会发生改变。由此式（7-64）变为

$$\boldsymbol{H}^*\Delta x_a=\boldsymbol{b}^*-\boldsymbol{H}^*\Delta x_a \tag{7-65}$$

对式（7-65）右侧进行简化可以得到 $\boldsymbol{b}^*-\boldsymbol{H}^*\Delta x_a=-(\boldsymbol{J}^*)^{\mathrm{T}}\left(-(\boldsymbol{J}^*)^{\mathrm{T}^{-1}}\boldsymbol{b}^*+\boldsymbol{J}^*\Delta x_a\right)$，此处 $\boldsymbol{H}^*=(\boldsymbol{J}^*)^{\mathrm{T}}\boldsymbol{J}^*$。由此可以得到对残差的定义为 $-(\boldsymbol{J}^*)^{\mathrm{T}^{-1}}\boldsymbol{b}^*+\boldsymbol{J}\Delta x$。因此通过上述的线性化过程可以计算得到

$$\boldsymbol{H}^*\Delta x_a=-(\boldsymbol{J}^*)^{\mathrm{T}}\left(-(\boldsymbol{J}^*)^{\mathrm{T}^{-1}}\boldsymbol{b}^*+\boldsymbol{J}^*\Delta x_a\right) \tag{7-66}$$

根据上述结果可知，每一项的残差方程只和每一项的状态 Δx_a 有关。仔细分

析上述的等式，等式左、右两边只有Δx_a发生了变化，而其他项在边缘化时就已经是不变值了。因此根据式（7-66）省去了复杂的 Hesse 矩阵管理，可以将 FEJ 算法应用在 g2o 和 CERES 的开源代码库中。

7.3.2　基于平面投影的可视化方法

由于视觉在纹理较少的环境中无法进行特征点匹配，无法得到三维点在相机坐标系下的深度。激光虽然能够非常直接地测量到深度，但是无法捕捉空间中的纹理信息。本节中针对视觉和激光各自的优缺点，对空间中的平面进行稠密重建。提出的可视化方法没有使用三角化＋面片的贴图技术方案，而是在有限的硬件资源下基于正方形体素进行点云着色，空间中的最小单位为体素而非三维重建中的面片。用于稠密化平面的点分为两类：通过三次区域增长得到的激光点和图像中与平面对应的像素点。对于激光点需要将其投影到图像中获取灰度值。而对于图像的像素点需要首先与激光坐标系下的平面进行匹配，然后计算与平面匹配成功的像素坐标深度。下面针对这三个问题进行详细的说明和公式推导。

（1）对于激光测量到的平面上的点，可以直接将三维激光点变换到相机坐标系并通过相机的图像得到激光点的颜色，其具体过程如式（7-67）所示：

$$L\left(p_i^l\right)=I\left(\begin{bmatrix}1 & 0 & 0\\ 0 & 1 & 0\end{bmatrix}\left(\boldsymbol{K}\left(\boldsymbol{R}_{l\to c}p_i^l+\boldsymbol{t}_{l\to c}\right)/z'\right)\right) \tag{7-67}$$

其中，$\left[\boldsymbol{R}_{l\to c}\quad \boldsymbol{t}_{l\to c}\right]$能够将激光坐标系下的点变换到相机坐标系下；$p_i^l$为激光坐标系下第$i$个坐标点；$\boldsymbol{R}_{l\to c}\boldsymbol{p}_i^l+\boldsymbol{t}_{l\to c}$计算得到的是在图像坐标系下的坐标；$\boldsymbol{K}$为已知的相机内参 3×3 矩阵；$z'$为激光点在相机坐标系下的深度坐标，可以通过$\boldsymbol{R}_{l\to c}p_i^l+\boldsymbol{t}_{l\to c}$求解得到；$I$为图像灰度函数，输入为图像坐标，输出为在此像素上的灰度值；$L\left(p_i^l\right)$为激光点对应的灰度值。

（2）因为三维激光在垂直方向上角度分辨率较低，如果仅使用三维激光生成带有灰度的地图点，在平面距离三维激光较远的情况下会导致平面上的地图点过于稀疏，无法将平面中的纹理信息显示完全。为了解决地图点稀疏的问题，使用空间中的平面帮助图像恢复深度：

$$\begin{cases}\boldsymbol{R}_{l\to c}[x_l\quad y_l\quad z_l]^{\mathrm{T}}+\boldsymbol{t}_{l\to c}=[x_c\quad y_c\quad z_c]^{\mathrm{T}}\\ \begin{bmatrix}u\\ v\end{bmatrix}=\begin{bmatrix}f_x\dfrac{x_c}{z_c}+c_x\\ f_y\dfrac{y_c}{z_c}+c_y\end{bmatrix}\\ \boldsymbol{A}x_l+\boldsymbol{B}y_l+\boldsymbol{C}z_l+\boldsymbol{D}=\boldsymbol{0}\end{cases} \tag{7-68}$$

其中，$[u \quad v]^{\mathrm{T}}$ 为图像中的像素坐标；$[\boldsymbol{A} \quad \boldsymbol{B} \quad \boldsymbol{C} \quad \boldsymbol{D}]$ 为像素坐标 $[u \quad v]^{\mathrm{T}}$ 对应的平面参数；内参矩阵 $\boldsymbol{K}=\begin{bmatrix} f_x & 0 & c_x \\ 0 & f_y & c_y \\ 0 & 0 & 1 \end{bmatrix}$；$[x_l \quad y_l \quad z_l]$ 为激光坐标系下点的坐标；$[x_c \quad y_c \quad z_c]$ 为相机坐标系下点的坐标。

根据上面的关系可以计算得到对应的相机坐标系下坐标 $[x_c \quad y_c \quad z_c]$ 为

$$\begin{cases} x_c = z_c \dfrac{u-c_x}{f_x} \\ y_c = z_c \dfrac{v-c_y}{f_y} \\ z_c = \dfrac{\boldsymbol{t}_{l\to c}^{\mathrm{T}} \boldsymbol{R}_{l\to c} \begin{bmatrix} \boldsymbol{A} \\ \boldsymbol{B} \\ \boldsymbol{C} \end{bmatrix} - \boldsymbol{D}}{\begin{bmatrix} \dfrac{u-c_x}{f_x} & \dfrac{v-c_y}{f_y} & 1 \end{bmatrix}} \end{cases} \tag{7-69}$$

根据式（7-69）可知，通过像素坐标值和激光坐标系下的平面参数可以计算得到像素坐标对应的相机坐标系下坐标。此点的灰度值即为像素坐标 $[u \quad v]^{\mathrm{T}}$ 在图像 I 中的灰度。

（3）已经可以在像素坐标与平面匹配已知的情况下，计算得到像素坐标的深度值。像素坐标和图像匹配方法详见图 7-19。

首先，根据上述计算得到每个平面的凸/凹包点，对应图 7-19 中的上四个圆圈。然后，根据激光坐标系和相机坐标系的固定位姿变换关系，将激光坐标系下的凸/凹包点变换到图像中，得到图像中对应的凸/凹包点，对应图 7-19 中的下四个圆圈。最后，根据图像中的凸/凹包点在图像坐标系下构建多边形，对应图 7-19 中图像平面中的虚线方框。将虚线方框内的所有像素坐标与空间中的平面建立匹配关系。当通过以上的三个步骤计算得到空间平面的稠密带有灰度的点云之后，需要将平面中的点云进行降采样。其降采样的方法与 PCL 中常用的降采样方法不相同，不使用每个体素内的重心来近似体

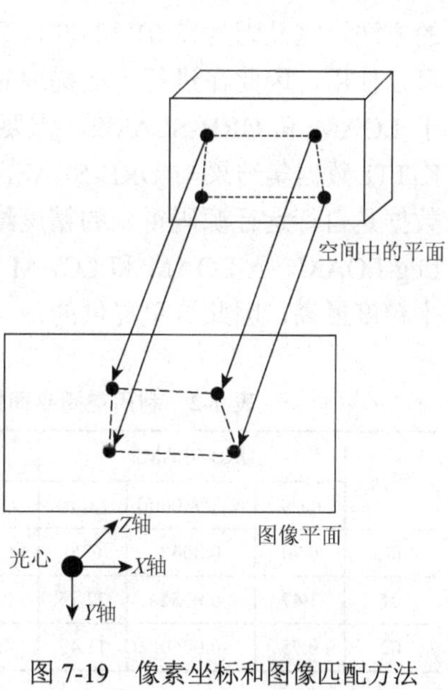

图 7-19　像素坐标和图像匹配方法

素中的其他点，这样做会导致重心点的灰度值需要使用体素中的其他点进行拟合，使得边缘灰度的不确定度增加。使用的降采样方法与区域增长法类似，随机选择平面中的任意一点作为种子节点并以此开始 BFS 搜索。当相邻点距离种子节点大于 1cm 时，才将此相邻点加入种子队列中。然后依次从种子队列中取出种子点并继续执行 BFS 搜索直到种子队列为空。需要注意的是，当滑动窗口完成优化并且地图中的平面参数被更新后，激光点投影到图像上的坐标和像素对应的相机坐标系坐标并不会发生改变。因此地图点的灰度值完全由当前帧的测量值决定，一旦赋值便不再改变。

使用 KITTI00-10 序列数据集对位姿优化结果进行比较，比较的方法使用有源码的 ORB-SLAM2 和 KITTI 数据集上目前排名第一的 LOAM 算法。本节使用的评测指标来自于 KITTI 数据集提供的工具箱，在 KITTI 数据集工具箱中提供了 100m、200m、300m、400m、500m、600m、700m 和 800m 的 t_{rel} 和 r_{rel} 误差参数，将不同距离的误差参数求平均值最终得到了表 7-2 中的误差指标。t_{abs} 参数根据如下的公式计算得到：

$$\boldsymbol{t}_{\text{abs}} = \frac{\sum_{i=1}^{n} \left\| \boldsymbol{t}_{i,\text{true}} - \boldsymbol{t}_{i,\text{odometry}} \right\|}{n} \tag{7-70}$$

其中，n 为帧的个数；$t_{i,\text{true}}$ 为 KITTI 数据集真实的位置；$t_{i,\text{odometry}}$ 为里程计得到的位姿结果。

从表 7-2 可以看出，在大部分的数据集序列中本节方法的结果是要优于 LOAM 和 ORB-SLAM，但是在 01 和 09 序列中本节方法的结果误差要高于比较的方法，这是因为在 01 和 09 序列中存在大量的树木和灌木丛，缺少有效的平面可以使用，因此在进行平面提取时产生了误匹配的情况，最终导致结果精度略低于 LOAM 和 ORB-SLAM2。需要额外说明的是，使用 ORB-SLAM2 源码得到的 KITTI 数据集结果与 ORB-SLAM 论文中 KITTI 数据指标有所出入，本节使用的数据是自行运行源码得到的精度结果。由于 LOAM 缺少官方源码，这里测试了 Leg-LOAM、A-LOAM 和 LOAM 复现版本，发现 A-LOAM 算法在 KITTI 数据集中精度最高，因此这里提供的是 A-LOAM 在 KITTI 数据集上的精度指标。

表 7-2　利用空间平面信息的激光和视觉紧耦合位姿比较结果

序列	ORB-SLAM2			LOAM			本节方法		
	t_{rel}/%	r_{rel}/(°/100m)	t_{abs}/m	t_{rel}/%	r_{rel}/(°/100m)	t_{abs}/m	t_{rel}/%	r_{rel}/(°/100m)	t_{abs}/m
00	0.70	0.0042	6.70	0.79	0.0056	7.77	0.62	0.0040	5.40
01	1.47	0.0054	22.35	2.12	0.0087	89.53	<u>1.55</u>	<u>0.0080</u>	<u>24.01</u>
02	0.75	0.0040	11.49	4.38	0.025	113.32	0.69	0.0037	5.68

续表

序列	ORB-SLAM2			LOAM			本节方法		
	t_{rel}/%	r_{rel}/(°/100m)	t_{abs}/m	t_{rel}/%	r_{rel}/(°/100m)	t_{abs}/m	t_{rel}/%	r_{rel}/(°/100m)	t_{abs}/m
03	0.66	0.0024	1.36	1.05	0.0082	2.19	0.63	0.0022	1.01
04	0.43	0.0024	0.67	0.80	0.0063	1.56	0.36	0.0019	0.54
05	0.37	0.0025	1.40	0.47	0.00401	2.91	0.36	0.0023	1.29
06	0.45	0.0023	1.95	0.55	0.0042	1.80	0.42	0.0021	1.77
07	0.42	0.0039	0.69	0.37	0.0036	0.83	0.36	0.0032	0.65
08	1.04	0.0054	12.67	1.01	0.0052	16.52	0.98	0.0051	9.63
09	0.82	0.0038	5.43	0.70	0.0050	4.64	0.91	0.0049	2.1
10	0.57	0.0042	4.20	1.11	0.0064	6.75	0.56	0.0039	3.90

最终可以通过空间提取的平面和图像信息恢复得到空间中平面的稠密点云，如图 7-20 所示。可以看出，实际的重建结果与图像一致性较好并且在本节提出的方法中仅仅使用 2～3 帧数据即可重建出如图 7-20 所示的平面稠密点云信息。本节方法不仅需要的数据量小，最为重要的是本节提出的方法对空间的平面参数进行了拟合，因此所得到的点云位置在相同的平面上。与单纯地将点云叠加方法相比，本节方法能够保证在同一个平面的点云不会出现分布杂乱的现象。

图 7-20　空间稠密建图效果

7.4　激光-视觉-GNSS-IMU 融合方法

目前，定位领域中使用最多的是 GNSS。GNSS 是全球定位、导航和授时服务的基础设施。但是，卫星导航信号微弱，信号易被遮挡，抗干扰能力差，易欺骗以及 GNSS 接收机数据输出频率低，地基增强和星基增强无线电导航定位信号也容易被干扰，而且所有无线电信号的穿透性能均较差。特别在村镇复杂环境中，受密集建筑物、树木等影响，GNSS 经常会因信号遮挡而导致定位输出中断。为了弥补仅依靠 GNSS 定位的不足，通常使用与惯性导航系统结合形成的 GNSS/INS 组合定位技术。INS 具有与外界不发生任何光、电和磁联系，工作不受气象条件的限制，完全依靠运动载体设备自主完成导航任务，且能够提供比较齐全的导航参数等优点，可以在 GNSS 信号被遮挡时保持连续的定位输出。但其最大的缺点是具有误差累积效应，定位精度会随定位过程的进行而不断下降。高精度的 INS 可以在较长时间内保持较高的定位精度，但其价格成本也较高，难以满足民用低成本的要求。激光雷达具有良好的相对定位性能，相比 INS 发散更为缓慢，可有效地抑制导航误差的累积，激光雷达的环境需求与 GNSS 具有很好的互补性。激光雷达具有完备而精确地测量、描述外部环境、角分辨率极高、距离分辨率极高、速度分辨率高、能获得环境的三维信息、抗干扰能力强等一系列优点。但其获取的环境信息在细节上略显不足，且无法获取环境的色彩信息。相较于其他传感器，视觉传感器可以获取足够多的环境细节，可以描绘物体的外观和形状、读取标志等，帮助载体进行环境认知，这些功能其他传感器无法比拟，但其受环境因素影响较大。针对单一传感器的不足，也随着传感器技术的微型化、智能化程度提高，多传感器融合是必然的趋势。

7.4.1 融合框架

基于激光雷达和基于视觉的方法通常都与 IMU 融合，以提高它们各自的鲁棒性和精度。激光雷达惯性系统可以帮助纠正点云失真，并在短时间内补充缺乏特征。视觉惯性系统可以通过 IMU 测量来恢复尺度和姿态。为了进一步提高系统性能，GNSS、激光雷达、相机和 IMU 测量结果的融合引起了越来越多的关注。

本节提出了一种 GNSS-激光-视觉-惯性里程计的紧耦合框架，用于实时状态估计和建图。利用因子图进行多传感器融合的全局优化，通过闭环检测定期消除终端产生的漂移。其采用因子图的形式，由三个子系统——视觉惯性系统（VIS）、激光雷达惯性系统（LIS）和 GNSS 组成。当三个子系统检测到故障时或者当检测到足够的特性时，可以独立工作。VIS 进行视觉特征跟踪，并可选择使用激光雷达帧提取特征深度信息。通过优化视觉重投影的误差和 IMU 测量，视觉里程计可作为激光雷达扫描匹配的初始值，并在因子图中引入约束条件。在使用 IMU 测量值进行点云纠正后，LIS 提取激光雷达的边缘和平面特征，并将其与在滑动窗口中维护的特征图相匹配。在 LIS 中估计的系统状态可以发送到 VIS，以方便其初始化。GNSS RTK 除了提供高精度的绝对坐标，还可利用 GNSS 的全局测量消除来自 VIS 和 LIS 的累积误差。图 7-21 为本节算法的框架图。因子图中加入了先验信息约束、IMU 预积分约束、视觉里程计约束、激光雷达里程计约束、GNSS RTK 约束和视觉/LiDAR 闭环约束，并联合优化。

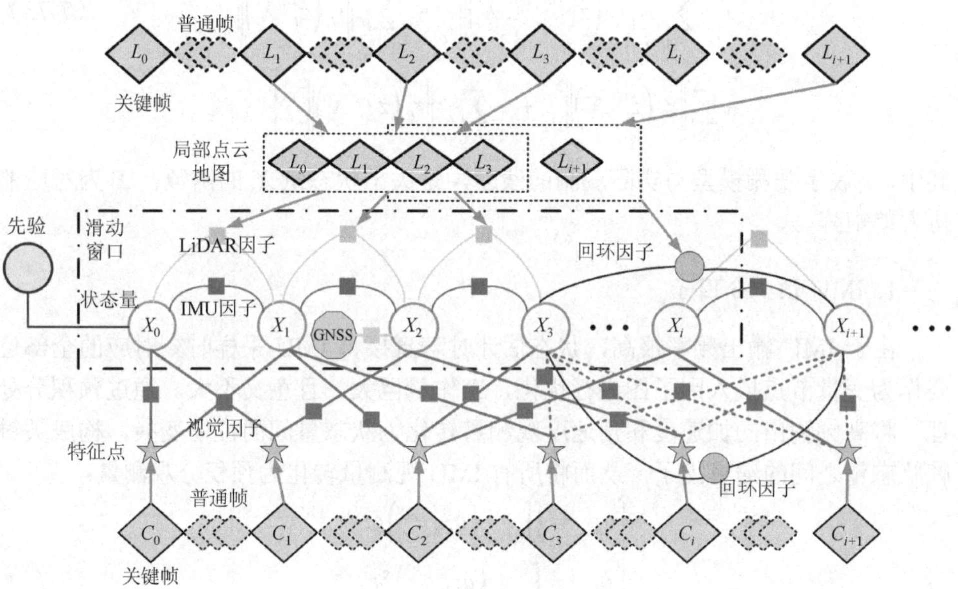

图 7-21　本节算法框架图

7.4.2　基于因子图优化的状态估计

状态估计问题可描述为在给定观测信息 $\boldsymbol{Z}_k$ 和先验信息 $p(\boldsymbol{X}_0)$ 的条件下，估计 X_0 的后验概率问题，即

$$\begin{aligned} p(\boldsymbol{X}_k \mid \boldsymbol{Z}_k) &\propto p(\boldsymbol{X}_0)p(\boldsymbol{Z}_k \mid \boldsymbol{X}_k) \\ &= p(\boldsymbol{x}_0)\prod_{(i,j)\in K_k} p(P_i, I_{(i,j)} \mid \boldsymbol{X}_k) \end{aligned} \tag{7-71}$$

由于观测量已知，在联合概率分布中将其作为参数而非随机变量。根据马尔可夫性质，P_i 仅与时刻的状态 t_i 有关，则式（7-71）可分解为

$$\begin{aligned}&p(\boldsymbol{X}_0)\prod_{(i,j)\in K_k} p\left(P_i, I_{(i,j)} \mid \boldsymbol{X}_k\right)\\&= p(\boldsymbol{X}_0)\prod_{(i,j)\in K_k} p\left(I_{(i,j)} \mid \boldsymbol{x}_i, \boldsymbol{x}_j\right)\prod_{i\in K_k} p\left(P_i \mid \boldsymbol{x}_i\right)\end{aligned} \tag{7-72}$$

变量因子的最大后验概率为

$$\begin{aligned}\min_x\Bigg\{&\left\|r_0-\boldsymbol{HX}\right\|_{\Sigma_0}^2+\sum_{i\in B}\left\|r_B\left(\hat{z}_{b_{i+1}}^{b_i}\boldsymbol{X}\right)\right\|_{\Sigma_B}^2\\&+\sum_{(u,v\cdot w\cdot n)\in C}\left\|r_C\left(\hat{z}_n^{c_n(u\cdot v\cdot w)},\boldsymbol{X}\right)\right\|_{\Sigma_C}^2+\sum_{(l,j)\in L}\left\|r_L\left(\hat{z}_l^{L_j}\boldsymbol{X}\right)\right\|_{\Sigma_L}^2\\&+\sum_{k\in G}\left\|r_G\left(\hat{z}_i^{G_k}\boldsymbol{X}\right)\right\|_{\Sigma_G}^2+\sum_{(u\cdot v,l,j)\in P}\left\|r_P\left(\hat{z}_{L_{i,j}}^{c_{u,v}}\boldsymbol{X}\right)\right\|_{\Sigma_P}^2\Bigg\}\end{aligned} \tag{7-73}$$

其中，r 表示观测模型与实际观测的残差，是关于状态量 X_k 的函数；Σ 为对应的协方差矩阵。

1. IMU 预积分因子

由于 IMU 输出频率很高，状态估计时若直接将 IMU 采样时刻对应的全部位姿作为变量节点插入因子图进行优化，工作量巨大，且意义不大。通过预积分处理，将高频输出的加速度和角速度观测量转化为状态量间的位姿变换，构成关键帧状态量之间的约束因子，从而将所有 IMU 观测量转化为预积分观测量：

$$\begin{cases}\alpha_{b_ib_j}=\iint_{t\in[i,j]}\left(q_{b_ib_t}a^{b_t}\right)\delta t^2\\\beta_{b_ib_j}=\int_{t\in[i,j]}\left(q_{b_ib_t}a^{b_t}\right)\delta t\\q_{b_ib_j}=\int_{t\in[i,j]}q_{b_ib_t}\otimes\begin{bmatrix}0\\\dfrac{1}{2}\omega^{b_t}\end{bmatrix}\delta t\end{cases} \tag{7-74}$$

实际情况中使用离散形式，解算中采用中值积分方法。所以，优化时位姿更新的方法为

$$\begin{bmatrix}p_{wb_j}\\q_{wb_j}\\v_j^w\\b_j^a\\b_j^g\end{bmatrix}=\begin{bmatrix}p_{wb_j}+v_i^w\Delta t-\dfrac{1}{2}g^w\Delta t^2+q_{wb_i}\alpha_{b_ib_j}\\q_{wb_i}q_{b_ib_j}\\v_i^w-g^w\Delta t+q_{wb_i}\beta_{b_ib_j}\\b_i^a\\b_i^g\end{bmatrix} \tag{7-75}$$

但是和预积分相关的量，仍然与上一时刻的姿态有关，无法直接加减，因此，把残差修正为以下形式：

$$\begin{bmatrix} r_p \\ r_q \\ r_v \\ r_{ba} \\ r_{bg} \end{bmatrix} = \begin{bmatrix} q_{wb_i}^* \left(p_{wb_j} - p_{wb_i} - v_i^w \Delta t + \frac{1}{2} g^w \Delta t^2 \right) - a_{b_i b_j} \\ 2\left[q_{b_i b_j}^* \otimes \left(q_{wb_i}^* \otimes q_{wb_j} \right) \right]_{xyz} \\ q_{wb_i}^* \left(v_j^w - v_i^w + g^w \Delta t \right) - \beta_{b_i b_j} \\ b_j^a - b_i^a \\ b_j^g - b_i^g \end{bmatrix} \tag{7-76}$$

2. 激光里程计因子

根据前后各5个点与当前点的长度（长度指激光点到雷达的距离），计算曲率大小。主要采用LOAM算法，确定点-线和点-面之间的距离：

$$d_{\text{corner}} = \frac{\left| \left({}^e p_i - {}^e p_j \right) \times \left({}^e p_i - {}^e p_k \right) \right|}{\left| {}^e p_j - {}^e p_k \right|} \tag{7-77}$$

$$d_{\text{planar}} = \left| \left({}^e p_i - {}^e p_j \right) \cdot \frac{\left| \left({}^e p_j - {}^e p_k \right) \times \left({}^e p_j - {}^e p_m \right) \right|}{\left({}^e p_j - {}^e p_k \right) \times \left({}^e p_j - {}^e p_m \right)} \right| \tag{7-78}$$

3. 视觉因子

在基于特征点的视觉SLAM中，一般通过最小化重投影误差优化相机的位姿和地图点的位置。计算平面单应矩阵和投影矩阵的时候，往往会使用重投影误差来构造代价函数，然后最小化这个代价函数，从而优化单应矩阵或者投影矩阵。之所以使用重投影误差，是因为它不光考虑了单应矩阵的计算误差，也考虑了图像点的测量误差，所以其精度会更高。

考虑第 l 个特征点，第一次被第 i 帧图像观测到，特征在第 j 帧图像的重投影误差定义为

$$p_l^{c_j} = R_b^c \left(R_w^{b_j} \left(R_{b_i}^w \right)^b \frac{1}{\lambda_l} \pi_c^{-1} \left(\begin{bmatrix} \hat{u}_l^{c_j} \\ \hat{v}_l^{c_j} \end{bmatrix} \right) + p_c^b \right) + p_{b_i}^w - p_{b_j}^w \Bigg) - p_c^b \tag{7-79}$$

4. GNSS因子

当接收到GNSS测量值时，首先将其转换到局部笛卡儿坐标系中。在因子图中添加一个新节点之后，将一个新的GNSS因子与这个节点关联起来。如果GNSS信号与激光雷达/视觉之间没有硬件同步，则根据激光雷达/视觉的时间戳对GNSS测量值进行线性插值。在GNSS接收可用时，不断增加GNSS因子是不必要的，

因为 VIS 和 LIS 的漂移增长非常缓慢。在实际应用中，只在估计的 GNSS 位置协方差大于接收到的 GNSS 位置协方差时添加一个 GNSS 因子。

5. 先验因子

随着时间的推移，路标特征点和终端位姿量越来越多，即使建立的 Hesse 矩阵是稀疏的，数据量也是巨大的。因此，要限制优化变量的数量，应该边缘化一些变量。滑动窗口法的思路是始终固定 N 个位姿，效果就是优化被限制在一个时间窗口内，新的数据帧进来之后，就会有旧的数据帧被舍弃，故得名滑动窗口法。常采用 Schur 补方法：

$$\begin{bmatrix} \boldsymbol{A} & \boldsymbol{B} \\ \boldsymbol{C} & \boldsymbol{D} \end{bmatrix}\begin{bmatrix} \delta\boldsymbol{x}_a \\ \delta\boldsymbol{x}_b \end{bmatrix}=\begin{bmatrix} \boldsymbol{g}_a \\ \boldsymbol{g}_b \end{bmatrix}\begin{bmatrix} \boldsymbol{A} & \boldsymbol{B} \\ 0 & \boldsymbol{D}-\boldsymbol{C}\boldsymbol{A}^{-1}\boldsymbol{B} \end{bmatrix}\begin{bmatrix} \delta\boldsymbol{x}_a \\ \delta\boldsymbol{x}_b \end{bmatrix}=\begin{bmatrix} \boldsymbol{g}_a \\ \boldsymbol{g}_b-\boldsymbol{C}\boldsymbol{A}^{-1}\boldsymbol{g}_a \end{bmatrix} \tag{7-80}$$

$$(\boldsymbol{D}-\boldsymbol{C}\boldsymbol{A}^{-1}\boldsymbol{B})\delta\boldsymbol{x}_b=\boldsymbol{g}_b-\boldsymbol{C}\boldsymbol{A}^{-1}\boldsymbol{g}_a \tag{7-81}$$

6. 回环检测

基于词袋模型的视觉回环检测法，利用 Bow 模型，进行描述子相似度测算；采用时空一致性检测与闭环帧相对位姿变化检测，确保相邻闭环帧的一致性。3D 点云的回环检测相较于视觉回环检测更加困难，原因主要是 3D 点云缺乏色彩信息、纹理信息等，无法提取出传统的图像所特有的特征（ORB、SIFT 等）；如果不对点云数据进行预处理，就只能进行几何匹配，消耗较大；试想通过降维的方法将 3D 点云降维到 2D 图像，2D 图像保留的是深度信息表征，通过类似对彩色图像继续回环检测的方法，对降维的 2D 点云也进行特征提取和描述。针对 3D 点云的回环检测采用 Scan context 模型。为了提高回环检测的准确度，将联合词袋模型和 Scan context 模型进行回环检测。

参 考 文 献

[1] 曹冲. 全球导航卫星系统体系化发展趋势探讨[J]. 导航定位学报，2013，1（1）：72-77.

[2] 彭劲松. BDS-3 多系统多频组合伪距单点定位精度分析[J]. 地球物理学进展，2020，164（6）：50-55.

[3] 唐卫明，徐坤，金蕾，等. 北斗/GPS 组合伪距单点定位性能测试和分析[J]. 武汉大学学报（信息科学版），2015，40：529-533.

[4] 王仲锋，禹东彬，唐铭蔚. 北斗 RTK 的定位实验与精度分析[J]. 长春工程学院学报（自然科学版），2014，15：79-81.

[5] 祝会忠，路阳阳，徐爱功，等. 长距离 GPS/BDS 双系统网络 RTK 方法[J]. 武汉大学学报（信息科学版），2021，46（2）：252-261.

[6] 祝会忠，徐爱功，高猛，等. BDS 网络 RTK 中距离参考站整周模糊度单历元解算方法[J]. 测绘学报，2016，（1）：50-57.

[7] 张小红，李星星，李盼. GNSS 精密单点定位技术及应用进展[J]. 测绘学报，2017，（10）：1399-1407.

[8] 刘志强，王解先，段兵兵. 单站多参数 GLONASS 码频间偏差估计及其对组合精密单点定位的影响[J]. 测绘学报，2015，(2)：150-159.

[9] 朱永兴，冯来平，贾小林，等. 北斗区域导航系统的 PPP 精度分析[J]. 测绘学报，2015，44（4）：377-383.

[10] 徐振堂，鲍峰. GPS 伪距单点定位[J]. 硅谷，2012，(8)：7-8.

[11] 包川. 多传感器融合的移动机器人三维地图构建[D]. 绵阳：西南科技大学，2019.

[12] 朱叶青，金瑞，赵良玉. 大尺度弱纹理场景下多源信息融合 SLAM 算法[J]. 宇航学报，2021，42（10）：1271-1282.

[13] 蒋林，夏旭洪，韩璐，邱存勇，张泰，宋杰.一种点线特征融合的双目同时定位与地图构建方法[J]. 科学技术与工程，2020，20（12）：4787-4792.

[14] Graeter J，Wilczynski A，Lauer M. LIMO：LiDAR-monocular visual odometry[C]//2018 IEEE/RSJ International Conference on Intelligent Robots and Systems（IROS）. Madrid，2018：7872-7879.

[15] Shan T，Englot B. LeGO-LOAM：Lightweight and ground-optimized LiDAR odometry and mapping on variable terrain[C]//2018 IEEE/RSJ International Conference on Intelligent Robots and Systems（IROS）. Madrid，2018：4758-4765.

[16] Zhang J，Singh S. LOAM：LiDAR odometry and mapping in real-time[C]//Robotics：Science and Systems. Berkeley，2014.

[17] Shan T，Englot B，Meyers D，et al. Lio-sam：Tightly-coupled LiDAR inertial odometry via smoothing and mapping[C]//2020 IEEE/RSJ International Conference on Intelligent Robots and Systems（IROS）. Las Vegas，2020：5135-5142.

[18] 李帅鑫，李广云，王力，等. LiDAR/IMU 紧耦合的实时定位方法[J]. 自动化学报，2021，47（6）：1377-1389.

[19] Zuo X，Geneva P，Lee W，et al. LIC-fusion：LiDAR-inertial-camera odometry[C]//2019 IEEE/RSJ International Conference on Intelligent Robots and Systems（IROS）. Macau，2019：5848-5854.

[20] Zhang J，Singh S. Visual-LiDAR odometry and mapping：Low-drift，robust，and fast[C]//2015 IEEE International Conference on Robotics and Automation（ICRA）. Seattle，2015：2174-2181.

第8章　SLAM系统典型应用

SLAM系统根据不同的应用场景对传感器和算法都有不同的需求。在自动驾驶场景下由于应用场景较为复杂，对外界环境的感知尤为重要，GNSS/IMU/高精度地图能够提供车道厘米级定位精度。车载计算终端由于不受功耗的限制，其计算能力要高于其他的移动端设备。在进行算法构架时需要考虑最多的是系统的稳定性和安全性，整体系统反应时间需要控制在10～50ms。相比于体量较大的自动驾驶技术，四旋翼无人机SLAM系统主要需求是无人机的实时避障能力，其核心的定位模块常常由GNSS/MEMS-IMU构建，而双目相机/深度相机和激光传感器主要用于深度感知并进行实时避障，系统整体的响应时间需要控制在100ms以内。地面的低速巡检机器人相比于无人机系统拥有更大的载荷和电力模块，因此可以处理更加复杂的任务，例如，长时间连续的巡检任务，危险场景下的环境探索和仓储运输。对于室内的移动机器人其定位模块通常由激光或者视觉传感器组成，相比于无人机和自动驾驶系统其业务场景较为单一且运动速度较慢，因此定位和感知算法响应时间可以控制在100～300ms。即使是相同的硬件平台在不同的场景下其定位和建图算法都具有一定的差异性，在结构化的室内空间下可以利用空间中的平面、角点和线的先验语义信息进行定位，而在室外，如林业、农业等应用场景下由于空间结构一致性较差，常会使用特征点提取匹配的方法进行定位和导航。

本书的作者曾承担国家重点研发计划项目“村镇土地智能调查关键技术研究”（项目号：2020YFD1100200），以及国家自然科学基金项目（面上）“基于激光和视觉融合的变电站巡检机器人精准定位与可视化方法研究”（项目号：42074039）。本章根据这两项国家专项和横向课题，选择了三个典型场景：变电站巡检、村镇土地调查和城市绿化智能管护。变电站巡检应用场景中使用的是地面移动机器人，其主要目的是使用SLAM技术为巡检机器人提供全局地图和定位信息从而实现自动巡检。其特点是应用场景较为单一、车载运动速度较低，但是定位精度和稳定性要求较高。村镇土地调查应用场景中由于村镇土地环境较为复杂，因此采用手持终端、机器狗和无人机三种方式对村镇三维数据进行采集。在城市绿化智能管护应用中，针对树、林、草等自然植被非结构化、难以提取特征点的特点，构建一套完整的SLAM定位建图和数据处理系统。

8.1　SLAM技术在变电站巡检中的应用

8.1.1　背景介绍

安全稳定的电力输送是我国经济发展和社会和谐的重要保证。在电力系统逐步走向智能化的今天，电网中出现任何局部事故都可能会影响到整个电网的稳定性。其中，作为核心枢纽的变电站设备的稳定和安全运行更是电力生产工作的重中之重。近几年电网的建设运检体量越来越大，目前在国家电网公司范围内变电站总数超过37000座。与此同时，近几年电网巡检人员的数量保持基本稳定，日常的巡检任务常常由于人员数量配置不足导致巡视不到位、数据不准确、巡视流于形式等情况普遍存在，仅2019年变电站设备漏检误检造成的直接经济损失就超过60亿元[1]。

人工监测受到环境、个人状况等相关因素的制约，使得变电站监测工作存在较大的风险。目前已经有部分变电站使用了智能化的巡检机器人代替人工巡检（图8-1）。巡检机器人通过车载的传感器实现自身的定位，并与空间环境交互完成巡检任务。在变电站使用巡检机器人，可以更加可靠地对变电站的设备进行巡检。但根据实际使用的情况来看，现有的巡检机器人系统还难以自主完成巡检工作，主要存在以下问题。

（1）由于变电站中有较强电磁辐射，基于射频的WiFi、UWB、蓝牙和GNSS被动定位方法会受到强电磁波的干扰而几乎无法使用。

（2）现有的巡检机器人大多只依赖一种主动式传感器进行定位，难以弥补单一传感器自身的缺陷。以目前主流的视觉和激光为例，视觉传感器受太阳直射和黑夜影响较大，无法保证全天候正常巡检，而激光传感器受到雨雪的影响会改变折射角，从而导致深度测量不确定度增加。

（3）现有的设备操作复杂，进行一次配置耗费时间长。

(a)

(b)

图8-1　变电站设备巡检

8.1.2 解决方案

（1）相对定位精度和稳定性较差。

采用视觉、激光和 IMU 相结合的主动定位方式。与被动定位方式相比，主动定位方式难以避免累积误差问题，可以通过与先验地图进行匹配理论上能够消除累积误差，但由于变电站中的相似场景较多，现有的重定位方法难以得到可靠且准确的绝对定位结果。

（2）无法确保巡检机器人全天候工作。

使用多种传感器融合，减小单一传感器的错误或故障对整个系统的影响。在恶劣天气发生时，增加必不可缺的人工巡检环节。

（3）人机交互参数配置过于复杂。

巡检机器人投入使用之前，需要建立变电站的二维平面地图或者稀疏点云地图，供机器人定位使用。但是机器人仅仅知道自己的位置是不够的，还需要确切地知道空间中一次侧设备和二次侧设备在所建地图中的位置。现有的三维重建方法虽然能够建立出空间详细的纹理信息并用于人机交互，但存在算法处理时间长、设备价格昂贵、管理软件复杂等缺点，并不适用于人机交互的场景。

（4）电力设备智能化程度低，成本昂贵。

国家电网提出在 2023 年之前完成智能电网深入改造和建设全国泛在电力物联网的建设。泛在电力物联网围绕电力系统各环节，充分应用移动互联、人工智能等现代信息技术和先进通信技术，实现电力系统各环节万物互联、人机交互，成为具有状态全面感知、信息高效处理、应用便捷灵活特征的智慧服务系统。变电站智能巡检车正是实现泛在电力物联网的重要环节，而高精度、高稳定性的定位方法和高效的人机交互系统是提高巡检机器人智能化程度的基础。不仅如此，随着位置服务新技术的发展，巡检机器人对室内外无缝定位提出了更高的要求，而基于激光和视觉融合的定位也是位置服务发展的一个重要研究方向。因此，研究基于激光和视觉融合的定位和可视化方法具有重要的理论意义和实用价值。

8.1.3 测试结果

为了克服现有巡检机器人定位精度和稳定性较差、环境交互能力弱的缺点，国电南瑞集团与作者所在实验室合作联合开发新一代的变电站巡检机器人。国电南瑞集团提供实验场地和硬件资源，见图 8-2（a）。在进行硬件调试和算法优化的过程中，作者陆续发现了目前移动机器人定位和建图方面的问题，对于这些问题的解决便形成了本书的主要内容，并将本书提出的算法集成到了南瑞新一代的巡检机器人中。变电站中受到电磁辐射影响无法使用 GNSS 进行定位，因此无法提供机器人的真实位姿数据。但在实验中为了验证本书算法的定位精度，为机器人设置了固定的巡航轨迹，并在地面上记录下初始到达巡航点的位置，将其作为真值与之后的记录位置做差并进行比较。我们将巡航点导入机器人中，让机器人自动地进行巡航。在多轮测试过程中，记录每次机器人到达上一次位置的误差，得到厘米级别的平均定位误差，图 8-3（a）和（b）为南瑞厂区内 100m×100m 的变电站实验场地的三维点云地图。

(a) 南瑞巡检机器人

(b) 在手持设备上测试

(c) 在工程机上测试

图 8-2　南瑞巡检机器人和实际测试图片

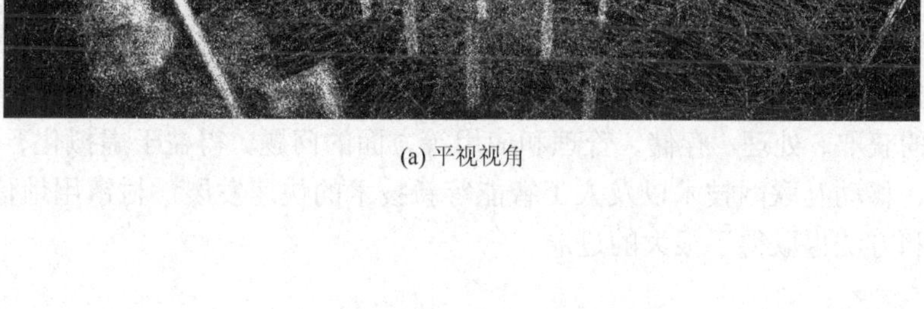

(a) 平视视角

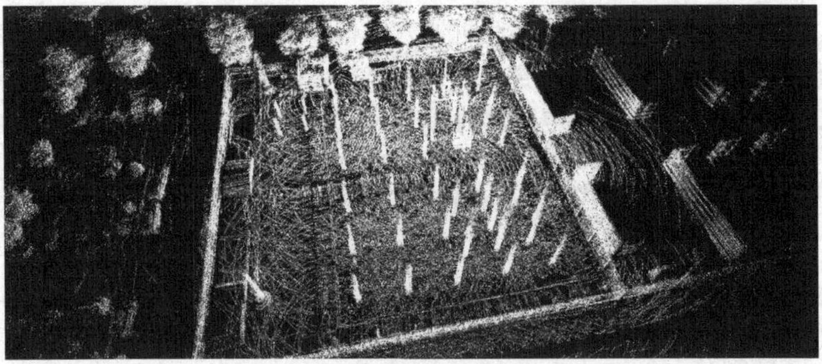

(b) 俯视视角

图 8-3 南瑞变电站点云地图

8.2 SLAM 技术在村镇土地调查中的应用

党的二十大报告明确提出构建数据国家，以更好地服务于国家经济的发展和人民生活水平的提高。实景三维国家建设将是新兴技术基础测绘工作的重点任务和重要成果表现形式，将促进由“以地域因素为视点和目标”的常规技术基础测绘工作向“以地域实物为视点和目标”的新兴技术基础测绘工作过渡。以资源立体空间位置为建立与联系各种资源体空间的基本纽带，以基本测量结果为骨架，以数字高程模型为基底，以高分辨率的遥感图像为基本脉络，建立一个全面的支撑生产、生活、生态发展的自然资源立体空间模式。村镇用地信息获取为村镇实景三维数据提供了基础数据。

随着乡村振兴战略的提出和落实，党和国家对促进农村经济、生态、文明整体振兴，建立健全现代化农村治理结构，满足和解决人民群众对美好生活日益增长的需求采取了措施。支持乡村土地数据收集，形成区域、村居、建筑等的基本信息库，通过整合农村大数据中心的基本地理信息、专题资料建立了城乡一张地图体系，并进行三维实景呈现，提供乡村土地的基本数据信息、数据分析，提升村镇管理数字化、智能化水平。

土地及其附着物信息是绿色宜居村镇规划、建设以及生态环境保护的支撑性数据，客观、现状的土地数据也是国家政策制定和宏观调控顺利实施的重要前提。土地的空间特性决定了用地信息获取技术和方法的复杂性和交叉性。现代测绘技术（包括 GNSS、Remote Sensing、GIS）是用地信息获取的关键技术，解决了土地信息的获取、处理、存储、管理和应用等方面的问题。得益于虚拟化、信息化、物联网、移动互联网技术以及人工智能等新技术的快速发展，村镇用地信息的获取方式和方法也取得了很大的进展。

早期，用地信息获取主要是利用经纬仪、平板仪、钢尺、测距仪、计算器等传统技术为主，工具原始、方法传统、效率低下。随着现代测绘技术的发展，增加全站仪、计算机、GNSS 等，基于航测方法的解析测图仪和数字测图系统开始应用，大比例尺内、外业一体化测绘技术成熟。当前，基于现代测绘技术的用地信息获取方法基本形成，并日益成熟。卫星遥感技术、整体式全站仪、高性能 GNSS 定位技术、数字测量系统、GIS 平台、平板电脑、手持测距仪等广泛应用。以卫星遥感数据为主，外业实地调查为辅，主要获取二维平面数据，已不能满足土地资源调查管理和村镇规划建设的需要。相比二维数据，三维数据有更直观、更科学、携带信息量更大等优势。

基于空中无人机 SLAM 平台的三维数据采集技术已取得较大进展，但易受环境限制，数据漏采率/补采率较高。而基于四足机器机载或手持式 SLAM 移动调查设备受空间或位置的约束少，能够采集无人机 SLAM 平台无法获取的三维高精度数据，在现场调查中具备一定优势。但空中无人机 SLAM 平台和手持式 SLAM 移动调查设备均存在定位精度低、三维重建耗时长等共性问题，也存在协同不足导致的数据完整性差等问题。本节将在国家重点研发计划项目“村镇土地智能调查关键技术研究”的帮助下，选取村镇用地为研究对象，从用地信息获取的实际业务需求出发，着力解决村镇土地用地信息获取自动化程度低等现实问题，实现村镇土地三维信息智能化获取。同时，利用无人机配合地面调查手持移动终端对缺失、遮挡地区信息实施收集，实现该区域信息全面覆盖的任务，为土壤资源研究、生态建设环保提供科技保障，为乡村振兴计划实施和美好农村创建提供有效的信息保障。

8.2.1　村镇用地信息获取的特点

村镇用地主要是用于村镇建设、满足村镇功能需要的土地，既指已经建设利用的土地，也包括已列入村镇规划范围但尚待开发建设的土地。我国村镇地区多为房屋和农田，且农村宅基地建房规划不科学，部分房屋过于密集。房屋层数较少，多为低矮建筑，树木等遮盖物对房屋的遮挡比较严重。

基于此，村镇用地信息获取的主要作业方式为无人机倾斜摄影测量法与大量人工丈量改正的方法。由于村镇地区建筑物中玻璃幕墙、釉面墙砖等高反射的材质少，光线不杂乱，且空旷地带比较多，空气洁净，能见度高，这些为无人机倾斜摄影测量提供了良好的作业环境。但村镇地区存在大面积植被和水域，树叶、水域随风晃动，导致无法匹配特征点或者匹配的特征点误差较大。另外，山区局部气候变化剧烈，不利于无人机的飞行。所以，摄影测量成图结果对各类遮盖物的处理不完善，造成房屋变形、房屋间相互关联位置错误、折拐角错误[2]、个别房屋模型不完整。对于被遮蔽、影像无法给予支撑的房屋以及新修房屋的变化区域，主要采用 GNSS RTK 结合全站仪的实地测量方法，虽然该方法的精度高，但工作量大，需投入大量人力、物力。对于不能进行航测屋檐改正的，还需采用测距仪等工具量取房屋每条房檐，然后在工作底图上标注房檐的宽度并加以改正[2]，这严重影响了工作效率，增加了成本。

当前，无人机倾斜摄影测量法与大量人工丈量改正相结合的村镇用地信息获取方式需投入大量人力、物力，工作效率低、周期长、成本高，且村镇用地信息成果单一、数据还停留在二维地图层面。因此，需研发一整套智能化的调查装备，可以方便、灵活地获取影像、激光点云等多源数据，快速自动地生成实景三维模型，内业工作就可以基于实景三维模型进行地理要素采集，数据成果能以真实形象反映村镇用地现状，满足土地资源调查管理和保证村镇规划建设的科学性、实用性，这将显著节省作业时间，且具有效率高、成本低、数据精确等特点。

8.2.2 村镇用地信息获取的 SLAM 技术模式

当前，以卫星遥感数据为主、外业实地调查为辅的用地信息获取方法是主流。但卫星遥感在村镇用地信息获取中还存在以下缺点：高分辨率影像尤其是优于 0.5m 分辨率的影像获取能力不足，获取成本高。遥感获取的卫星遥感影像大部分是有云层覆盖的，导致信息可用性差；卫星遥感数据解译结果的好坏在一定程度上还取决于解译人员的经验和专业水平，因此不同类别、不同层次的产品需要“用户化”；遥感卫星目前的资源是有限的，卫星过顶周期和过顶时间通常是固定的，对地观测的频度相对较低，对于突发性问题不能给出及时的遥感图像[3, 4]。原始遥感影像处理方面，影像自动化处理效率不足，影像几何校正、辐射校正的精度和速度有待进一步提升。

随着无人机和地基移动测量技术的快速发展，并针对村镇用地信息获取的技术难点，研究将无人机 SLAM 技术和手持式 SLAM 技术相结合的空地协同模式应用于村镇用地信息获取工作具有重要意义。空地协同的内涵是将地面与空中的 SLAM 技术手段相结合，实现技术的互补、作业的协同和成果的互用。

无人机 SLAM 技术是利用倾斜相机、机载激光雷达获取地物信息的一种新型技术，其能从垂直、倾斜等不同角度采集影像、点云等数据，获取地面物体更为完整准确的信息，可以快速获取地物三维模型且成像效果好，是大场景三维建模测图的重要选择[5]。无人机 SLAM 技术在发展方向上趋于轻小型、高精度和集成化。无人机 SLAM 技术在处理和应对紧急事件中能够体现出其更大的检测范围，其影像分辨率可达到 0.1～0.5m。

以四足机器人、背包式或手持式 SLAM 为代表的地基移动测量技术是当今测量界最为前沿的技术之一。采用激光雷达采集地表地籍要素时，可以将房屋用任意高度切断面，房屋边界以矢量点的形式呈现，可以更直观地判断墙面位置，简化判断过程[6]。手持式 SLAM 技术可以充分保证房屋墙面的完整性，并且没有形变，能够极大提高数据精度，对于遮挡很严重、无 GNSS 信号的区域，也可以通过 SLAM 算法采集房屋墙面，获得墙体位置[7]。其在移动中直接获取目标物绝对坐标和纹理信息等数据，可以更好地将村镇用地成果进行直观展示，甚至形成立体三维矢量图，让测量和统计人员更加直观地看到测绘过程和结果[8]。

基于空地协同作业模型的村镇用地信息获取方法有以下优点：

（1）通过北斗/GNSS 定位技术，可提供高精度的绝对位置信息；

（2）以主动测量方式采用激光测距方法，不依赖自然光；对因太阳高度角、植被、大雾、夜间等因素，传统航测方式往往无能为力的阴影地区，其获取数据的精度完全不受影响[9]；由于激光雷达具有多次回波特性，激光脉冲在穿越植被空隙时，可返回建筑物顶部、地面等多个高程数据，有效克服植被影响，更精确地探测地面真实地形[10]；

（3）空地协同模式可以快速高效地获取三维立体点云和影像信息。由于村镇作业环境的复杂性，用一种设备很难获取完整数据。空中作业采用无人机 SLAM 技术，与地面四足机器人、背包或手持 SLAM 技术协同作业，两者相互结合，从不同高度、不同视角进行数据采集，可有效解决数据完整性问题。还可以正常给出房屋平面图、立面图，自动计算面积（全面积、半面积），标注标高、层数等属性，同时形成的三维空间点云和三维模型数据可以作为电子存档[11]，供后期随时查看校验，除此之外，自动生成的全景数据可以直接用于创建 VR 漫游场景。

8.2.3　基于空地协同的用地信息获取方法

空地协同 SLAM 平台主要包括：手持式 SLAM 平台、四足机器人 SLAM 平台和无人机 SLAM 平台。

手持式 SLAM 平台集成了 GNSS/INS、激光雷达、相机、通信等传感器技术，如图 8-4 所示。手持式 SLAM 平台主要包括 Velodyne 16 线机械激光雷达、小觅 MYNT EYE S1030 双目相机、SPAN-IGM S1 组合导航设备、Nvidia AGX Xavier 处理器、平板显示器。其中，Velodyne 16 线机械激光雷达可采集三维点云数据，双目相机可采集图像数据，SPAN-IGM S1 组合导航设备可采集低频 GNSS RTK 数据和高频 IMU 数据。

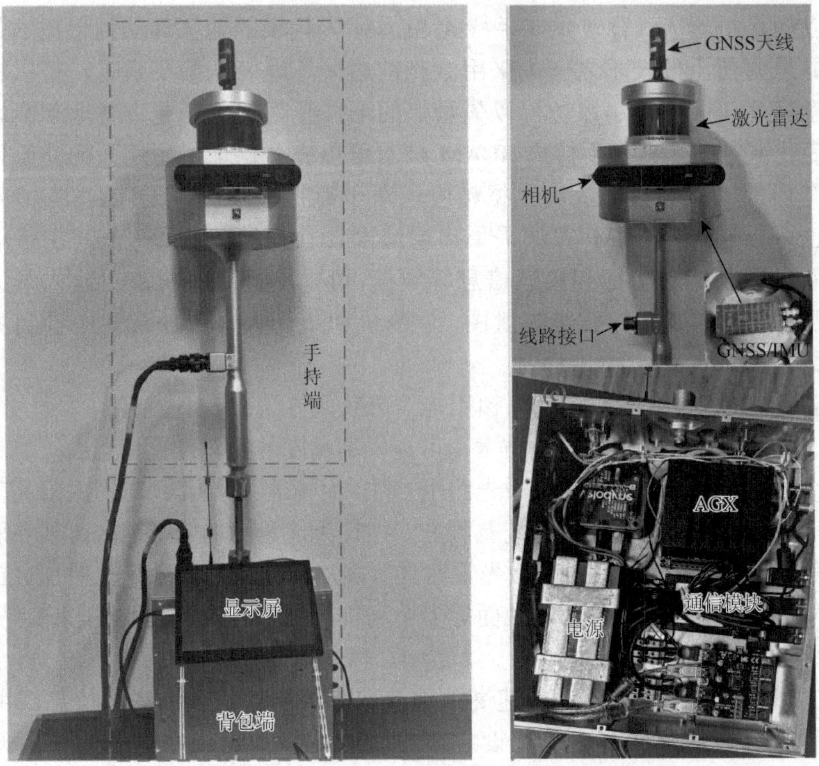

(a) (b)

图 8-4 手持式 SLAM 平台

四足机器人 SLAM 平台以东南大学研制的土地权籍/现状调查机器人为本体，如图 8-5 所示。土地权籍/现状调查机器人是一款通用型灵巧版智能四足机器人产品，由机器人主体、驱动系统、控制系统、GNSS/IMU 定位系统和视觉/激光感知系统组成，其腿部采用仿生运动步态，具备行走、溜步、跑步等运动能力，每条腿有三个运动关节，每个关节由一个电机驱动。四足机器人 SLAM 平台主要是结合 GNSS/IMU 定位系统和视觉/激光感知系统，集成多线激光雷达、视觉相机、GNSS 定位模块、IMU 模块和通信模块。

无人机 SLAM 平台为多旋翼无人机平台开发的轻量 SLAM 设备，集成多线激光雷达（机械固态激光雷达或者固态激光雷达）、GNSS/IMU 组合导航系统、相机和通信系统，如图 8-6 所示。村镇用地信息获取的测区地形物体主要以低矮农房、丘陵、田地、植被等为主，地势起伏较小，高层危险源相对也较少，故无人机 SLAM 平台航飞高度一般在百米，以保证激光数据的采集质量，并生成精确的数字高程模型、数字表面模型等。

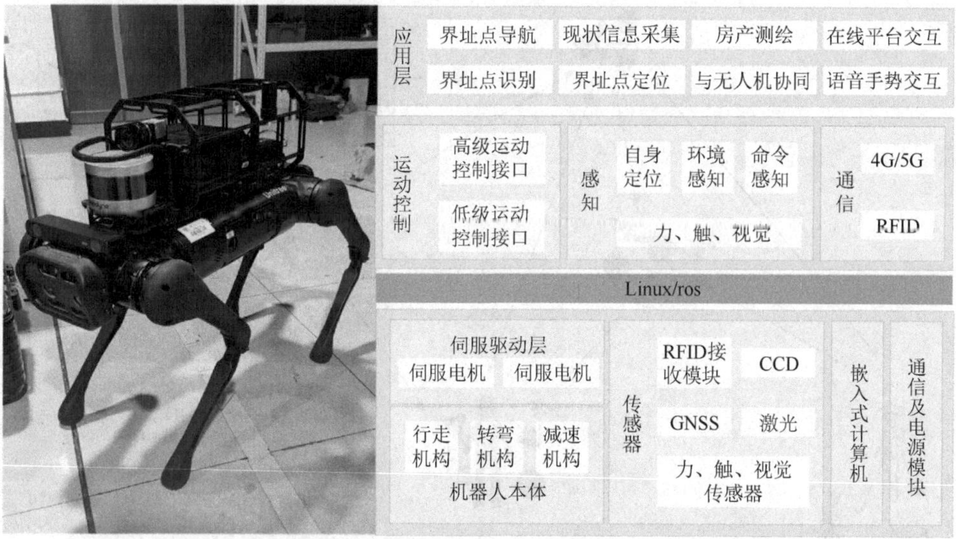

图 8-5　土地权籍/现状调查机器人

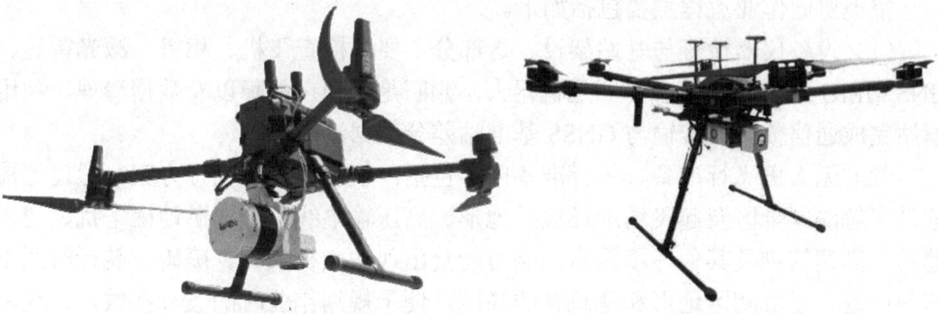

(a) 数字绿土公司无人机 SLAM 系统　　(b) 南方测绘公司无人机 SLAM 系统

图 8-6　无人机 SLAM 系统

前期，通过无人机 SLAM 平台快速获取村镇用地的三维点云数据、影像数据，可重建出大面积的村镇实景三维模型。但是，由于地面植被覆盖、紧邻建筑物互相干涉或高大树木遮挡等原因，无人机 SLAM 平台难以对遮挡部分进行精细化模型的制作。为了采集完整的用地信息数据，以四足机器人、背包或手持式 SLAM 平台为主的地面系统，对无人机的作业盲区进行数据采集，可得到非常精确的数据成果，包括室内外建筑群的高精度结构数据、全景影像数据、三维模型等。图 8-7 为空地协同工作原理。

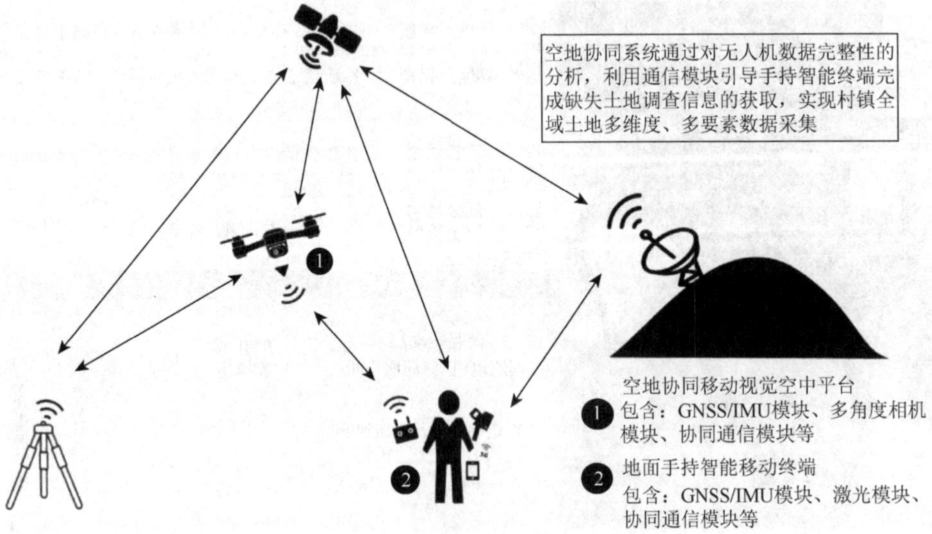
空地协同系统通过对无人机数据完整性的分析，利用通信模块引导手持智能终端完成缺失土地调查信息的获取，实现村镇全域土地多维度、多要素数据采集
空地协同移动视觉空中平台
包含：GNSS/IMU模块、多角度相机模块、协同通信模块等
地面手持智能移动终端
包含：GNSS/IMU模块、激光模块、协同通信模块等

图 8-7　空地协同工作原理

空地协同作业流程主要包括如下。

（1）设备仪器检查与基站架设。这部分主要是检查飞机、相机、激光雷达、GNSS/IMU 组合导航设备和四足机器人，判断是否存在故障以及数据清理。利用基站完成通信数据的传输与 GNSS 基准站差分数据流的接收。

（2）无人机飞行准备。飞行准备内容包括：航线规划和飞行方案。通过地图软件了解测区全区及起飞场地环境，地形、高压输电线、金属矿地磁干扰、树木遮挡、高建筑物及其他环境因素影响可能会出现如飞机失锁、障碍、航行时间不够等问题。了解测区地形和建筑物的高度，便于规划作业时的飞行参数，避免因为飞机飞行高度问题出现意外。根据项目的要求和测区的实际情况，确定航飞的基本参数，制订合理的飞行作业计划，确定数据整理的统一格式。无人机航迹规划是任务规划的核心内容，需要综合应用导航技术、地图信息技术以及远程感知技术，以获得全面详细的无人机飞行现状以及环境信息，结合无人机自身技术指标特点，按照一定的航迹规划方法，制定最优或次优路径。

（3）无人机飞行执行。根据制订的分区航摄计划，寻找合适的起飞点，对每块区域进行数据采集。在设备检查完毕，并确认起飞区域安全后，将无人机起飞[12]。地面站飞控人员通过飞机传输回来的参数观察飞机状态。飞机到达安全高度后由飞手通过遥控器收起起落架，将飞行模式切换为自动任务飞行模式。同时，飞手需通过目视无人机时刻关注飞机的动态，地面站飞控人员留意飞控软件中电池状况、飞行速度、飞行高度、飞行姿态、航线完成情况等，以此保证飞行安全。无人机完成飞行任务后，降落时应确保降落地点安全，避免路人靠近。完成降落后检查设备数据、飞控系统中的数据是否完整[12]。

（4）地面系统路径规划。根据无人机 SLAM 采集数据的完整性报告，确定四足机器人、背包或手持式 SLAM 平台的工作区域。首先是工作前预规划，即根据既定任务，结合环境限制与飞行约束条件，从整体上制定最优参考路径；其次是工作过程中的重规划，即根据工作过程中遇到的突发情况，如地形、障碍物、未知因素等，局部动态地调整工作路径[13]。

（5）工作执行。根据制定的工作计划对每块区域进行数据采集。确认区域安全后开始工作，操作人员通过传输回来的参数观察工作状态，判断采集数据的完整性。采集完成后，检查设备数据是否完整。数据获取完成后，需对获取的数据进行质量检查，对不合格的区域进行补测；与无人机采集数据整合，对数据缺少区域进行采集，直到获取的数据质量满足要求。

以杭州市西湖区某一乡村开展现场作业为例，采集设备包括以无人机载 SLAM 设备和四足机器人搭载的 SLAM 设备，如图 8-8 所示。对航飞区域受限、房屋密集分布的城中村或需要进行集中补测的 $0.1km^2$ 以内的区域，使用手持式 SLAM 技术穿梭于任务区，获取房屋面积和轮廓、图像等数据，能有效弥补无人机技术的不足，在保证房屋采集面积精度的前提下，能减少一半以上的外业工作量。

图 8-8　四足机器人、背包式与无人机 SLAM 协同作业

8.2.4　基于空地协同的点云配准与三维重建

地基 SLAM 技术作为一种快速获取空间地理信息的方式，对呈带状空间分布的地物高精度三维信息获取具有明显优势[14]，但无法准确、全面地采集建筑物屋顶信息。而无人机 SLAM 技术包含大量关于建筑物的三维信息，特别是可供推理的顶部信息。将两种技术融合，优势互补，可以有效提升三维重建的效果。

点云和光学影像联合建模主要分为点云配准与纹理映射（图 8-9）。首先对影像和 LiDAR 点云数据分别进行预处理。对无人机光学影像进行密集匹配，确定影像拍摄时的位置和方向，将测区的所有影像纳入统一的坐标系中，并从影像中生成更多的特征点来构成密集点云。同时对 LiDAR 点云进行噪声滤除和点云滤波等处理，将移除噪声点后的点云数据分类为地面点与非地面点。

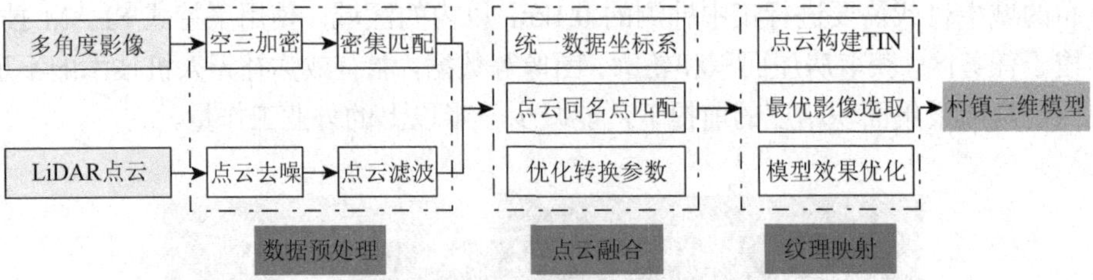

图 8-9　协同点云配准与三维重建

空地协同采集的点云数据可分为同源点云和异源点云。不同类型的点云数据因各自的特点，处理方法也存在不同。

同源点云是从同一类型的传感器获取的，但时间或视角不同，因此配准问题面临的挑战包括噪声和离群点。在不同的采集时间，环境和传感器噪声是不同的，采集到的点云在同一三维位置附近会包含噪声和异常值。由于视角和采集时间的不同，采集到的点云只是部分重叠[15]。针对无人机 SLAM 平台和四足机器人/手持式 SLAM 平台从不同视角采集的同源点云数据，研究基于村镇环境下建筑物空间几何关系的点云粗配准的算法，配准算法首先通过同名点匹配算法提取不同航带之间的同名点，利用多条带数据平差算法消除无人机数据的内部不一致性，完成对无人机 SLAM 平台内部数据的匹配。再利用 GNSS/IMU 数据和基于平面形状匹配、拓扑图投票的点云自动配准算法，以消除空-地 SLAM 平台激光点云之间的不一致性，实现空地设备的激光点云、多角度影像的位姿融合，从而实现同源点云配准。

异源点云包括基于激光雷达和视觉相机采集的点云。尽管各类传感器在点云采集方面做了改进，但每个传感器都有其独特的优点和局限性。例如，相机点云可以记录详细的结构信息，但视距有限；雷达点云可以记录远处的物体，但分辨率有限。许多证据表明，来自不同传感器的融合点云可以为应用提供更多的信息和更好的性能。点云融合需要跨源点云配准技术。由于点云是从不同类型的传感器获取的，并且不同类型的传感器包含不同的成像机制，因此配准问题中的跨源挑战要比同一源挑战复杂得多。由于不同采集时间的采集环境、传感器噪声和传感器成像机制不同，采集到的点云在同一个三维位置附近会包含噪声和离群点。由于视角和采集时间的不同，采集到的点云只是部分重叠。由于不同的成像机制和分辨率，捕获的点云通常包含不同的密度。不同的成像机制可能具有不同的物理度量，因此捕获的点云可能包含尺度差异。针对无人机 SLAM 平台和四足机器人/手持式 SLAM 平台从不同视角采集的异源点云数据，基于统一测量源的任何两个不同跨源点云仍然保持固有的结构相似性（尽管它很弱），通过加入足够数量的局部匹配（即弱区域匹配度）来发现弱纹理区域的几何结构匹配度。为了调整弱区域匹配度搜索过程中的不匹配，提出了逐像素细化过程。将匹配度搜索和像素级细化统一优化，统一优化是通过在一个统一过程中联合考虑局部和全局信息，将局部和全局组件之间的相互作用赋予优化过程。同时，引入张量来表示旋转 R 和平移 t，弱区域亲和力是存储在三阶张量中的三元组约束，因为三元组点选择是在刚性 + 尺度几何变换问题中保持结构信息；逐像素细化是存储在一阶张量中的点对点或点平面残差。三阶张量和一阶张量被集成到一个张量优化框架中进行迭代张量优化，同时求解最优旋转 R 和平移 t。

通过三维配准算法计算两块点云间最优旋转和平移参数，得到点云融合成果，最后利用多角度影像的纹理信息对融合点云进行纹理映射。对融合数据建立不规则三角网（TIN），再由 TIN 构建村镇目标的模型，计算每张影像的覆盖范围，根据定义的优选准则将最优影像自动进行纹理映射，并按优先级提供备选影像。最后通过滤波函数对光学影像进行整体匀光匀色，并消除相邻影像间的色彩接缝现象，改善纹理模型的视觉效果，得到村镇土地的三维场景模型。

8.2.5　实验设计与分析

2022 年 7 月 23 日采用手持式 SLAM 系统和无人机 SLAM 系统对杭州某一小区进行数据采集，采集数据类型包括 GNSS 原始数据、IMU 数据、激光点云数据、视频数据，运行估计轨迹长度为 2907.8 m。作业现场照片如图 8-10 所示。

(a)　　(b)　　(c)

图 8-10　数据采集现场

1. IMU 数据

图 8-11 绘制了手持式 SLAM 系统 IMU 测量得到的角速度和加速度测量值的时间序列。由图可知，在测量初期和结束测量时，角速度三轴测量值约为（0，0，0），加速度三轴测量值约为（0，0，10）。据统计，在测量过程中，最大旋转速度为 170°/s，最大位移速度为 1.1m/s。

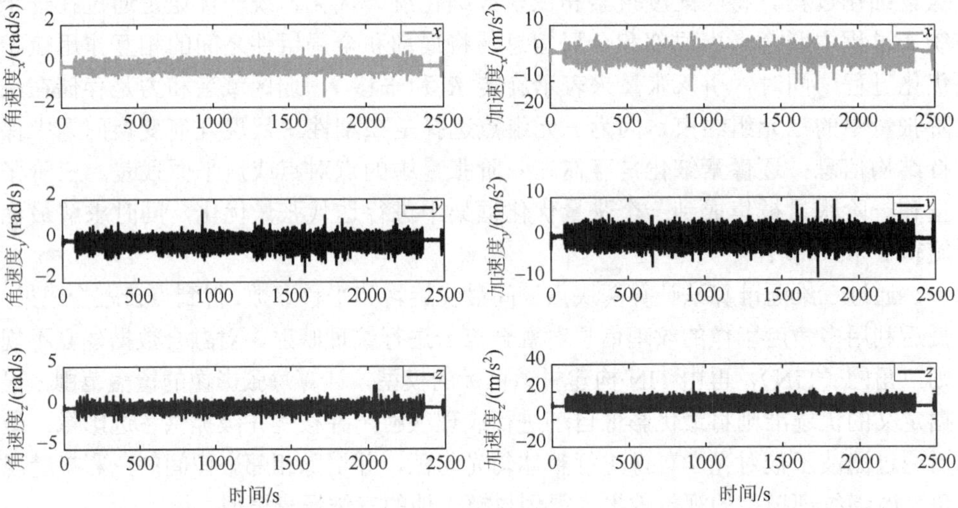

(a) 角速度测量值　　(b) 加速度测量值

图 8-11　IMU 原始观测值

2. GNSS 定位结果

GNSS 观测到的卫星（GPS 和 BDS）及其频率数时间序列如图 8-12 所示。可见卫星数（截止高度角为 10°）的部分区域实景图特写如图 8-13 所示。由图可知，在穿过 A 区域时，由于穿越建筑物内部，卫星数快速下降到 1 颗；B 区域主要为测区内的一般场景。据统计，卫星数低于 5 颗的比重为 0.2%，超过 10 颗的比重为 98.7%。

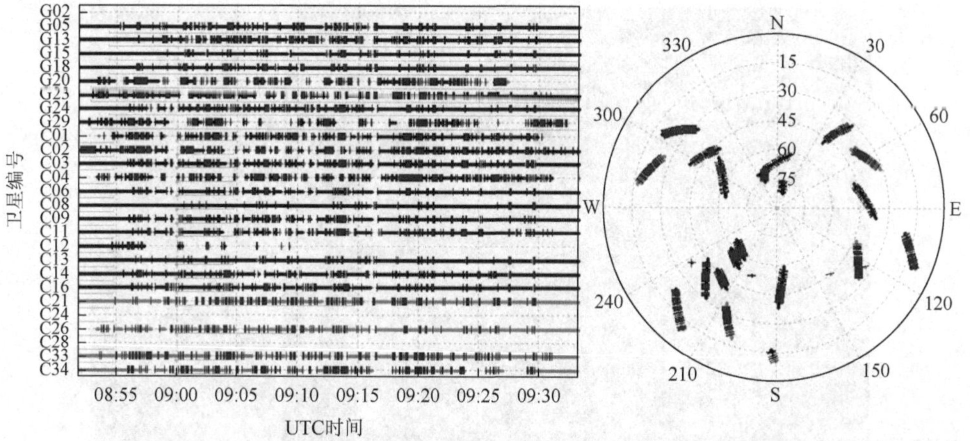

图 8-12　可见卫星及其频率数时间序列

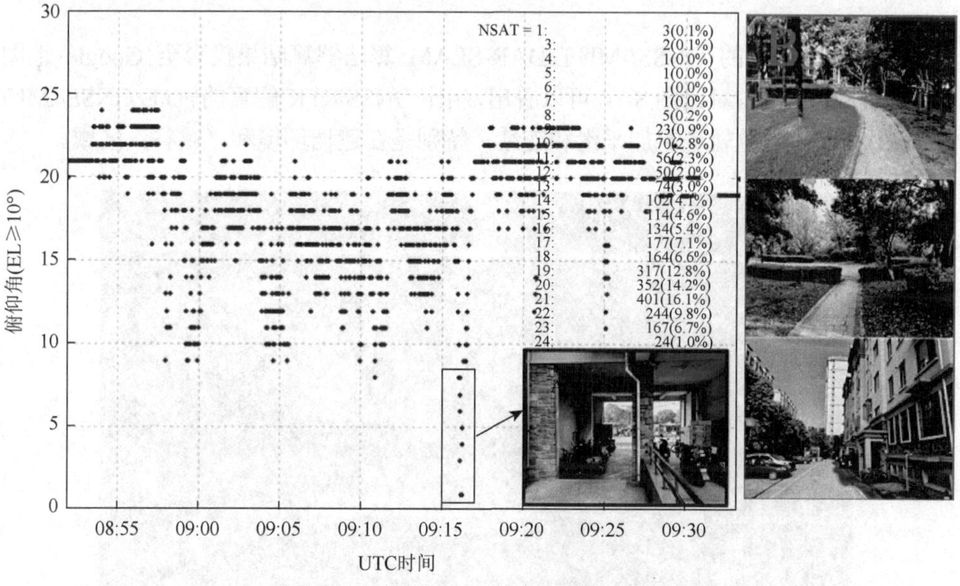

图 8-13　GNSS 可见卫星数的时间序列以及部分区域实景图

将 GNSS RTK 解算结果投影至 Google 地图中，并将附上局部地区实景，如图 8-14 所示。据统计，整个轨迹中 GNSS RTK 固定解为 56.1%。其中，A 区域经过了建筑物内部走廊，GNSS 卫星可见数低于 4 颗，无法完成定位，从而轨迹中缺少部分定位结果；B 区域为两幢高层建筑物形成的“峡谷”地区，RTK 定位结果有较大的突变，轨迹不平滑；C 区域受高层建筑物和树木遮挡的影响，RTK 定位结果也有较大的突变。

图 8-14　GNSS RTK 定位结果在 Google 地图中的投影以及特殊区域实景图

将我们所提出的 GNSS/IMU/LiDAR-SLAM 算法解算结果投影至 Google 地图中，如图 8-15 所示。对比图 8-14 可以看出，相比 GNSS RTK 解算的轨迹，GNSS/IMU/LiDAR-SLAM 定位轨迹更加平滑和连续，特别是在遮挡环境和“峡谷”区域。

图 8-15　GNSS/IMU/LiDAR-SLAM 定位结果在 Google 地图中的投影

利用彩色图片将激光点云进行赋色，构建真色彩的三维点云地图，如图 8-16 所示。其中，图（a）、（c）为原始点云地图，图（b）、（d）为对应的三维点云地图。

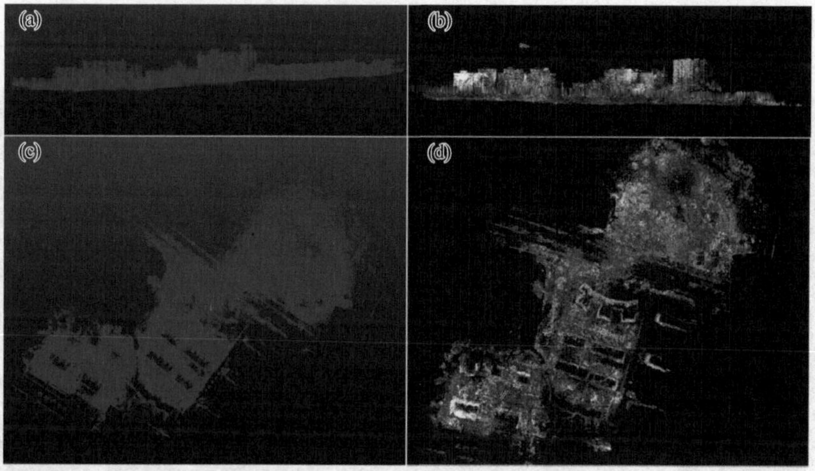

图 8-16　原始点云地图与三维点云地图

3. 空地协同结果

设计了一种对多角度、多平台、多测站、多时相的空地数据融合方法，如图 8-17 所示，解决了村镇街巷空间场景点云粗配准问题，实现空-地设备的激光点云、多角度影像的位姿融合，完成目标点云与影像数据的全域覆盖。

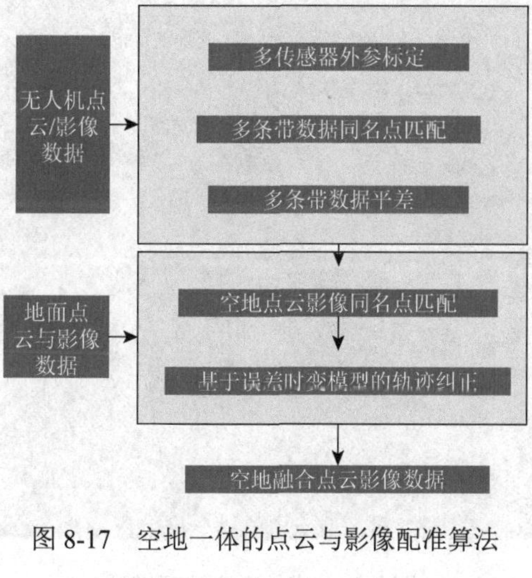

图 8-17　空地一体的点云与影像配准算法

传统技术在处理大尺度视角差异的影像匹配时，场景点云会出现结构错误或空地影像匹配失败等问题。我们的方法充分利用了空地影像包含的场景信息进行重建，未出现结构错误。图 8-18 和图 8-19 分别为点云模型和纹理模型，相较于单一数据源进行三维重建，明显提升了模型的精度和完整性。

图 8-18　空地融合点云模型

图 8-19　空地融合纹理模型

8.2.6 展望

虽然手持式、无人机和机器人为载体的 SLAM 平台得到广泛应用，但结合实际应用情况，今后将对以下几个方面进行改进。

（1）硬件高度集成化。通过对硬件系统的高度集成，提高系统的稳定性、安全性，同时尽可能缩小体积、减轻重量，以便于安装、使用、携带和保管。

（2）系统组装模块化。使用标准化接口，快速拔插的模块化硬件设计，以实现相机、激光雷达等智能传感器的快速装卸。

（3）数据压缩及云存储。现有移动测量系统采集的数据量都是 TB 级别的，如何有效地利用云存储技术，提取特征点并压缩数据量，用于发布浏览海量的影像数据，在技术层面需要进一步加强。

（4）配套软件智能化。现有软件在时间序列与影像序列容易造成丢帧及多帧问题的出现，经常导致点云数据与影像数据无法融合等问题，因此，对于数据采集及后处理软件，点云数据处理、点云自动提取及分类、三维建模效率都有待进一步提高[16]。

目前，我国土地测绘产品的发展越来越丰富，不断地向数字化和多元化的方向发展，力求达到一种更加快捷的方式，可以利用土地测绘技术更直接地获取土地的信息，从而缩短土地测量的周期和降低人力、物力的消耗。空地协同系统将在未来土地测绘中占据重要位置。但多机器人系统成员之间往往存在设计、结构乃至智能上的差异，不同的配置方案可能会影响到不同的研究体系，系统的规模越大对多机器人之间的协同与通信要求越高，毕竟合理的通信方式才能有效地解决多机器人之间的信息同步问题。以手持式、无人机和机器人 SLAM 平台为主的空地协同系统，解决空地协同中地面机器人与无人机之间的通信难题。而且实现空地协同中，每个机器人的姿态信息和对整个环境的感知也直接影响整个系统的运行，有效解决整个系统的多信息融合和个体内部的多信息融合问题，从而实现空地协同智能化发展。

《中共中央 国务院关于做好 2022 年全面推进乡村振兴重点工作的意见》（2022 年“中央一号文件”）指出数字乡村建设是全面推进农业农村转型发展的新方向。中央高度重视农村信息化建设，作为重要抓手的数字乡村建设正在整体带动和提升农业农村现代化发展，为乡村经济社会发展提供强大动力，成为数字中国和乡村振兴战略实施的重要结合点。手持式、无人机和机器人 SLAM 平台通过实现基础数据采集，建立农村时空信息基础数据库。在时空大数据框架下，对接农业农村已有相关系统数据，整合农村基础设施数据、农村土地数据、农业产业数据、人口经济数据、物联感知数据等信息，建设农业农村大数据中心，包括农业产业数据库、人居环境数据库、物联感知数据库、公共专题数据库、农村土地资源数据库等，并依托云 GIS 平台面向数字乡村应用提供基础数据服务、功能服务、专题服务等多层次时空服务，加快数字乡村建设。

8.3 SLAM 技术在城市绿化智能管护中的应用

随着城市化水平的逐渐提高，城市园林绿化的综合管理问题正逐渐受到人们的重视。为了更好地规范和推进城市绿化建设，国家正积极推进林业信息化建设工作。传统绿化管理方式向新技术手段的绿化信息化管理方式过渡过程中，暴露出越来越多的问题亟待解决[17]。本节提出一种城市绿化智能管护系统，通过激光雷达和无人机摄影等高新技术，对城市绿化信息进行自动化获取和智能化评估，辅助城市绿化日常养护工作以及城市规划设计决策。通过多次实地测试发现，本节提出的城市绿化智能管护系统在城市复杂环境中的林业信息获取以及林业数据智能分析任务中表现出色。

8.3.1 背景介绍

园林绿化是城市组成中一个不可缺少的要素，“数字园林”也是“数字城市”的一个重要组成部分。随着城市建设步伐的加快，经济的迅猛发展和人民生活质量的日益提高，城市化水平也逐渐提高，城市绿化管理成为一个城市市容、市貌的重要衡量标准，同时对风景名胜区、古树古木的管理水平的高要求、高标准也提上了日程。园林绿化的综合管理正逐渐受到人们的重视[18]。

2020 年 10 月 29 日中国共产党第十九届中央委员会第五次全体会议审议通过《中共中央关于制定国民经济和社会发展第十四个五年规划和二〇三五年远景目标的建议》，提出“坚持绿水青山就是金山银山理念，坚持尊重自然、顺应自然、保护自然，坚持节约优先、保护优先、自然恢复为主，守住自然生态安全边界。深入实施可持续发展战略，完善生态文明领域统筹协调机制，构建生态文明体系，促进经济社会发展全面绿色转型，建设人与自然和谐共生的现代化”[19]。

2008 年 12 月国家林业局印发《全国林业信息化建设纲要（2008—2020 年）》，要求各级林业管理部门设立信息化专项资金，将国家和地方林业信息化建设工作纳入国家和地方信息化总体规划[20]。该纲要指出“林业信息化建设是现代林业建设的重要组成部分，是促进林业科学发展的重要手段，是关系林业工作全局的战略举措和当务之急。加快推进林业信息化，逐步建立布局科学、高效便捷、先进实用、稳定安全的林业信息化体系，对促进林业决策科学化、办公规范化、监督透明化和服务便捷化具有十分重要的意义”。

然而现有的城市绿化管理多依赖于人员经验，缺乏城市绿化的整体规划；城市内绿植数量庞大，绿化信息的获取依靠人工清点统计效率低下，以纸质资料为主的绿化数据库更加难以满足现代绿化需求；绿化信息反馈滞后，工作环节繁多影响绿化事件处理的时效性，增加养护成本；养护过程缺乏监管，养护人员巡查过程不可控，出现绿化事故追责难。城市绿化管理暴露出越来越多的问题，使得建设一个符合国家政策、顺应技术发展、解决实际问题的城市绿化智能管护系统尤为重要。在这种形势下，江苏集萃未来城市应用技术研究所有限公司技术团队决定建设城市绿化智能管护系统，帮助推进国家和地方林业信息化建设。

城市绿化智能管护系统将成为智慧园林绿化的示范标杆，实现原理养护机制层面上的管理提升优化，提高植物成活率，降低养护成本，提升经济效益，同时进一步改善市民生活环境，提升市民生活品质。

8.3.2　城市绿化智能管护系统组成

城市绿化智能管护系统是深入运用物联网、云计算、移动互联网、地理信息集成、人工智能等新一代信息技术，以网络化、感知化、物联化、智能化为目标，构建“智能化、可视化、流程化”的城市绿化立体感知、协同管理、辅助决策、服务一体化的智慧化城市绿化管理体系[21]。

该系统由无人机载视觉设备以及背包式激光雷达点云采集设备等硬件设备和点云数据处理分析软件组成。

背包式激光雷达扫描设备（图 8-20）和无人机载视觉设备（图 8-21）等硬件设备用于实时动态采集城市绿植高精度点云及影像数据，为系统提供庞大的数据支撑。其硬件设备详细参数如表 8-1 和表 8-2 所示。

图 8-20　背包式激光雷达扫描设备

图 8-21　无人机载视觉设备

表 8-1　背包式激光雷达扫描设备参数

设备名称		背包式激光雷达扫描设备
主要器件		2 台 Velodyne 激光扫描头，鱼眼相机 4 台，IMU 惯导，蓝牙，地磁，WiFi 信号接收传感器
测距范围		100m
分辨率		8mm
质量		9.3kg
输出	点云	E57，LAS，PLY，XYZ，PTS
	全景	JPG
全景相机		2000 万像素

表 8-2　无人机载视觉设备参数

设备名称		无人机载视觉设备
主要器件		Velodyne 激光扫描头，高精度相机，IMU 惯导，WiFi 信号接收传感器
量程		190m@10%反射率，260m@20%反射率，450m@80%反射率
高程精度		±5cm
质量		1.1kg
输出	点云	E57，LAS，PLY，XYZ，PTS
	全景	JPG
相机		2400 万像素，16mm 焦距

无人机载视觉及背包式激光雷达点云采集技术主要技术优势如下：背包式移动视觉可以达到 8mm 的精度，机载激光雷达可以达到 0.3m 左右的精度[22]；该采集技术以主动测量方式采用激光测距方法，不依赖自然光；采用背包和无人机组合的数据采集方式能够克服传统航测因太阳高度角、植被、大雾和夜间无法采集数据的缺点，其获取数据的精度完全不受影响[23]；具有一定的植被穿透能力，激光脉冲在穿越植被空隙时，可返回树冠、树枝、地面等多个高程数据，有效克服植被影响，更精确探测地面真实地形[24]；通过无人机载 + 背包式的方式可以快速高效地获取三维立体点云，该数据可用于森林资源调查，进行单木分割，提取每棵树的位置、树高、树直径、冠幅等信息[22]。

由于林区树木植被茂密，且地形地貌复杂，用一种设备很难获取完整数据，顶部区域使用无人机载，地面使用背包式的方式即可解决数据完整性问题，两者相互结合，即可获取完整的空地一体化的高精度数据[22]。

除了硬件设备，系统还集成专业级点云数据处理分析软件（图 8-22）。该软件平台具有 TB 级数据处理能力，包含激光雷达点云数据交互编辑和处理所需的工具，能够实现数据可视化，有效地编辑、分析以及生成城市绿化行业的地理空间产品。

图 8-22　点云数据处理软件

8.3.3　系统功能及性能

1. 系统功能

城市绿化智能管护系统结合高精度点云数据采集、多源信息融合、点云数据处理、单木分割及林业信息分析等技术，为城市绿化管理提供全时空高精度林业数据和信息化、智能化的辅助。

系统具备针对性监测重点树木生长态势的功能。系统定期采集重点树木点云数据，多期数据比对，实现对重点树木全生命周期的生长态势评测（图 8-23），辅助针对性养护工作。

图 8-23　生长态势监测

系统提供真实的三维场景，实现数字化、智能化管养。系统通过三维重现技术，建立城市整体绿植三维模型（图 8-24）。在三维模型的基础上可以实现对绿植的实时智能化管养工作。

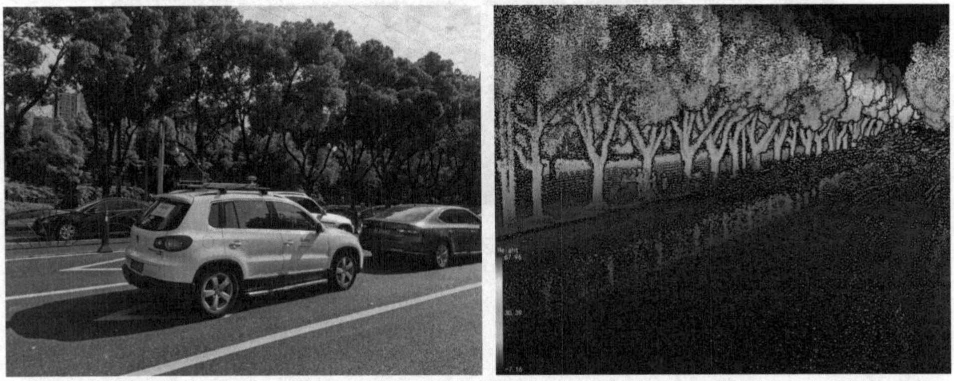

图 8-24　三维重现真实场景

系统还具备辅助城市绿化设计的功能。系统能够自动生成真彩色三维点云模型（图 8-25），还原真实的城市绿化场景，并且具有多种工具，如绿化面积统计工具（图 8-26）和景观设计工具（图 8-27），来更好地辅助绿化设计与规划决策。

图 8-25　真彩色三维点云模型

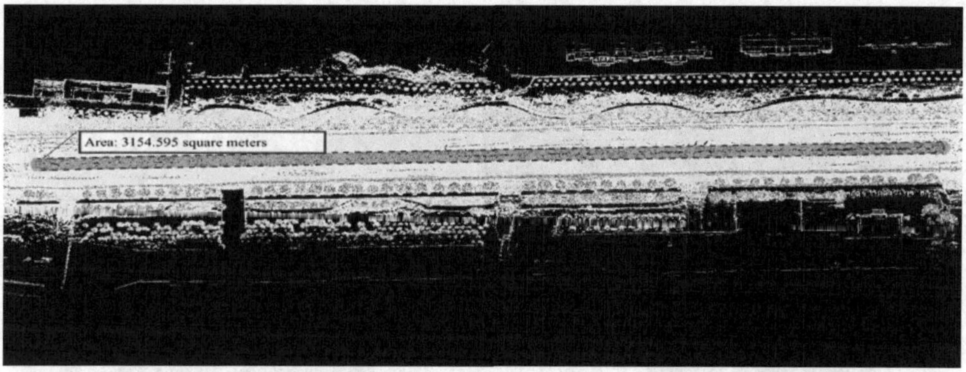

图 8-26　绿化面积统计

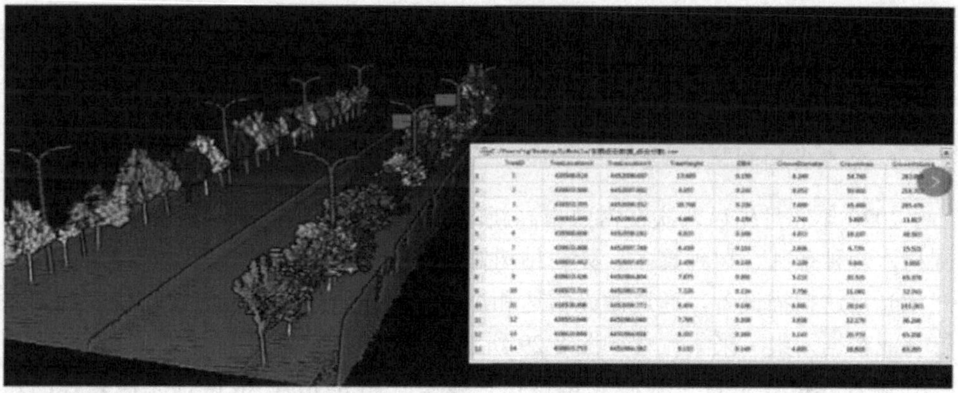

图 8-27　道路绿化景观设计

系统还具备强大的林业资源分析功能（图 8-28）。通过多次数据采集，统计林业参数变量，如树冠高度变量、密度变量、强度变量、郁闭度、叶面积指数和间隙率。系统通过定期数据采集，了解林业疏密程度以及不同树龄树木的情况、推算不同树种的数量[25]。在获取到森林地面 DEM 后，实现森林结构参数自动提取以及三维场景重建，用于森林资源的监控与管理，提升森林资源管理水平。

2. 系统性能

由多次实地测试过程可以看出，硬件设备点云数据采集的工作效率为 1 人步行采集 0.1km^2 面积平均用时 2.5h，即一人 0.04km^2/h。在采集条件允许的情况下使用电动车等代步工具还可以进一步提升外业采集的效率。内业数据处理方面，单人单台计算机的数据处理效率为 0.1 km^2 用时 5h。数据误差在 3cm 以内，符合林业使用要求。

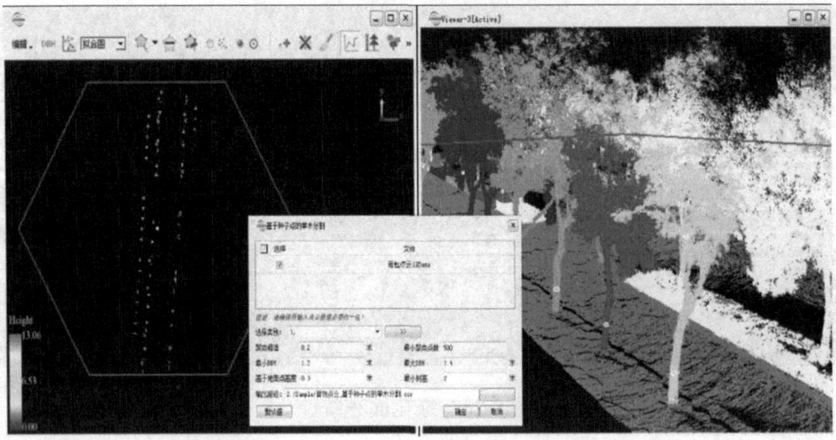

图 8-28　林业资源分析

8.3.4　系统测试结果分析

1. 常熟苗圃测试

2020 年 8 月先后两次在常熟市高新区多处苗圃进行扫描设备的测试。针对苗圃树木栽种杂乱、树种繁多、死树枯树难以区分等问题，第一次测试使用了背包式激光雷达扫描设备，通过激光雷达和全景相机结合的扫描方式对苗圃内乔木进行林业数据采集，采集流程如图 8-29 所示。

调查人员背负背包式激光雷达扫描设备（图 8-30），根据预先规划好的路线（图 8-31）行走，即可实现林业点云数据的自动化采集。完成数据采集后，设备将数据以激光雷达点云数据的格式输出。

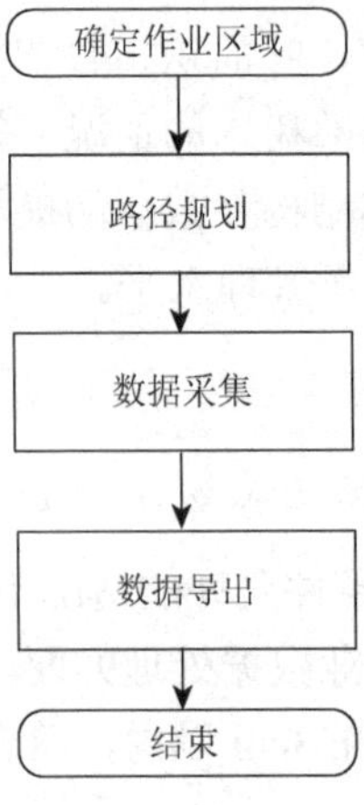

图 8-29　外业采集流程

图 8-30　外业采集照片

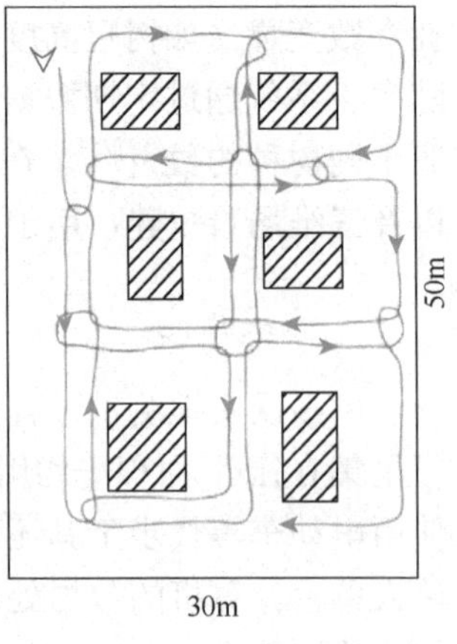

图 8-31　路径规划示意图

完成外业数据采集工作后，将生成的激光雷达点云数据导入计算机进行数据处理。使用专业点云数据处理软件，按照图 8-32 所示的数据处理流程依次操作，完成单木分割操作（图 8-33）后，即可提取到每一株树木的编号、坐标、树高、树直径、冠径等林业数据（图 8-34）。

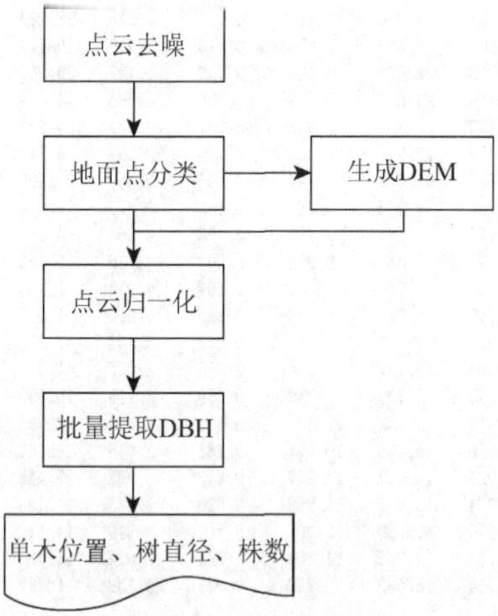

图 8-32　内业处理流程

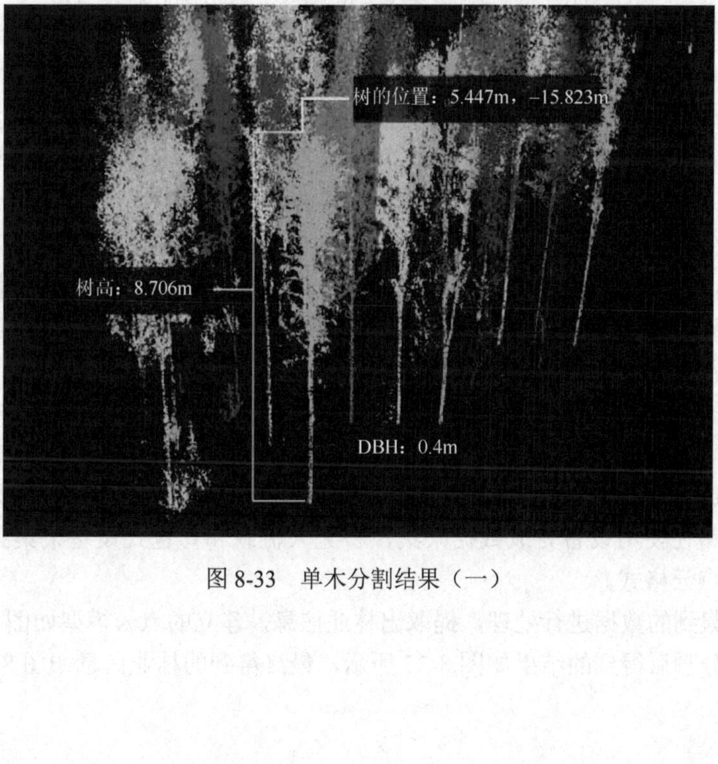

图 8-33　单木分割结果（一）

A1　fx　TreeID

	A	B	C	D	E	F	G	H	I
1	TreeID	TreeLocat	TreeLocat	TreeHeigh	DBH	CrownDiam	CrownArea	CrownVolu	PreviousID
2	1	-6.604	35.193	10.336	0.186	6.282	30.993	180.47	55
3	2	-42.268	20.043	9.253	0.089	3.401	9.082	34.857	61
4	3	-18.456	37.53	9.308	0.104	3.56	9.954	38.632	54
5	4	-50.307	28.001	6.02	0.105	4.488	15.817	41.793	3
6	5	-38.523	34.603	9.698	0.238	3.777	11.202	27.873	1
7	6	-46.732	14.678	6.888	0.116	3.815	11.433	33.211	66
8	7	-19.924	37.206	10.161	0.153	4.746	17.693	79.342	60
9	8	-18.801	33.974	10.417	0.195	5.515	23.889	118.15	9
10	9	-48.389	13.551	7.205	0.119	3.6	10.179	33.58	59
11	10	5.118	24.672	6.407	0.088	5.147	20.805	55.382	62
12	11	5.416	24.571	8.564	0.08	5.585	24.499	77.901	63
13	12	-34.698	16.837	8.833	0.097	2.323	4.237	12.191	85
14	13	-40.476	12.917	9.306	0.071	2.893	6.571	20.323	64
15	14	-43.632	31.371	9.041	0.165	5.459	23.405	90.997	8
16	15	-20.766	39.325	10.988	0.182	9.877	76.616	457.37	58
17	16	-43.148	12.363	9.178	0.108	4.264	14.282	46.479	69
18	17	-38.749	12.635	9.052	0.093	3.36	8.868	21.533	73
19	18	-8.899	1.785	8.31	0.101	4.078	13.06	43.195	108
20	19	5.717	19.216	9.374	0.155	5.206	21.289	90.932	70
21	20	-39.012	12.57	7.66	0.074	8.584	57.878	213.649	74
22	21	-41.106	13.107	9.314	0.085	2.278	4.076	11.395	71
23	22	-11.178	2.333	9.742	0.089	3.715	10.839	27.847	105
24	23	-34.911	11.542	11.401	0.183	7.399	42.992	222.771	77
25	24	-18.256	36.306	10.611	0.151	5.615	24.761	103.552	32
26	25	-41.926	13.967	11.907	0.212	5.908	27.415	104.76	72
27	26	-37.971	13.457	10.258	0.099	3.875	11.795	45.025	75
28	27	-45.576	18.99	10.901	0.122	3.812	11.412	36.54	81
29	28	-12.618	4.952	11.203	0.1	3.874	11.785	38.745	109
30	29	-41.114	15.093	7.768	0.071	3.739	10.98	22.566	80

图 8-34　数据处理成果（一）

图中第一列为树的序号，第二列到第三列为树木位置，第四列为树高，第五列为胸高树干直径比，第六列为树冠半径，第七列为树冠面积，第八列为树冠体积，第九列为上次扫描的 ID

本次测试工作基本达到林业普查的要求，且具有减少工作量、节约时间以及成功准确率高的明显优势。但从最终的成果分析来看，背包式激光雷达扫描设备仍然存在着数据采集不完整的缺陷，在林叶茂盛、遮挡物较多的环境里，树木顶部的数据无法很好地采集完整，这使得成果分析稍有不足。

综合分析后，我们认为可以借助无人机载的方式解决由物理遮挡造成的数据缺失问题，同时无人机载除解决了数据缺失问题外，还极大地丰富了数据成果，相应的结果可以实现点云分类和地图定位等功能，因此林业资源调查应采用无人机载结合背包式激光雷达技术的解决方案。

第二次苗圃测试使用无人机载结合背包式激光雷达扫描设备进行林业数据采集，采集场景如图 8-35 所示，可以实时、动态、大量地采集空间点云信息，能根据需求快速获取高密度、高精度的激光雷达点云数据。同样，调查人员按照预先规划好的路径使用设备完成数据采集，将无人机载和背包式设备采集到的数据导出成三维点云格式。

对采集到的数据进行处理，提取出林业信息，建立的点云模型如图 8-36 所示，进行单木分割后得到的结果如图 8-37 所示，最终得到的林业信息如图 8-38 所示。

图 8-35　全景相机拍摄画面

图 8-36　苗圃点云模型

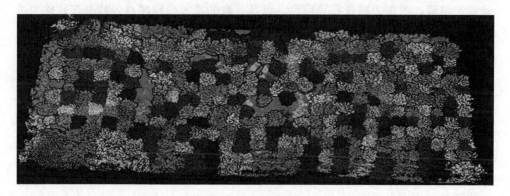

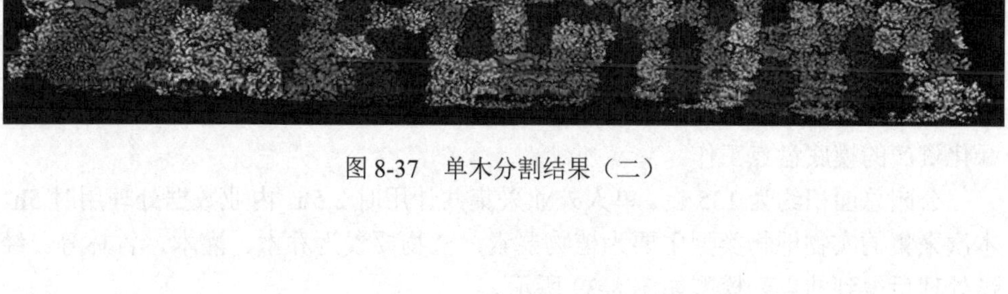

图 8-37　单木分割结果（二）

	A	B	C	D	E	F	G	H	I
1	树木编号	树木X坐标	树木Y坐标	树高	DBH	冠径	树冠面积	树冠体积	
2	1	60.935	-142.933	8.593	0.093	2.091	3.432	9.14	
3	2	57.528	-142.046	8.319	0.094	2.916	6.678	18.766	
4	3	59.797	-141.743	9.18	0.099	2.914	6.668	22.598	
5	4	56.629	-142.974	7.776	0.082	2.927	6.73	23.359	
6	5	59.735	-144.504	7.504	0.091	2.256	3.999	11.24	
7	6	62.868	-148.438	8.768	0.108	2.414	4.576	14.503	
8	7	58.724	-143.369	8.392	0.088	2.54	5.065	12.987	
9	8	61.964	-141.984	9.047	0.099	3.305	8.576	29.44	
10	9	57.578	-144.429	7.968	0.103	3.271	8.405	25.832	
11	10	63.503	-147.171	9.311	0.11	3.378	8.965	36.524	
12	11	61.696	-149.638	9.092	0.102	3.393	9.043	34.509	
13	12	64.107	-149.639	9.055	0.108	3.431	9.247	36.846	
14	13	72.741	-144.652	9.45	0.104	2.309	4.187	14.566	
15	14	66.697	-155.166	8.156	0.108	4.226	14.025	42.98	
16	15	64.224	-141.612	8.661	0.099	2.78	6.068	18.35	
17	16	55.258	-141.259	7.369	0.096	3.843	11.602	33.406	
18	17	62.9	-150.672	8.238	0.091	3.354	8.836	31.841	
19	18	63.861	-152.138	8.2	0.106	13.46	142.282	256.827	
20	19	71.537	-143.316	9.648	0.11	3.096	7.53	21.736	
21	20	58.559	-145.665	8.124	0.09	2.875	6.492	21.138	
22	21	65.259	-153.72	8.306	0.117	3.751	11.052	36.658	
23	22	72.744	-142.095	9.209	0.112	2.528	5.018	16.886	
24	23	65.323	-150.953	8.712	0.108	2.654	5.53	16.67	
25	24	69.513	-148.472	9.044	0.085	2.396	4.508	14.625	
26	25	64.88	-146.02	9.122	0.098	2.142	3.604	12.119	
27	26	61.938	-144.291	8.769	0.095	3.698	10.742	30.468	
28	27	70.567	-144.664	9.088	0.101	2.181	3.737	12.829	
29	28	69.278	-143.472	10.15	0.101	3.005	7.094	23.404	
30	29	68.234	-152.616	8.461	0.095	7.013	38.632	102.742	
31	30	67.084	-146.044	9.297	0.098	2.079	3.373	7.441	

第一块地　第二块地　+

图 8-38　数据处理成果（二）

第二次苗圃测试结果表明，无人机载结合背包式设备能极快地获取苗木信息。在实测过程中，总计面积约 17 亩的苗木信息，采集用时 25min，其中包括了苗木数量、位置、树高、树直径等信息。设备获取的苗木高精度点云数据在软件中进行准确的提取。从实测结果来看，一号苗圃和二号苗圃分别提取出苗木 278 株和562 株，这与人工清点结果完全吻合。树直径误差均值为 1.5cm。软件中对苗木提取的结果以三维模型形式直观显示，每株苗木会用不同的颜色区分出来。利用模型可以快速定位到某一棵树，并显示出其位置、树高、树直径等属性信息。

2. 昆山公园测试

2021 年 7 月在昆山市城市公园进行了系统测试。针对公园内绿植分布复杂、种类繁多的现状，使用无人机载结合背包式激光雷达扫描设备来完成对公园内部绿化资产的摸底盘点工作。

公园总面积约为 135 亩。单人外业采集共计用时 2.5h，内业数据处理用时 5h。本次采集的实物地物类型主要为植物要素，植物要素为乔木、灌木、竹林等。经过处理后得到的点云模型如图 8-39 所示。

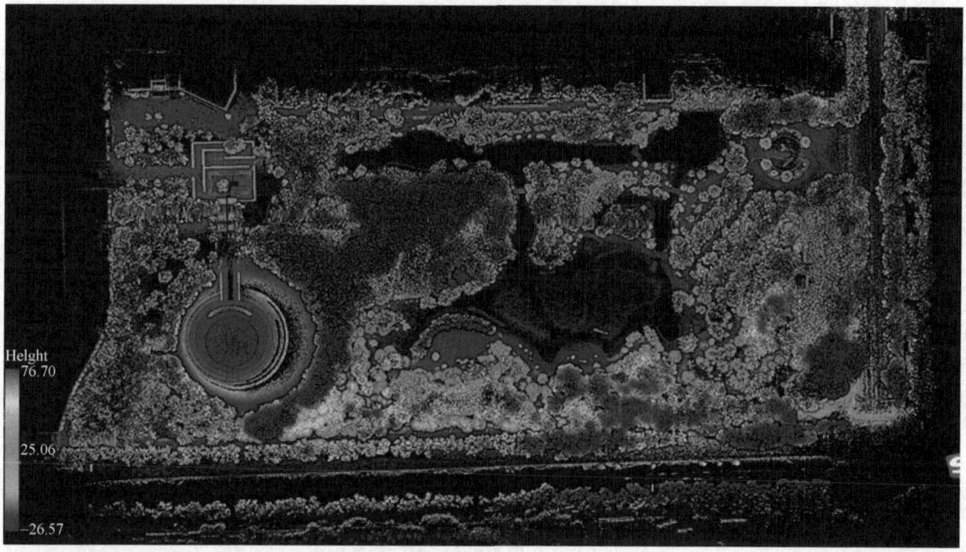

图 8-39　公园点云模型

系统快速扫描城市绿化资产，建立如图 8-40 所示的数据库，可以实时快速查询到每一株树的位置信息和植株基本信息。

昆山城市公园单木提取成果表

						测量时间	2021/7/18	坐标系	CGCS2000
树木编号	树木X坐标	树木Y坐标	树高	胸径	冠径	树冠面积	树冠体积	树种	竹子面积
4103	592845.62	3473623.3	15.297	0.463	8.384	55.206	340.196	乔木	
4117	592847.35	3473626.5	11.278	0.163	5.092	20.365	78.707	乔木	
4119	592847.63	3473632.5	11.628	0.43	8.849	61.495	315.569	乔木	
4129	592834.27	3473637.9	4.096	0.133	2.564	5.163	5.381	乔木	
4156	592839.98	3473638.8	11.279	0.354	9.569	71.909	318.596	乔木	
4227	592849.5	3473649	12.123	0.477	13.006	132.863	746.215	乔木	
4228	592862.65	3473693.9	6.716	0.538	3.035	7.235	33.437	乔木	
4229	592871.36	3473662.7	3.264	0.756	4.25	14.187	25.008	乔木	
4230	592866.81	3473662.5	5.903	0.775	4.611	16.701	61.667	乔木	
4237	592866.19	3473691.6	6.64	0.386	4.222	14.002	53.917	乔木	
4239	592870.56	3473689.9	7.732	0.387	2.917	6.683	28.28	乔木	
4240	592876.06	3473685.2	6.836	0.417	2.904	6.625	22.596	乔木	
4242	592869.3	3473689.8	3.016	0.284	2.65	5.515	9.929	乔木	

图 8-40　公园单木提取成果

本次测试采集昆山市城市公园内全部绿植信息，乔木数量、灌木竹林面积准确，乔木树直径误差均值为 1.1cm。

由以上多次实地测试可以看出，城市绿化智能管护系统能够极大地减少绿化信息获取工作量，提高数据精度。同时，系统提供的数据处理算法，为城市绿化管理工作提供了资产管理依据，解决了林业信息化过程中遇到的困难。

8.3.5 应用前景

林业信息化过程中产生的源源不断的需求，以及激光雷达和林业管理技术的不断突破，必将为城市绿化智能管护系统带来广阔的应用前景。

在技术方面，针对目前存在的激光点云与视觉融合应用，绿植识别与预测等技术难题，我们可以联合政府客户强大的行业经验和应用资源，开展多源数据融合技术在城市绿化的应用创新，重点突破激光雷达与相机外参快速标定、视觉与激光点云融合的语义分割、视觉与激光点云融合的真彩色三维重建、树种识别、生长态势及病虫害预测等技术，并建立行业技术规范与标准。

在绿化行业应用方面，对城市绿化树木进行全面精细的管理，可以在基础数据上挖掘出树木的种类、间距、冠状带面积、城市部件的空间关系、树木的生长态势与病虫害防护等数据信息，进一步提升城市绿化管理工作效率，提高城市整体绿化管理精细化水平。此外，未来可以向绿化管理行业外辐射，在城市的交通安全、气候研究、规划设计、园林管理等方面进行全面综合的精细化管理。

8.3.6 小结

当下城市绿化建设过程中，传统绿化管理方式向新技术手段的绿化信息化管理方式过渡，其间暴露出越来越多的问题亟待解决。因此本书提出一种城市绿化智能管护系统，通过激光雷达和无人机摄影等高新技术，对城市绿化信息进行自动化获取和智能化评估，辅助城市绿化日常养护工作以及城市规划设计决策。然后在常熟市苗圃和昆山市城市绿地中展开了多次实地测试，测试结果表明，系统可以满足城市绿化复杂环境下的高效率林业数据采集，数据精度高，数据智能分析结果具有很大的应用价值，在未来的城市绿化建设中将发挥极大的作用。

城市绿化智能管护系统将成为智慧园林绿化建设的示范标杆，通过最新技术手段，实现原理养护机制层面上的管理提升优化，提高植物成活率，降低养护成本，提升经济效益。同时辅助城市绿化管理和城市规划设计决策，帮助推进国家和地方林业信息化建设，进一步改善市民生活环境，提高市民生活质量。

参考文献

[1] 国务院关于开展第三次全国土地调查的通知[EB/OL]. http://www.gov.cn/zhengce/conten-t/2017-10/16/

content_5232104.htm.
[2] 程强. 农村宅基地房地一体化确权测绘调查技术问题分析及对策探讨[J]. 门窗，2020，(22)：168.
[3] 李振洪，宋闯，余琛，等. 卫星雷达遥感在滑坡灾害探测和监测中的应用：挑战与对策[J]. 武汉大学学报（信息科学版），2019，44（7）：967-979.
[4] 黄鑫. 机载遥感影像获取与传输技术研究[D]. 长沙：国防科技大学，2009.
[5] 陈成斌. 基于无人机倾斜摄影的房地一体化农村宅基地测量方法[J]. 测绘与空间地理信息，2020，43（3）：197-200.
[6] 齐庆会. 三维航摄及激光雷达技术在权籍调查中的应用[J]. 辽宁工程技术大学学报（自然科学版），2020，39（4）：352-358.
[7] 车森，刘海砚，陈晓慧，等. HERO NLITE 移动测量系统在房地一体中的应用[J]. 测绘工程，2022，31（1）：40-44.
[8] 朱伟，王军仓，袁荣才，等. 浅谈智能移动终端在国土三调中的应用[J]. 计算机产品与流通，2017，(9)：155.
[9] 王延正. Trimble 机载 LiDAR 系统——Harrier 技术原理及其应用[C]//第六届中国数字城市建设技术研讨会. 北京，2011.
[10] 丁军军. 城市绿植养护数字化管护平台的资源统计方法[J]. 数字技术与应用，2022，40（2）：32-35.
[11] 舒思维. 为三维采集出图提供快速解决方案[J]. 上海信息化，2018，(2)：3.
[12] 谢明德. 无人机遥感技术在矿区测绘中的应用研究[J]. 世界有色金属，2020，(13)：2.
[13] 臧家伟. 华南成品油长输管道无人机巡线技术体系研究[J]. 中国石油和化工标准与质量，2019，39（6）：2.
[14] 张玲玲，侯岳.基于部件测量的车载激光点云处理技术研究[J]. 河南科技，2018，(1)：34-35.
[15] Huang X，Mei G，Zhang J，et al. A comprehensive survey on point cloud registration[J]. arXiv preprint arXiv：2103.02690，2021.
[16] 熊爱武，杨蒙蒙. 机载 LiDAR 点云数据误差分析[J]. 测绘通报，2014，(3)：75-78，86.
[17] 丁军军.城市绿植养护数字化管护平台的资源统计方法[J]. 数字技术与应用，2022，40（2）：32-35.
[18] 黄惠来.数字化管理在城区园林绿化中的应用[J]. 现代园艺，2017，(12)：132.
[19] 王安.新发展格局下煤炭行业高质量发展系统性分析[J]. 中国煤炭，2020，46（12）：1-5.
[20] 李娜.林业信息化在现代林业发展中的促进作用及意义[J]. 国土绿化，2020，(6)：50-51.
[21] 樊海涛. 徐州在全国率先将人工智能及运用于园林管理园林技术园林资讯陕西园林绿化工程网[EB/OL]. https:// baijiahao.baidu.com/s?id=1655697932658214834&wfr=spider&for=pc. [2023-08-30].
[22] 丁军军. 城市绿植养护数字化管护平台的资源统计方法[J]. 数字技术与应用，2022，40（2）：32-35.
[23] 马丽红. 大数据时代测绘地理信息服务探讨[J]. 华北自然资源，2023，(5)：122-124.
[24] 刘浩然，范伟伟，徐永胜，等. 基于无人机激光雷达点云的单木生物量估测[J]. 中南林业科技大学学报，2021，(8)：92-99.
[25] 熊威，焦明东，李云昊，等. 基于机载激光雷达的大比例尺地形图测绘应用实践[J]. 测绘与空间地理信息，2022，(8)：237-239，244.